教你快速识别电子元器件

付少波　张淼　主编

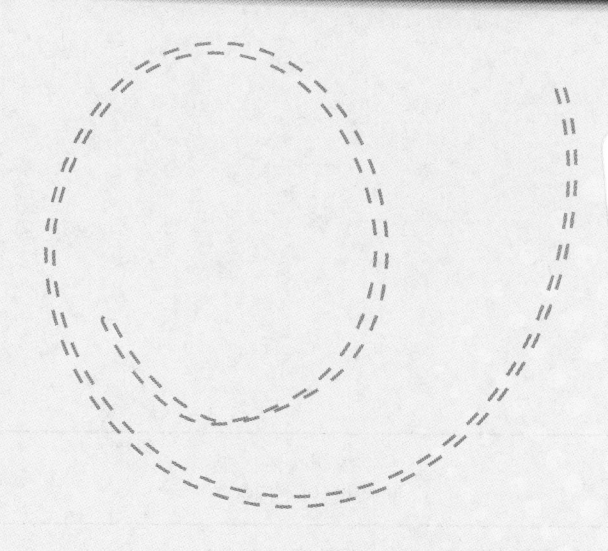

化学工业出版社
·北京·

图书在版编目（CIP）数据

教你快速识别电子元器件 / 付少波，张淼主编. 一北京：化学工业出版社，2019.9

ISBN 978-7-122-34724-4

Ⅰ.①教…　Ⅱ.①付…②张…　Ⅲ.①电子元器件-基本知识　Ⅳ.①TN6

中国版本图书馆CIP数据核字（2019）第121928号

责任编辑：卢小林　　文字编辑：陈　喆
责任校对：刘　颖　　装帧设计：王晓宇

出版发行：化学工业出版社（北京市东城区青年湖南街13号　邮政编码100011）
印　　装：大厂聚鑫印刷有限责任公司
787mm×1092mm　1/16　印张18¼　字数486千字　2019年11月北京第1版第1次印刷

购书咨询：010-64518888　　售后服务：010-64518899
网　　址：http：//www.cip.com.cn
凡购买本书，如有缺损质量问题，本社销售中心负责调换。

定　　价：58.00元

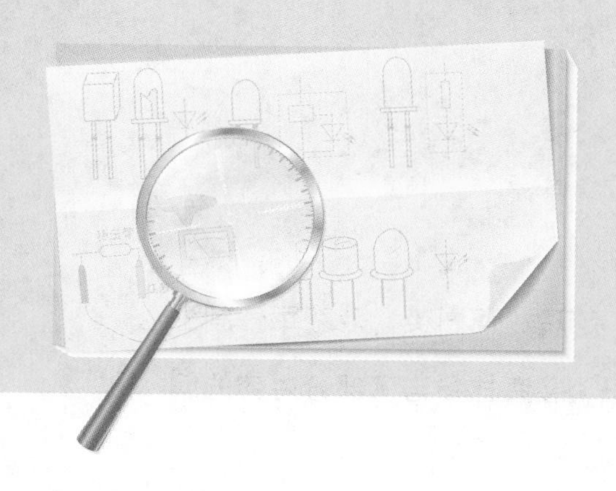

前言
PREFACE

电子元器件是电子电路的基本组成单元，任何一种电气设备都由元器件巧妙地组合而成。认识这些元器件，了解其基本性能和基本应用是学习电子技术的起点和必然。

本书系统介绍了电阻器、电感器、变压器、电容器、二极管、三极管、场效应管、复合晶体管、集成电路、传感器、晶闸管、常用低压电器、开关及接插件、显示器件的使用、检测方法和技巧以及典型应用。本书立意于初学者的感受，以启蒙为宗旨，深入浅出，通俗易懂，可读性强。

本书适合零起点的电子爱好者、无线电爱好者阅读，也可作为电子技术从业人员的参考用书。

全书共分为12章。本书的主要内容可归纳为两个方面：其一，介绍元器件的一些常用知识，诸如元器件的实物外形、种类、工作原理、主要参数等；其二，介绍元器件的使用与检测、基本应用等。通过本书的学习，读者不仅能全面了解电子元器件的性能特性，而且能比较系统地学会怎样检测电子元器件的好坏。

本书引用的电路图来自部分参考资料的原始典型应用电路图，为了方便读者理解，电路图中并未使用国家标准电路图形符号，致使书中的电路图形符号不统一、不规范，特此说明。

本书由付少波、张淼任主编，赵玲、何惠英、范毅军任副主编，胡云朋、陈影、李纪红、俞妍、裴海林参与了部分内容的编写工作。

由于编写时间仓促，加之编者水平有限，书中不妥之处在所难免，敬请广大读者批评指正。

编 者

目录
Contents

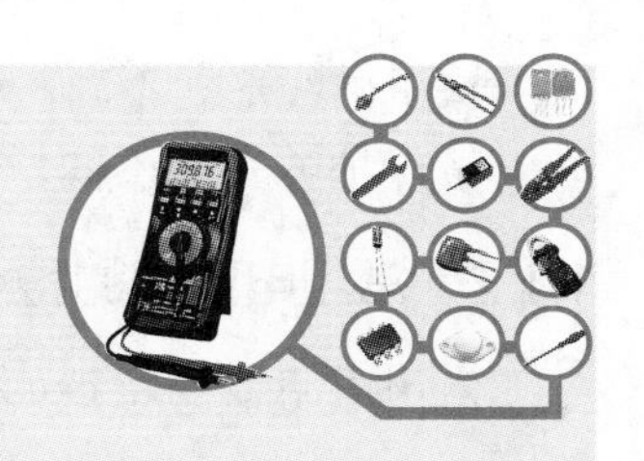

第1章 电阻器

1.1 普通电阻器基础知识

电子电路中，电阻类元器件的应用最为广泛，占电子设备中元器件总数的30%以上，学习元器件可以从电阻类元器件开始。在电子电路中，电阻器的主要作用是分压、降压、分流、限流及阻抗匹配。

1.1.1 电阻器的分类

电阻器的种类很多，随着电子技术的发展，新型电阻器日益增多。电阻器通常分为固定电阻器和可变电阻器，而固定电阻器按用途及电阻体材料又可分成多个种类，如表1-1所示。

表1-1 固定电阻器按用途及电阻体材料分类

按用途不同分类	按电阻体材料分类								
	线绕型	薄膜型						合成型	
		碳膜型	金属膜型	金属氧化膜型	玻璃釉膜型	合成碳膜型	金属箔型	有机实心型	无机实心型
通用电阻器	▲	▲	▲	▲	▲			▲	▲
精密电阻器	▲	▲	▲				▲		
高阻电阻器			▲		▲	▲			
功率型电阻器	▲	▲	▲						
高压电阻器					▲	▲			
高频电阻器				▲			▲		

注："▲"表示电阻体材料及工艺做成的电阻器所适用的类型。

按电阻体材料，电阻器可分为线绕型和非线绕型两大类。非线绕型电阻器又分为薄膜型和合成型两类。线绕型电阻器的电阻体是绕制在绝缘体上的高阻合金丝；薄膜型电阻器的电阻体是沉积在绝缘体上的一层电阻膜；而合成型电阻器的电阻体则是由导电颗粒和黏合剂（无机或有机）的机械混合物组成的，它除了可以做成实心电阻器外，还可以做成薄膜型电阻器，如合成膜电阻器。

按结构形式，电阻器可分为圆柱形电阻器、管形电阻器、圆盘形电阻器以及平面形电阻器等。

按引出线形式不同，电阻器又可分为轴向引线型、径向引线型、同向引线型及无引线型。

按保护方式的不同，电阻器又可分为无保护、涂漆、塑压、密封和真空密封等类型。

1.1.2 常用电阻器的特点

常用电阻器的特点如表1-2所示。

表1-2 常用电阻器的特点

电阻器种类	实物图	制造特点	性能特点
碳膜电阻器（RT型）		高温下有机化合物（烷、苯等烃类）分解产生的炭沉积在陶瓷基体表面	阻值范围宽、稳定性好，受电压、频率影响小。脉冲负载稳定性好，温度系数小（负值）。价格便宜，产量大 阻值范围：1Ω～10MΩ 额定功率：0.125W、0.25W、0.5W、1W、2W、5W、10W
金属膜电阻器（RJ型）		通过真空蒸发或阴极溅射沉积在陶瓷基体表面上一层很薄的金属膜或合金膜。阻值大小由螺纹疏密程度决定（通过机械加工）	阻值精度高，稳定性好，噪声小；温度系数小，工作范围宽，耐高温，体积小，但成本高；脉冲负载能力差 阻值范围：1Ω～620MΩ 额定功率：0.125W、0.25W、0.5W、1W、2W
合成实心电阻器（RS型）		俗称炭质电阻。炭黑或石墨等导电材料、黏合剂、填充料混合后加热聚合制成	可靠性高，价格低，常用于高可靠性的场合；精度低，稳定性差，噪声大，高频性能差，抗湿性差 阻值范围：4.7Ω～22MΩ 额定功率：0.25～2W
金属玻璃釉电阻器（RI型）		金属或金属氧化物粉末与玻璃釉粉末按一定比例混合后，用有机黏合剂制成浆料，用丝网法印刷在基片上，再经烧结而成	也称金属陶瓷电阻器或厚膜电阻器。阻值范围宽，温度系数小，耐潮湿、耐高温 阻值范围：5.1Ω～200MΩ 额定功率：0.05～2W
片状电阻器（RI型）		高可靠的钌系玻璃釉浆料经高温烧结而成，特殊要求的可覆一层保护玻璃。电极采用银钯合金浆料	体积小，重量轻，是玻璃釉电阻器的一种形式。阻值范围宽，精度高，稳定性好，高频性能好
线绕电阻器（RX型）		高阻率的合金线绕在绝缘骨架上而制成，骨架有陶瓷、胶木等。阻值固定或可变	阻值精度高、稳定性好，抗氧化、耐热、耐腐蚀，温度系数小且温度范围宽，机械强度高，功率大，但高频性能差 阻值范围：0.1Ω～5MΩ 额定功率：0.125～500W

1.1.3 电阻器的工作原理与主要特性

电子在物体内定向运动时会遇到阻力，这种阻力称为电阻。电阻表示导体对电流阻碍作用的大小，导体的电阻越大，表示导体对电流的阻碍作用越大。电阻是导体本身固有的一种特性，是对电流呈现阻碍作用的耗能元件。电阻器的基本特性是耗能，当电流通过电阻器时，电阻器消耗电能而发热。

电阻器的电阻值由电阻定律公式确定，$R=\rho\frac{l}{s}$（l、s分别为导体的长度和横截面积；ρ为导体的电阻率，由导体的材料决定）；在电路中遵循欧姆定律$R=\frac{u}{i}$。

电阻器具有以下主要特性：

（1）直流和交流电路中的电阻特性相同　在直流和交流电路中，电阻器对电流所起的阻碍作用一样，即电阻器对交流电流和直流电流的阻碍作用“一视同仁”，这样就大大方便了电阻电路的分析。

（2）不同频率下电阻的特性相同　在交流电路中，同一个电阻器对不同频率信号所呈现的阻值相同，不会因为交流电的频率不同而出现电阻值的变化，这是电阻器的重要特性之一。

（3）不同类型信号电阻特性相同　电阻器不仅在正弦交流电的电路中阻值不变，对于脉冲信号、三角波信号处理和放大电路中所呈现的阻值也一样，因此分析电阻电路时不必考虑信号的特性。

1.2 电阻器的图形符号及型号命名法

1.2.1 电阻器的图形符号

固定电阻器简称为电阻，是一种最常用的电子元件。固定电阻器的体积大小不一，几何形状也各不相同，但常见的一般为圆形，也有的为方形。其引脚通常是由水平方向引出，也有些立式电阻器的引脚是由垂直方向引出的，如图1-1所示。

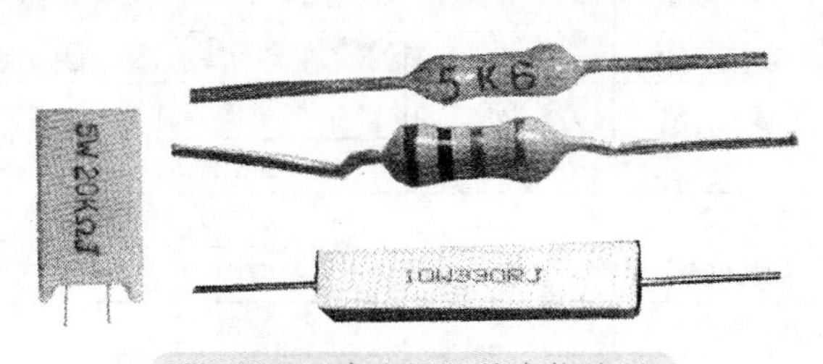

图1-1　固定电阻器的实物外形

电阻器的引脚不分正、负极性。电阻器的文字符号为“R”，图1-2（a）为现行的国家标准电阻图形符号，而图1-2（b）则为国外常用的电阻图形符号（在一些国外技术资料中常见），目前已很少使用。

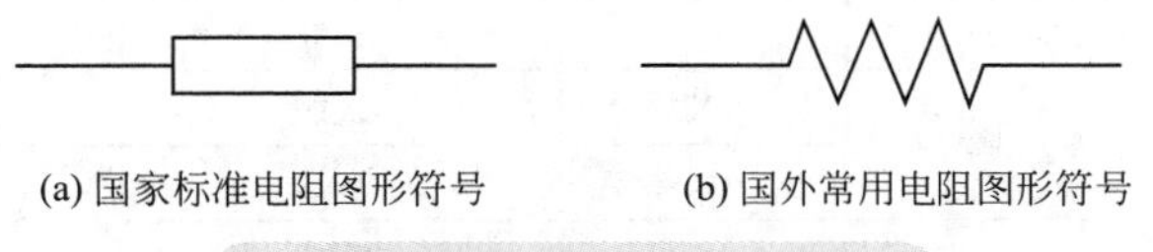

(a) 国家标准电阻图形符号　(b) 国外常用电阻图形符号

图1-2　固定电阻器的图形符号

可变电阻器是指阻值在一定范围内可连续变化的电阻器，用于需要改变电阻值大小的电路中，这类电阻器在电路中也经常用到，如图1-3所示，在电路中用字母“RP”表示。可变电阻器在使用中又分为电位器及微调电阻器，这部分内容在1.5节进行介绍。

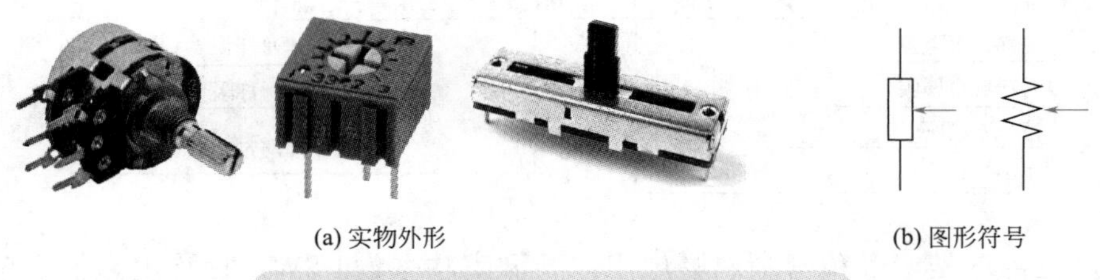

(a) 实物外形　(b) 图形符号

图1-3　可变电阻器的实物外形及图形符号

1.2.2 电阻器的型号命名法

1.2.2.1 固定电阻器的命名方法

国家标准GB/T 2470—1995规定，固定电阻器的型号命名由表1-3所示四部分组成。

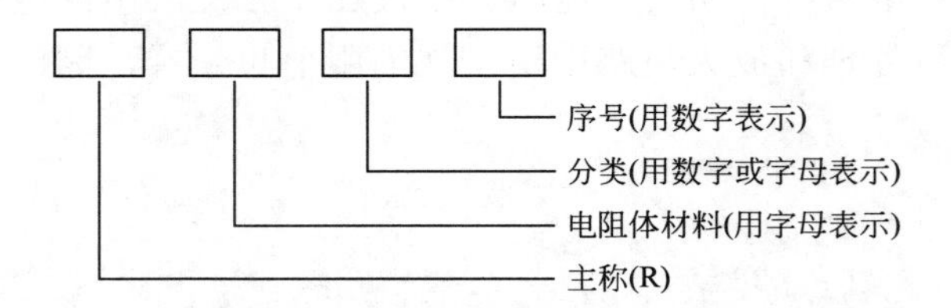

第一部分用字母“R”表示电阻器为主称；

第二部分用字母表示电阻器的电阻体材料；

第三部分通常用数字或字母表示电阻器的类别，也有些电阻器用数字来表示额定功率；

第四部分用数字表示生产序号，以区别该电阻器的外形尺寸及性能指标。

表1-3 固定电阻器的型号命名法

第一部分	第二部分		第三部分				第四部分
字母	字母	含义	数字或字母	含义	数字	功率	
R（表示电阻器）	C	沉积膜或高频瓷	1或O	普通	0.125	1/8W	用数字表示生产序号包括：额定功率 阻值 允许误差 精度等级等
			2	普通或阻燃			
	F	复合膜	3或C	超高频	0.25	1/4W	
	H	合成碳膜	4	高阻			
	I	玻璃釉膜	5	高温	0.5	1/2W	
	J	金属膜（箔）	7或J	精密			
	N	无机实心	8	高压	1	1W	
	S	有机实心	11	特殊（如熔断型等）			
	T	碳膜	G	高功率	2	2W	
	U	硅碳膜	L	测量			
	X	线绕	T	可调	3	3W	
	Y	氧化膜	X	小型			
			C	防潮	5	5W	
	O	玻璃膜	Y	被釉			
			B	不燃性	10	10W	

以下例说明。RJ71-0.125-5.1kI型的命名含义：

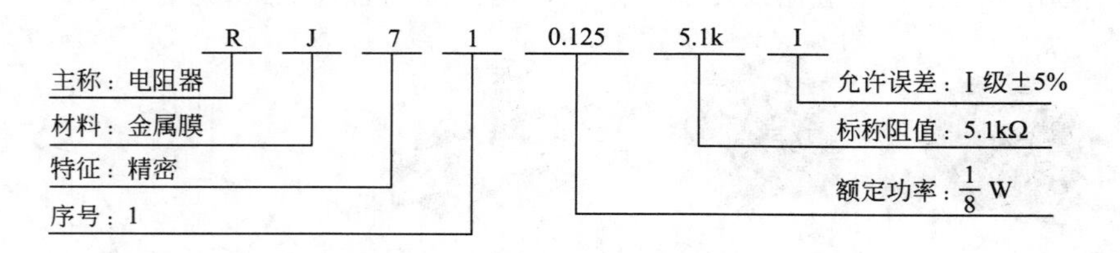

由此可见，这是一个精密金属膜电阻，其额定功率为1/8W，标称电阻值为5.1kΩ，允

许误差为±5%。

表1-4所示是贴片电阻器的命名方法。

表1-4 贴片电阻器的命名方法

产品代号		型号		电阻温度系数		阻值		电阻值误差		包装方法	
		代号	型号	代号	T.C.R	表示方式	阻值	代号	误差值	代号	包装方式
RC	片状电阻器	02	0402	K	$\leqslant \pm 100 \times 10^{-6}℃^{-1}$	E-24	前2位表示有效数字 第3位表示零的个数	F	±1.0%	T	编带包装
		03	0603	L	$\leqslant \pm 250 \times 10^{-6}℃^{-1}$			G	±2.0%		
		05	0805	U	$\leqslant \pm 400 \times 10^{-6}℃^{-1}$	E-96	前3位表示有效数字 第4位表示零的个数	J	±5.0%	B	塑料盒散包装
		06	1206	M	$\leqslant \pm 500 \times 10^{-6}℃^{-1}$			0	跨接电阻		
示例	RC	05		K			103　10	J			
备注	小数点用R表示，例如，E-24:1R0=1.0Ω，103 = 10kΩ；E-96:1003=100kΩ；跨接电阻采用“000”表示										

1.2.2.2 贴片电阻器的命名方法

贴片电子元器件简称SMT（Surface Mounted Technology）元器件，SMT意为表面组装技术，其特点是体积小，重量轻，可靠性高，抗震能力强，焊点缺陷率低，高频特性好，减少了电磁和射频干扰，特别是在小型化电子化产品中越来越受到广泛应用。

贴片电阻器也称贴片电阻，是最常用的贴片元件之一，主要用于控制电路中的电压和电流。它除了具有降压、分压、限流和分流作用外，还具有隔离、信号耦合、阻尼、滤波、阻抗匹配及信号幅度调节等功能。

贴片电阻按结构形式的不同，可分为矩形片式电阻器和圆柱形片式电阻器；按制造工艺和材料的不同，可分为线绕贴片电阻器、薄膜贴片电阻器和厚膜贴片电阻器；按用途和结构特性的不同，可分为通用贴片电阻器、零欧贴片电阻器、低阻贴片电阻器、高阻贴片电阻器、高频贴片电阻器、高稳定型贴片电阻器、精密贴片电阻器和高精密贴片电阻器等。图1-4所示是常用贴片电阻器的实物图。

图1-4 常用贴片电阻器的实物图

1.3 电阻器规格标识方法

1.3.1 电阻器的主要特性参数

1.3.1.1 标称阻值

为了满足使用者的要求，生产商生产了各种阻值的电阻器。即便如此，也无法做到使用者想要什么样阻值的电阻器就会有什么样电阻器的成品。为了便于生产和使用，国家统一规定了一系列阻值作为电阻器阻值的标准值，这一系列阻值叫做电阻器的标称阻值。

电阻器的标称系列有6个：E6、E12、E24、E48、E96、E192。它们分别适用于误差为±20%（M）、±10%（K）、±5%（J）、±2%（G）、±1%（F）、±0.5%（D）的电阻器。常用的电阻器有E6、E12、E24、E96四大系列，这四种系列之外的称为非标电阻器，较难采购。在E6、E12、E24、E96系列电阻器中有一些阻值基数，该系列电阻器的阻值为这些阻值基数乘以10的n次方（n为0或正整数）。四个系列阻值基数见表1-5。

表1-5　E6、E12、E24、E96系列电阻器的阻值基数

E6（偏差±20%）	1.0	—	1.5	—	2.2	—	3.3	—	4.7	—	6.8	—
E12（偏差±10%）	1.0	1.2	1.5	1.8	2.2	2.7	3.3	3.9	4.7	5.6	6.8	8.2
E24（偏差±5%）	1.0	1.1	1.2	1.3	1.5	1.6	1.8	2.0	2.2	2.4	2.7	3.0
	3.3	3.6	3.9	4.3	4.7	5.1	5.6	6.2	6.8	7.5	8.2	9.1
E96（偏差±1%）	1.00	1.02	1.05	1.07	1.10	1.13	1.15	1.18	1.21	1.24	1.27	1.30
	1.33	1.37	1.40	1.43	1.47	1.50	1.54	1.58	1.62	1.65	1.69	1.74
	1.78	1.82	1.87	1.91	1.96	2.00	2.05	2.10	2.15	2.21	2.26	2.32
	2.37	2.43	2.49	2.55	2.61	2.67	2.74	2.80	2.87	2.94	3.01	3.09
	3.16	3.24	3.32	3.40	3.48	3.57	3.65	3.74	3.83	3.92	4.02	4.12
	4.22	4.32	4.42	4.53	4.64	4.75	4.87	4.99	4.11	5.23	5.36	5.49
	5.62	5.76	5.90	6.04	6.19	6.34	6.49	6.65	6.81	6.98	7.15	7.32
	7.50	7.68	7.87	8.06	8.25	8.45	8.66	8.87	9.09	9.31	9.53	9.76

将表1-5中各系列基数乘以10^n（n为整数），就是某一具体电阻器的阻值。如E24系列中的1.8就代表有1.8Ω、18Ω、180Ω、1.8kΩ、180kΩ等系列电阻值。在实际应用中，应尽量选择国家标称系列的产品。

E48、E96、E192系列为高精密电阻系列，阻值误差越来越小。E24、E12、E6系列标准如表1-6所示。

表1-6　常用固定电阻器的标称阻值系列

系列	允许误差	电阻系列标称值
E24	Ⅰ级±5%	1.0 1.1 1.2 1.3 1.5 1.6 1.8 2.0 2.2 2.4 2.7 3.0 3.3 3.6 3.9 4.3 4.7 5.1 5.6 6.2 6.8 7.5 8.2 9.1
E12	Ⅱ级±10%	1.0 1.2 1.5 1.8 2.2 2.7 3.3 3.9 4.7 5.6 6.8 8.2
E6	Ⅲ级±20%	1.0 1.5 2.2 3.3 4.7 6.8

1.3.1.2　允许误差

在实际生产中，加工生产出来的电阻器很难做到和标称值完全一致，即阻值具有一定的分散性。为了便于生产的管理和使用，必须规定电阻器的精度等级，确定电阻器在不同精度等级下的允许偏差。

表1-7列出了电阻器（电位器）的精度等级与允许偏差的对应关系。

表1-7 电阻器（电位器）的精度等级与允许偏差的对应关系

精度等级	005	01或00	02或0	Ⅰ	Ⅱ	Ⅲ
允许偏差	±0.5%	±1%	±2%	±5%	±10%	±20%

市场上成品电阻器的精度大多为Ⅰ、Ⅱ级，Ⅲ级的很少采用。005、01、02精度等级的电阻器仅供精密仪器或特殊电子设备使用，它们的标称阻值属于E48、E96、E192系列。除表中规定的精度等级外，精密电阻器的允许偏差可分为±2%、±1%、±0.5%、±0.2%、±0.1%、±0.05%、±0.02%及±0.01%等。

在电路设计中，需要根据电路要求选用不同等级允许偏差的电阻器，这就需要在不同标称系列中寻找电阻器。同时，根据电路设计中计算结果得到的电阻值，也需要在不同标称系列中寻找电阻器，因为有些阻值只在特定的系列中出现。

1.3.1.3 额定功率

额定功率也是电阻器的一个常用参数。它是指在特定环境温度范围内电阻器长期工作所允许承受的最大功率。在该功率限度内，电阻器可以正常工作而不会改变其性能，也不会损坏。

采用标准化的额定功率系列值：线绕电阻器系列为3W、4W、8W、16W、25W、40W、50W、75W、100W、150W、250W、500W；非线绕电阻器系列为0.05W、0.125W、0.25W、1W、2W、5W等，常用的电阻功率为0.125W、0.25W。

电阻器的额定功率系列见表1-8。

表1-8 电阻器的额定功率系列 W

类别	额定功率系列
线绕电阻器	0.05 0.125 0.25 0.5 1 2 4 8 10 16 25 40 50 75 100 150 250 500
非线绕电阻器	0.05 0.125 0.25 0.5 1 2 5 10 25 50 100
线绕电位器	0.25 0.5 1 1.6 2 3 5 10 16 25 40 63 100
非线绕电位器	0.025 0.05 0.1 0.25 0.5 1 2 3

1.3.1.4 温度系数

当工作温度发生变化时，电阻器的阻值也将随之相应变化。电阻温度系数是指工作温度每变化1℃，其阻值的相对变化量。温度系数越小，电阻器的质量越高。根据制造电阻器的材料不同，电阻温度系数有正温度系数和负温度系数两种。前者随温度升高阻值增大，后者随温度升高阻值下降。例如，热敏电阻器就是利用其阻值随温度变化而变化这一性能制成的一种特殊电阻器。

1.3.1.5 最高工作电压

最高工作电压是指电阻器长期工作不发生过热或电击穿损坏时的电压。受结构和材质的限制，每个电阻器都有最高工作电压。当电阻器两端电压超过最高工作电压时，电阻器就会被击穿或烧毁。一般来说，电阻器的额定功率越大，其最高工作电压也越高。

1.3.1.6 老化系数

它是指电阻器在额定功率长期负荷下，阻值相对变化的百分数。它是表示电阻器寿命长短的参数。

1.3.2 色标法

电子电路中的电阻器主要采用色标法，色标法指的是用不同颜色的色带或色点标注在电阻器表面上，以表示电阻器的标称阻值和允许偏差。色标法具有颜色醒目、标识清晰、无方向性的优点，小型化的电阻器都采用色标法。

1.3.2.1 四环色标电阻器标称值识别方法

在图1-5（a）中，四环色标电阻器的第一色环表示电阻阻值从左至右的第一位数字，第二色环表示电阻阻值从左至右的第二位数字，第三色环表示电阻值的倍率，第四色环表示允许误差。

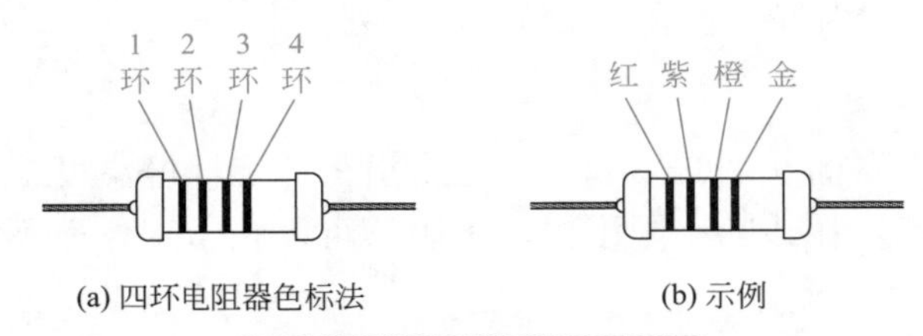

(a) 四环电阻器色标法　(b) 示例

图1-5 四环电阻器色标法

在图1-5(b）示例中，一个电阻器的四条色环的颜色，从左至右依次为红、紫、橙、金，则根据表1-9的规定，可知其阻值为$27\times10^3=27$（kΩ），允许偏差为±5%。四环色标电阻器中各种色环所表示的意义如表1-9所示。

表1-9 四环色标电阻器中各种色环所表示的意义

颜色	黑	棕	红	橙	黄	绿	蓝	紫	灰	白	金	银	无色
第一色环有效数字	0	1	2	3	4	5	6	7	8	9	—	—	—
第二色环有效数字	0	1	2	3	4	5	6	7	8	9	—	—	—
第三色环倍率（$\times10^n$）	0	1	2	3	4	5	6	7	8	9	-1	-2	
第四色环允许误差	—	—	—	—	—	—	—	—	—	—	±5%	±10%	±20%

1.3.2.2 五环色标电阻器标称值识别方法

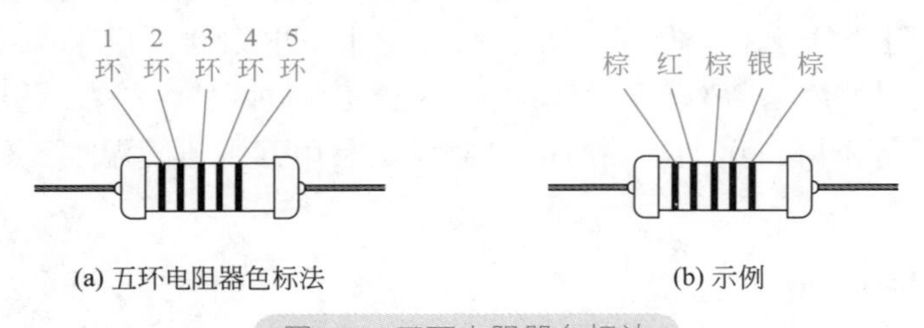

(a) 五环电阻器色标法　(b) 示例

图1-6 五环电阻器色标法

在图1-6（a）中，五环色标电阻器第一色环表示电阻值从左至右的第一位数字，第二色环表示电阻值从左至右的第二位数字，第三色环表示电阻值从左至右的第三位数字，第四色环表示电阻值的倍率，第五色环表示允许误差。

在图1-6(b）示例中，一个电阻器的五条色环的颜色，从左至右依次为棕、红、棕、银、棕，则根据表1-10的规定，可知其阻值为1.21Ω，允许偏差为±2%。五环色标电阻器中各种色环所表示的意义如表1-10所示。

表1-10 五环色标电阻器中各种色环所表示的意义

颜色	黑	棕	红	橙	黄	绿	蓝	紫	灰	白	金	银
第一色环有效数字	0	1	2	3	4	5	6	7	8	9	—	—
第二色环有效数字	0	1	2	3	4	5	6	7	8	9	—	—
第三色环有效数字	0	1	2	3	4	5	6	7	8	9	—	—
第四色环倍率（$\times 10^n$）	0	1	2	3	4	5	6	7	8	9	-1	-2
第五色环允许误差	—	±1%	±2%	—	—	±0.5%	±0.2%	±0.1%	—	-20%～+50%	±5%	±10%

圆柱形贴片电阻器，也可用色标法来表示电阻器阻值，即用不同颜色的色环来表示标称阻值和允许偏差。

1.3.3 直标法

电阻器直标法是在电阻器产品出厂前将电阻的型号、标称阻值、功率、允许误差及其他主要参数直接打印在电阻器的表面上。这种方法简单明了，读数方便，但这种方法只适合功率和体积较大的电阻器使用。电阻器的直标法如图1-7所示。

图1-7从左至右标出了电阻器的型号、标称阻值、额定功率和允许偏差，有的还标出了电阻器的制造厂商标志、制造日期等其他参数。

体积较大的贴片电阻器，也采用直标法来直接标注标称阻值和允许偏差等参数。

1.3.4 文字符号法

电阻的文字符号法也是将电阻的标称阻值、允许误差等印刷在电阻器的表面上。但是它的电阻值是用阿拉伯数字和电阻单位符号（R、k、M）的组合来表示。符号前的数字表示整数单位，符号后的数字表示小数，如图1-8所示。如3.3kΩ电阻标注成3k3，用k来表示小数点。

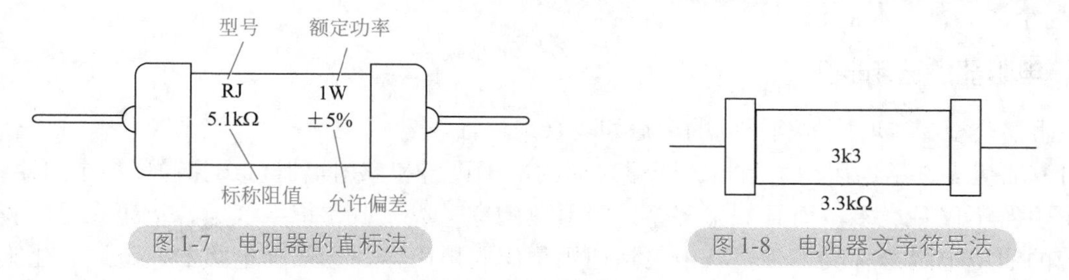

图1-7 电阻器的直标法　　图1-8 电阻器文字符号法

用字母符号表示电阻允许误差见表1-11。

表1-11 字母符号表示电阻允许误差

字母符号	B	C	D	F	G	J	K	M	N
允许误差	±0.1%	±0.25%	±0.5%	±1%	±2%	±5%	±10%	±20%	±30%

体积较小的贴片电阻器，通常用文字符号法来标注参数，即用数字或数字与字母组合的代码来表示标称阻值和允许偏差。

字母数字组合表示比较常见，见表1-12。

表1-12 文字符号法表示电阻值的举例

标称阻值	表示方式	标称阻值	表示方式
0.1Ω	R10	3.9MΩ	3M9
0.12Ω	R12		
0.59Ω	R59		
1Ω	1R0	1000MΩ	1G
1.5Ω	1R5		
1kΩ	1k	3300MΩ	3G3
3.3kΩ	3k3	10^6MΩ	1T

在实际电路中，标称阻值常省去Ω，下面以图1-9所示电路为例说明。

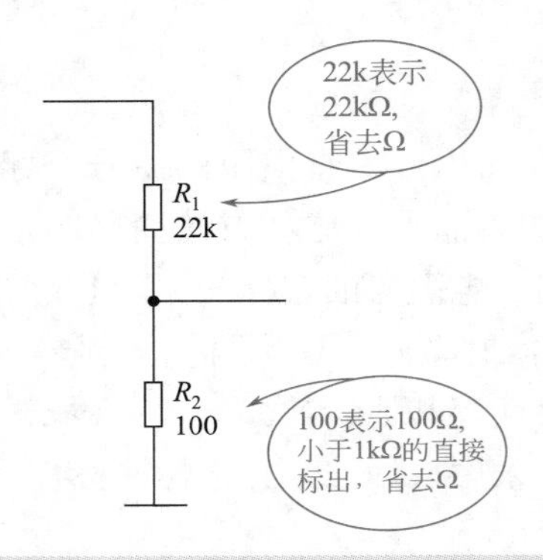

图1-9 电阻器参数在实际电路中标注示意图

但在讲解电路工作原理时，电阻器的标称阻值也可以不标出。

1.4 电阻器的选用与检测

1.4.1 电阻器的选用原则

电阻器类型的选取应根据不同的用途和场合来进行。

（1）应优先选用通用型电阻器。一般普通的电子设备和家用电器可选择通用型电阻器。通用电阻器不仅种类多，而且规格齐全、阻值范围宽、成本低、价格低廉、货源充足。我国生产的通用电阻器种类很多，其中包括通用型碳膜电阻器、金属膜电阻器、金属氧化膜电阻器、金属玻璃釉电阻器、绕线电阻器、有机实心电阻器及无机实心电阻器等。因此，只要通用型电阻器能满足电路的工作要求，就应优先选用通用型电阻器。军用电子设备及特殊场合使用的电阻器，应选用精密型电阻器和其他特殊电阻器，以保证电路性能指标及工作稳定性。

（2）根据电路的工作频率选用不同类型的电阻器。线绕电阻器的分布参数较大，即使采用无感绕制的线绕电阻器，其分布参数也比非线绕电阻器大得多，因而线绕电阻器不适合在高频电路中工作。在低于50kHz的电路中，由于电阻器的分布参数对电路工作影响不大，可选用线绕电阻器。

在高频电路中的电阻器，要求其分布参数越小越好，所以，在高达数百兆赫的高频电路中应选用碳膜电阻器、金属膜电阻器和金属氧化膜电阻器。在超高频电路中，应选用超高频碳膜电阻器。

（3）金属膜电阻器稳定性好，额定工作温度高，高频特性好，噪声电动势小，在高频电路中应优先选用。对于阻值大于1MΩ的碳膜电阻器，由于其稳定性差，应用金属膜电阻器代换。

（4）对于要求耐热性较好和过负荷能力较强的低阻值电阻器，应选用氧化膜电阻器。

（5）薄膜电阻器不适宜在湿度高（相对湿度大于80%）、温度低（-40℃）的环境下工作。在这种环境条件下工作的电路，应选用实心电阻器或玻璃釉电阻器。

（6）对于要求耗散功率大、阻值不高、工作频率不高，而精度要求较高的电阻器，应选用线绕电阻器。

（7）对于要求耐高压及高阻值的电阻器，应选用合成膜电阻器或玻璃釉电阻器。

（8）电阻器在不同电路的作用不同，在稳定性方面要求也不一样。因此，应根据电路稳定性的要求，选用不同温度特性的电阻器。电阻器的温度系数越大，其阻值随温度变化越显著；反之，温度系数越小，其阻值随温度变化越小。有的电路对温度稳定性要求较高，如在直流放大电路中，为了减小放大电路的零点漂移，应选用温度系数小的电阻器，否则由于电阻器阻值的变化将产生大的零点漂移。实心电阻器的温度系数较大，不适合用于稳定性要求较高的电路。碳膜电阻器、金属膜电阻器以及玻璃釉电阻器的温度系数都较小，温度稳定性好，适用于要求稳定性较高的电路。线绕电阻器由于采用特殊的合金线绕制，其稳定温度系数极小，可达$10^{-6}℃^{-1}$，其阻值最为稳定，适用于高稳定电路。

（9）有时电路工作的场合，不仅温度和湿度较高，而且有酸碱腐蚀的影响，此时应选用耐高温、抗潮湿性好、耐酸碱性强的金属氧化膜电阻器或金属玻璃釉电阻器。

（10）由于制作电阻器的材料和工艺方法不同，相同电阻值和功率的电阻器，它们的体积不一样。金属膜电阻器的体积较小，适用于电子元器件需要紧凑安装的场合。当电路的电子元器件安装位置较为宽松时，可选用碳膜电阻器，这样较为经济。

（11）在高增益放大电路中，应选取噪声电动势小的电阻器，如金属膜电阻器、碳膜电阻器和线绕电阻器。

1.4.2 电阻器选用注意事项

（1）电阻器在使用前，应对电阻器的阻值及外观进行检查，将不合格的电阻器剔除掉，以防电路存在隐患。

（2）电阻器安装时，电阻器的引线不要从根部打弯，以防折断。较大功率的电阻器应采用支架或螺钉固定，以防松动造成短路。焊接前，应先对引线挂锡，以确保焊接的牢固性。电阻器焊接时，动作要快，避免电阻器长期受热，以防引起阻值变化。电阻器安装时，应将标识向上或向外，以便检查和维修。

（3）电阻器的功率大于10W时，应保证有散热空间。

（4）存放和使用电阻器时，都应保证电阻器外表漆膜的完好，以免降低它们的防潮性能。

1.4.3 电阻器阻值的代换

当电阻器损坏而又无合适的电阻器可换时，应遵循以下原则。

（1）用阻值较小的电阻器串联，代替大阻值的电阻器，或用阻值较大的电阻器并联代替小阻值的电阻器。

（2）代换的电阻器应遵循就高不就低、就大不就小的原则，即用质量高的电阻器代替原质量低的电阻器，用大功率的电阻器代替小功率的电阻器。

（3）小功率电阻器代替大功率电阻器时，可采用串联或并联的方法。当串、并联的小功率电阻器的阻值不相等时，应计算它们各自分担的功率，使总功率大于原电阻器的额定功率。

（4）当需要测量电路中的电阻器的阻值时，应在切断电源的条件下断开电阻器一端进行阻值测量。否则，被测电阻器的阻值与其他元件并联时阻值会造成误判。

1.4.4 电阻器阻值的简易测量

万用表是测量电阻器的常用仪表，它具有测量电阻方便、灵活等优点。一般的电阻器的阻值都可用指针式万用表进行测量。测量前，应先根据电阻器的标称阻值选择好电阻测量挡，然后将两测试表笔短接进行电阻挡的校零。万用表每转换一挡，都要进行调零处理，否则在测量时会出现较大的误差。

使用数字式万用表测量电阻器的阻值更方便，精度更高。

测量电阻时，注意不能用双手捏电阻两端，以免将人体电阻并联进去，造成测量值不准确。首先选择合适的量程，机械调零即两表笔开路，指针应指在∞位置。欧姆调零即两表笔短路，指针应指在阻值为0位置。然后将两表笔分别接到被测电阻两端，表盘读数乘以挡位数为实际测量电阻数值。例如选择×100Ω挡，测得表盘数为15，则实际电阻值为15×100Ω=1.5kΩ，如图1-10所示。

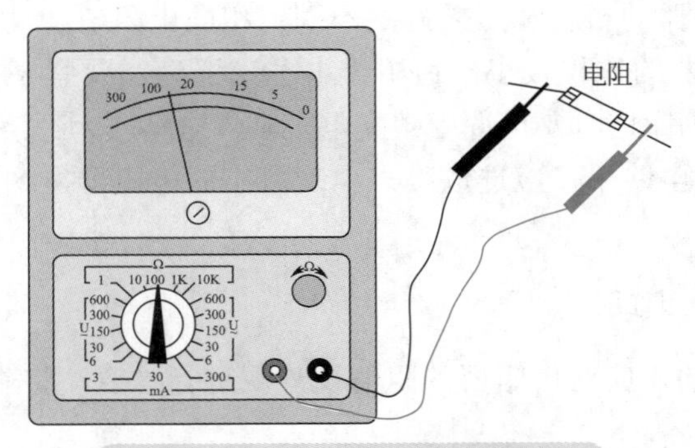

图1-10 万用表测量电阻器的阻值

需要注意的是，在进行电阻器测量时，手不能同时触及电阻器引出线的两端，特别是测量阻值比较大的电阻器时，否则会由于人体电阻并入而造成较大的测量误差；在进行小阻值电阻测量时，应特别注意万用表表笔与电阻引出线是否接触良好，如有必要应用砂布将被测电阻器引脚处的氧化层擦去，然后再进行测量。对于体积较小的电阻器，可将电阻器放在绝缘物体上，用表笔直接测量。同样，在进行电阻在线测量时，也需要在断电情况下，将电阻器一端焊拆下来再进行测量。

1.5 电位器

电位器是一种连续可调的电阻器，为三端元件，有两个阻值固定的定值端和一个滑动端。其滑动臂（动接点）的接触点可在电阻体上滑动，从而获得与电位器外加输入电压和可动臂转角成一定关系的输出电压。就是说，通过调节电位器的转轴，可使它的输出电位发生改变，所以称为电位器。也可以将其中一个固定端与滑动端在电路中连接在一起，则称为可变电阻器（Variable Resisitor，VR）。

1.5.1 电位器的结构

一般单圈电位器内部由电阻体、滑动臂、转柄和焊片等组成，如图1-11（a）所示。电阻体的两端和焊片A、C相连，因此A和C之间的电阻值即电阻体的总阻值。转柄是和滑动臂相连的，调节转柄时，滑动臂随之转动，滑动臂的一头装有簧片或电刷，它压在电阻体上并与其紧密接触；滑动臂的另一头则和焊片B相连。当簧片或电刷在电阻体上移动时，AB和BC之间的电阻值就会发生变化。有的电位器上还装有开关，开关由转柄控制。

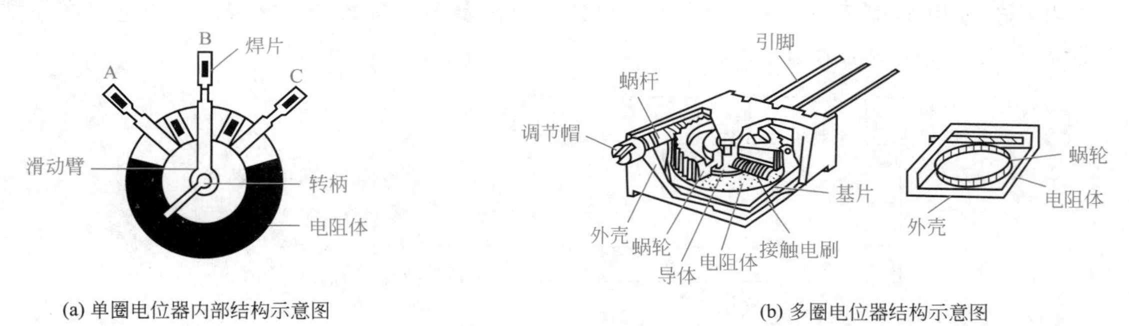

图1-11 电位器结构示意图

一般电位器转柄的旋转角度为270°左右，无法做到对电阻值的精细调节。为了对电位器阻值进行精细调节，人们设计了多圈电位器。它的机械转角行程可达3600°以上。多圈电位器结构比较复杂，它由蜗杆蜗轮减速机构、电阻体、接触电刷、基片及外壳等组成，如图1-11（b）所示。蜗杆和蜗轮用齿啮合，当蜗杆转动一周时，蜗轮才转动一个齿的行程。由于电刷和蜗轮相连接，调节帽和蜗杆为一体，这样当调节帽转动360°时，电刷在电阻体上仅移动了一个调节帽很小的行程，起到了精细调节电阻值和提高分辨力的作用。多圈电位器的其余结构和一般电位器大致相同。

1.5.2 电位器的种类

随着电子技术应用的不断发展，电位器的种类繁多，用途各不相同。通常可按材料、结构特点、调节机构运动方式等分类。常见电位器分类见表1-13。一般电位器主体上都要注明如材料、阻值、功率、阻值变化特征等。

表 1-13 常见电位器分类

分类形式			示例
按材料分	合金型	线绕	线绕电位器（WX）
		金属箔	金属箔电位器
	薄膜型		金属膜（WJ）、金属氧化膜（WY）、复合膜（WH）、碳膜（WT）
	合成型	有机	有机实心（WS）
		无机	无机实心（WS）、金属玻璃釉（WI）
	导电塑料		—
按用途分			普通、精密、微调、功率、高频、高压、耐热
按阻值变化规律分		线性	线性（X）
		非线性	对数（D）、指数（Z）、正余弦
按结构特点分			单圈/多圈、单连/多连、有值挡/无值挡、带推拉开关、带旋转开关、锁紧式
按调节方式分			直滑式（LP）、旋转式（CP）

虽然不同的电位器的结构、特点不同，外形各异，但它们都有一个共同的特点：都有一个机械滑动端，或者旋转滑动，或者直线滑动。通过调节滑动端可以改变滑动端与固定端之间的阻值，从而达到调节电压、电流的目的。

1.5.3 电位器型号命名法

我国行业标准SJ/T 10503—94《电子设备用电位器型号命名方法》规定，电位器产品型号命名方法一般由四部分组成。

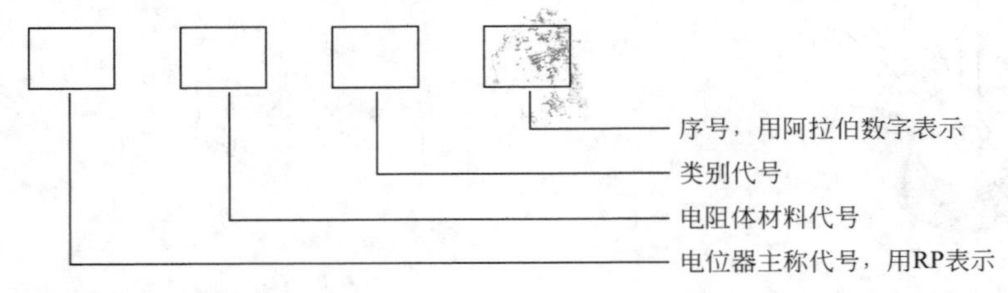

电位器型号命名方法见表1-14。

表 1-14 电位器型号命名方法

第一部分：主称		第二部分：电阻体材料		第三部分：用途或特征		第四部分：序号
字母	含义	字母	含义	字母	含义	
RP	电位器	D	导电塑料	B	片式	用数字表示
		F	复合膜	D	多圈旋转精密型	
		H	合成膜	G	高压型	
		I	玻璃釉膜	H	组合型	
		J	金属膜	J	单圈旋转预调型	
		N	无机实心	M	直滑精密型	
		S	有机实心	P	旋转功率型	
		X	线绕	T	特殊型	
		Y	氧化膜	W	螺杆驱动预调型	
				X	旋转低功率型	
				Y	旋转预调型	
				Z	直滑式低功率型	

1.5.4 电位器的规格标识方法

电位器的规格标识方法一般为直标法，即用字母和阿拉伯数字直接标注在电位器上。一般标识的内容有电位器的型号、类别、标称阻值和额定功率，如图1-12所示。有时电位器还将电位器的输出特性的代号（D表示对数、Z表示指数、X表示线性）标注出来。

图1-12 电位器直标法示例

1.5.5 电位器的主要特性参数

1.5.5.1 标称阻值

标称阻值是指两个定片引脚之间的阻值，电位器按标称系列分为线绕和非线绕电位器两种。常用的非线绕电位器标称系列是1.0、1.5、2.2、3.2、4.7、6.8，再乘以10的n次方（n为正整数或负整数），单位为Ω。

1.5.5.2 额定功率

它是指电位器的两个固定端允许耗散的最大功率。使用中应注意额定功率不等于滑动端与固定端的功率，滑动端与固定端之间所承受的功率要小于这个额定功率。非线绕电位器的额定功率系列为0.05W、0.1W、0.25W、0.5W、1W、2W、3W。

1.5.5.3 允许偏差

非线绕电位器允许偏差为3个等级，Ⅰ级为±5%，Ⅱ级为±10%，Ⅲ级为±20%。

1.5.5.4 噪声

噪声是衡量电位器性能的一个重要参数，电位器的噪声有3种。

（1）热噪声。

（2）电流噪声。热噪声和电流噪声是动片触点不滑动时两个定片之间的噪声，又称静噪声。静噪声是电位器的固定噪声，很小。

（3）动噪声。动噪声是电位器的特有噪声，是主要噪声，这种噪声对电子设备的工作将产生不良影响。产生动噪声的原因很多，主要原因是电阻体的结构体不均匀以及滑动电阻接触电阻的存在，后者随着电位器使用时间的延长而变大。

1.5.6 电位器的正确选用

选用电位器时，不仅要根据使用要求来选择不同类型和不同结构形式的电位器，同时，还应满足电子设备对电位器的性能及主要参数的要求。所以，选择电位器应从多方面考虑才行。

1.5.6.1 根据使用要求选择电位器的类型

（1）在一般要求不高的电路中，或使用环境较好的场合，如在室内工作的收录机的音量调节用的电位器，应首先选用合成膜电位器。合成膜电位器具有分辨率高、阻值范围宽、品种型号齐全、价格便宜的优点，但有耐湿性和稳定性差的缺点，可以广泛应用在室内工作的家用电气设备上。

（2）在稳压电源电路中，用于基准电压调节的电位器，可选用碳膜微调电位器。

（3）用于工作频率较高的电路中，选用玻璃釉电位器较为合适。

（4）用于高、中频电路中的AGC电压调节，可选用碳膜微调电位器。

（5）用于晶体管收音机的音量调节（兼电源开关），可选用小型带开关的碳膜电位器。

（6）用于音响器材中的立体声音频放大电路的音量控制，可选用双联同轴电位器。

（7）用于音响系统的音量调节控制，可选用直滑式电位器。

（8）用于大功率电路中，应选用功率型线绕电位器。

（9）用于精密仪器仪表电路中，可选用精密多圈电位器、高精度线绕电位器或金属玻璃釉电位器。

（10）用于小型通信设备或计算机电路，可选用贴片式单圈或多圈电位器。

1.5.6.2 根据用途选择阻值变化特性

电位器的阻值变化特性，应根据用途来选择。如音量控制的电位器应首选指数式电位器，在无指数式电位器的情况下，可用直线式电位器代替，但不能选用对数式电位器，否则将会使音量调节范围变小；做分压用的电位器应选用直线式电位器；音响器材中用于音量控制，应使用反转对数式（旧称指数式）电位器。

1.5.6.3 根据尺寸要求与调节方式选择电位器

选用电位器时，还应考虑其安装尺寸大小和转柄的长短、转轴式样以及轴上有无紧锁装置等。经常需要进行调节的电位器，应选择轴端铣成平面的电位器，以便于安装旋钮。不需要经常调整的，可选择轴端带有刻槽的，用螺丝刀调整后不再经常转动。收音机中的音量控制电位器，一般选用带开关的电位器。对于要求准确并一经调好不再变动的电位器，应选择带锁紧装置的电位器。

1.5.6.4 根据电路对电参数的要求选择电位器

根据电路的要求选好电位器的类型和规格后，还要根据电路的要求合理选择电位器的电参数，主要有额定功率、标称阻值、允许偏差、分辨率、最高工作电压及机械寿命等。

不同电位器的机械寿命也不相同，一般合成膜电位器的机械寿命最长，可高达20万周，而玻璃釉电位器的机械寿命仅为100~200周。选用电位器时，应根据电路对耐磨性的不同要求，选用不同寿命参数的电位器。

1.5.7 电位器使用要点

1.5.7.1 认真检查电位器好坏

使用前必须对电位器进行认真的检测，确认电位器无故障后再安装使用。尤其是对一些旧的电位器，必须要经过仔细检查及其引脚是否松动，接触是否良好可靠，标称阻值是否合格等。对于不符合要求的电位器不能勉强凑合使用，否则，不仅使相关电路不能正常工作，甚至会导致其他元器件损坏。

1.5.7.2 安装牢固可靠

安装电位器时，应将固定螺钉拧紧，固定牢靠，防止电位器发生松动。同时，不要使电位器的金属壳体与电路中其他元件相碰，以防引起电路短路故障。在日常使用中，发现螺钉松动，应及时拧紧。

1.5.7.3 正确连接引脚

在电位器装入电路时，应注意三个引脚的正确连接。如图1-13所示，用①、②、③分别表示电位器的三个引脚。其中，中间的引脚②是与电位器动触点相连的，当按顺时针旋转电位器转柄时，动触点②端向③端滑动。电位器装入电路时，应根据这一规律进行连接。如在音量控制电路中，电位器的引脚①端应接在信号低端，而③端应接信号高端，这样才能取得顺时针调节电位器时音量增大的效果。若将①、③两端接反，则顺时针调节电位器时，音量不但不会增大，反而会变得越来越小。

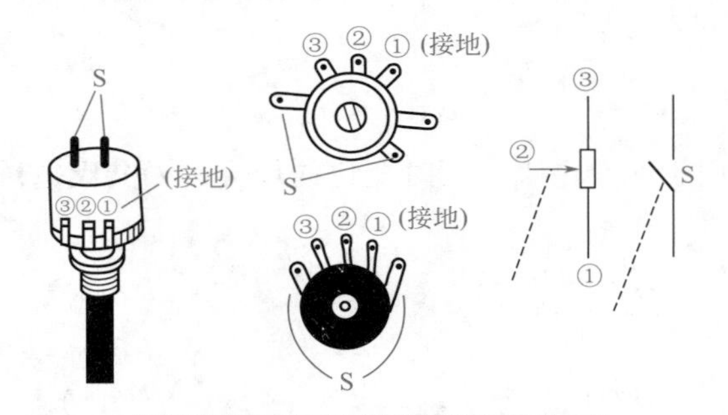

图1-13 电位器引脚的正确连接

电位器用作可变电阻器使用时，应按图1-14（a）所示的方法进行连接，即将电位器动片引脚和另外两个定片引脚的任一个连接在一起，这样即使动触点与电阻体接触不良，甚至开路，也不致造成电路的开路性故障。图1-14（b）所示是一种不正确的连接方法。这种接法是将电位器的动片引脚与其中一个定片引脚接入电路，而另外一个动片引脚悬空不用。很显然，在使用过程中，一旦动触点与电阻体之间出现接触不良，将造成开路性故障。

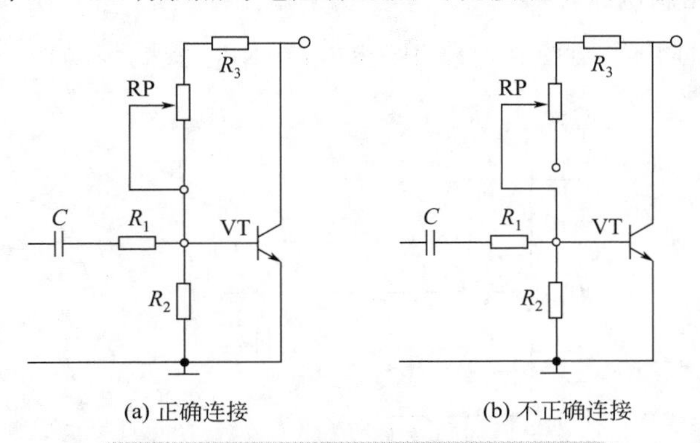

图1-14 电位器用作可变电阻器的接法

在功率放大器、收录机等电路中，电位器常用在前置信号放大电路中来调节信号的大小（音量控制等）。这时，应将电位器的金属外壳接地，这样能起到屏蔽外界磁场的作用，防止外部干扰信号窜入，可有效提高电路的抗干扰能力。

1.5.7.4 调节用力适度

由电位器的结构可知，电位器是一种可调的电子器件，其阻值的改变是靠动触点在电阻体上滑动来实现的。所以，调节越频繁，对电阻体的磨损就越严重。为了减少电阻体的磨损，延长电位器的使用寿命，在使用过程中，调节用力要均匀适度，旋转速度不要过快。对于带推拉开关的电位器，不要猛推猛拉。

1.5.8 电位器典型应用电路

1.5.8.1 输出电压调整电路

图1-15所示电路是电位器构成的输出电压调整电路。

图1-15中，输出电压$U_2=U_1\dfrac{R_{23}}{R_{13}}$，改变触点2在电阻体的位置，就可改变$U_2$的大小，其中$R_{23}$为触点2、3之间的电阻，$R_{13}$为触点1、3之间的电阻。电位器使用1、2或2、3两端使用则可成为可调电阻。

1.5.8.2 文氏电桥电路

双联同轴电位器常用于两个电阻需同时变化的场合，如文氏电桥电路中的R_1、R_2，如图1-16所示。

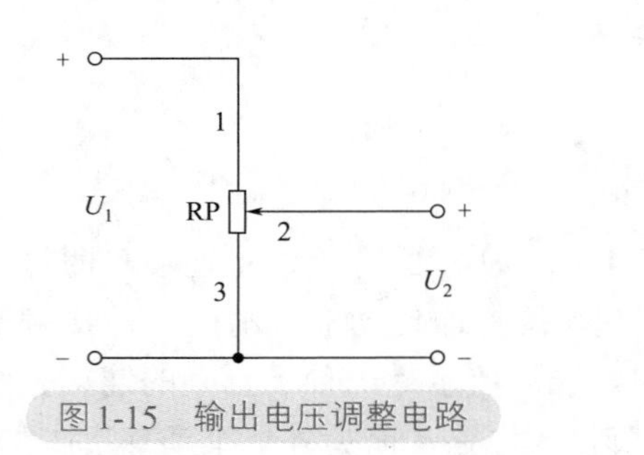

图1-15 输出电压调整电路

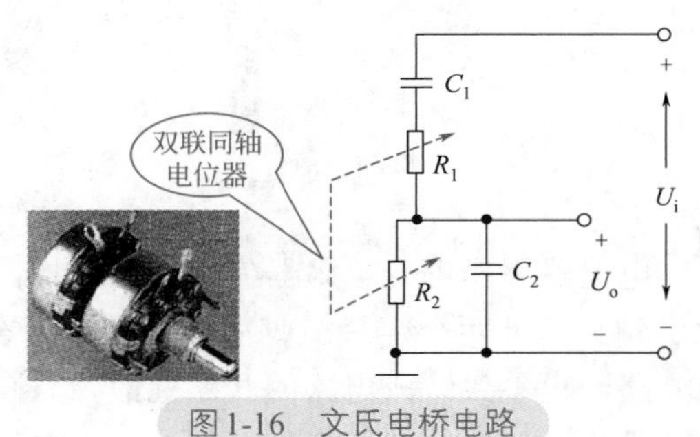

图1-16 文氏电桥电路

1.5.8.3 立体声平衡控制电路

图1-17所示的立体声平衡控制电路中，$RP_{2\text{-}1}$和$RP_{2\text{-}2}$要同步动作，否则将破坏立体声的音响效果。

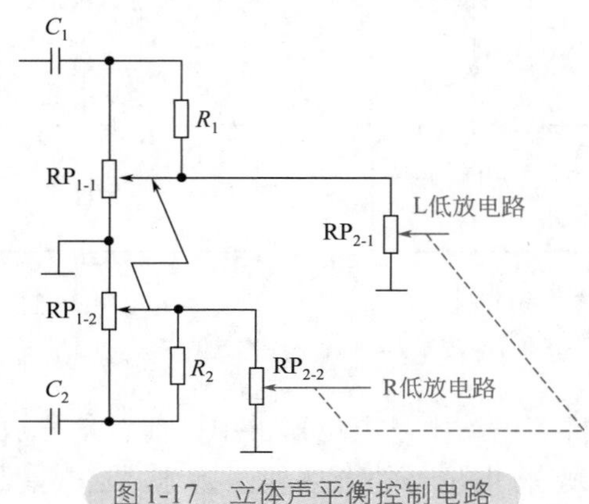

图1-17 立体声平衡控制电路

1.6 超低阻值电阻器和0Ω电阻器

1.6.1 超低阻值电阻器

超低阻值电阻器是一种电阻值非常小的电阻器，主要应用于功率模组、充电器、开关电源供应器、自动化应用的过流保护器、电池保护板、手机、计算机等。

如图1-18所示是几种贴片式超低阻值电阻器实物图，封装形式与普通贴片电阻相同，阻值范围为1mΩ ～ 1Ω。

图1-18 几种贴片式超低阻值电阻器的实物图

贴片式超低阻值电阻器的标称阻值识别方法是：标称阻值标注中主要会出现两个字母R和M，其中R表示小数点，单位是Ω。例如，R003表示0.003Ω，R047表示0.047Ω。用字母M表示时单位也是Ω，M表示10^{-3}，例如，3M5表示0.0035Ω，0M50表示0.0005Ω。

1.6.2 0Ω电阻器

0Ω电阻器的外形与普通电阻器基本一样，只是阻值为0，其上所标的数码为“000”或“0000”，如图1-19所示为0Ω电阻器的实物外形图。

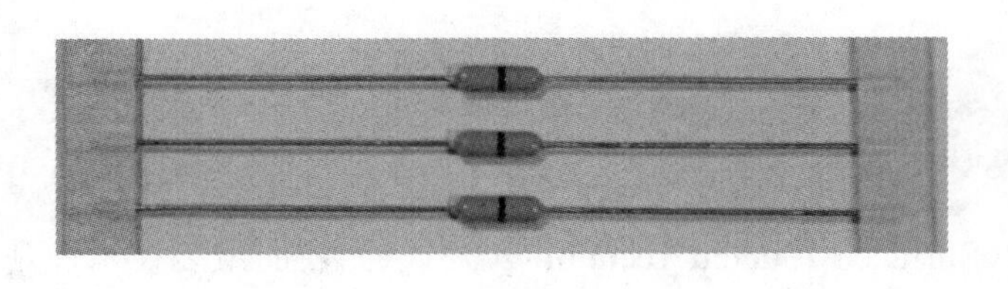

图1-19 0Ω电阻器的实物外形图

0Ω电阻器的主要作用有以下几个方面。

1.6.2.1 PCB电路板中走线需要

如果印制电路板（PCB）上布线时，出现实在无法绕过的情况，可以用一个0Ω电阻器跨过，如图1-20所示。因为两条铜箔电路无法垂直通过，此时就可以使用0Ω电阻器。

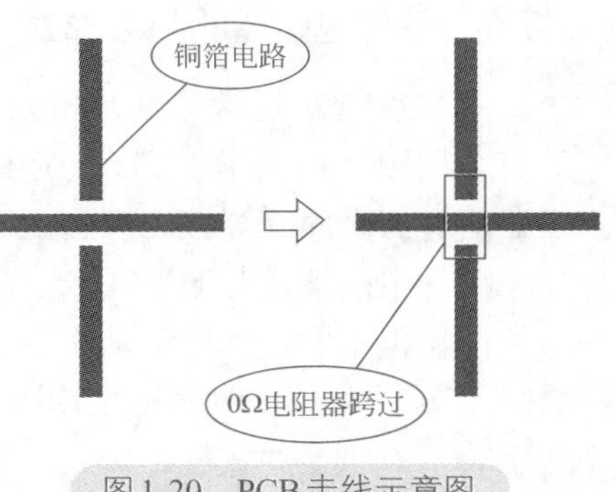

图1-20 PCB走线示意图

1.6.2.2 预留电流测量口

如图1-21所示是电流测量口示意图，因为测量电流需要断开铜箔电路，此时可以在铜箔电路中先预留一个测量口，然后用一个0Ω电阻器焊接上。如果需要进行电流测量就可以取下这个0Ω电阻器，将万用表电流挡串入电路即可进行电流测量。

1.6.2.3 连接两种不同的地线

如图1-22所示电路中有两种地，一个是数字地，另一个是模拟地，电路中出现数字地和模拟地两种地是为了防止数字电路和模拟电路的相互干扰。但是，数字地和模拟地最后要通过一个点连在一起，这就需要通过电路中的0Ω电阻器R_2连接起来。

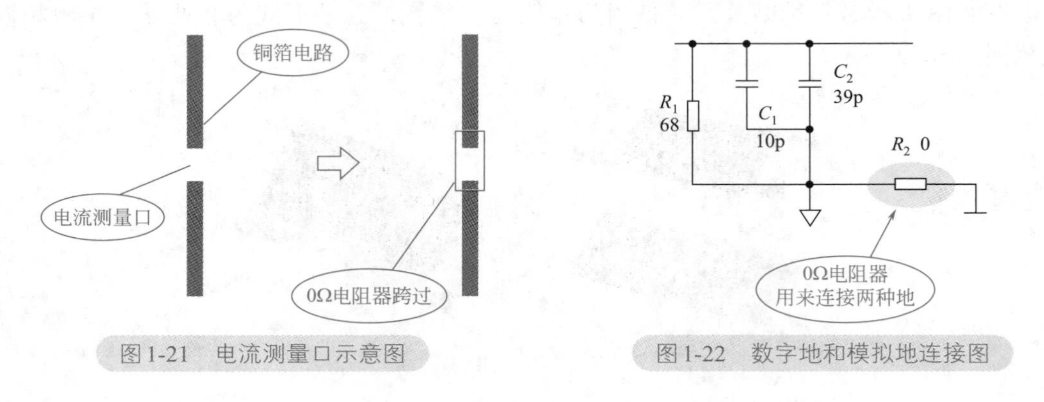

图1-21 电流测量口示意图

图1-22 数字地和模拟地连接图

1.6.2.4 作为电路中的过流保险电阻器

0Ω电阻器理论上的电阻值为零，实际上还是存在很小电阻的，当流过0Ω电阻器的电流达到一定程度时，0Ω电阻器会烧断，能起到过流熔断电阻器的作用。不同尺寸的0Ω电阻器允许流过的电流不同，一般0603封装形式的贴片0Ω电阻器的工作电流是1A，0805封装形式的贴片0Ω电阻器工作电流是2A，所以不同电流的电路应该选用不用封装形式的0Ω电阻器。

1.7 贴片电阻器

贴片电子元器件源于SMT（Surface Mounted Technology），意为表面组装技术，是目前电子组装行业最流行的一种技术和工艺。在电子技术高速发展的今天，大量的数字产品采用SMT，所用的电阻器大都是贴片电阻器。

1.7.1 贴片电阻器的封装形式

图1-23所示是常见贴片电阻器的外形。它采用长方体结构，没有引脚，电阻器的两头敷有金属膜（相当于引脚），应用时，只要将电阻器牢牢贴在电路板上，再用焊锡将贴片电阻器两头的金属膜焊接在焊盘上即可。

贴片电阻器的封装常用长宽尺寸来表示，常见的封装形式有9种。封装形式不同，电阻器的体积也不同，其标称功率也不同，详见表1-15。在实际使用中，有的采用公制表示，有的采用英制表示。但无论采用哪种表示方法，都是前两位数字代表电阻器的长度，后两位数字表示电阻器的宽度。

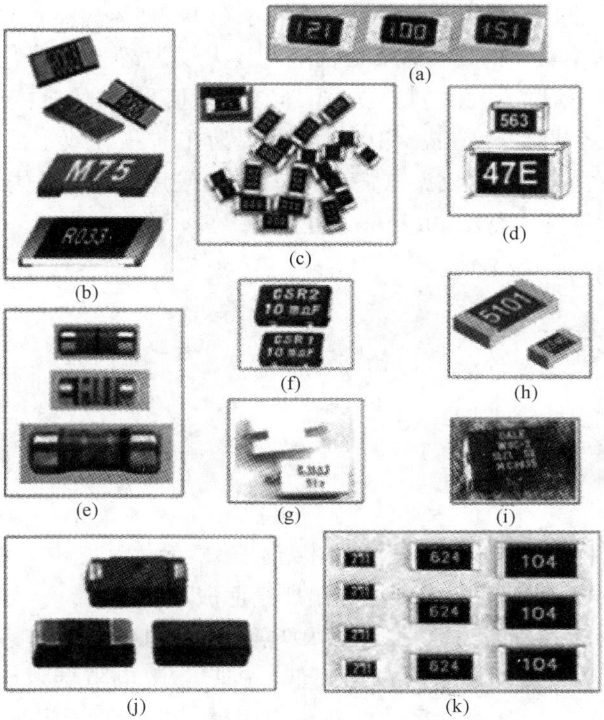

图1-23 贴片电阻器的外形

表1-15 贴片电阻器的封装与功率关系表

采用公制表示的封装	长度/mm	宽度/mm	厚度/mm	功率/W	相当于英制表示的封装
0603	0.6±0.05	0.3±0.05	0.23±0.05	1/20	0201（20mil×10mil）
1005	1.0±0.1	0.5±0.1	0.3±0.1	1/16	0402（40mil×20mil）
1608	1.6±0.15	0.8±0.15	0.4±0.1	1/10	0603（60mil×30mil）
2012	2.0±0.2	1.25±0.15	0.5±0.1	1/8	0805（80mil×50mil）
3216	3.2±0.2	1.6±0.15	0.55±0.1	1/4	1206（120mil×60mil）
3225	3.2±0.2	2.5±0.2	0.55±0.1	1/3	1210（120mil×100mil）
4832	4.5±0.2	3.2±0.2	0.55±0.1	1/2	1812（180mil×120mil）
5025	5.0±0.2	2.5±0.2	0.55±0.1	3/4	2010（200mil×100mil）
6432	6.4±0.2	3.2±0.2	0.55±0.1	1	2512（250mil×120mil）

注："±"号后面的数字代表制作误差，1mil=0.0254mm。

由于贴片电阻器的体积很小，因此其封装形式一般不会标在电阻器的表面上，而只标在电阻器的包装袋上。如某一袋贴片电阻器的封装形式为2012，查表1-13可知，这是公制表示的封装形式，电阻器的长度为2.0mm，宽度为1.25mm，功率为1/4W，相当于英制表示的0805封装形式。

1.7.2 贴片电阻器的阻值识别

贴片电阻器的阻值通常标在电阻器的表面上。贴片电阻器四周侧面为白色，两侧为焊端，上表面为深色并印有几位数字。常用的贴片电阻器有两种精度，一种为5%（允许误差为±5%），另一种为1%（允许误差为±1%）。对于精度为5%的贴片电阻器，其阻值采用3位数码标注。当采用3位数字时，可用*abc*表示，其大小为$ab \times 10^{c}$，例如103，其阻值大小为10×10^{3}=10kΩ。对于精度为1%的贴片电阻器，其阻值采用4位数来标注。当采用4位数字时，可用*abcd*表示，其大小为$abc \times 10^{d}$（或理解为在前三位数字后面补上*d*个0），例如4702，其阻值大小为470×10^{2}=47kΩ。对于几点几欧姆或几点几几欧姆的阻值，用字母“R”来代替小数点，如5R6表示5.6Ω，0R22表示0.22Ω。

1.8 敏感电阻器

1.8.1 热敏电阻器及应用电路

1.8.1.1 热敏电阻器

热敏电阻器是一种电阻值随温度变化的半导体热敏元件，它由一些金属氧化物，如钴、锰、镍等氧化物采用不同比例的配方，经高温烧结而成。

热敏电阻器分为NTC（负温度系数）热敏电阻器和PTC（正温度系数）热敏电阻器两大类。NTC热敏电阻器阻值随温度升高而降低，PTC热敏电阻器阻值随温度升高而增大。通常所说的热敏电阻器是指负温度系数的热敏电阻器，主要用于温度检测、温度控制、温度补偿等。

热敏电阻器在电路中用符号R_{f}或R表示，图1-24所示为常用NTC热敏电阻器的实物外形图，图1-25所示为热敏电阻器的图形符号。

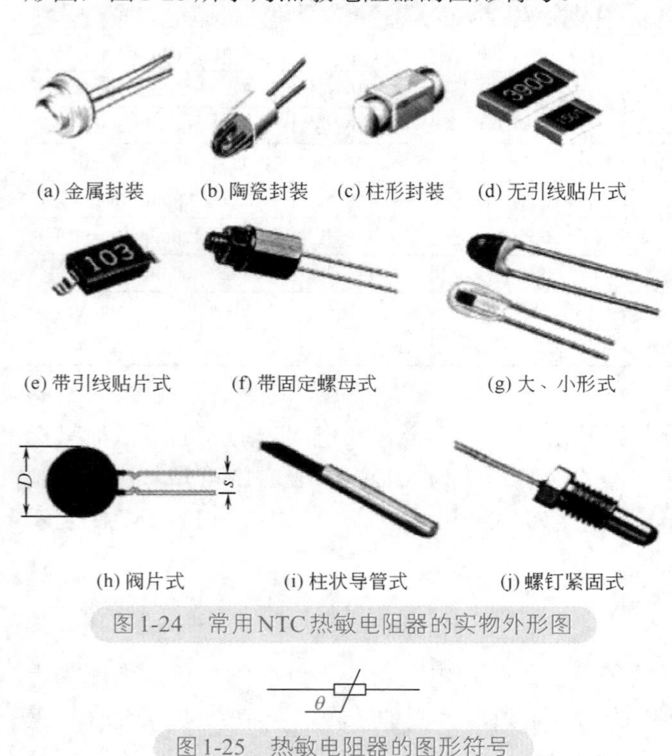

图1-24 常用NTC热敏电阻器的实物外形图

图1-25 热敏电阻器的图形符号

1.8.1.2 热敏电阻器及应用电路

图1-26所示电路是由热敏电阻器构成的惠斯登电桥测温电路，适用于对温度进行测量及调节的场合。电路中，R_1、R_2、R_3、R_{T}构成电桥，根据不同的测量环境，选择不同的桥路电阻值和电源值。

当环境温度变化时，热敏电阻器R_{T}的电阻值发生变化，电桥的输出电压U_{o}也会发生变化。因此，U_{o}的大小可间接反映所测量温度的大小。

1.8.2 光敏电阻器及应用电路

1.8.2.1 光敏电阻器

光敏电阻器又称光导管，其工作原理基于内光电效应。在光的作用下，其电阻值一般随光照增强而减小，随光照减弱而增大。

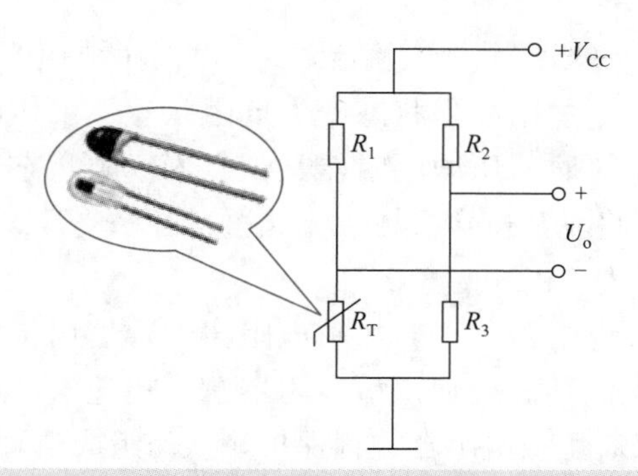

图1-26 由热敏电阻器构成的惠斯登电桥测温电路

常见的光敏电阻器成分有硫化镉（CdS）、硫化铅（PbS）、锑化铟（InSb）。

光敏电阻器的符号及外形如图1-27所示。

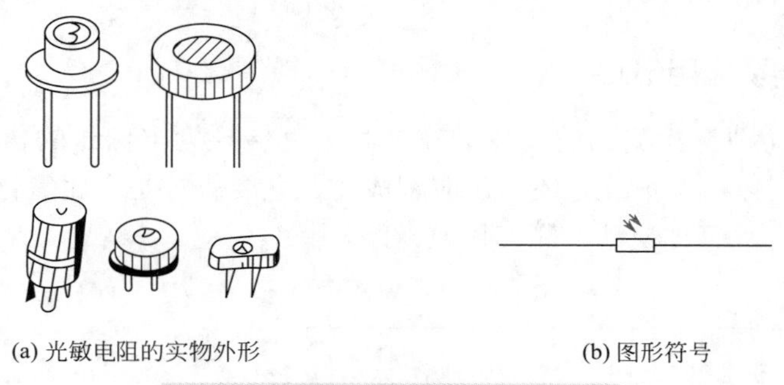

(a) 光敏电阻的实物外形　　(b) 图形符号

图1-27 光敏电阻器的符号及外形

当有光照射透明窗时，电路中有电流产生，从而实现了由光信号到电信号的转换。利用光敏电阻器的这一特性，可以制作各种光控开关等电子电路。

1.8.2.2 光敏电阻器应用电路

图1-28所示电路是晶体管光控开关电路。适当地选取R_1的阻值，当处于暗环境中时，光敏电阻器的阻值很大，与R_1分压后，A点电位高于三极管VT的导通阈值，VT导通，输出U_o=0V；当光敏电阻器R_G见光时，阻值急剧变小，A点电位迅速降低，VT截止，输出U_o为高电平。

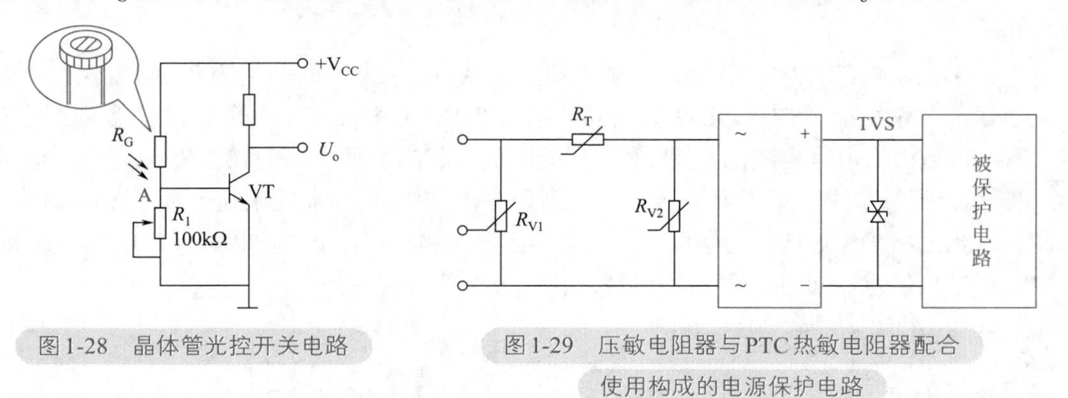

图1-28 晶体管光控开关电路

图1-29 压敏电阻器与PTC热敏电阻器配合使用构成的电源保护电路

1.8.3 压敏电阻器及应用电路

压敏电阻器是一种半导体非线性电阻。当两端所加电压低于标称额定电压时，压敏电阻器的电阻值接近无穷大，内部几乎无电流流过；当两端所加电压略高于标称额定电压时，压敏电阻器将迅速击穿导通，并由高阻状态变为低阻状态，工作电流也急剧增大；当两端所加电压又低于标称额定电压时，压敏电阻器又恢复为高阻状态；当两端所加电压超过最大限制电压时，压敏电阻器将完全击穿损坏，无法再自行修复。

压敏电阻器的文字符号为“R”或“RV”。

图1-29所示电路是压敏电阻器与PTC热敏电阻器配合使用构成的电源保护电路。利用压敏电阻器过电压产生的电流和温度使热敏电阻器响应迅速，利用热敏电阻器阻值上升对电压和电流的影响，反过来对压敏电阻器进行保护，从而组成电源的保护。

该电路的工作原理是：大电压加在电路上，先作用于压敏电阻器R_{V2}产生大电流，大电流经过热敏电阻器R_T，使其发热而进入高阻状态，热敏电阻器R_T承受了主要的电压，使后面的被保护电路不会因电压过大而烧坏。压敏电阻器R_{V1}的作用主要是对雷击浪涌的保护。

1.8.4 气敏电阻器及应用电路

气敏电阻器是一种将检测到的气体的成分和浓度转换为电信号的传感器，它是利用某些半导体吸收某种气体后发生氧化还原反应制成的，主要成分是金属氧化物。

图1-30所示为有害气体自动检测和排放电路。

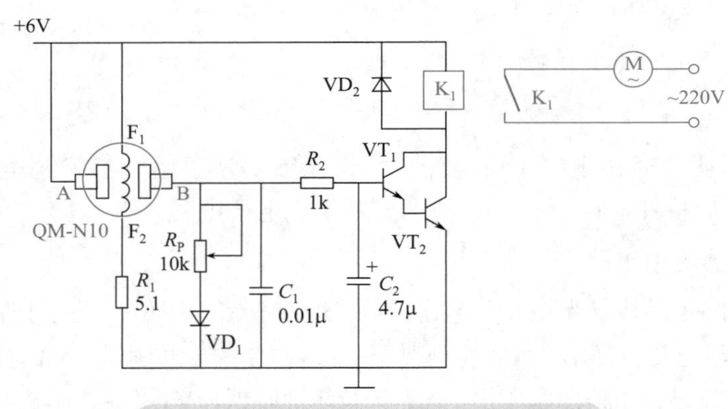

图1-30 有害气体自动检测和排放电路

如果在室内纯净的空气中，气敏电阻器的A、B两脚之间的电阻R_{AB}阻值较大，+6V直流电压经气敏电阻器的A、B两脚之间的电阻R_{AB}和R_P分压，B脚的电位较低，因而送到三极管VT_1基极的电压也较低，VT_1和VT_2处于截止状态，继电器的线圈K_1没有电流通过，触点K_1不会闭合，排气扇不会运转。当检测到有害气体时，R_{AB}的阻值会变小，B脚的电位升高，送到三极管VT_1基极的电压也升高，导致VT_1和VT_2处于导通状态，继电器的线圈K_1有电流通过，触点K_1闭合，排气扇运转，将有害气体排到室外。

1.8.5 磁敏电阻器及应用电路

磁敏电阻效应是指某些材料的电阻值受磁场的影响而改变的现象，简称磁阻效应。其基本原理是：在两端设置电流电极的元件中，由于外界磁场的存在，改变了电流的分布，电流所流经的途径变长，导致电极间的电阻值增加，如图1-31所示。

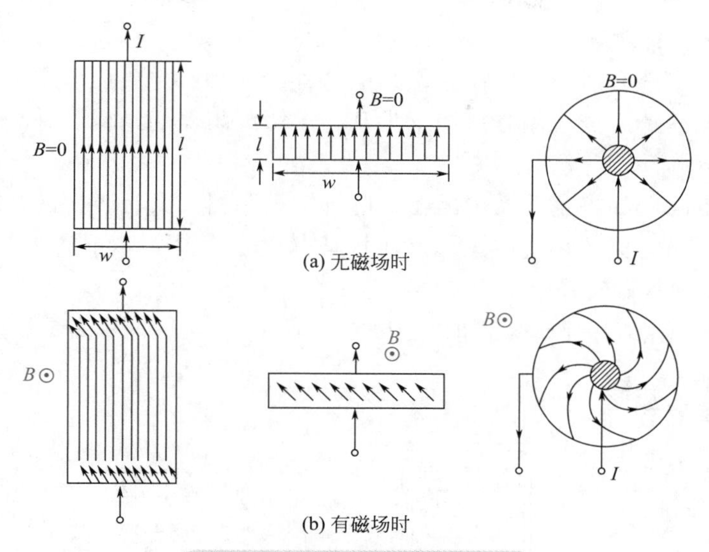

图1-31 磁阻元件原理示意图

磁阻传感器主要用来检测磁场的存在、强弱、方向和变化等。

图1-32（a）所示的电路就是由磁敏电阻器构成的磁片移动方向判别电路。

磁敏电阻器R_{M1}和R_{M2}采用串联方式是为了改变磁敏电阻的温度特性，磁片A方向移动时，VT_1先导通，其集电极输出如图1-32（c）所示脉冲信号。若磁片继续移动，远离R_{M1}而靠近R_{M2}，则VT_1截止，而VT_2导通。VT_1和VT_2按照磁场的变化，输出如图1-32（c）所示脉冲信号。根据脉冲信号出现的先后，就可判别磁片的移动方向。

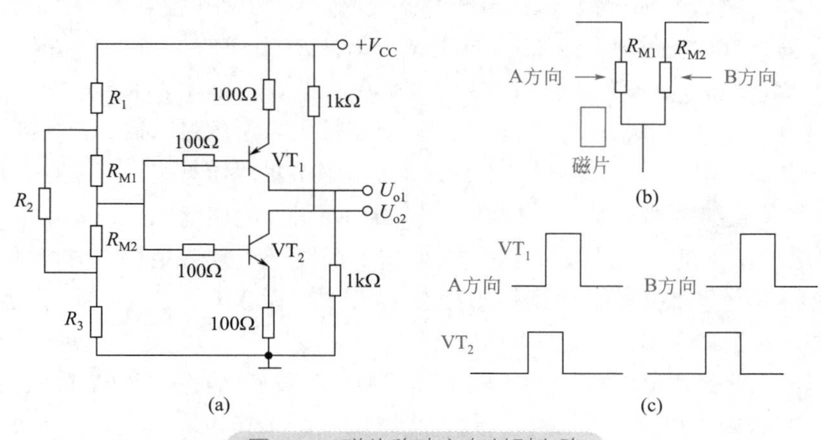

图1-32 磁片移动方向判别电路

1.8.6 湿敏电阻器及应用电路

湿度传感器是能够感受外界湿度变化，并利用敏感元件的物理或化学性质将湿度信号转换成电信号的器件。湿度传感器的种类繁多，按照结构不同可分为电阻式和电容式两大类，其基本形式都是在基片上涂覆感湿材料形成感湿膜。其工作原理都是当空气中的水蒸气吸附于感湿材料后，元件的阻抗、介质常数发生很大变化，从而反映出被测空气中的湿度情况。

湿敏电阻器是一种对环境湿度敏感的元件，其阻值会随着环境的相对湿度变化而变化。湿敏电阻器是利用某些介质对湿度比较敏感的特性制成的，主要由感湿层、电极和具有一定机械强度的绝缘基体组成。图1-33所示为几种湿敏电阻器的结构和外形。它的感湿特性随着使用材料的不同而有差别。

半导体湿敏电阻器如陶瓷湿敏电阻器、硅湿敏电阻器，具有较好的热稳定性和较强的抗污能力，能在恶劣污染的环境中工作，而且具有湿度范围宽、可加热清洗等特点，在日常生活和工业控制中获得较好应用。

湿敏电阻器在电路中用字母R或RS表示，在电路中的图形符号如图1-34所示。

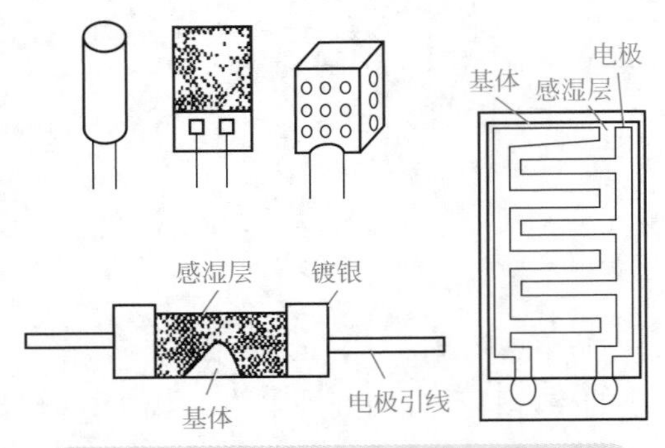

图1-33　几种湿敏电阻器的结构和外形

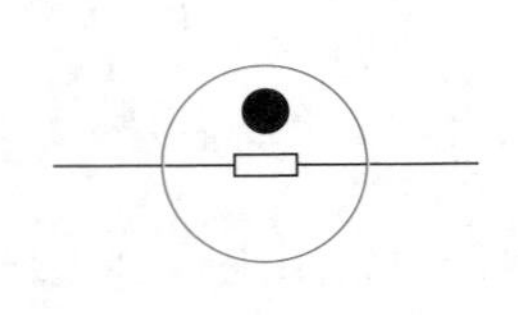
图1-34　湿敏电阻器的图形符号

图1-35所示电路为汽车后窗玻璃自动去湿装置原理图。R_H为设置在汽车后窗玻璃上的湿敏传感器，R_L为嵌入玻璃的加热电阻丝（可在玻璃形成过程中将电阻丝烧结在玻璃内或将电阻丝加在双层玻璃的夹层内），K为继电器线圈，K_1为常开触点。晶体管VT_1和VT_2构成施密特触发器，在VT_1的基极上接有电阻R_1、R_2及R_H组成的偏置电路。在常温情况下，调节好各电阻值，因R_H阻值较大，使VT_1导通，VT_2截止，继电器K不工作，其常开触点K_1断开，加热电阻R_L无电流通过。当汽车内外温差较大且湿度过大时，湿敏电阻R_H的阻值减小，当其减小到一定值时，R_H与R_2的并联阻值小到不足以维持VT_1导通，此时VT_1截止，VT_2导通，使其负载继电器K通电，控制常开触点K_1闭合，加热电阻丝R_L开始加热，驱散后窗玻璃上的湿气，同时加热指示灯亮。当玻璃上湿度减小到一定程度时，随着R_H阻值不断增大，施密特触发器又开始翻转到初始状态，VT_1导通，VT_2截止，常开触点K_1断开，R_L断电停止加热，从而实现了自动除湿的控制。

图1-36所示电路是房间湿度控制器电路。图中湿度传感器用KSC-6V集成相对湿度传感器，它采用CMOS集成电路作振荡器，具有线路简单、工作可靠、制作成本低、抗干扰能力强、具体功耗低等特点。KSC-6V型湿度传感器的输出灵敏度为1mV/%RH。

传感器的相对湿度值为0~100%，所对应的输出信号为0~100mV。将传感器输出信号分成三路分别接在A1的反相输入端、A2的同相输入端和显示器的正输入端。A1和A2为开环应用，作为电压比较器，只需将R_{P1}和R_{P2}调整到适当的位置，便构成上、下限控制电路。当相对湿度下降时，传感器输出电压值也随着下降；当降到设定数值时，A1的1脚电位将突然升高，使VT_1导通。同时，LED1发绿光，表示空气太干燥，KA1吸合，接通超声波加湿机。当相对湿度上升时，传感器输出电压值也随着上升，升到一定数值时，KA1释放。

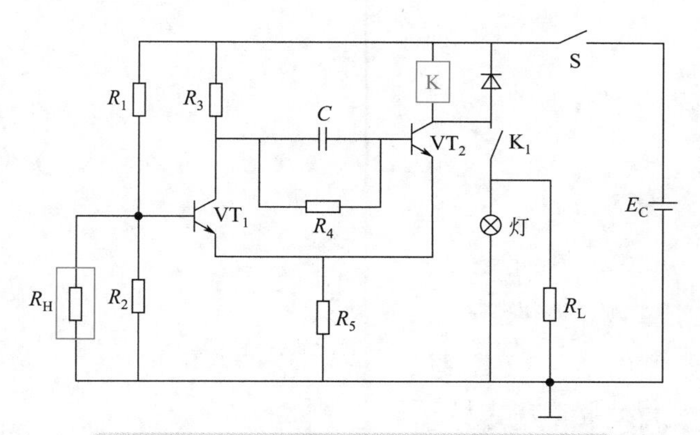

图1-35 汽车后窗玻璃自动去湿装置原理图

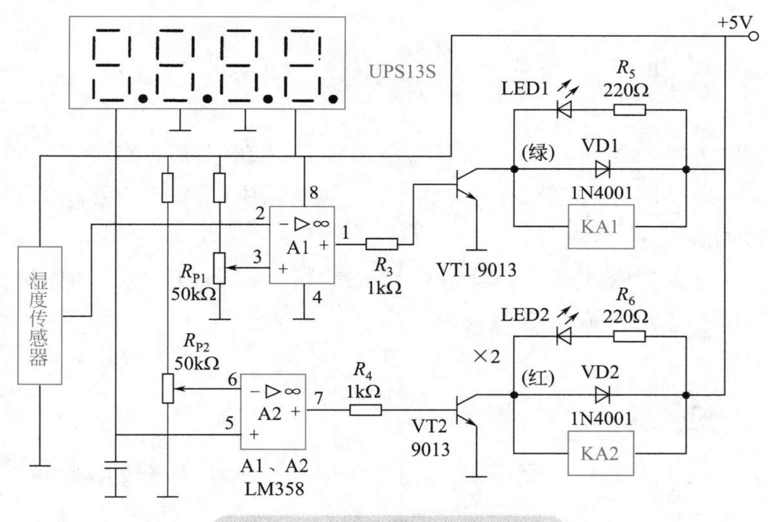

图1-36 房间湿度控制器电路

相对湿度继续上升，如超过设定数值时，A2的7脚将突然升高，使VT_2导通。同时，LED2发红光，表示空气太潮湿，KA2吸合，接通排气扇，排除空气中的潮气。相对湿度降到一定数值时，KA2释放，排气扇停止工作。这样，室内的相对湿度就可以控制在一定范围内。

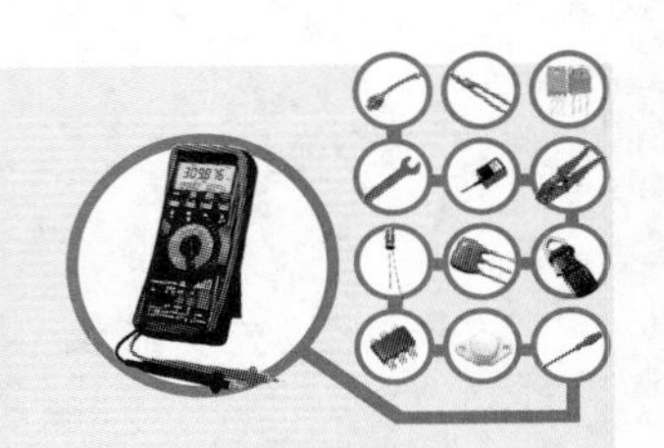

第2章 电感器与变压器

2.1 电感器基础知识

电感是闭合回路的一种属性。当线圈通过电流后，在线圈中形成感应磁场，感应磁场又会产生感应电流来抵制通过线圈中的电流。这种线圈中的电流与磁场的相互作用关系称为电的感抗，也就是电感。

电感具有通直流、阻交流，通低频、阻高频的特性，在电子领域中应用极为广泛。例如，在电视机中，电感元件遍布电源电路、中频电路及扫描电路，是应用最为广泛的元件之一。

2.1.1 电感器的外形与分类

为适应各种用途的需要，电感线圈做成了各种形状，外形如图2-1所示。

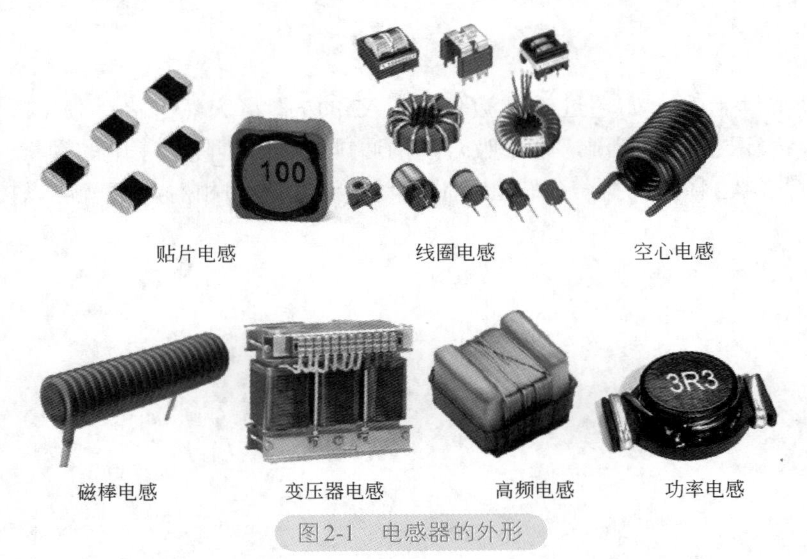

图2-1 电感器的外形

常用电感器的分类如下：

（1）按电感器的形式分类，如图2-2所示，有固定电感器、可调电感器、微调电感器。固定电感一般采用带引线的软磁工字磁芯，电感可做在10～22000μH，Q值控制在40左右。

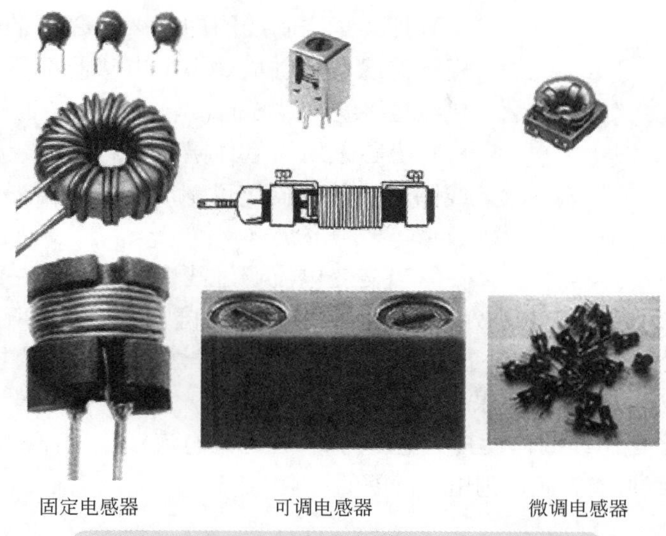

图2-2 固定电感器、可调电感器、微调电感器

（2）按磁体的性质分类，如图2-3所示，有空心线圈、铜芯线圈、铁芯线圈和铁氧体线圈。

（3）按结构特点分类，如图2-4所示，有单层线圈、多层线圈、蜂房线圈。

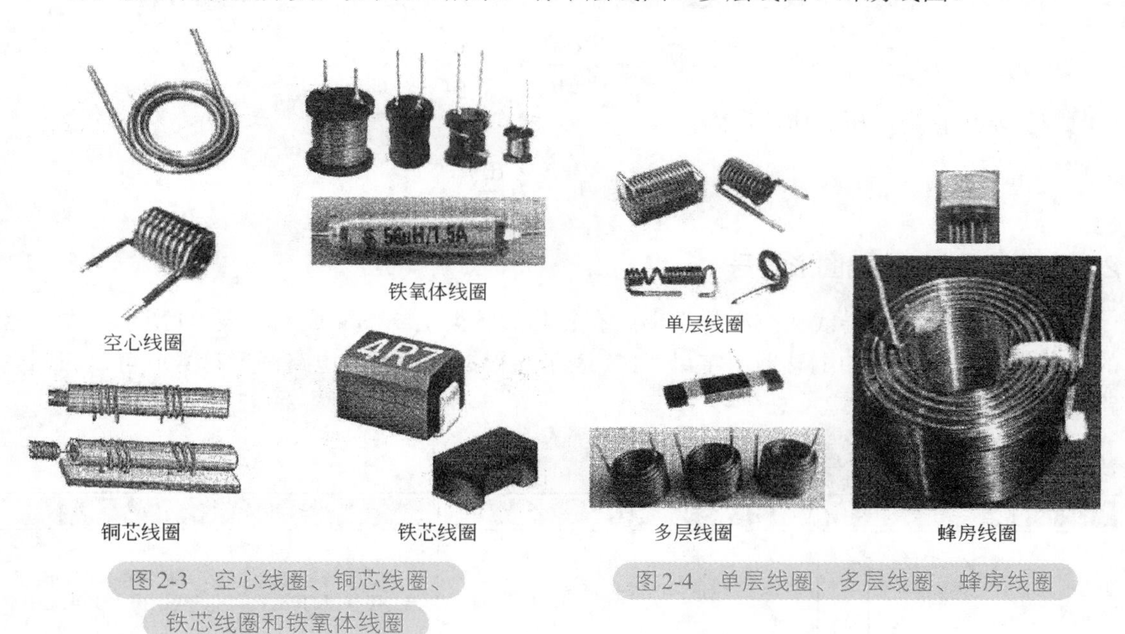

图2-3 空心线圈、铜芯线圈、铁芯线圈和铁氧体线圈

图2-4 单层线圈、多层线圈、蜂房线圈

2.1.2 电感器的结构及工作原理

电感器一般由线圈、骨架、铁芯或磁芯以及屏蔽罩、封装材料等组成。

线圈是电感器的基本组成部分，按其绕制方法的不同，有单层和多层之分。单层线圈又可分为密绕和间绕两种形式，多层线圈也有平层平绕、分段绕、蜂房绕等形式，线圈使用的材料是漆包线或纱包线。

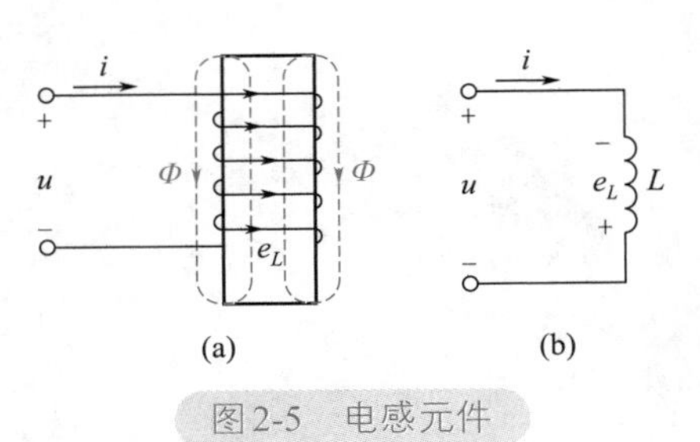

图2-5　电感元件

骨架是绕制线圈的支架，通常采用塑料、胶木、陶瓷等绝缘材料制成。小型电感器可不使用骨架，而将漆包线直接绕在磁芯上。

磁芯采用铁氧体磁芯材料制成，根据用途的不同和线圈结构的不同，可制成棒形、帽形、工形、环形、螺纹形等多种形状。

当交变电流通过线圈时，就会在线圈周围产生交变磁场，使线圈自身产生感应电动势。这种感应现象称为自感现象，它所产生的电动势称为自感电动势，其大小与电流变化量成正比。自感电动势总是企图阻碍电路中电流的变化。电感器就是利用电感线圈的这一原理制成的。

图2-5所示是一电感线圈，设其上电压为u，当通过电流i时，将产生磁通Φ。设磁通通过每匝线圈，如果线圈有N匝，则电感线圈的参数

$$L=\frac{N\Phi}{i}$$

称为电感或自感。线圈的匝数越多，其电感也越大；线圈中单位电流产生的磁通越大，电感也愈大。电感的单位是亨（H）或毫亨（mH）。

当电感元件中磁通Φ或电流发生变化时，在电感元件中产生的感应电动势为

$$e_L=-N\frac{\mathrm{d}\Phi}{\mathrm{d}t}=-L\frac{\mathrm{d}i}{\mathrm{d}t}$$

根据基尔霍夫电压定律可得到

$$u=-e_L=L\frac{\mathrm{d}i}{\mathrm{d}t}$$

2.1.3　电感器的电路图形符号

电感器是将绝缘导线在空心骨架上或有磁芯的骨架上绕制而成的。表2-1所示是电感器的图形符号，电路中的电感器用字母“L”表示。根据电感器的电路图形符号就可以识别电路中的电感器。

表2-1　电感器电路图形符号

电路图形符号	符号名称	说明
L	电感器新的电路图形符号	这是空心电感器的电路图形符号，空心电感器的电感量均较小，所以一般用于高频电路中
	有磁芯或铁芯的电感器电路图形符号	这一电路图形符号中的一条实线表示铁芯，现在统一用这一符号表示有铁芯或磁芯的电感器。磁芯的电感器是应用最广泛的电感器，可以用于低频、中频、高频电路中
	有高频磁芯的电感器电路图形符号	这是过去表示有高频磁芯的电感器电路图形符号，用虚线表示高频磁芯，在一些电路图中还会见到。现在用实线表示有磁芯或铁芯，而不再区分高频和低频

续表

电路图形符号	符号名称	说明
	磁芯中有间隙的电感器电路图形符号	这一电感器电路图形符号表示磁芯中有间隙
	微调电感器电路图形符号	这是有磁芯而且电感量在一定范围内连续调整的电感器，图形符号中的箭头表示电感量可调
	无磁芯有抽头的电感器电路图形符号	这一电感器图形符号表示该电感器没有磁芯或铁芯。该电感器中有一个抽头，有3个引脚

2.1.4 电感器的主要参数

2.1.4.1 电感量L

电感量L也称自感系数，是表示电感元件自感应能力的一种物理量。它表示线圈本身固有特性，与电流大小无关。电感量的基本单位是亨利，简称亨，用字母“H”表示。在实际应用中，一般用毫亨（mH）或微亨（μH）作单位。除专门的电感线圈（色码电感）外，电感量一般不专门标注在线圈上，而以特定的名称标定。

2.1.4.2 允许偏差

允许偏差是指电感线圈电感量的允许偏差。它取决于用途，用于谐振回路或滤波器中的线圈，要求精度高；而一般用于耦合或作为阻流圈的线圈，要求精度不高。如振荡回路的电感线圈，允许偏差为±0.2%～±0.5%；而高频阻流圈和耦合线圈，允许偏差为±10%～±15%。

2.1.4.3 感抗X_L

电感线圈对交流电流的阻碍作用的大小称为感抗。感抗X_L的单位是欧姆。它与电感量和交流电频率的关系为$X_L=2\pi fL$。当交流电通过电感器时，感抗对交流电流的影响类似于电阻对电流的阻碍作用，所以在分析电路时可以将电感器的感抗进行“电阻”的等效理解。

2.1.4.4 品质因数Q

品质因数Q是表示线圈质量的一个物理量。Q为感抗X_L与等效电阻的比值，即$Q=X_L/R$。

线圈的Q值愈高，回路的损耗愈小。线圈的Q值与导线的直流电阻、骨架的介质损耗、屏蔽罩或铁芯引起的损耗、高频趋肤效应的影响等因素有关。线圈的Q值通常为几十到几百。

2.1.4.5 分布电容

它是指线圈的匝与匝间、线圈与屏蔽罩间、线圈与底版间存在的电容。分布电容的存在使线圈的Q值减小，稳定性变差，因而线圈的分布电容越小越好。

2.1.4.6 直流电阻

它是指电感线圈自身的直流电阻，可用数字万用表和欧姆表直接测得。

2.1.4.7 额定电流

额定电流通常是指允许长时间通过电感元件的直流电流值。在选用电感元件时，若电路流过电流大于额定电流值，就需改用额定电流符合要求的其他型号电感器。

2.1.5 电感器的标识方法

电感器上电感量的标识方法有两种。

2.1.5.1 直标法

将电感量直接用文字印刷在电感器上，如图2-6所示。

国产电感器标注允许误差时，分别用Ⅰ、Ⅱ、Ⅲ表示±5%、±10%、±20%。在标注额定电流时，用A、B、C、D、E分别表示50mA、150mA、300mA、0.7A和1.6A。

2.1.5.2 色标法

用色环表示电感量，其单位为μH。色标法如图2-7所示，第1、2环表示两位有效数字，第3环表示倍乘数，第4环表示允许误差。各色环颜色的含义与色环电阻器相同。

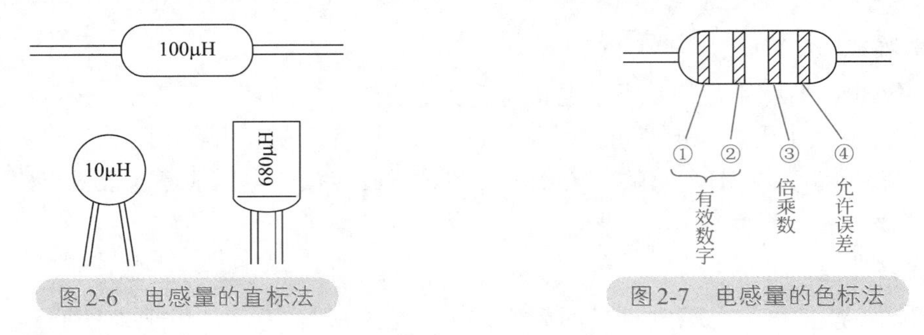

图2-6 电感量的直标法

图2-7 电感量的色标法

2.1.5.3 电感器数字字母混标法

电感器数字字母混标法采用3位数字和1位字母表示，前2位数字表示有效数字，第3位表示有效数字后零的个数，最后1位英文字母表示误差范围，遇有小数点时用字母R表示。采用这种标识方法的通常是一些小功率电感器，其默认单位为μH。

例如183K表示18mH，允许误差为±10%；102J表示1000μH，允许误差为±5%。

2.2 电感器的主要特性

2.2.1 电感器的“通直阻交”特性

电感器的基本特性是通直流、阻交流，通低频、阻高频，详见表2-2。

表2-2 电感器的基本特性

特性	说明
通直流	电感器对直流电而言呈通路，如果不计电感线圈的直流电阻（绕组本身的直流电阻很小，对直流电的阻碍作用很小，在电路分析中可以忽略不计），那么直流电可以畅通无阻地通过电感器
阻交流	由于通过电感器的电流发生变化时，线圈中会发生自感现象，产生自感电动势。自感电动势会阻碍线圈中电流的变化，所以电感器对交流电具有阻碍作用，这种阻碍作用叫感抗，用X_L表示 电感器的感抗大小与两个因素有关：电感器的电感量L和流过电感器的交流电流频率f，其计算公式为$X_L=2\pi fL$

续表

特性	说明
阻高频	从感抗的表达式中可以看出：在电感量一定的条件下，通过电感器的交流电的频率越高，感抗越大，所以电感器具有“阻高频”的作用
通低频	从感抗的表达式中可以看出：在电感量一定的条件下，通过电感器的交流电的频率越低，感抗越小，所以电感器具有“通低频”的作用

电感器的“通直阻交”是指电感器对通过的直流信号阻碍很小，直流信号可以很容易通过电感器，而交流信号通过时会受到很大的阻碍。

电感器对通过的交流信号有很大的阻碍，这种阻碍称为感抗，感抗用X_L表示，感抗的单位是欧姆（Ω）。电感器的感抗大小与自身的电感量和交流信号的频率有关，感抗大小可以用以下公式计算：

$$X_L = 2\pi fL$$

式中，X_L为感抗，单位为欧姆（Ω）；f为交流信号的频率，单位为赫兹（Hz）；L为电感器的电感量，单位为亨利（H）。

从上式可以看出：交流信号的频率越高，电感器对交流信号的感抗越大；电感器的电感量越大，对交流信号的感抗也越大。所以电感器有“通直阻交”“通低阻高”作用。

2.2.2 电感器的电流不能突变的特性

当流过电感线圈的电流大小发生突变时，电感线圈会产生一个反向电动势来维持原电流的大小，即这一反向电动势不让线圈中的电流发生改变。线圈中的电流变化率越大，其反向电动势越大。我们称这种现象为电感的电流不会发生突变特性。

下面通过两个电路来说明这个特性。

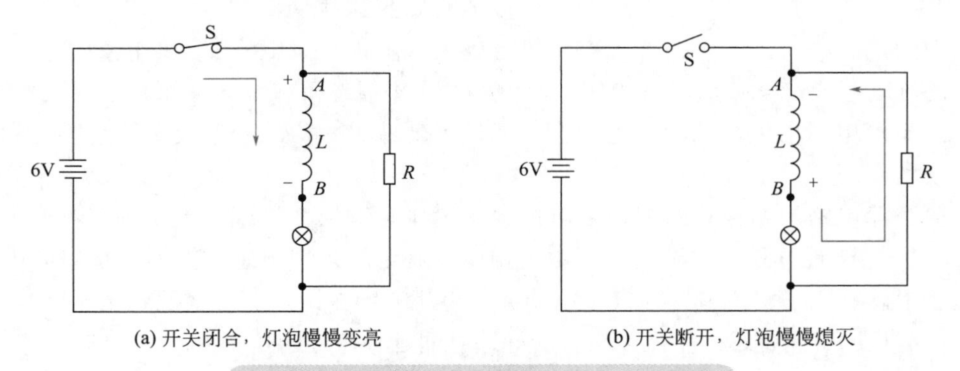

(a) 开关闭合，灯泡慢慢变亮　　(b) 开关断开，灯泡慢慢熄灭

图2-8　电感器的电流不能突变的电路说明图

在图2-8（a）中，当开关S闭合时，会发现灯泡不是马上亮起来，而是慢慢亮起来。这是因为当开关闭合后，有电流流过电感器，这是一个增大的电流（从无到有），电感器马上产生反向电动势来阻碍电流增大，其极性是A正B负，该电动势使A点电位上升，电流从A点流入较困难，也就是说电感器产生的这种电动势对电流有阻碍作用。由于电感器产生A正B负自感电动势的阻碍，流过电感器的电流不能瞬间增大，而是慢慢增大，所以灯泡慢慢变亮，当电流不再增大时，电感器上的电动势消失，灯泡亮度也就不变了。

如果将开关S断开，如图2-8（b）所示，会发现灯泡不是马上熄灭，而是慢慢暗下来。这是因为当开关断开后，流过电感器的电流突然变为0，也就是说流过电感器的电流突然变小（从有到无），电感器马上产生*A*负*B*正的自感电动势，由于电感器、灯泡和电阻器*R*连接成闭合回路，电感器的自感电动势会产生电流流过灯泡，电流方向是：电感器*B*正→灯泡→电阻器*R*→电感器→*A*负，开关断开后，该电流维持灯泡继续发光亮，随着电感器上的电动势逐渐降低，流过灯泡的电流慢慢减小，灯泡也就慢慢变暗。

从上面的电路分析可知，只要流过电感器的电流发生变化，电感器就会产生自感电动势，进而阻碍电感电流的变化。

2.3 电感器的典型应用电路

2.3.1 电感滤波电路

电感滤波是利用电感具有“阻交通直”的特性，使输出的电压波形变成平滑的直流电压波形。当直流输出电流中含有交流电分量，流过电感的电流增加时，在电感线圈中将产生自感电动势，自感电动势方向与电流方向相反，从而阻止电流的增加。电流的增加实际上是电能的增加，电感阻止电流增加的同时将电流增加的这部分电能转换成磁能暂时存储起来。当流过电感线圈的电流减小时，自感电动势与电流方向相同，阻止电流的减小，同时释放出已经存储的能量，以补偿电流的减小。因此，经电感滤波后，输出电流及电压的脉动减小，波形变得平滑。电感滤波电路如图2-9所示。

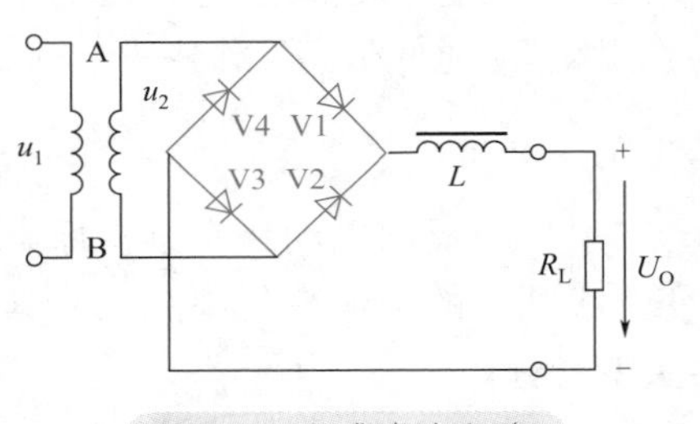

图2-9 电感滤波电路

线圈的电感越大，产生的感应电动势也越大，阻止负载电流变动的能力越强，因此输出电压的脉动越小，滤波效果就越好。但电感大，不但经济成本大，而且线圈匝数也增加，这将导致直流电阻增大，从而引起的直流能量损耗就越大，故一般线圈的电感量为几亨利到十几亨利。

一般整流电路，二极管两端的电压由电源电压与输出（负载）电压确定，输出电压不变时，二极管导通与截止的时间完全由电源电压确定。采用电感滤波后，在电源电压下降时，由于电感阻止了电流减小（自感电动势与电流方向相同，即与电源电压相同），因此将使二极管截止的时间延迟，整流二极管的导通时间延长，导通角变大。

采用电感滤波的主要优点：可以使二极管的导通角接近180°，减小二极管的冲击电流，使流过二极管的电流变得平滑，从而延长了整流二极管的寿命。它适用于负载变动较大、负载电流大的场合，在晶闸管整流电路中应用较多。

如果要求输出电压的脉动更小，则常见电感器与电容器构成的π形LC滤波器。它的滤波效果更好，如图2-10所示。

2.3.2 电感阻流电路

电感器可以用于区分高、低频信号。图2-11所示为来复式收音机中高频阻流圈的应用示例。由于高频阻流圈L对高频电流感抗很大而对音频电流感抗很小，晶体管VT集电极输出的高频信号只能通过C进入检波电路。检波后的音频信号再经VT放大后则可以通过L到达耳机。

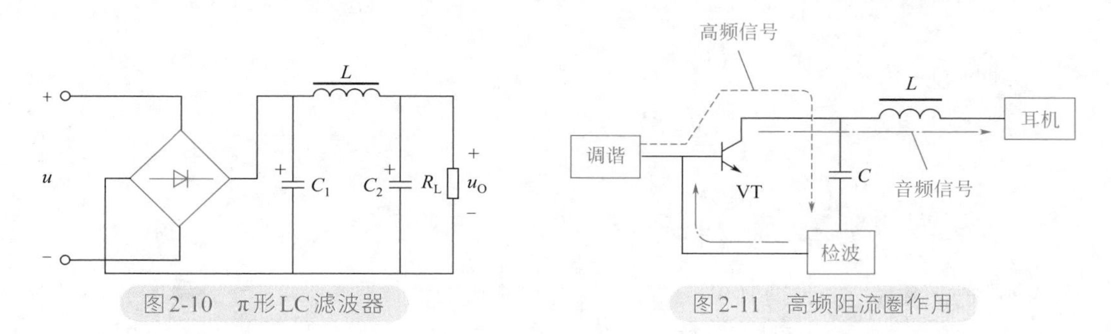

图2-10 π形LC滤波器

图2-11 高频阻流圈作用

2.3.3 振荡电路

如图2-12所示，接通电源后，三极管导通，形成各极电流，电感器中产生电动势并形成正反馈。L和C构成选频电路，可输出所需要的固定频率信号。

2.3.4 调谐电路

电感器可以与电容器组成谐振选频回路。图2-13所示为收音机高放级电路，可变电感器L与电容器C_1组成调谐回路，调节L即可改变谐振频率，起到选台的作用。

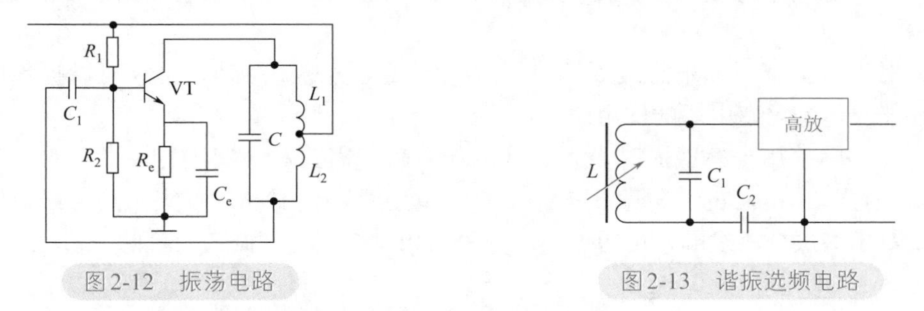

图2-12 振荡电路

图2-13 谐振选频电路

2.3.5 抗高频差模干扰电路/抗高频共模干扰电路

为防止220V交流电对机器的差模高频干扰，在一些抗干扰要求比较高的电子电路中，都需增设L_1、L_2，提高电路的抗干扰能力，如图2-14所示。这一抗干扰电路串联在交流回路中。L_1和L_2不需要接地线，安全性能比较好。

在交流电网中存在差模和共模两种高频干扰，对于共模干扰需要用共模电感来抑制，图2-15中L_1和L_2为共模电感。

2.3.6 电感线圈使用常识

选用电感线圈时应遵循以下原则：

（1）电感线圈的电感、额定电流必须满足电路设计要求。

（2）电感线圈的外形尺寸要符合电路板空间的要求。

（3）电感线圈的工作频率要适合电路的要求。对于低频电路，应选用铁氧体或硅钢片作为磁芯材料，其线圈应能够承受较大的电流；对于音频电路，应选用硅钢片或坡莫合金（指铁镍合金）为磁芯材料；对于高频电路（几十兆赫以上），应选用高频铁氧体作为磁芯，

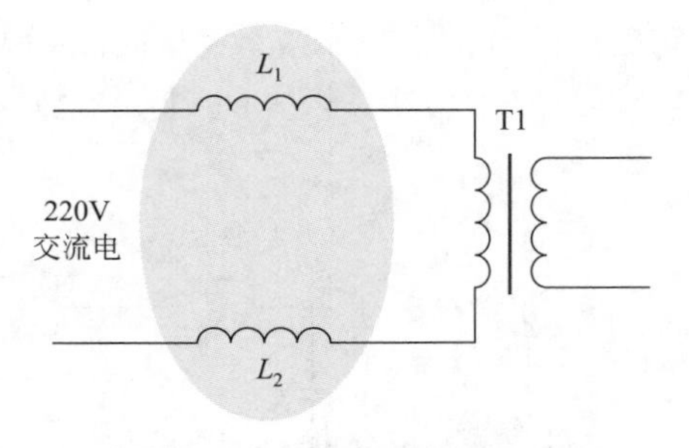

图2-14　抗高频差模干扰电路

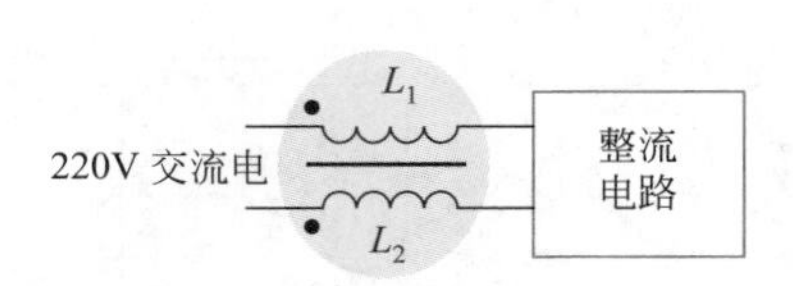

图2-15　抗高频共模干扰电路

也可采用空心线圈，如超过100MHz时，应选用空心线圈。

（4）使用高频阻流圈时，除注意额定电流、电感外，还应选分布电容小的蜂房式电感线圈或多层分段绕制电感线圈。对用于电源电路的低频阻流圈，尽量选用大电感，一般选大于回路电感的10倍以上。

（5）对于不同电路，应选用不同性能的电感线圈，如振荡电路、均衡电路、退耦电路，其电流的性能是不一样的，对电感线圈的要求也不一样。

（6）在更换电感线圈时，不应随意改变线圈的大小、形状。尤其是用在高频电路的空心电感线圈，不要轻易改变它原有的位置或线圈的间距，否则其电感会发生变化。

（7）对于色码电感或小型固定电感线圈，当电感相同、标称电流相同的情况下，可以代换使用。

（8）对于有屏蔽罩的电感线圈，使用时一定要将屏蔽罩接地，这样可以提高电感线圈的使用性能，达到隔离电场的作用。

（9）在实际使用电感线圈时，为达到最佳效果，需要对线圈进行微调，对于有磁芯的线圈，可通过调节磁芯的位置改变电感；对于单层线圈只要改变端头几圈绕线位置就能改变电感；对于多层分段线圈，可通过移动分段的相对距离达到微调的目的。

2.4　变压器

变压器是一种常见的电气设备，在电力系统和电子线路中应用广泛。变压器在电路中主要用作交流电压变换和阻抗变换，即通过变压器将电路电压和阻抗升高或降低。

2.4.1　变压器外形特征

变压器通常有一个外壳，一般是金属外壳，但有些变压器没有外壳，形状也不一定是长方体。变压器引脚有许多，最少有3根，多的达10多根，各引脚之间一般不能互换使用。各种类型变压器都有它自己的外形特征，如中周变压器有一个明显的方形金属外壳。变压器与其他元器件在外形特征上有明显不同，在电路板上很容易识别。图2-16为变压器的实物图。

图2-16　变压器的实物图

2.4.2　变压器结构和工作原理

2.4.2.1　基本结构

变压器的一般结构如图2-17所示。

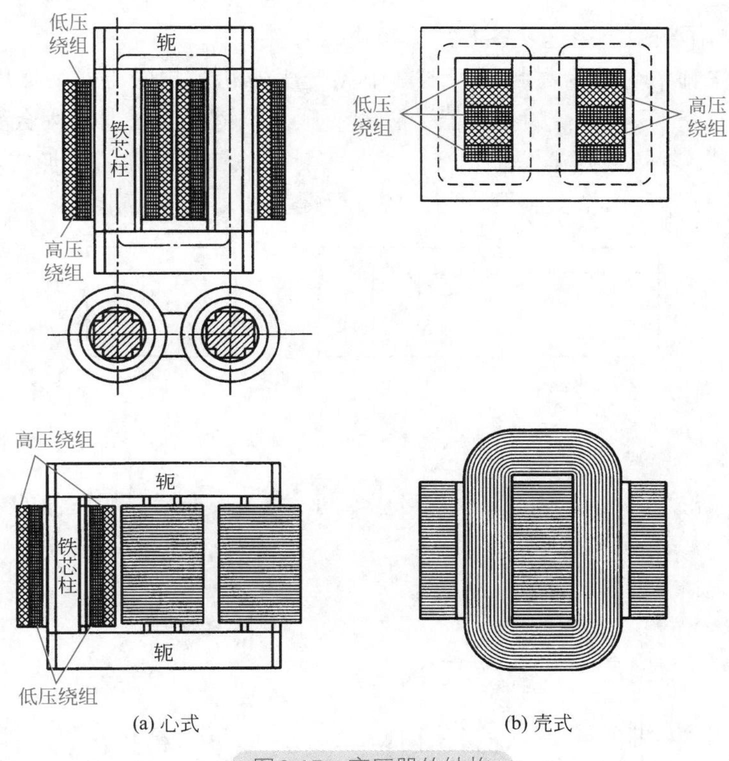

(a) 心式　　(b) 壳式

图2-17　变压器的结构

图2-18所示是变压器结构示意图。图中，左侧是一次绕组，右侧是二次绕组，一次和二次绕组均绕在铁芯上。

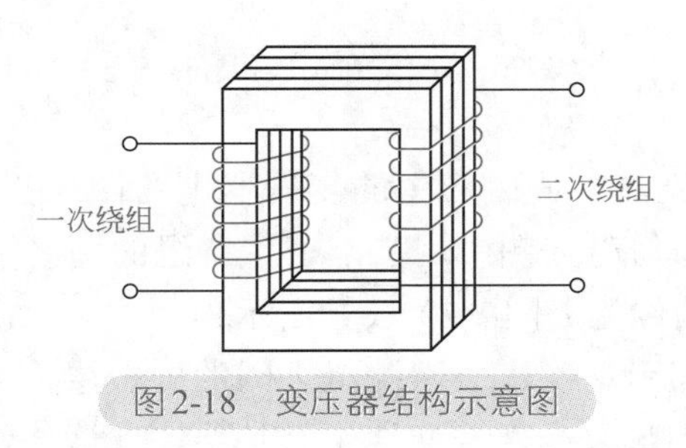

图2-18　变压器结构示意图

变压器主要由铁芯（磁芯）和绕组两部分构成。

（1）铁芯或磁芯。铁芯或磁芯是形成变压器磁路的通道，磁通主要通过铁芯或磁芯形成闭合回路，这一部分磁通为主磁通；少部分通过空气形成漏磁通。为减少漏磁通和损耗，铁芯大多采用磁导率较高且相互绝缘的硅钢片制成。有的变压器没有铁芯或磁芯，这并不妨碍变压器的工作，因为各种用途的变压器对铁芯或磁芯有不同要求。

（2）绕组。绕组是变压器的电路部分，它是采用绝缘良好的漆包线或丝包线绕制而成。

绕组分为一次绕组（也称初级绕组或原边绕组）和二次绕组（也称次级绕组或副边绕组）。一次绕组和二次绕组之间以及绕组与铁芯之间都是绝缘的。

2.4.2.2 变压器的种类及电路图形符号

（1）分类。变压器的种类繁多，专用变压器的种类很多，但是基本工作原理相同。变压器可以根据其工作频率、用途及铁芯形式等进行分类。

变压器按工作频率可分为高频变压器、中频变压器和低频变压器；按用途可分为电源变压器（包括电力变压器）、音频变压器、脉冲变压器、恒压变压器、耦合变压器、升压变压器、隔离变压器、输入变压器、输出变压器等多种；按铁芯（磁芯）形式可分为EI型或E型变压器、C型变压器和山型变压器。图2-19所示是变压器的铁芯形状。

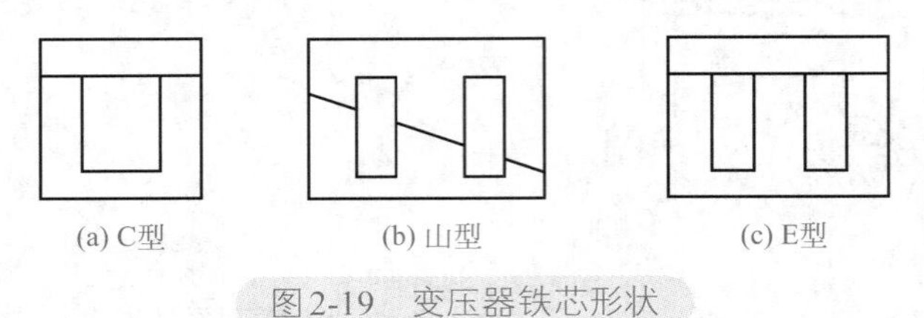

图2-19 变压器铁芯形状

（2）电路图形符号。变压器的文字符号用字母“T”来表示。变压器的电路图形符号如图2-20所示。

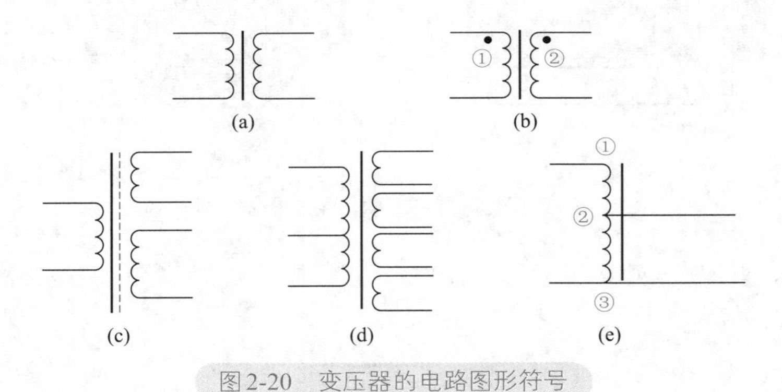

图2-20 变压器的电路图形符号

图2-20（a）所示是带铁芯（或磁芯）的变压器电路图形符号；图2-20（b）所示是标出同名端的变压器电路图形符号，图中用黑点表示绕组的同名端，同名端代表一次绕组和二次绕组上端的信号是同相位的；图2-20（c）所示为一次、二次绕组之间带有屏蔽层的变压器电路图形符号，虚线表示一次、二次绕组之间的屏蔽层，实线表示铁芯；图2-20（d）所示为多绕组变压器电路图形符号，一次绕组有抽头，二次绕组有多个绕组；图2-20（e）所示为自耦变压器电路图形符号，①～③为一次绕组，②～③为二次绕组，②端为①～③的一个抽头。

2.4.2.3 变压器的命名

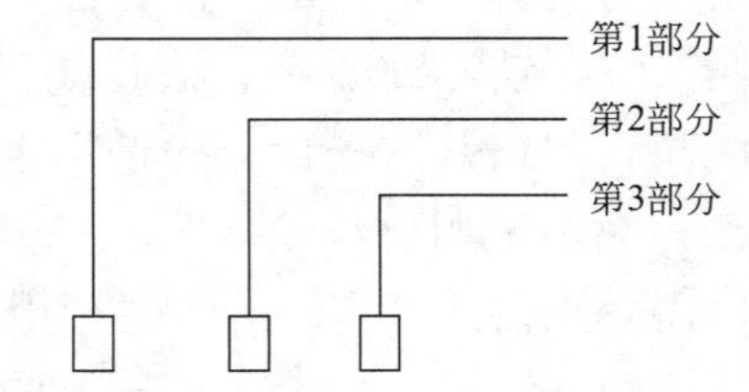

在国产变压器中，变压器的型号主要由三部分组成：第1部分为主称，用字母表示变压器的名字。如表2-3

所示为变压器型号中主称部分字母所代表的意义。

表2-3　变压器型号中主称部分字母所表示的意义

字母	意义	字母	意义
CB	音频输出变压器	HB	灯丝变压器
DB	电源变压器	RB	音频输入变压器
GB	高压变压器	SB或EB	音频输送变压器

第2部分为变压器的功率部分，用数字表示，计量单位用VA或W标示，但RB型变压器除外。

第3部分为序号，用数字表示。

如DB-50-2，表示功率为50W的电源变压器。

2.4.2.4　工作原理

变压器是利用互感原理制成的电磁元件。当在一次绕组加交流电压时，一次绕组中有了交流电流，将产生交变磁场，此交变磁场切割二次绕组，在二次绕组就得到了次级交流输出电压，且二次输出电压与一次输入电压频率和变化规律相同。改变两个绕组的匝数比n，就会在二次绕组上得到不同的电压。

综上所述，给变压器一次绕组输入交流电压时，它的二次绕组两端输出交流电压，这是变压器的基本工作原理。

2.4.3　变压器常用参数及参数识别方法

2.4.3.1　变压比K

变压器的变压比表示一次绕组匝数和二次绕组匝数之间的关系。

变压器的变压比K与一、二次绕组的匝数和电压有效值之间的关系如下：

$$K = N_1 / N_2 = U_1 / U_2$$

式中，N_1为变压器一次绕组的匝数；N_2为变压器二次绕组的匝数；U_1为变压器一次绕组两端的电压；U_2为变压器二次绕组两端的电压。

当变压器额定运行时，若忽略空载损耗，可得变压器一、二次侧电流有效值的关系为

$$I_1 / I_2 = N_2 / N_1 = 1 / K$$

由此可以看出，K值可能大于1、小于1或等于1。变压比$K>1$是降压变压器，$K<1$是升压变压器，K=1是1∶1变压器。

不同K值时，变压器一次、二次绕组参数间的关系如表2-4所示。

表2-4　不同K值时，变压器一次、二次绕组参数间的关系

K值	变压器形式	匝数关系	阻抗关系	电压关系	电流关系	功率关系
$K>1$	降压变压器	$N_1>N_2$	$Z_1>Z_2$	$U_1>U_2$	$I_1<I_2$	相等
$K<1$	升压变压器	$N_1<N_2$	$Z_1<Z_2$	$U_1<U_2$	$I_1>I_2$	
$K=1$	1∶1隔离变压器	$N_1=N_2$	$Z_1=Z_2$	$U_1=U_2$	$I_1=I_2$	

2.4.3.2 额定功率

它是指在规定的工作频率和电压下，变压器能长期工作而不超过规定温升时的输出功率，其单位为V·A。此参数是电源电压器的一个重要参数，它反映了变压器所能传送电功率的能力。

2.4.3.3 最高工作温度和温升

最高工作温度是在保证变压器绝缘长期可靠运行的前提下，所允许的最高长期工作温度。温升是指变压器工作一段时间后，温度上升到稳定值时，变压器温度高于环境温度的差值。不同绝缘等级的最高工作温度和温升不同。一般变压器的温升越小越好，而最高允许温度越高，说明其绝缘等级越好。

2.4.3.4 效率η

变压器在传输电能过程中，一、二次绕组和铁芯都有电能损耗，致使输出功率略小于输入功率。输出功率P_2与输入功率P_1之比称为变压器的效率，通常用%表示，即

$$\eta = (P_2 / P_1) \times 100\%$$

小型变压器的效率为60%～90%。

2.4.3.5 绝缘电阻

绝缘电阻是反映变压器各绕组间以及绕组与铁芯间绝缘性好坏的参数。在理想情况下，各绕组间以及绕组与铁芯间绝缘电阻应为无穷大，但实际上有一定的电阻值，这一电阻值称为绝缘电阻。

不同类型的变压器，其绝缘电阻的要求是不一样的，通常低压电源变压器的绝缘电阻应在10MΩ以上，绝缘电阻过小可能引起绕组短路或外壳带电。

2.4.3.6 频率响应

频率响应是指每个变压器都有一定的工作频率范围，超出其频率范围，传输信号时会出现失真。它是衡量变压器传输不同频率信号能力的主要参数。在低频和高频段，由于各种原因（一次绕组的电感、漏感）会造成变压器传输信号的能力下降（信号能量损耗），使频率响应变劣。

2.4.4 变压器的特性

2.4.4.1 变压器的阻抗变换作用

变压器的阻抗变换是指其电压比不同时，变压器的一次绕组的输入阻抗与二次绕组的输出阻抗之间的关系。阻抗常用Z表示，其单位是欧姆。对于一个具体短路，阻抗不是不变的，而是随着频率变化而变化。

当电压比$K>1$时，输入阻抗Z_1<输出阻抗Z_2，此时变压器具有阻抗变换作用，而且是K越大，Z_1越小于Z_2；

当电压比$K=1$时，输入阻抗Z_1=输出阻抗Z_2，此时变压器没有阻抗变换作用；

当电压比$K<1$时，输入阻抗Z_1>输出阻抗Z_2，此时变压器具有阻抗变换作用，而且是n越大，Z_1越大于Z_2。

2.4.4.2 变压器的隔直通交作用

当变压器的一次绕组加交流电压时，由于互感作用，二次绕组便可输出交流电压；当给变压器的一次绕组加直流电压时，由于没有互感作用，二次绕组没有输出直流电压。这就是变压器的隔直通交作用。变压器的隔直通交作用如图2-21所示。

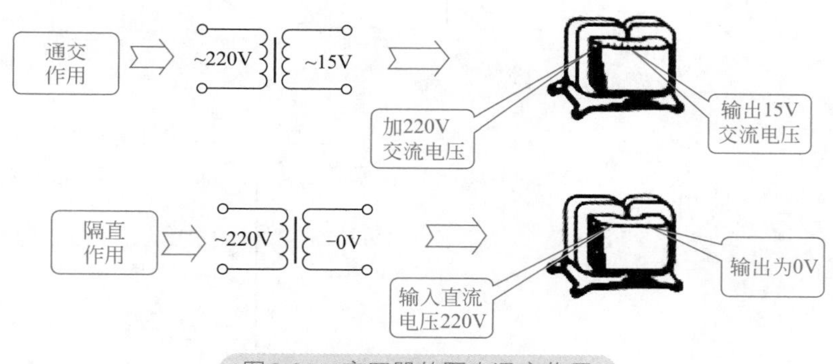

图2-21 变压器的隔直通交作用

2.4.4.3 变压器的相位变换作用

如图2-22（a）所示，由输入电压的波形与输出电压的波形可以看出，输入端与输出端的相位相同。若将输入端一次绕组的两个引线端对调，或者将二次绕组的两个引线端对调，就可在输出端的二次绕组上得到相反相位的电压，如图2-22（b）所示。

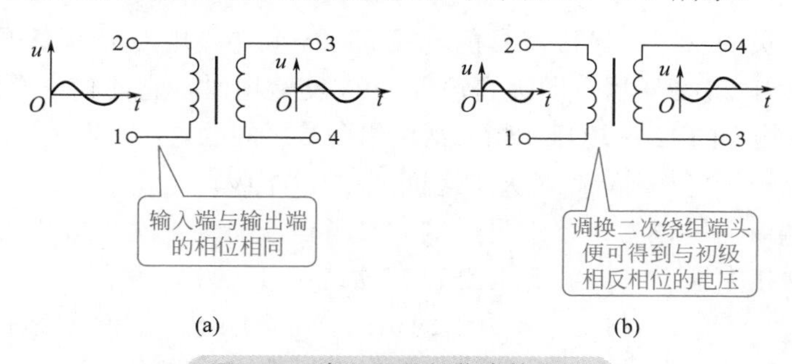

图2-22 变压器的相位变换作用

两个绕组在同一变化磁通的作用下，感应电动势极性相同的端点，即两端点上的电压同时为正或同时为负的一对端点，称为变压器的同名端。

同名端与一、二次绕组的绕制方向有关，当一次和二次绕组按同一方向绕在铁芯上时，两个线圈的头与头是同名端，尾与尾是同名端，同一线圈的头与尾其电压相位是反相的关系。

绕制变压器时，通常在绕组的一端标上“·”或“*”的标记，这个标记称为同名端关系，如图2-23所示。图中的“·”是同名端标记。同名端表示两点的电压是同相位的。

2.4.4.4 变压器的电压变换作用

当给变压器的一次绕组输入一个定值电压，通过改变二次绕组的匝数，便可得到不同的输出电压。这就是变压器的电压变换作用。常用的电源变压器就是利用这个原理为电路提供不同的电源电压。图2-24所示是一个输出两种电压的电源变压器原理图。

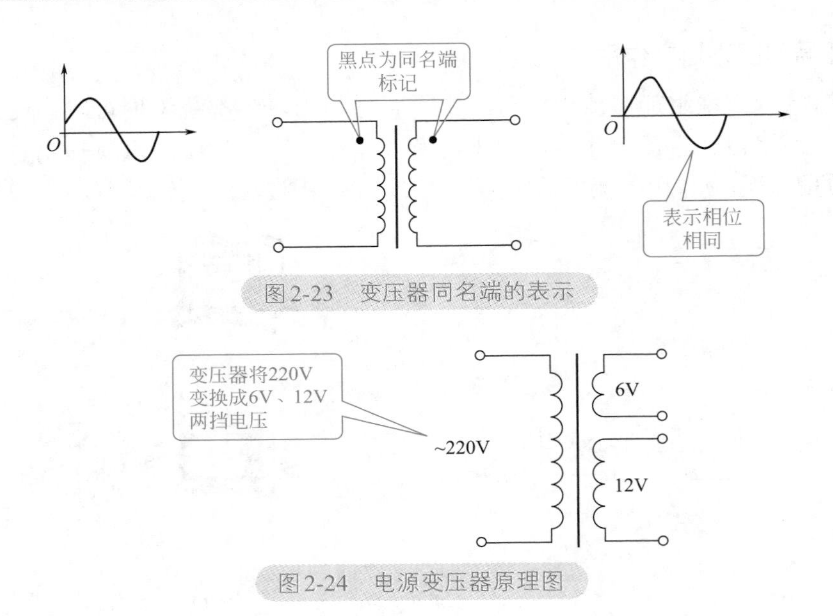

图2-23 变压器同名端的表示

图2-24 电源变压器原理图

2.4.4.5 变压器的隔离作用

所谓电压器隔离特性是指一次回路与二次回路之间共用参考点可以隔离。变压器的隔离作用主要体现在对干扰信号的隔离、电源的隔离和直流电的隔离。下面以电源隔离变压器为例进行说明。

为保证维修人员的安全，在检修彩色电视机时一般要接电源隔离变压器。假如电路中的变压器T1是一个1∶1变压器，即给它输入220V交流电时，它的输出电压也是220V，但是要注意：变压器输出的220V电压是指二次绕组两端之间的电压，即3—4端之间的电压。

二次绕组的任一端（如3端）对大地之间的电压为0V，这是因为二次绕组的输出电压不以大地为参考端，而是以二次绕组另一端为参考点，同时一次绕组和二次绕组之间高度绝缘。这样，人站在大地上只接触变压器T1二次绕组任一端，没有生命危险（切不可同时接触二次绕组的3、4端），若接触一次绕组的相线端则会触电。这便是变压器的隔离作用。

图2-25可以说明变压器的隔离作用，只接触变压器二次绕组一端时，二次绕组不构成回路，所以没有电流流过人体。

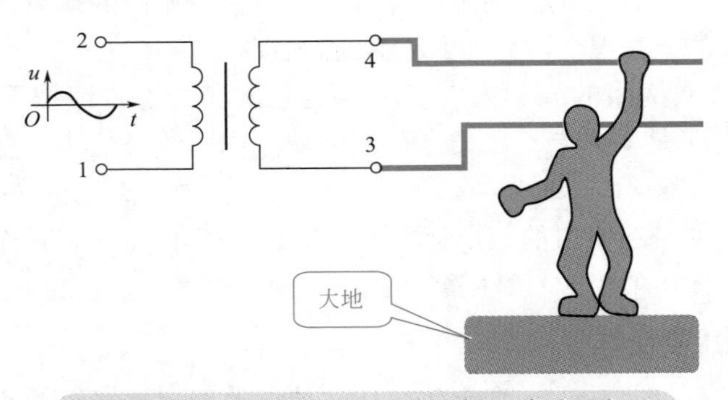

图2-25 人体接触变压器二次绕组一端时示意图

图2-26所示是人体同时接触二次绕组两端时的示意图，这时二次绕组通过人体形成回路，便有电流流过人体，有触电危险。

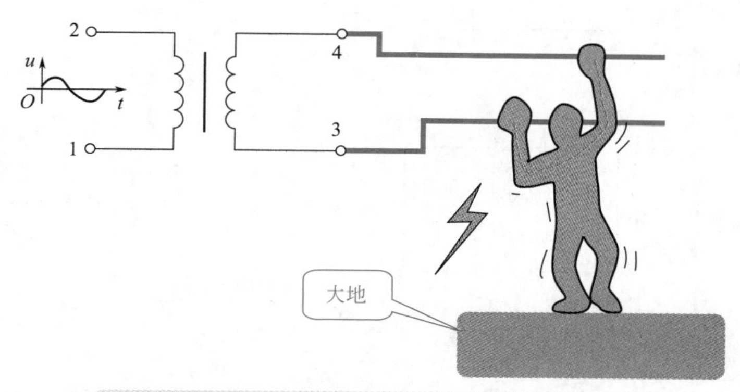

图2-26 人体同时接触二次绕组两端时的示意图

2.4.5 特殊变压器

2.4.5.1 自耦变压器

图2-27所示是一种自耦变压器，其结构特点是二次绕组是一次绕组的一部分。一次、二次绕组电压之比和电流之比也是

$$\frac{U_1}{U_2}=\frac{N_1}{N_2}=K\text{；}\quad \frac{I_1}{I_2}=\frac{N_2}{N_1}=\frac{1}{K}$$

实验室常用的调压器就是一种可改变二次绕组匝数的自耦变压器，其外形和电路如图2-27所示。

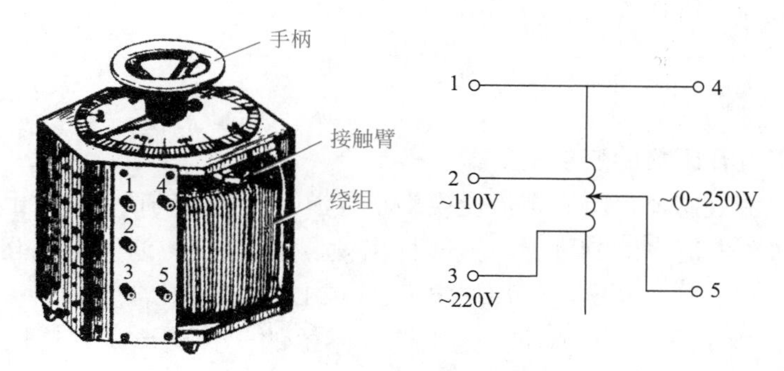

图2-27 自耦变压器的外形和电路

2.4.5.2 电流互感器

电流互感器是根据变压器的原理制成的。它主要用来扩大测量交流电流的量程。因为要测量交流电路的大电流（如工频炉、焊机、容量较大的电动机等的电流时），通常电流表的量程是不够的。

此外，使用电流互感器也是为了使测量仪表与高压电路隔开，以保证人身与设备的安全。

互感电流器的接线图及其电气图形符号如图2-28所示，常用电流互感器的外形如图2-29所示。一次绕组的匝数很少（只有一匝或几匝），它串联在被测电路中。二次绕组匝数较多，它与电流表或其他仪表及继电器的电流圈相连接。

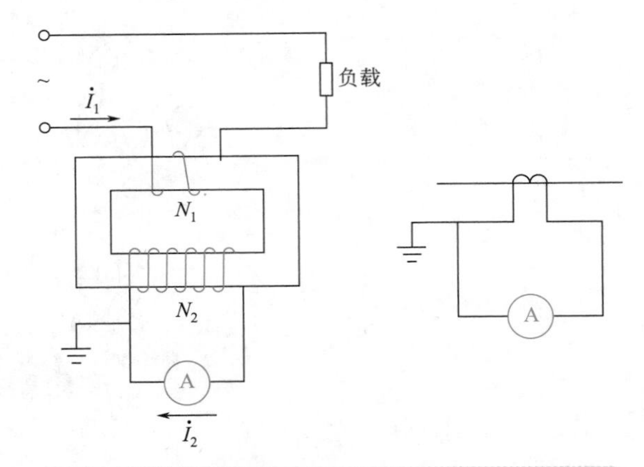

图2-28 互感电流器的接线图及其电气图形符号

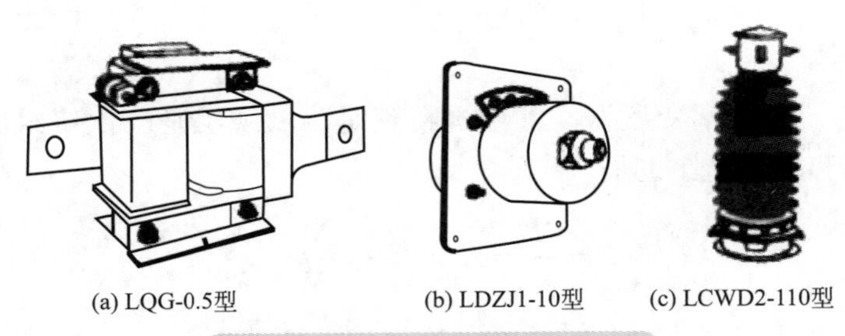

图2-29 常用电流互感器的外形

根据变压器原理，可认为

$$\frac{I_1}{I_2}=\frac{N_2}{N_1}=\frac{1}{K_i}$$

式中，K_i是电流互感器的变换系数。

可见，利用电流互感器可将大电流变换为小电流。电流表的读数I_2乘上变换系数K_i即为被测的大电流I_1（在电流表的刻度上可直接标出被测电流值）。通常电流互感器二次绕组的额定电流都规定为5A或1A。

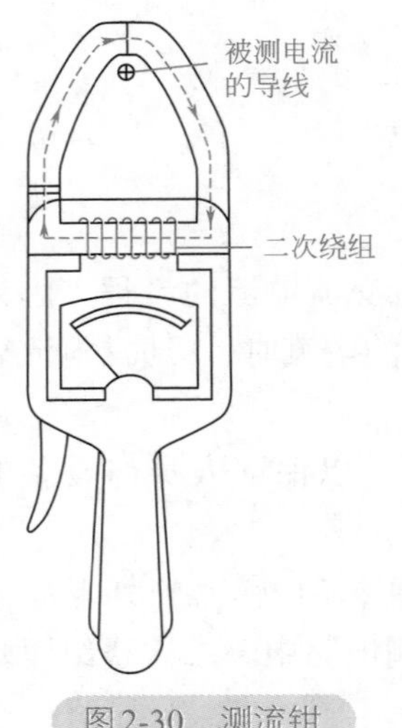

图2-30 测流钳

测流钳是电流互感器的一种变形。它的铁芯如同一钳，用弹簧压紧。测量时将钳压开而引入被测导线。这时该导线就是一次绕组，二次绕组绕在铁芯上并与电流表接通。利用测流钳可以随时随地测量线路中的电流，不必像普通电流互感器那样必须固定在一处或在测量时要断开电路而将一次绕组串联进去。测流钳的原理图如图2-30所示。

电流互感器运行时严禁二次侧开路。如需在带负载情况下装拆仪表，必须先把电流互感器二次绕组短路，才能装接或拆除仪表。为了运行安全，应将电流互感器二次绕组的一端和铁芯同时接地。

2.4.5.3 电压互感器

在高电压的交流电路中，电压互感器的作用是将高电压转变为一定数值的低电压（通常为100V），以供测量、继电保护及指示电路之用。

常用电压互感器是利用电磁感应原理进行工作的。图2-31所示的是互感变压器的工作原理图和电气图形符号，其外形如图2-32所示。电压互感器的基本构造与普通变压器相同，主要由铁芯、一次绕组、二次绕组组成。电压互感器的一次绕组匝数较多，二次绕组匝数较少。

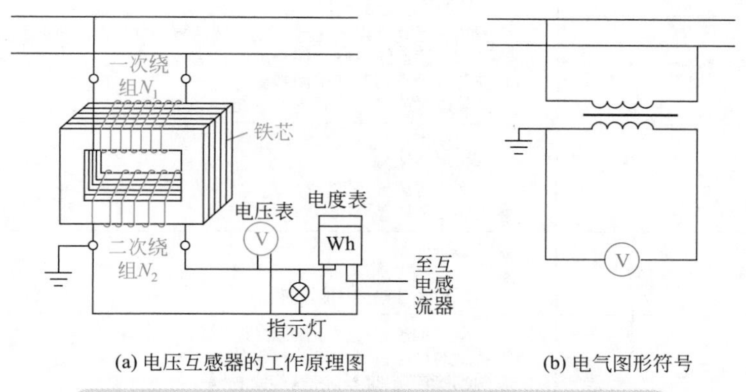

(a) 电压互感器的工作原理图 (b) 电气图形符号

图2-31 电压互感器的工作原理图及其电气图形符号

使用时，一次绕组与被测电路并联，二次绕组与测量仪表或继电器等电压线圈并联。由于测量仪表、继电器等电压线圈的阻抗很大，一、二次侧电流很小，一、二次侧绕组的阻抗压降都很小，可忽略不计，所以电压互感器相当于一个空载运行的降压变压器，其一、二次侧电压之比为

$$\frac{U_1}{U_2}=\frac{N_1}{N_2}=K$$

由此可见，利用电压互感器，可将被测量的高电压U_1变换为低电压U_2，用电压表测量U_2，读数乘上变压比K，就是被测量的高电压U_1。在电压表的刻度盘上，可以直接标出被测量的高电压值。电压互感器的二次侧额定电压一般都是100V。这样，与电压互感器二次绕组相连接的各种仪表和继电器规格都可以统一，实现标准化。在测量不同等级的高电压时，只要换用相应电压等级的电压互感器即可。

图2-32 JSJW-10型电压互感器的外形

电压互感器的二次绕组一定要接地，以免当一、二次绕组之间的绝缘击穿时，二次绕组上可能出现的高电压使工作人员发生危险和仪表遭到损坏。当电压互感器在运行中二次电路短路时，二次电路的阻抗急剧减小，使二次电流急剧增加，造成二次绕组因剧烈发热而烧毁。因此，在运行过程中，必须注意电压互感器二次不允许短路，其低压侧要装熔断器。

2.4.6 变压器的使用

2.4.6.1 小型变压器的使用

小型变压器在使用过程中，由于自身的原因或电源、负载等的不正常变化，有可能发生各种各样的故障。小型变压器的常见故障及故障原因分析参见表2-5。

表2-5 小型变压器的常见故障及故障原因分析

故障现象	故障原因
接通电源，二次绕组无电压输出	① 电源插头或电源线开路 ② 一次绕组开路或引线脱焊 ③ 二次绕组开路或引线脱焊
温升过高甚至冒烟	① 层间、匝间绝缘老化或绕线不慎造成匝间短路，一次绕组与二次绕组间短路 ② 硅钢片间绝缘不好，使涡流损耗增大 ③ 铁芯厚度不够或绕组匝数偏少 ④ 负载过大或输出短路局部短路
空载电流过大	① 一次绕组匝数不够 ② 铁芯厚度不够 ③ 一次绕组局部短路 ④ 铁芯质量较差
运行中有异声	① 铁芯未插紧 ② 电源电压过高 ③ 负载过大或短路引起的振动
铁芯和底板带电	① 绕组对地短路或静电屏蔽层间短路 ② 绕组对地（铁芯）的绝缘老化 ③ 引出线裸露部分碰触铁芯或底板 ④ 线圈受潮或环境湿度过大使绕组局部漏电
线圈击穿打火	① 一次、二次绕组间绝缘被击穿 ② 同一绕组中电压相差大的两根导线靠得太近，使绝缘被击穿

2.4.6.2 自耦变压器的使用

为保证自耦变压器的正常运行，在使用自耦变压器时，要注意以下事项。

（1）检查滑动触头与绕组接触是否良好；

（2）接通电源之前，一定要把手柄转回到零位；

（3）低压侧的电气设备必须有防止过高压的措施；

（4）外壳和公共端必须接地，如图2-33所示。

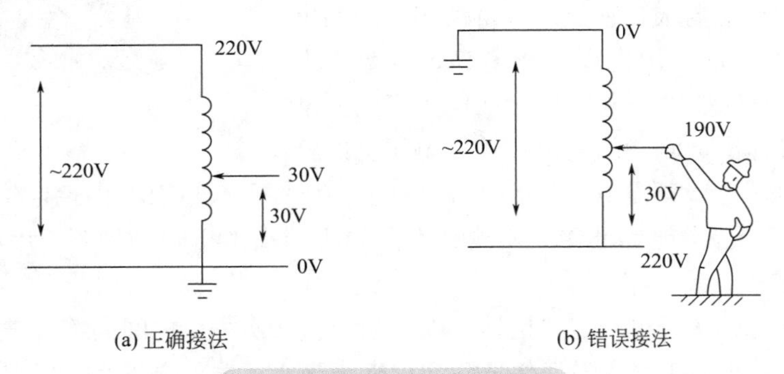

图2-33 自耦变压器的接法

2.4.6.3 电流互感器的使用

（1）选择电流互感器时，必须按其一次侧额定电压、一次侧额定电流、额定功率、准确级、结构形式等要求选择。二次侧电流有5A（或1A），故所接的电流表量程为5A（或1A），一次侧的额定电流在5～25000A；额定功率有5 V·A、10 V·A、15 V·A、20 V·A等；准确级有0.2、0.5、1.0、3.0和10 五级；一次侧额定电压等级有0.5 kV、10 kV、15 kV和35 kV等；

结构形式有干式、浇注绝缘式、油浸式等。

（2）电流互感器在运行中二次绕组不允许开路，否则会产生高电压，危及人身安全，因此二次侧不能接熔断器。运行中如要拆下电流表，必须先将二次侧短路。

（3）当电流互感器的一次侧、二次侧有同名端标记时，二次侧接测量仪表，一定要注意极性。

（4）二次侧仪表的阻抗值应小于电流互感器要求的阻抗值，并且所用电流互感器的准确级应比所接仪表准确级高两级。

（5）电流互感器的铁芯和二次绕组都要同时可靠接地，以免在绝缘损坏时损坏仪表和危及人身安全。

2.4.6.4 电压互感器的使用

（1）选择电压互感器时，一是要注意一次侧额定电压要符合待测电压值（二次侧额定电压规定为100V）；二是要注意二次侧负载电流总和不得超过二次侧额定电流，使其尽量接近“空载”状态；三是要注意准确度等级，电压互感器的准确级有0.1、0.2、0.5、1.0和3.0五级；四是要注意结构形式，主要有干式、浇注绝缘式、油浸式等。

（2）电压互感器在运行过程中不允许短路，否则会烧坏绕组，因此二次侧要接熔断器保护。

（3）当电压互感器一次侧、二次侧有同名端标记，二次侧接测量仪表时，一定要注意极性。

（4）二次侧所接仪表的阻抗值应大于电压互感器要求的阻抗值，并且所用电压互感器的准确级应比仪表准确级高两级。

（5）电压互感器的铁芯和二次绕组都要同时可靠接地，以免在绝缘损坏时，铁芯和绕组带高压电。

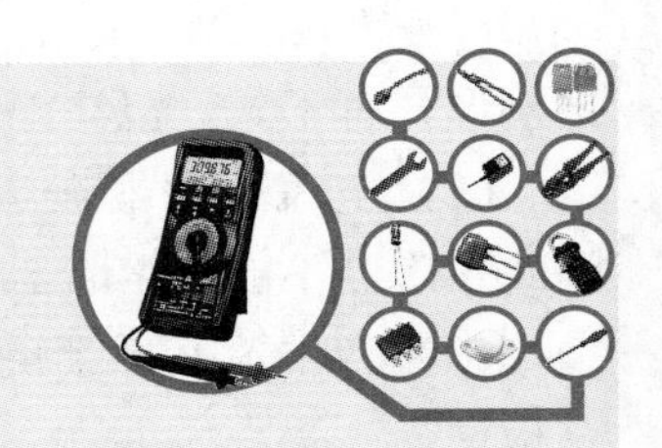

第3章

电容器

3.1 电容器的基础知识

电容器简称电容，是电子设备中不可缺少的电子元件，在电子电路中发挥着重要作用，应用十分广泛。

3.1.1 电容器的基本结构

电容器种类繁多，结构也有所不同，但电容器的基本结构是一样的。最简单的电容器可由两个相互靠近的金属板中间夹一层绝缘介质组成，如图3-1所示。

引脚

极板

绝缘介质

图3-1 电容器的基本结构示意图

当在电容器两个极板间加上电压时，电容器就会储存电荷，所以电容器是一个充放电荷的电子元件。电容量是电容器储存电荷多少的一个量值。平板电容器的电容量可由下式计算：

$$C=\frac{Q}{U}$$

式中，C为电容量，F；Q为一个电极板上储存的电荷，C；U为两个极板上的电位差，V。

按国际上的规定，如果一个电极板所带的电荷为1C，两个电极板之间的电位差为1V，此时电容器的容量为1F。在实际使用时，法拉（F）这个单位太大，工程上常用它的导出单位。其关系如下：

$$1\text{F}=1\times10^{6}\,\mu\text{F}=1\times10^{12}\,\text{pF}$$

3.1.2 电容器的电路图形符号和命名方法

电容器的种类繁多，可按电容器绝缘介质材料的不同来分类。按其可调节性可分为固定电容器、可变电容器和微调电容器三类，其中固定电容器使用最为广泛。可变电容器常见的有空气介质电容器和塑料薄膜电容器。微调电容器又称半可变电容器，常用的有空气介质、陶瓷介质及有机薄膜介质等微调电容器。

电容器的图形符号如图3-2所示，文字符号为“C”。常见电容器的外形如图3-3所示。

根据国家标准GB/T 2470—1995的规定，电容器产品型号一般由四部分组成，如表3-1所示。

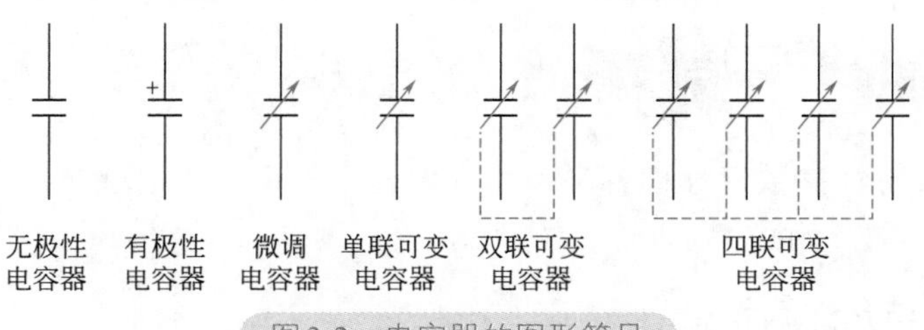

图3-2 电容器的图形符号

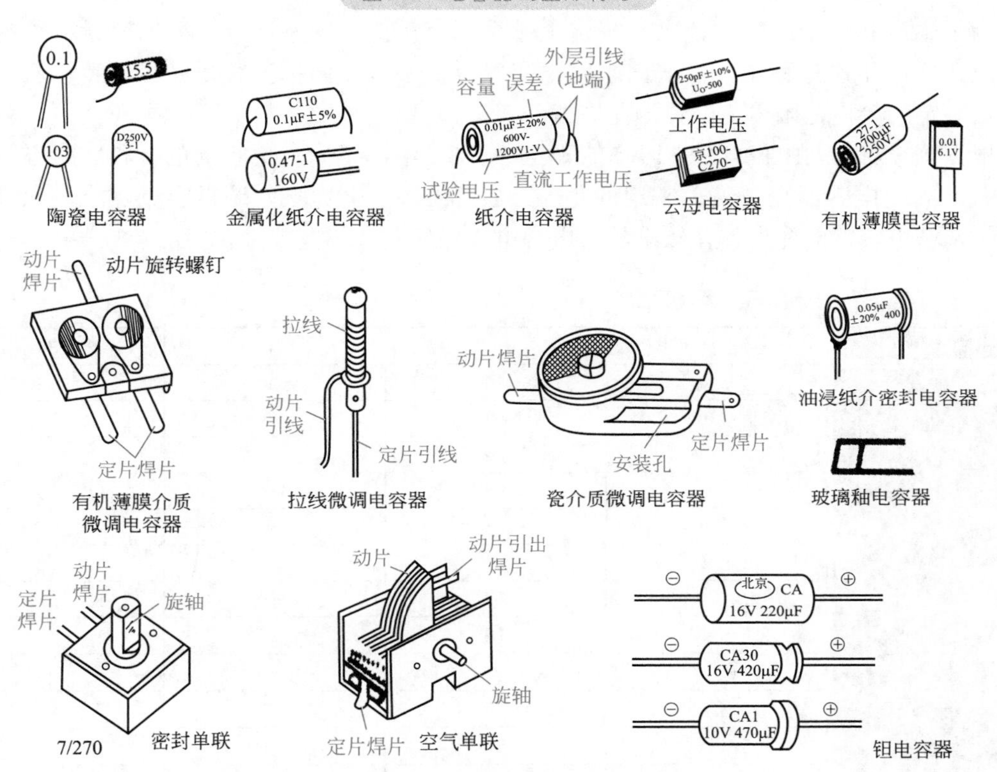

图3-3 常见电容器的外形

表3-1 电容器型号命名法

第一部分		第二部分		第三部分		第四部分
用字母表示主体		用字母表示材料		用字母表示特征		用数字或字母表示序号
符号	意义	符号	意义	符号	意义	
C	电容器	C	瓷介	T	铁电	包括：品种、尺寸代号、温度特性、直流工作电压、标称值、允许误差、标准代号等
		I	玻璃釉	W	微调	
		O	玻璃膜	J	金属化	
		Y	云母	X	小型	
		V	云母纸	S	独石	
		Z	纸介	D	低压	
		J	金属化纸	M	密封	
		B	聚苯乙烯	Y	高压	
		F	聚四氟乙烯	C	穿心式	
		L	涤纶			
		S	聚碳酸酯			

3.2 电容器的主要特性参数

电容器的主要特性参数有标称容量、允许偏差、额定工作电压、绝缘电阻、温度系数、漏电流、频率特性等，下面分别进行介绍。

3.2.1 标称容量与允许偏差

为了生产和使用的方便，国家规定了一系列容量值标准，这一系列的容量值称为标称容量。在实际生产过程中，生产出来的电容器容量不可能同标称容量完全一致，若两者的偏压在规定的允许范围内，即称为允许偏差。

根据国家标准GB/T 2471—1995的规定，表3-2给出了固定电容器的标称容量系列及允许偏差。固定电容器允许偏差常用的是±5%、±10%、±20%，通常容量越小，允许偏差越小。精密电容器的允许偏差较小，而电解电容器的允许偏差较大。

表3-2 固定电容器的标称容量系列及允许偏差

系列	E24	E12	E6	E3
允许偏差	±5%	±10%	±20%	>±20%
标称容量/μF	1.0	1.0	1.0	1.0
	1.1，1.2	1.2	—	—
	1.3，1.5	1.5	1.5	—
	1.6，1.8	1.8	—	—
	2.0，2.2	2.2	2.2	2.2
	2.4，2.7	2.7	—	—
	3.0，3.3	3.3	3.3	—
	3.6，3.9	3.9	—	—
	4.3，4.7	4.7	4.7	4.7
	5.1，5.6	5.6	—	—
	6.2，6.8	6.8	6.8	—
	7.5，8.2	8.2	—	—
	9.1	—	—	—

3.2.2 额定工作电压

额定工作电压是指电容器在规定的温度范围内，能够连续可靠工作的最高直流电压或交流电压的有效值。额定电压的大小与电容器所使用的绝缘介质和使用环境温度有关，其中与温度关系尤为密切。

额定电压是一个重要参数，在使用中若工作电压大于电容器的额定电压，电容器会被损坏。对于电容器的额定电压，国家标准也有规定的系列值，如表3-3所示。

表3-3 电容器的额定电压系列（单位：V）

1.6	4	6.3	10	16
25	（32）	40	（50）	63
100	（125）	160	250	（300）

续表

1.6	4	6.3	10	16
400	（450）	500	630	1000
1600	2000	2500	3000	4000
5000	6300	8000	10000	15000
20000	25000	30000	35000	40000
45000	50000	60000	80000	100000

注：表中带括号的仅为电解电容器所用。

3.2.3 绝缘电阻与漏电流

绝缘电阻用来表明电容器漏电电流的大小，也称漏电阻。它与电容器的漏电流成反比，绝缘电阻值越大，漏电流就越小。一般小容量的电容器，绝缘电阻很大，在几百兆欧至几千兆欧。电解电容器的绝缘电阻一般较小。相对而言，绝缘电阻越大越好，绝缘电阻越大漏电流越小。

3.2.4 温度系数

温度系数是指在一定温度范围内，温度每变化1℃，电容量的相对变化值，用α表示。它通常是电容的变化数值与该温度下的标称电容的比值。

3.2.5 频率特性

电容器的频率特性是指电容器电容量等参数随频率变化的关系。电容器在高频下工作时，随着工作频率的升高，由于绝缘介质介电系数减小，电容量将会减小，而损耗将增大，并且会影响电容器的分布参数，逐渐会呈现感性。为了保证电容器的稳定性，一般应将电容的极限工作频率选择在电容器固有谐振频率的1/3 ～ 1/2。

3.3 电容器规格的标识方法

电容器的标注参数主要有标称容量、允许偏差和额定电压等。固定电容器的参数表示主要有直标法、色标法、字母数字混标法、3位数表示法和4位数表示法等。

3.3.1 直标法

直标法在电容器中应用最为广泛，是在电容器上用数字直接标注出标称容量、耐压等。如图3-4所示，某电容器上标有510pF±10%、160V、CL12字样，表示这一电容器是涤纶电容器，标称容量为510pF，允许偏差为±10%，耐压为160V。

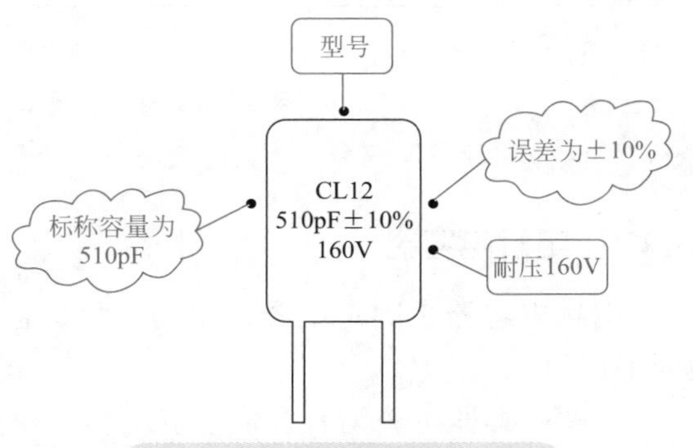

图3-4 电容器直标法示意图

3.3.2 3位数表示法

电容器3位数表示法中，用3位整数来表

示电容器的标称容量，再用一个字母来表示允许偏差。

图3-5所示是电容器3位数表示法。3位数字中，前2位数表示有效数，第3位数表示倍乘，即表示是10的*n*次方，或是有效数字后有几个0。3位数表示法中的标称容量单位是pF。

3.3.3 4位数表示法

电容器的4位数表示有两种情况。

（1）用4位整数来表示标称容量，此时电容器的容量单位是pF。如某只电容器上标有6800四个数字，这是采用4位数表示的电容器，表示这一电容器的标称容量是6800pF。

（2）用小数来表示标称容量，此时电容器的容量单位为μF。如某只电容器上标出小数0.22，这也是4位数表示法中的一种，由于此时为小数，所以标称容量的单位是μF，表示这一电容器的标称容量是0.22μF。

3.3.4 色标法

采用色标法的电容器又称色码电容，色码表示的是电容器的标称容量。图3-6所示为电容器色标法示意图。电容器上有3条色带，3条色带分别表示3条色码。色码的读码方向是：从顶部向引脚方向读，对这个电容器而言是棕、绿、黄依次为第1、2、3条色码。

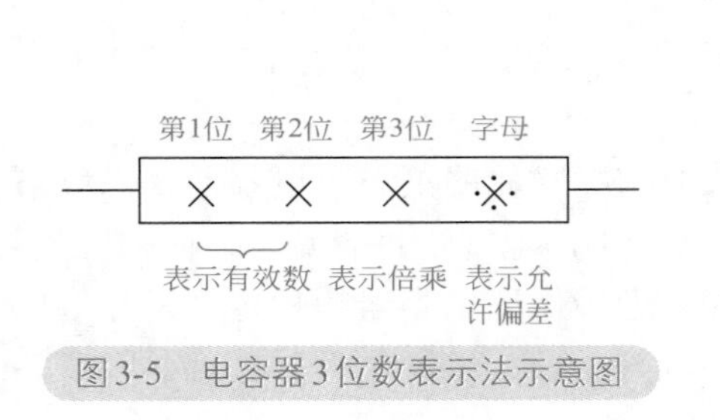

图3-5 电容器3位数表示法示意图

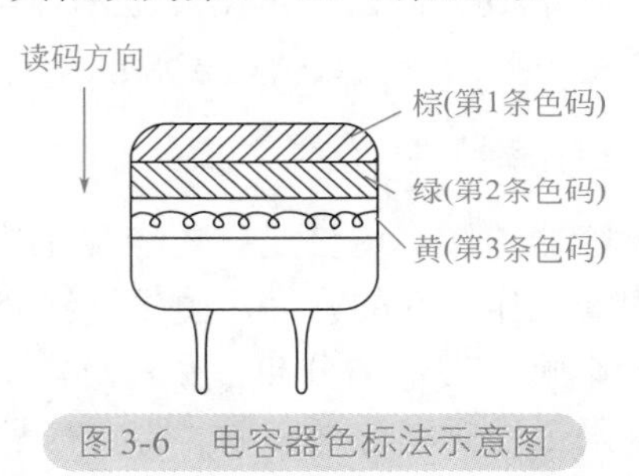

图3-6 电容器色标法示意图

在这种表示方法中，第1、2条色码表示有效数，第3条色码表示倍乘中10的*n*次方，容量单位为pF。

如表3-4所示是各色码的具体含义。

表3-4 各色码的具体含义

色码颜色	黑色	棕色	红色	橙色	黄色	绿色	蓝色	紫色	灰色	白色
表示数字	0	1	2	3	4	5	6	7	8	9

3.4 常用电容器

3.4.1 电解电容器

电解电容器是固定电容器中的一种，它与普通固定电容器有较大不同，而且在电路中应用非常广泛。

电解电容器可分为有极性电解电容器和无极性电解电容器。图3-7所示为有极性电解电容器，它有两根引脚，这两根引脚有正、负之分。

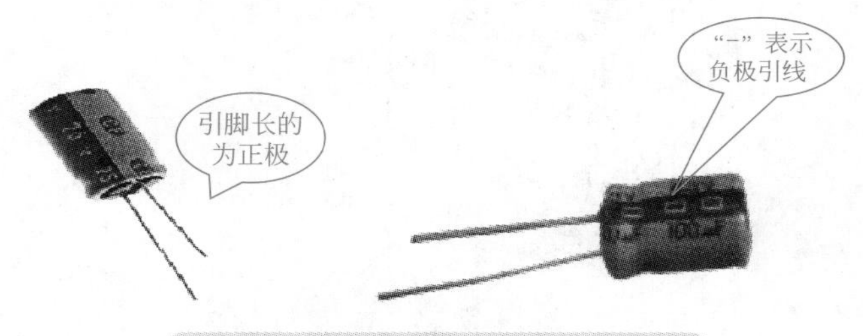

图3-7 有极性电解电容器的实物图

对于未使用过的新电容器，可根据引脚长短来判别。引脚长的为正极，引脚短的为负极。还可根据电容器上标注的极性判别，在外壳上会用“-”符号标出负极性引脚的位置。无极性电解电容器的两根引脚没有正、负极之分，没有表示极性的符号。

电解电容器的外壳颜色常见的是蓝色，此外还有黑色等，其外形通常是圆柱形的。电解电容器的容量一般较大，在1μF以上，而且采用直标法。

可变电容器与微调电容器都是容量可以改变的电容器。前者容量变化范围大一些，后者小一些。可变电容器种类很多，常见的有单联可变电容器、双联可变电容器、多联可变电容器、微调电容器。

3.4.2 单联可变电容器

单联可变电容器由一组动片、一组定片及转轴等组成。单联可变电容器的结构示意图和图形符号如图3-8所示。其中：单联可变电容器用薄膜作为介质，并用塑料外壳把动片和定片组密封起来，称为密封单联可变电容器；可变电容器用空气作为介质，称空气可变电容器。当转动轴转动时，金属片间的正对面积会发生变化，从而改变了电容量。

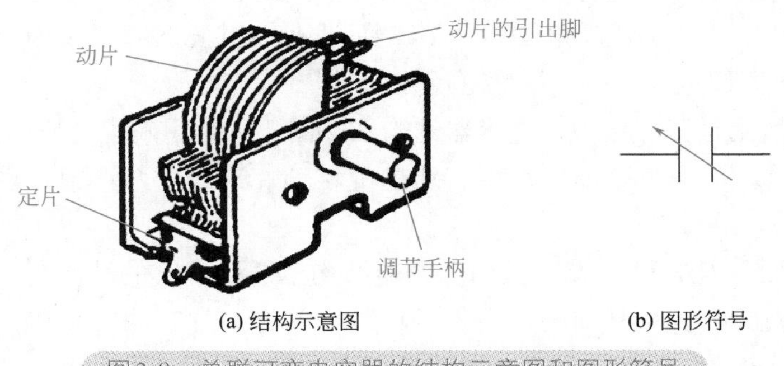

(a) 结构示意图　(b) 图形符号

图3-8 单联可变电容器的结构示意图和图形符号

3.4.3 多联可变电容器

3.4.3.1 双联可变电容器

双联可变电容器由两组动片和两组定片构成。两组动片都与金属转轴相连，两组定片都是独立的。当转轴转动时，两个电容器的电容量同时发生变化，如图3-9所示。这种双联可变电容器主要用于外差式收音机中，一个是调谐联，另一个是振荡联。

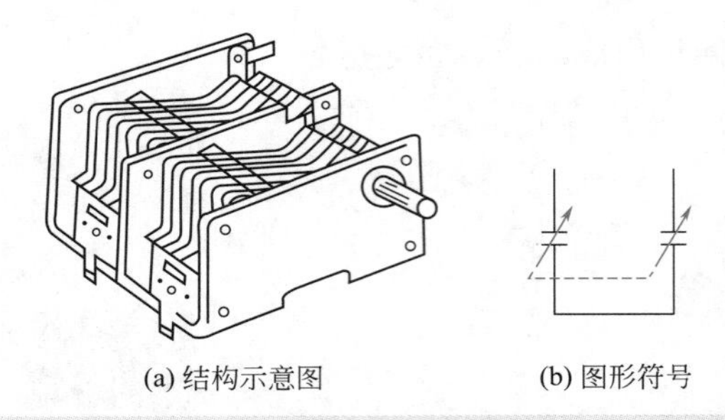

(a) 结构示意图　　(b) 图形符号

图3-9　双联可变电容器的结构示意图和图形符号

3.4.3.2　四联可变电容器

图3-10所示的是四联可变电容器电路图形符号。调谐调幅多波段收音机中常用的有四联可变电容器。由于多联电容器调谐过程中很难实现自动控制，故现在各种调谐电容器已被变容二极管取代，多联电容器使用较少。

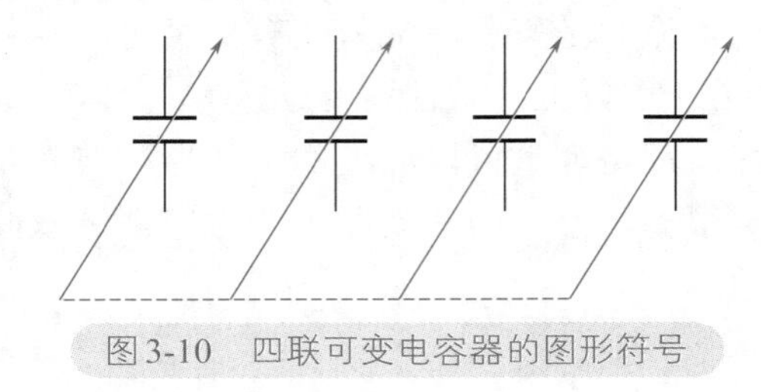

图3-10　四联可变电容器的图形符号

3.4.4　微调电容器

微调电容器又称半可变电容器。常用的有云母介质微调电容器、瓷介质微调电容器、有机薄膜介质微调电容器和拉线微调电容器。

云母微调电容器是通过螺钉调节动片与定片之间的距离来改变电容量的。动片为具有弹性的铜片或铝片；定片为固定金属片，其表面粘有一层云母薄片作为介质。云母微调电容器有单微调和双微调之分，电容量均可反复调节。

图3-11（a）所示是瓷介质微调电容器结构示意图，它是用陶瓷介质的，在动片（瓷片）与定片（瓷片）上均镀有半圆形的银层。通过旋转动片来改变两镀银片之间的距离，即可改变电容量的大小。

图3-11（b）所示是有机薄膜双微调电容器结构示意图。它的结构和工作原理与瓷介质微调电容器基本相同，只是它的动、定片为铜片，动、定片之间的介质为有机薄膜，当转动动片可改变动、定片铜片的面积，从而改变其电容量。

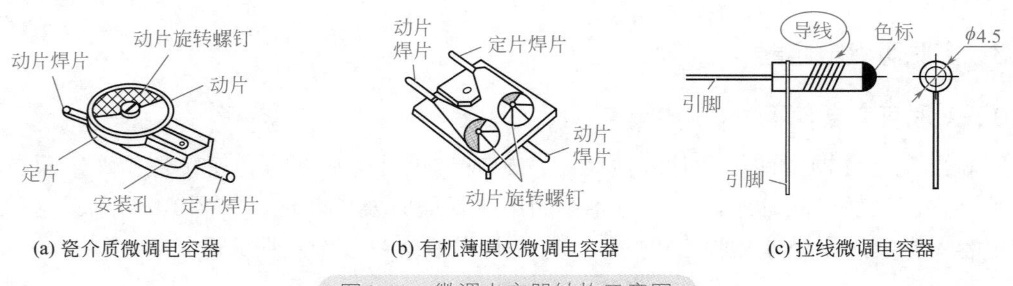

(a) 瓷介质微调电容器　　(b) 有机薄膜双微调电容器　　(c) 拉线微调电容器

图3-11　微调电容器结构示意图

图3-11（c）所示是拉线微调电容器结构示意图。它以镀银瓷管作定片，外面缠绕的细金属丝（一般为细铜线）为动片，减少金属丝的圈数即可改变电容量。其缺点是：金属丝一旦断掉，即无法恢复原来的电容量，其电容量只能做从大到小的调节。

3.5 电容器的选用与注意事项

3.5.1 电容器的正确选择

电容器是较常用的电子元器件，在选用时可遵循以下原则。

3.5.1.1 标称容量要符合电路要求

对于一些对容量大小有严格要求的电路（如定时电路、延时电路、振荡电路等），选用的电容器其容量应与要求相同；对于一些对容量要求不高的电路（如耦合电路、旁路电路、电源滤波和电源退耦等），选用的电容量其容量与要求相近即可。

3.5.1.2 工作电压要符合电路需要

为保证电容器长时间正常工作，选用的电容器其额定电压应略大于电路出现的最高电压，约大于10%。

3.5.1.3 电容器特性尽量符合电路需要

不同种类的电容器有不同的特性，要根据不同电路的特点来选择合适的电容器。

（1）对于电源滤波电路、退耦电路、旁路电路和低频耦合电路，一般选用电解电容器。

（2）对于中频电路，一般可选择薄膜电容器和金属化纸介质电容器。

（3）对于高频电路，应选用高频特性良好的电容器，如瓷介质电容器、云母电容器等。

（4）对于高压电路，应选用工作电压高的电容器，如高压瓷介质电容器。

（5）对于频率要求稳定性较高的电路，如振荡电路、选频电路和移相电路，应选用温度系数小的电容器。

3.5.2 电容器的使用与注意事项

（1）电容器两端所加的实际电压（包括脉冲电压）均不能超过其额定工作电压。

（2）不同特性的电容器不可随意代换。例如，低频涤纶电容器不能用于高频电路。

（3）绝缘电阻小的固定电容器不能使用。

（4）用于谐振回路的固定电容器的电容量允许偏差不可过大。

（5）无极性电解电容器的应用与一般固定电容器基本相同，但电解电容器的容量大，漏电流也较大。有极性电解电容器必须按照正确的极性连接到电路中。此外，焊接电解电容器时动作要快，不要让烙铁的高温破坏封口的密封材料，造成电解液外漏。

在使用中，如果电解电容器发生击穿、内部断路、失效等故障，均不能修理，需要更换符合质量要求的电解电容器。

电解电容器储存时间过长，会引起绝缘电阻和电容量减小，性能变坏。电解电容器寿命为5 ～ 10年。如果长久放置不用，电解电容器也可能自然损坏。因此，购买电解电容器时，应选择近期产品。

长久存放的电解电容器，如果经过检查测试发现漏电阻值比较小，可按下面方法进行处理：将电容器两端接上较低的直流电压，正极接电源的正极，负极接电源的负极，通电数小时后，再用万用表测量正、反向漏电阻。如果恢复正常，则此电解电容器即可使用。

（6）当无合适的电容器时，可以将现有的电容器并联或串联使用。电容器并联后的总容量等于每个电容器电容量之和；电容器串联总容量的倒数等于各电容器容量倒数之和。

3.6　电容器的特性

3.6.1　电容器的“隔直通交”特性

电容器不能让直流通过，这一特性称为电容器的隔直特性；此外，电容器还具有让交流信号通过的特性，这称为电容器的通交特性。隔直通交特性是电容器的重要特性之一。

图3-12所示是电容器隔直通交特性示意图。输入信号u_i是一个由直流电压U_1和交流电压u_2复合而成的信号，U_1和u_2叠加后得到输入信号u_i波形。由于电容器C_1的隔直作用，直流电压不能通过C_1，所以输出端没有直流电压。又由于电容器C_1的通交作用，交流电压u_2能够通过电阻R_1和电容C_1形成回路，在回路中产生交流电流，流过电阻R_1的交流信号在R_1两端的交流电压即输出电压u_o。

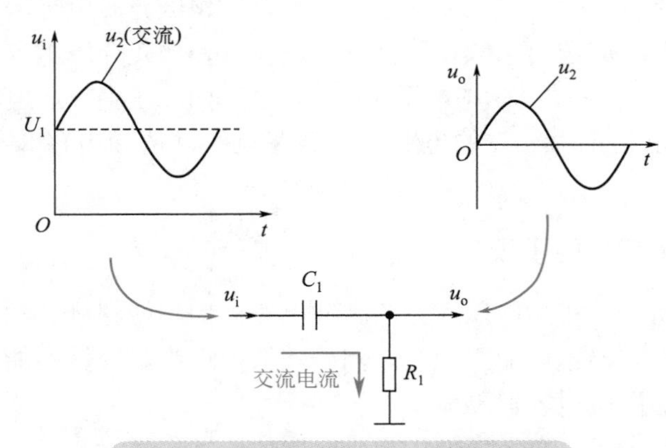

图3-12　电容器隔直通交特性示意图

3.6.2　电容器的容抗特性

电容器的容抗用X_C表示，其大小由下式进行计算：

$$X_C = \frac{1}{2\pi fC}$$

式中，f为交流信号的频率，Hz；C为电容器的容量，F。

这一公式表明了容抗、容量、频率三者之间的关系。图3-13所示为容抗与频率、容量之间关系的图解示意图。

电容对通过的交流电流存在阻碍作用，就像电阻对电流的阻碍作用一样，可以将容抗在电路中的作用当做一个特殊“电阻”来处理，容抗单位为Ω。

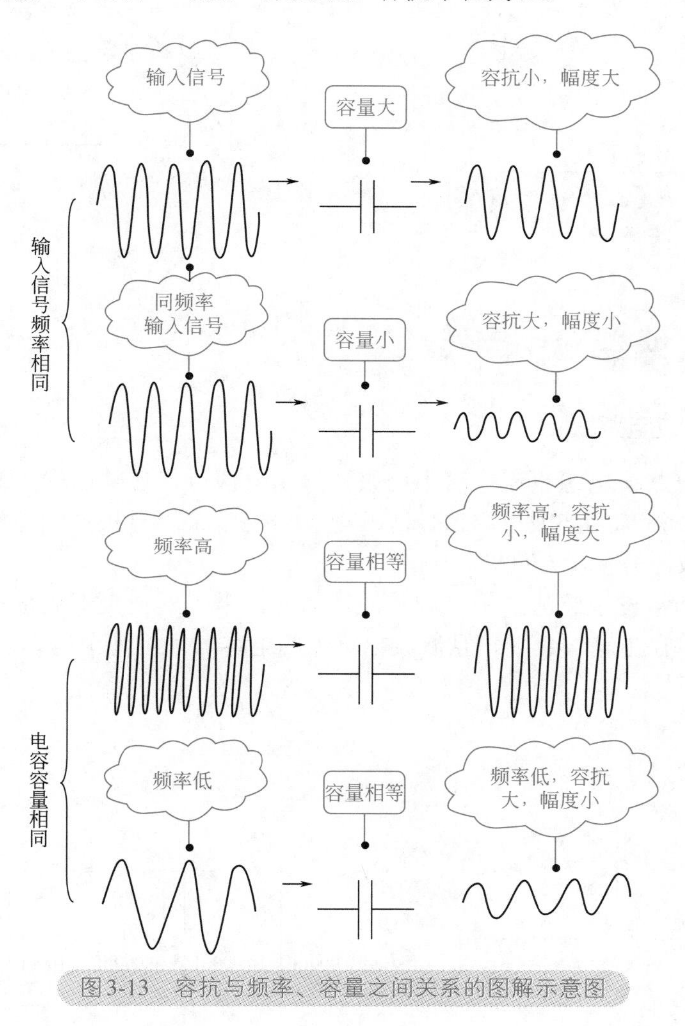

图3-13 容抗与频率、容量之间关系的图解示意图

3.6.3 电容器的电压不能突变特性

由于电路的接通、断开、短路、电压改变或参数改变等——换路，使电路中的能量发生变化，但是不能跃变，否则将使功率 $p=\dfrac{\mathrm{d}W}{\mathrm{d}t}$ 达到无穷大，这在实际上是不可能的。

电容元件储存的电能 $W=\dfrac{1}{2}Cu_C^2$ 不能突变，这反映在电容元件上的电压 u_C 不能突变。

下面以图3-14为例进行说明，RC 串联构成充电电路。

为分析方便，设 $t=0$ 换路瞬间，而以 $t=0_-$ 表示换路前的终了瞬间，$t=0_+$ 表示换路后的初始瞬间。从 $t=0_-$ 到 $t=0_+$ 瞬间，电容元件上的电压不能突变，即 $u_C(0_-)=u_C(0_+)$。

图3-14中，设电容的初始储能为零即 $u_C(0_-)=0$，在 $t=0$ 时将开关S闭合，电路即与一恒定电压为 U 的电压源接通，对电容进行充电，其上电压为 $u_C(t)$（$t\geqslant 0$）随时间变化曲线如图3-15所示。

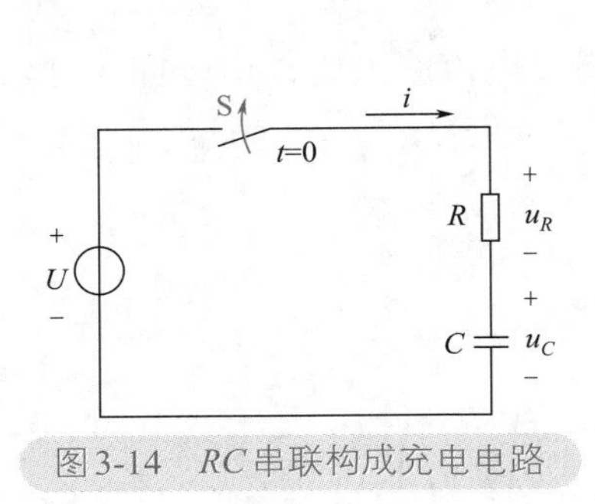

图3-14　RC串联构成充电电路

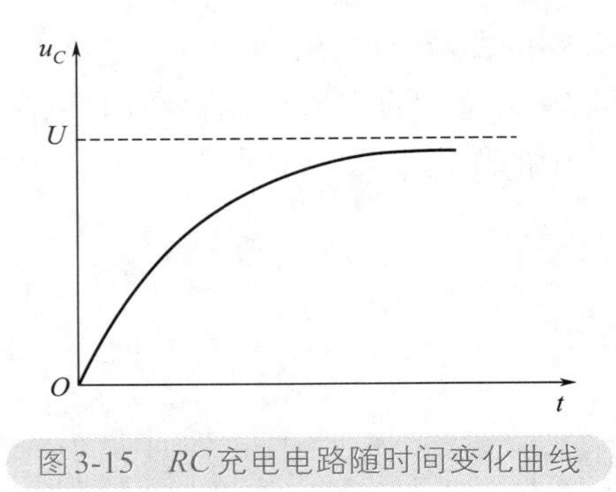

图3-15　RC充电电路随时间变化曲线

3.7　电容器典型应用电路

3.7.1　电容器滤波电路

电容器滤波电路在电源整流电路中用来滤除交流成分，使输出的直流电压更平滑。在滤波电路中电容器被称为滤波电容器。滤波电容器通常采用有极性的电解电容器。电解电容器的一端为正极，另一端为负极。

滤波电容器通常位于整流二极管或整流桥后面，电容器正极端连接在整流输出电路的正端，负极端连接在电路的负端，且滤波电路中的电容器采用几个电容器并联的连接方式，如图3-16所示。

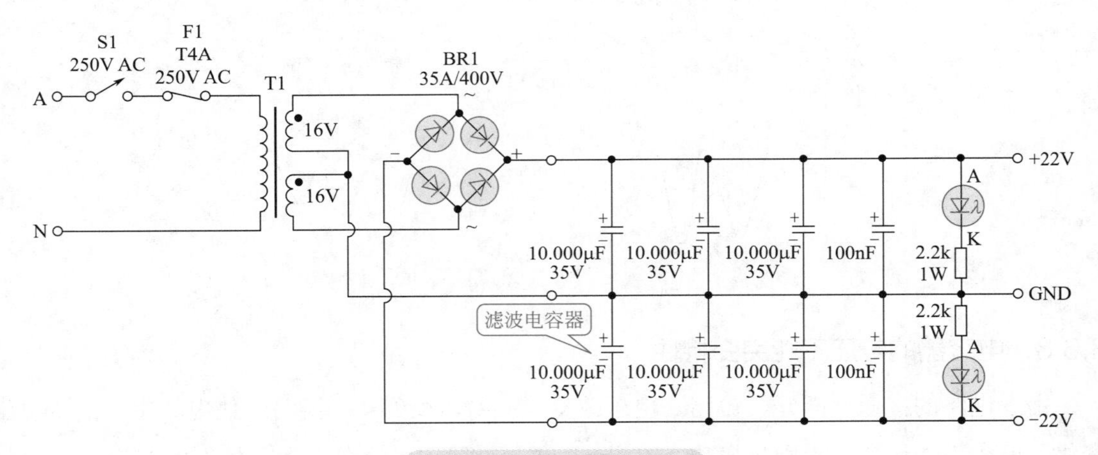

图3-16　电容器滤波电路

利用电容器的容抗特性，如果把它串联在电路中，就可以使高频信号通过得多一点，低频信号通过得少一点；反之，如把它并联在电路中，则高频信号被削弱得多一点，低频则削弱得少一点。

单纯的电容器虽有容抗产生，但滤波效果不明显，要使它有明确的滤波作用，必须加入电阻等元器件才能组成可以控制频率的滤波电路。例如，常用的低通滤波器就是让低频信号通过、滤除高频信号的电路。

3.7.2 积分电路

图3-17（a）所示是积分电路，由RC串联构成。图3-17（b）所示积分电路输入电压u_1和输出电压u_2的波形。构成积分电路的条件是：①$\tau \gg t_p$；②从电容器两端输出。

由于时间常数$\tau \gg t_p$（$\tau=RC$），电容缓慢充电，其上的电压在整个脉冲持续时间内缓慢增长，当还未增长到趋近稳定值时，脉冲已经终止（$t=t_1$）。以后电容器经电阻缓慢放电，电容器上电压也缓慢衰减。在输出端输出一个锯齿波电压。时间常数τ越大，充放电越是缓慢，所得锯齿波电压的线性就越好。

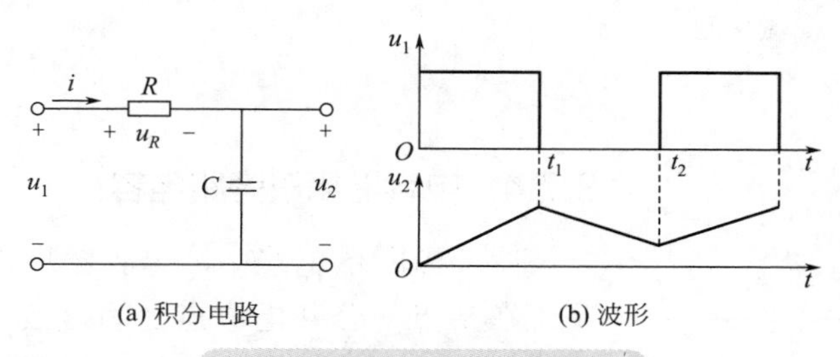

图3-17 RC积分电路及波形

3.7.3 微分电路

图3-18（a）所示电路是RC微分电路，设电容未有初始储能。输入的是矩形脉冲电压u_1，在电阻R两端输出的电压为u_2。设$R=20\text{k}\Omega$，$C=100\text{pF}$，u_1的幅值$U=6\text{V}$，脉冲宽度$t_p=50\mu\text{s}$。由此可得到电路的时间常数

$$\tau=RC=20\times10^3\times100\times10^{-12}\text{s}=2\mu\text{s}$$

$\tau \ll t_p$。

在$t=0$时，u_1从零突然上升到6V，开始对电容充电。由于电容两端电压不能突变，在此瞬间相当于短路（$u_C=0$），所以$u_2=U=6\text{V}$。因为$\tau \ll t_p$，相对于t_p而言，充电很快，u_C很快增长到U值；与此同时，u_2很快衰减到零值。这样，在电阻两端就输出一个正尖脉冲，如图3-18（b）所示。

在$t=t_1$时，u_1突然下降到零（这时输入端不是开路，而是短路），也由于u_C不能突变，所以在这瞬间，$u_2=-u_C=-U=-6\text{V}$，极性与前相反。而后电容经电阻很快放电，u_2很快衰减到零。这样，就输出一个负尖脉冲。如果输入的是周期性矩形脉冲，则输出的是周期性正、负尖脉冲，如图3-18（b）所示。

比较u_1和u_2的波形，可看到在u_1的上升跃变部分，$u_2=U=6\text{V}$，此时正值最大；在u_1的平直部分，$u_2\approx0$；在u_1的下降跃变部分，$u_2=-u_C=-U=-6\text{V}$，此时负值最大。这种输出尖脉冲反映了输入矩形脉冲的跃变部分，是对矩形脉冲微分的结果。因此这种电路称为微分电路。

RC微分电路具备两个条件：①$\tau \ll t_p$；②从电阻两端输出。

在脉冲电路中，常应用微分电路把矩形脉冲变换为尖脉冲，作为触发信号。

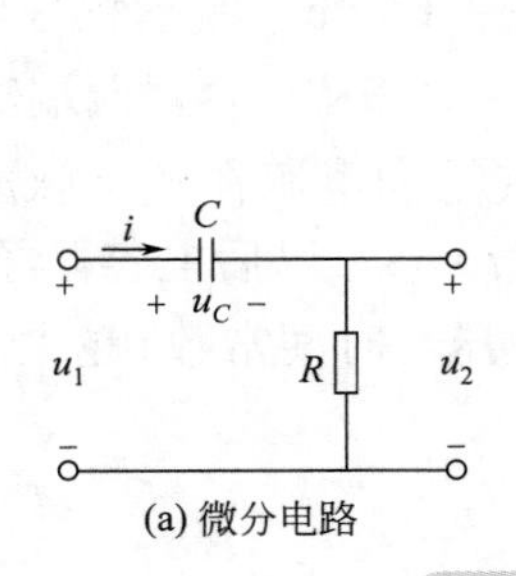

(a) 微分电路

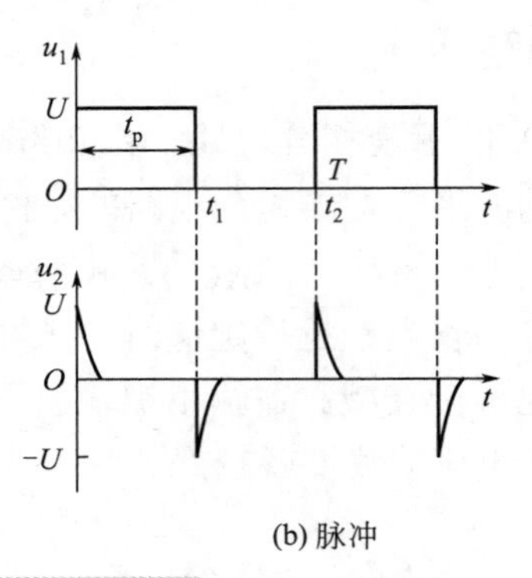

(b) 脉冲

图3-18 RC微分电路及脉冲

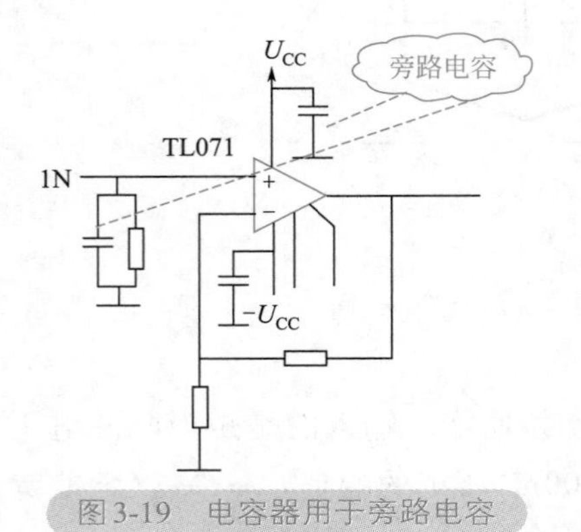

图3-19 电容器用于旁路电容

3.7.4 电容器用于旁路电容

图3-19所示电路中，电容器用作旁路电容，其功能是：在某点与公共电位点之间跨接，使交流直流信号中的交流与脉冲信号由此构筑的通路通过，从而避免经过电阻时产生电压降，为交流电路中某些并联的元件提供低阻抗通路。

3.7.5 退耦电容电路

退耦电容是用于退耦电路中的电容器，它的作用是消除多级放大器中各级间的有害低频交连。一般都在每级放大器中配有退耦电容，使其低频交连减小到最低的程度。退耦电容在电路中的应用极为普遍，它在电路中的应用如图3-20所示。

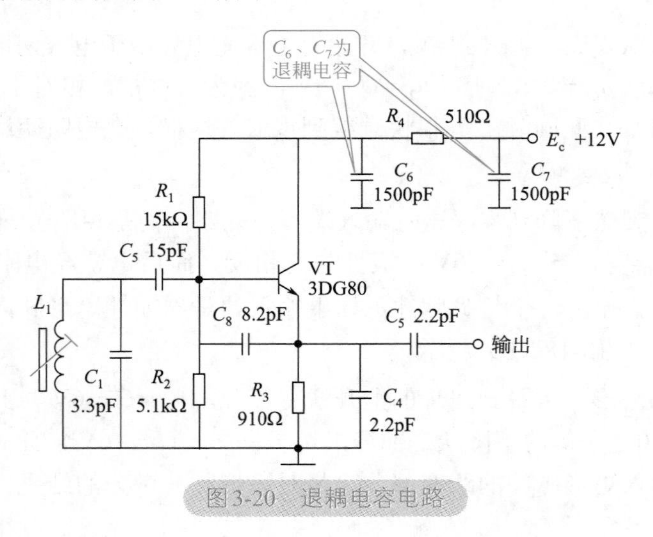

图3-20 退耦电容电路

3.7.6 电容器用于耦合电路

图3-21所示电路为多级放大器电路，电容器用作耦合电容。其功能为隔离直流，通交流或脉动信号，从而使信号之间、放大器静态工作点之间互不影响，即两个电路之间的连

接，允许交流信号通过并传输到下一级电路。

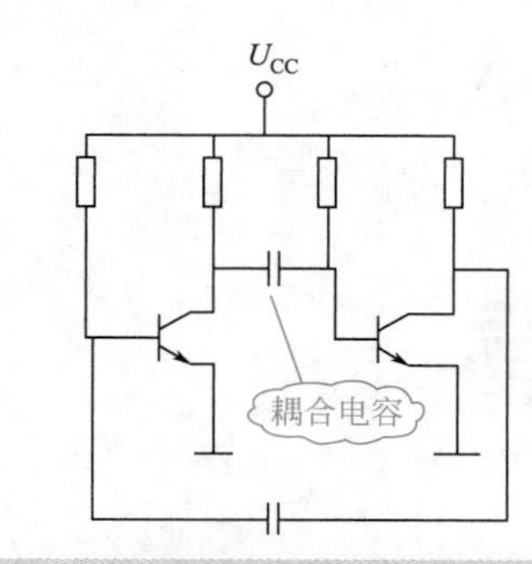

图3-21 多级放大器电路中的耦合电容

3.7.7 加速电容

在图3-22所示的*RC*脉冲分压电路中，电容使正反馈过程加速，提供振荡幅度，主要应用于振荡反馈电路或者脉冲电路中。

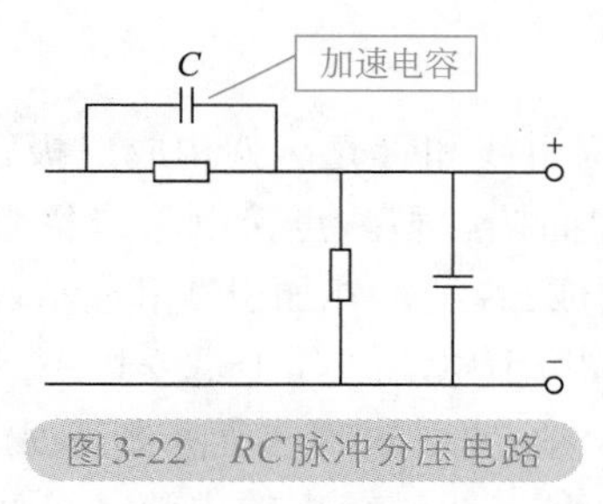

图3-22 *RC*脉冲分压电路

在电路中，需要将脉冲信号经电阻分压传到下一级。但电路中存在如寄生电容等各种形式的电容，相当于在负载侧接有一负载电容。在输入一脉冲信号时，因电容的充电，电压不能突变，使输出波形前沿变坏、失真。因此，需在电阻两端并接一加速电容*C*，组成一个具有失真校正的*RC*脉冲分压器。

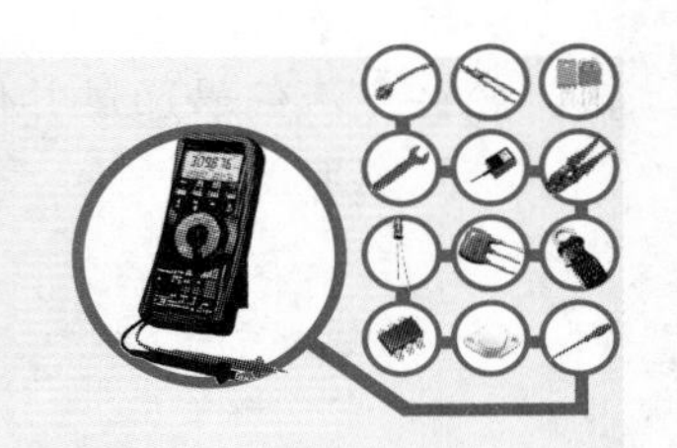

第4章

晶体二极管

4.1 晶体二极管基础知识

4.1.1 普通二极管的结构

把一个PN结加上相应的电极引线和管壳，就构成二极管。二极管的种类很多，根据结构的不同，二极管有点接触型和面接触型。点接触型二极管是由一根金属细丝和一块半导体的表面接触，并熔结在一起构成PN结，外加引线和管壳密封而成，因结面积小，结电容就小，适用于高频（几百兆赫）和小电流（几十毫安以下）条件下工作。面接触型二极管是用合金或扩散工艺制成PN结，外加引线和管壳密封而成，它的PN结面积大，故结电容大，适宜在低频条件下工作，可允许通过较大的电流（可达千安培）。图4-1所示为普通二极管的结构示意图。

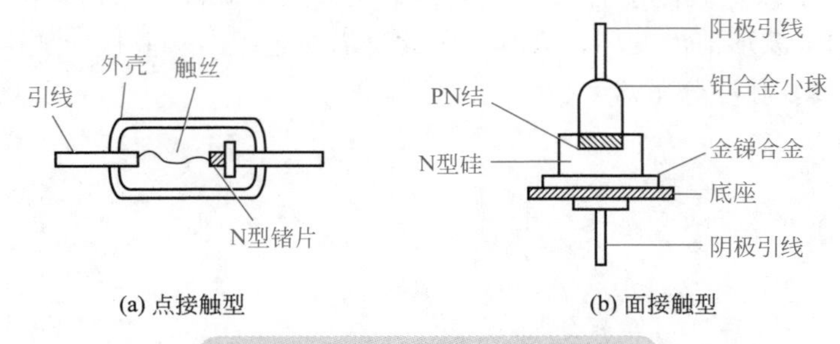

图4-1 普通二极管的结构示意图

4.1.2 二极管的分类和命名

4.1.2.1 二极管的分类

二极管的种类很多，分类方法也不尽相同。

按制作材料分为锗二极管、硅二极管和砷化镓二极管。在锗二极管、硅二极管中又分为N型和P型。

按制作工艺分为面接触型二极管和点接触型二极管。

按用途分为整流二极管、发光二极管、检波二极管、开关二极管、压敏二极管、阻尼二极管、稳压二极管、变容二极管、光敏二极管、湿敏二极管、恒流二极管等。

按封装形式分为玻璃封装二极管、塑料封装二极管、金属封装二极管。

按二极管的工作频率分为高频二极管和低频二极管。

按二极管功率大小分为大功率二极管、中功率二极管和小功率二极管。

4.1.2.2 二极管的命名

按照国家GB/T 249—2017标准规定的半导体器件型号命名法命名，二极管的型号含义：

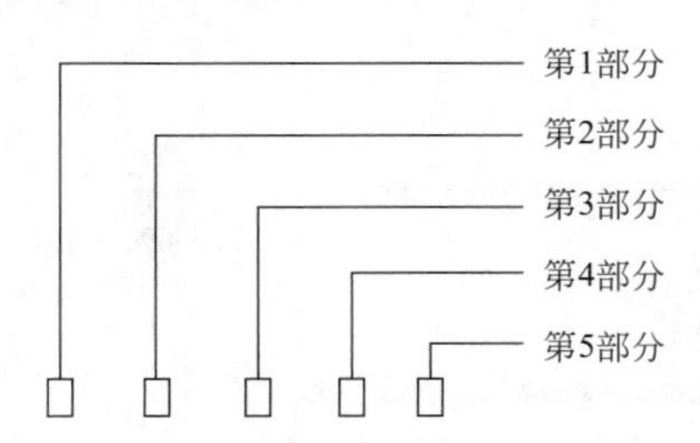

第1部分为主称部分：用数字2表示二极管有两个极性引脚。

第2部分为材料与极性部分，用字母表示，如表4-1所示为二极管材料与极性代号意义对照表。

表4-1 二极管材料与极性代号意义对照表

符号	意义	符号	意义
A	N型锗材料	D	P型硅材料
B	P型锗材料	E	化合物材料
C	N型硅材料		

第3部分为类别部分，用字母表示，如表4-2所示为二极管类别代号与意义对照表。

表4-2 二极管类别代号与意义对照表

符号	意义	符号	意义
P	小信号管（普通管）	B或C	变容管
W	电压调整管和电压基准管（稳压管）	V	混频检波管
L	整流堆	JD	激光管
N	阻尼管	S	隧道管
Z	整流管	CM	磁敏管
J	光电管	H	恒流管
K	开关管	Y	体效应管

第4部分为序号部分，用数字表示同一类别产品的序号。

第5部分为规格号部分，用字母表示产品的规格、档次。

如二极管标注为“2CW56”，表示此二极管是N型硅材料稳压二极管。

4.1.3 晶体二极管的外形特征和电路图形符号

晶体二极管简称为二极管，是一种常用的具有一个PN结的半导体器件。二极管的图形符号如图4-2所示，在电子产品中用字母“VD”，有时也用“D”表示。图4-3所示为二极管的电路符号。常用二极管的外形如图4-4所示。

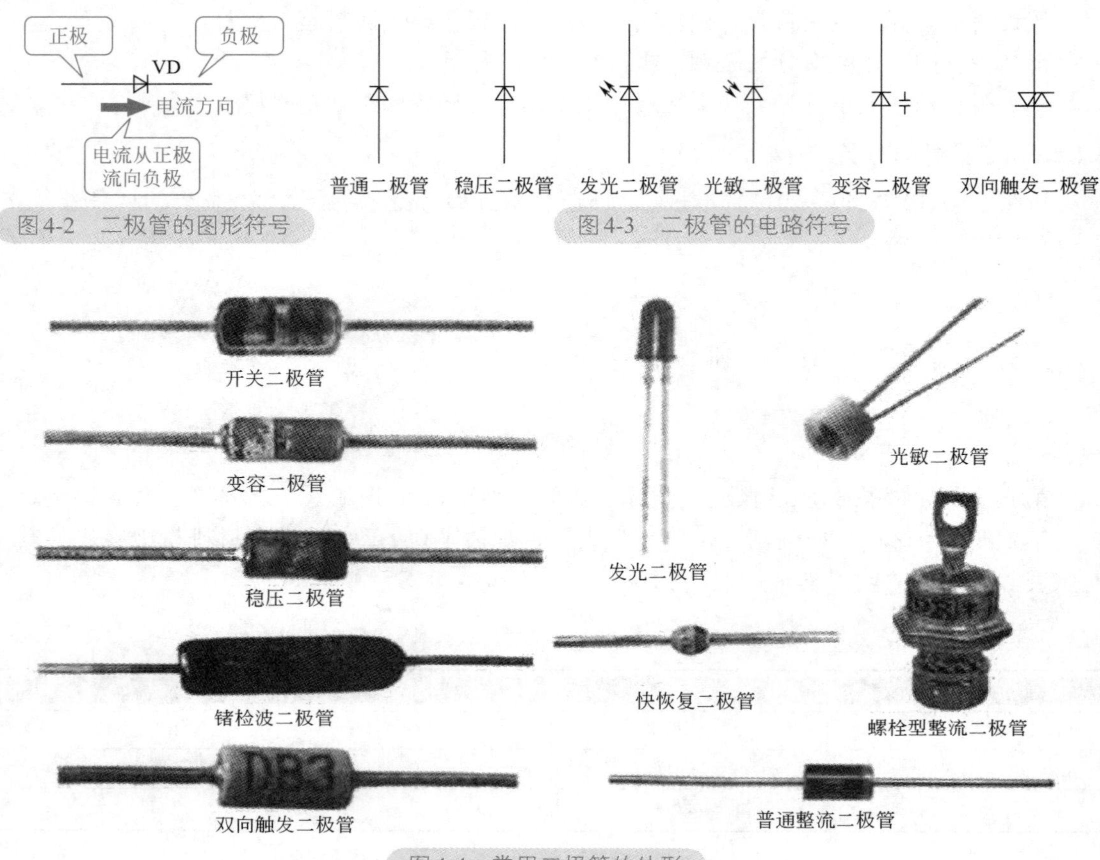

图4-2　二极管的图形符号

图4-3　二极管的电路符号

图4-4　常用二极管的外形

4.1.4　二极管的伏安特性

二极管是具有一个PN结的半导体器件，它的主要特性是具有单向导电性，即正向是导通的，而反向是阻断的。也就是说二极管的正向阻值较小，反向阻值为无穷大，表现出单向导电性。二极管的这一特性可用其伏安特性来表示。

图4-5所示为硅二极管的伏安特性曲线。

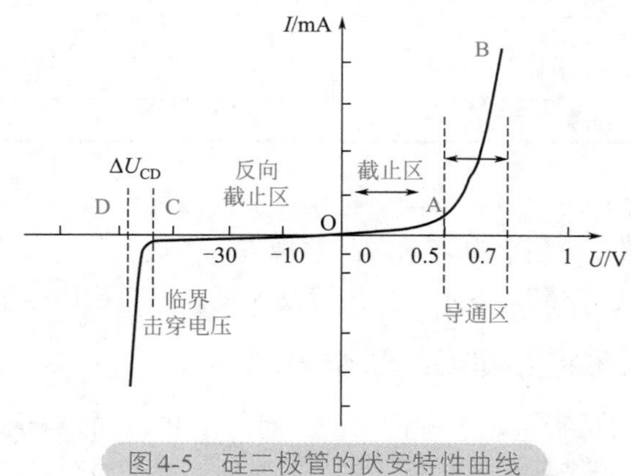

图4-5　硅二极管的伏安特性曲线

4.1.4.1 正向特性

正向特性是指当二极管为正向接法时（二极管正极接电源正极，二极管负极接电源负极）二极管两端的电压与电流间的关系。

二极管两端的电压在0～0.5V范围内时，流过二极管的电流很小，二极管呈现出很大的内阻，如图中的OA段，通常称为死区，相应的电压称为死区电压。硅二极管的死区电压一般为0.5V，锗二极管的死区电压一般为0.2V。

当正向电压超过死区电压时，正向电流迅速增大，电压的微小变化便会引起较大的电流变化。这个区域称为二极管的正向导通区，二极管处于正向导通。此时二极管两端电压变化不大。硅二极管的正向导通压降为0.6～0.8V，锗二极管的正向导通电压为0.2～0.3V。

4.1.4.2 反向特性

反向特性是指当二极管为反向接法时，二极管两端的电压与电流间的关系。

从特性曲线可以看出，反向接法时，二极管两端电压在很大范围内变化时，二极管的反向电流都很小，可忽略不计，如图中OC段，反向电流不随反向电压变化，称为二极管反向截止。

当反向电压增大到一定数值时，反向电流突然增大，这种现象称为二极管反向击穿，相应的电压称为反向击穿电压（C点电压）。正常使用二极管时是不能允许这种情况出现的。

从二极管的特性曲线可以看出，流过二极管的电流与加在二极管上的电压不成比例，二极管的内阻不是一个定值，所以说，二极管是一个非线性元件。

4.1.5 二极管的单向导电性

图4-6所示电路为二极管的单向导电性示意图，当二极管加正向偏置电压（正极接高电位，负极接低电位）时，二极管处于导通状态；当二极管加反向偏置电压（负极接高电位，正极接低电位）时，二极管处于截止状态。

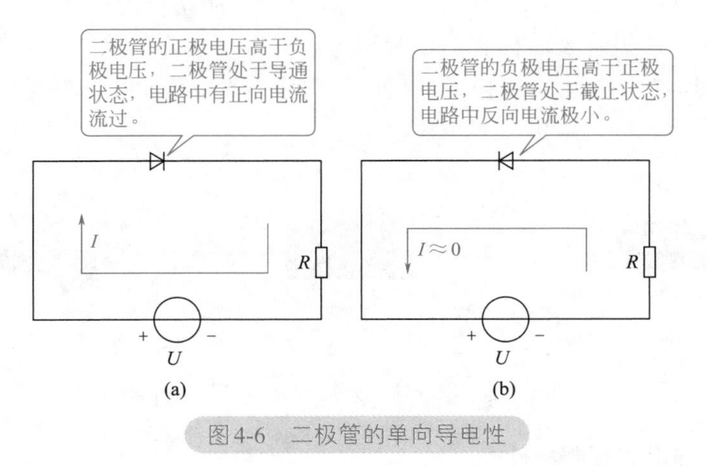

图4-6 二极管的单向导电性

4.1.6 二极管的参数

二极管的主要参数包括最大整流电流、最高反向工作电压、最大反向电流和最高工作频率。

4.1.6.1 最大整流电流I_F

最大整流电流是指二极管长期工作时允许通过的最大正向平均电流。其值与PN结面积及外部散热条件等有关。在规定的散热条件下，二极管正向平均电流若超过此值，则将因结温升得过高而烧坏。

4.1.6.2 最高反向工作电压U_{RM}

它是指二极管不被击穿所允许的反向电压的峰值，通常取反向击穿电压的一半或三分之二。

4.1.6.3 最大反向电流I_{RM}

它是指二极管加最高反向工作电压时的反向电流。反向电流越小，二极管的单向导电性能越好，受温度的影响也越小。硅管的反向电流较小，通常在几微安以下，锗管的反向电流较大，为硅管的几十到几百倍。

4.1.6.4 最高工作频率f_m

f_m是指二极管作检波或高频整流使用时，应选用f_m至少2倍于电路实际工作频率的二极管，否则不能正常工作。

4.2 二极管的正、负极判别方法及检测方法

4.2.1 二极管的正、负极判别方法

二极管引脚有正、负之分，在电路中乱接，轻则不能正常工作，重则损坏。二极管极性判断可采用以下方法。

4.2.1.1 根据标注或外形判断极性

有些二极管在表面做一定的标志来区分正、负极，有些特殊的二极管，可以根据外形区分正、负极。

图4-7（a）中，二极管表面标有二极管符号，其中三角形箭头指向对应的电极为负极，另一端为正极；图4-7（b）中，二极管标有白色圆环的一端为负极；图4-7（c）中，二极管金属螺栓为负极，另一端为正极。

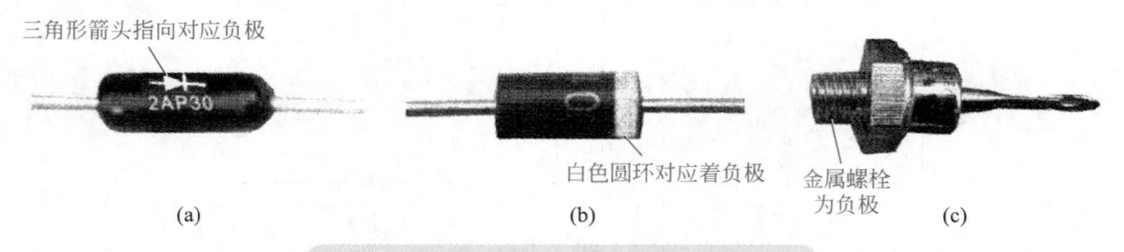

图4-7 根据标注或外形判断二极管极性

4.2.1.2 用指针式万用表判断极性

对于没有标注极性或无明显特征的二极管，可用指针式万用表的欧姆挡来判断极性，如图4-8所示。

万用表拨至$R\times100$或$R\times1k$挡，测量二极管两个引脚间的阻值，正、反各测一次，会出现阻值一大一小，以阻值小的一次为准，黑表笔接的为二极管的正极，红表笔接的为二极管的负极。

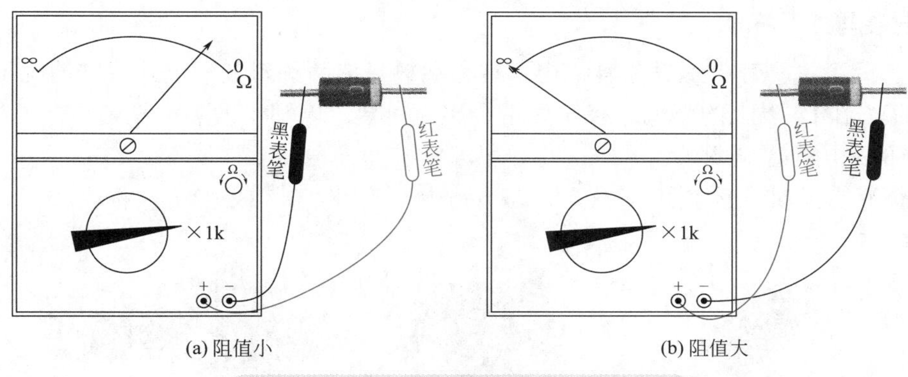

(a) 阻值小　　(b) 阻值大

图4-8 用指针式万用表判断二极管极性

4.2.2 二极管的检测

可使用指针式万用表对二极管进行性能检测及故障诊断，常用方法如表4-3所示。

表4-3 用指针式万用表检测二极管性能及故障诊断方法

接线示意图	表针指示	说明
二极管负极 R×1k挡 黑 红 测量二极管正向电阻	×1k Ω 0	万用表置于$R\times1k$挡测量二极管，正向电阻的阻值在几千欧，表针指示稳定，表针不能左右有微小摆动，否则说明二极管热稳定性差
	×1k Ω 0	如果测量正向电阻时表针指示开路，说明该二极管已开路
	×1k Ω 0	如果测量正向电阻时表针指示阻值在几十千欧，说明二极管正向电阻大，二极管性能差
二极管负极 R×1k挡 红 黑 测量二极管反向电阻	×1k Ω 0	测量二极管反向电阻时应该为几百千欧，且阻值越大越好，表针几乎不动，表针指示要稳定
	×1k Ω 0	如果测量反向电阻时只有几千欧，说明该二极管已击穿，已失去单向导电特性

4.3 常用二极管

4.3.1 整流二极管

4.3.1.1 特性

整流二极管的作用是将交流电变成脉动直流电，它是利用二极管的单向导电性工作的。因为整流二极管正向工作电流较大，工艺上多采用面接触型结构。由于这种结构的二极管结电容较大，因此整流二极管工作频率一般小于3kHz。

4.3.1.2 封装与外形符号

整流二极管主要有全密封金属结构封装和塑料封装两种封装形式。通常情况下额定正向工作电流I_F在1A以上的整流二极管采用金属壳封装，以利于散热；额定正向工作电流I_F在1A以下的采用全塑料封装。

常见整流二极管外形如图4-9所示，在电路中一般用“D”或“VD”标注。

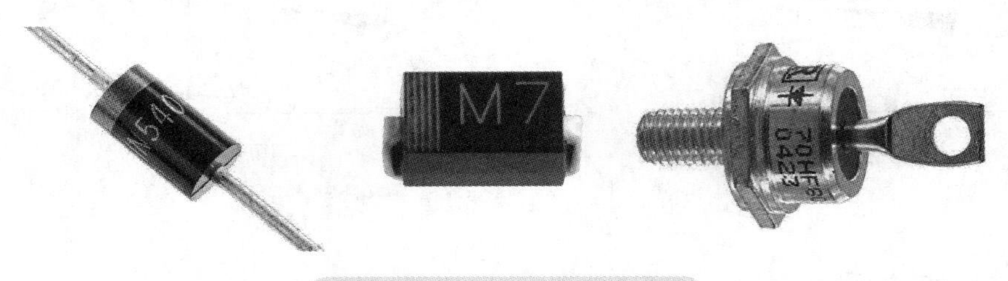

图4-9 常见整流二极管外形

4.3.1.3 极性判别

图4-10所示为整流二极管的符号。整流二极管的极性很容易判断。小功率整流二极管带有色环的一端为负极，大功率金属封装整流二极管带螺母一端为负极，如图4-11所示。

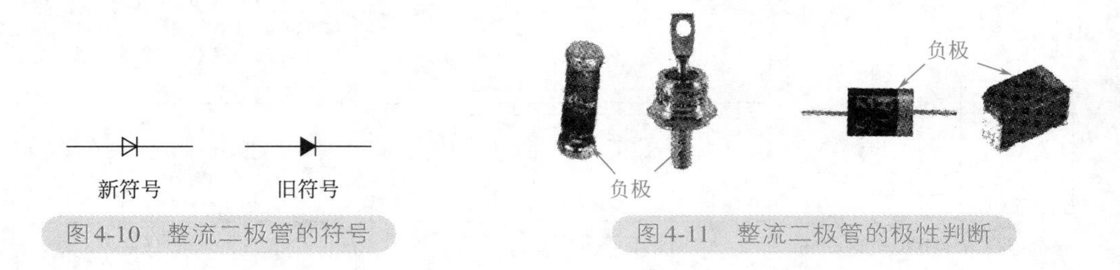

图4-10 整流二极管的符号　　图4-11 整流二极管的极性判断

整流电路常用到两只或四只二极管，将两只或四只二极管按整流电路要求集成在一起的器件称为整流桥。整流桥包括全桥和半桥。常用型号有KBPC、KBU、KBJ、KBL、MB、DF等。

半桥有两只整流二极管构成，有共阴和共阳两种形式，如图4-12所示。“～”为交流电的端子，“+、-”为输出直流电的端子，三相半桥电路由3只整流二极管构成，如图4-12（a）所示。

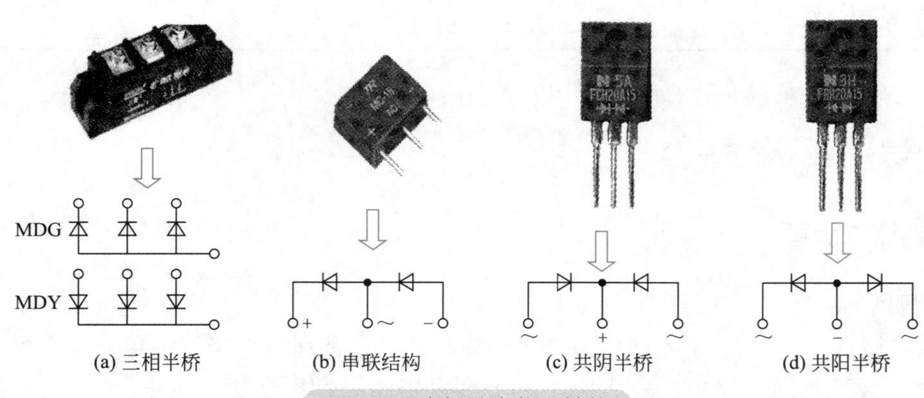

图4-12 半桥的实物和结构

生产厂家通常将4只整流二极管封装在一起，这些元件通常称为整流桥或者整流全桥。全桥有四只引脚，其中两只引脚为接交流电的端子，用“～”或“AC”标记，另两只引脚为输出直流电的端子，用“+、-”标记，如图4-13（a）所示。内部连接如图4-13（b）所示。

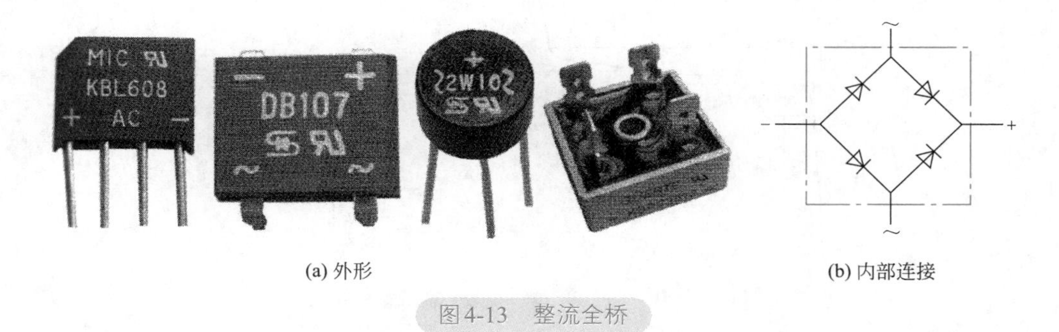

(a) 外形　(b) 内部连接

图4-13　整流全桥

4.3.1.4　选用

选用整流二极管时，主要应考虑其最大整流电流、最大反向工作电流、截止频率及反向恢复时间等参数。开关稳压电源的整流电路及脉冲整流电路中使用的整流二极管，应选用工作频率较高、反向恢复时间较短的整流二极管或快恢复二极管。普通串联稳压电源电路中使用的整流二极管，对截止频率的反向恢复时间要求不高，只要根据电路的要求选择最大整流电流和最大反向工作电流的整流二极管即可。

4.3.2　稳压二极管

4.3.2.1　结构

稳压二极管是具有一个PN结的半导体器件。与普通二极管不同，稳压二极管工作于反向击穿状态。它的文字符号为VZ，图形符号及外形结构如图4-14所示。

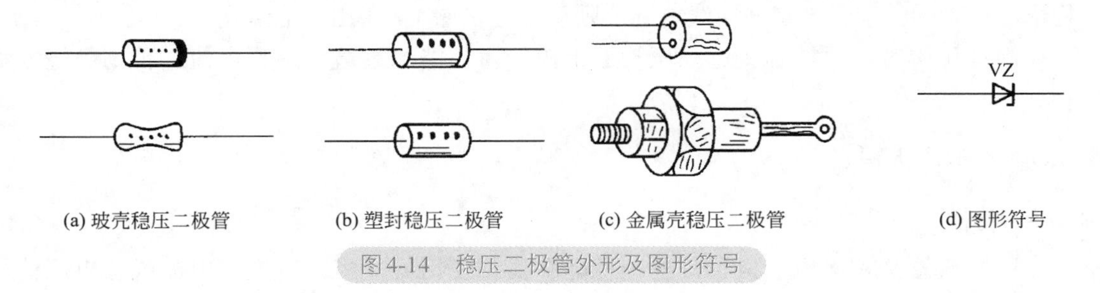

(a) 玻壳稳压二极管　(b) 塑封稳压二极管　(c) 金属壳稳压二极管　(d) 图形符号

图4-14　稳压二极管外形及图形符号

4.3.2.2　特性曲线

稳压二极管的伏安特性曲线与普通二极管类似，其差异是稳压二极管的反向特性曲线比较陡，如图4-15所示。

可见，稳压二极管是二极管中的一种，但是它的工作特性与普通二极管有很大的不同，稳压二极管与适当数值的电阻配合后能起稳定电压的作用，故称为稳压二极管。此外，稳压二极管还可以用来对信号进行限幅。

4.3.2.3　主要参数

（1）稳定电压U_Z。稳定电压就是稳压二极管在正常工作情况下管子两端的电压。由于

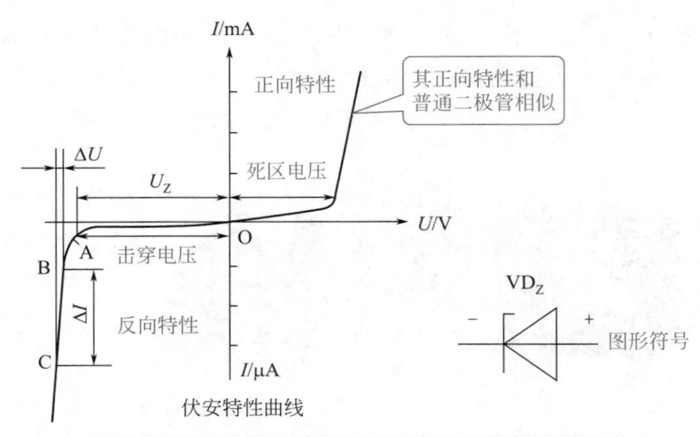

图4-15 稳压二极管的伏安特性曲线及图形符号

生产过程工艺方面和其他原因，稳压值有一定的分散性。因此，手册给出的稳定电压不是一个确定值，而是给了一个范围。例如，2CW59稳压二极管的稳压值为10～11.8V。

（2）最大稳定电流。它是指稳压二极管长时间工作而不损坏所允许流过的最大稳定电流。稳压二极管在实际运用中，工作电流要小于最大稳定电流，否则会损坏稳压二极管。

（3）电压温度系数α_U。它是用来表征稳压二极管的稳压值受稳定影响程度和性质的一个参数，此系数有正、负之分。一般来说，低于6V的稳压二极管，它的电压温度系数是负的；高于6V的稳压二极管，电压温度系数是正的；而在6V左右的管子，稳压值受温度的影响比较小。因此，选用稳定电压为6V左右的稳压二极管，可得到较好的温度稳定性。

（4）最大允许耗散功率P_{ZM}。它是指稳压二极管击穿后稳压二极管本身所允许消耗功率的最大值。实际使用中，如果超过这一值，稳压二极管将被烧坏。

（5）动态电阻。动态电阻是指稳压二极管端电压的变化量与相应的电流变化量的比值，即稳压二极管的反向伏安特性曲线愈陡，则动态电阻愈小，稳压性能愈好。

使用稳压管时，要控制流过稳压管的电流绝对不能超过最大工作电流，否则会烧毁稳压管。

4.3.3 光敏二极管

4.3.3.1 特性

光敏二极管又称光电二极管，是一种能够根据使用方式将光转换成电流或者电压信号的光探测器。光敏二极管和普通二极管一样，也是由一个PN结组成的。

普通二极管在反向电压作用时处于截止状态，只能流过微弱的反向电流。光敏二极管在设计和制造时尽量使PN结的面积相对大，以便接收入射光。光敏二极管是在反向电压作用下工作的，没有光照时，反向电流极其微弱，称为暗电流；有光照时，反向电流迅速增大到几十微安，称为光电流。光的强度越大，反向电流也越大。它有PN、PIN、发射键、雪崩等不同类型。

4.3.3.2 外形与图形符号

常用光敏二极管外形如图4-16所示，图形符号如图4-17所示。

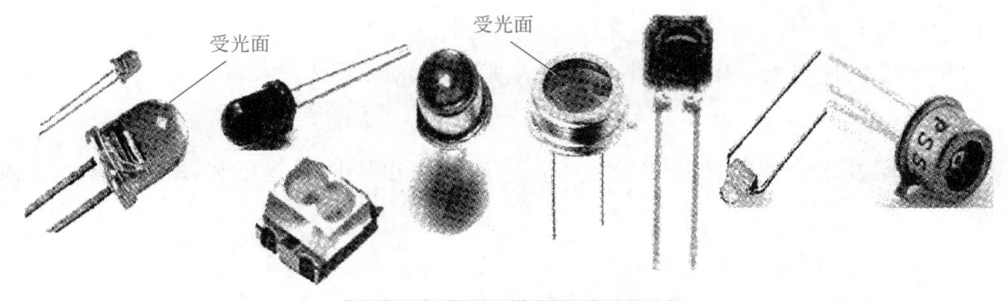

图4-16 常用光敏二极管外形

4.3.3.3 检测

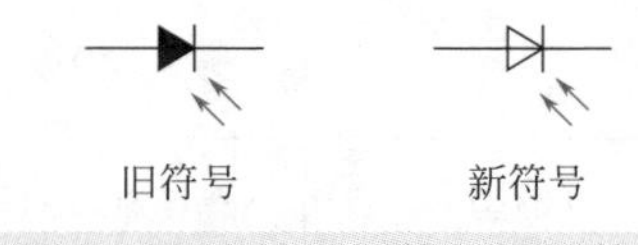

图4-17 光敏二极管的图形符号

光敏二极管的检测包括极性检测与好坏检测。

（1）极性检测。与普通二极管一样，光敏二极管也有正、负极之分。对于未使用过的光敏二极管，引脚长的为正极（P），引脚短的为负极（N）。在无光线照射时，光敏二极管也具有正向电阻小、反向电阻大的特点。根据这一特点就可以用万用表检测光敏二极管的极性。

万用表选择$R\times1$k挡，用黑纸或黑布遮住光敏二极管，红、黑表笔分别接光敏二极管两个电极，正、反各测一次，若两次测得的数值出现一大一小，以阻值小的那次为准，黑表笔接的为正极，红表笔接的为负极，如图4-18所示。

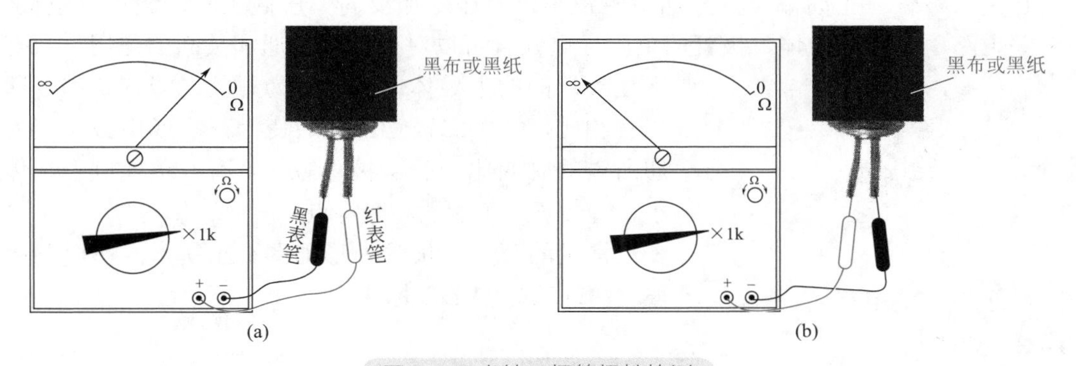

图4-18 光敏二极管极性检测

（2）好坏检测。光敏二极管检测包括遮光检测和受光检测。

在进行遮光检测时，用黑纸或黑布遮住光敏二极管，然后检测两电极之间的正、反向电阻，正常应为正向电阻小，反向电阻大。

在进行受光检测时，万用表选择$R\times1$k挡，用光源照射光敏二极管的受光面，再测量两电极之间的正、反向电阻。若光敏二极管正常，光照射时测得的反向电阻明显变小，而正向电阻变化不大，如图4-19所示。

若正、反向电阻均为无穷大，则说明光敏二极管开路。

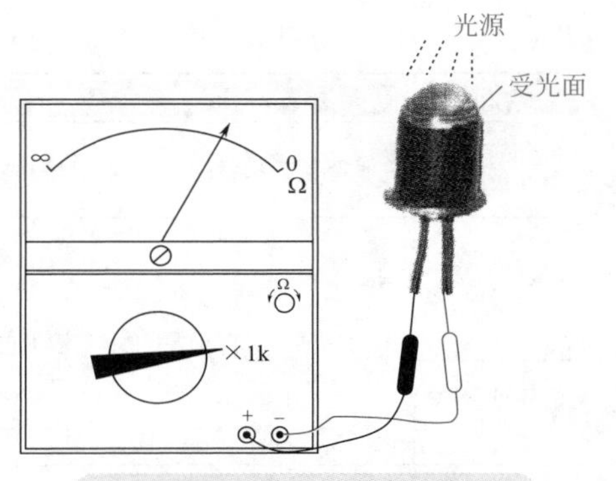

图4-19 光敏二极管好坏检测

若正、反向电阻均为0，则说明光敏二极管短路。

若遮光和受光时的反向电阻大小无变化，则说明光敏二极管失效。

4.3.3.4　选用

应根据应用要求，选择感光灵敏度不同、响应速度不同类型的光敏二极管，具体参见表4-4。

表4-4　光敏二极管的选用

光敏二极管类型	特性	用途
PN型	暗电流小，一般情况下响应速度较慢	照度计、彩色传感器、光敏三极管、线性图像传感器、分光度计、照相曝光计等
PIN型	暗电流大，因结容量低，故可获得快速响应	高速光的检测、光通信、光纤、遥控、光敏三极管、写字笔、传真等
发射键型	使用Au薄膜与N型半导体代替P型半导体	主要用于紫外线灯短波光的检测
雪崩型	响应速度非常快，因具有倍速作用，故可检测微弱光	高速光通信、高速光检测

4.3.4　开关二极管

4.3.4.1　特性与外形

开关二极管在正向偏压下导通电阻很小，而在施加反向偏压截止时，截止电阻很大，在开关电路中利用半导体二极管的单向导电性就可以对电路起接通和关断的作用，故把用于这一目的的半导体二极管称为开关二极管。和普通二极管相比，开关二极管由导通变为截止或由截止变为导通所需的时间比一般二极管短，具有开关速度快、体积小、寿命长、可靠性高等特点。

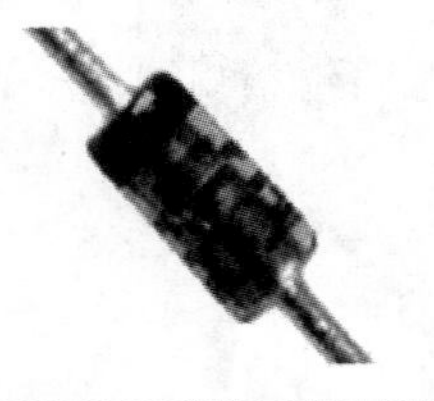

图4-20　开关二极管外形

常见的开关二极管外形如图4-20所示，在电路中一般用“D”或“VD”标注。

4.3.4.2　分类

开关二极管分为普通开关二极管、高速开关二极管、超高速开关二极管、低功耗开关二极管、高反压开关二极管、硅电压开关二极管等多种，具体说明参见表4-5。

表4-5　开关二极管的分类

名称	说明	常见型号
普通开关二极管	比普通二极管的反向恢复时间短，开、关频率快	国产的有2AK系列锗开关二极管
高速开关二极管	比普通开关二极管的反向恢复时间短，开、关频率更快	国产的有2CK系列 进口的有IN系列、IS系列、ISS系列（有引线塑封）和RLS系列（表面安装）
超高速开关二极管		ISS系列（有引线塑封）和RLS系列（表面贴装）
低功耗开关二极管	功耗较低，但其零偏压电容和反向恢复时间值均较高速开关二极管低	RLS系列（表面贴装）和ISS系列（有引线塑封）

续表

名称	说明	常见型号
高反压开关二极管	反向击穿电压均在220V以上，但其零偏压电容和反向恢复时间值相对大	RLS系列（表面贴装）和ISS系列（有引线塑封）
硅电压开关二极管	一种新型半导体器件，有单向电压开关二极管和双向电压开关二极管之分。单向电压开关二极管也称转折二极管。由PNPN四层结构的硅半导体材料组成，其正向为负阻开关特性（指当外加电压升高到正向转折电压值时，开关二极管由截止状态变为导通状态，即由高阻转为低阻），反向为稳定高阻特性；双向电压二极管由NPNPN五层结构的硅半导体材料组成，其正向和反向均具有相同的负阻开关特性	硅电压开关二极管主要应用于触发器、过压保护电路、脉冲发生器及高压输出、延时、电子开关等电路，常见的有2AK、2DK等系列，进口型号有IN、IS、ISS、RLS等系列，典型的如IN4148

4.3.4.3 选用

开关二极管主要应用于收录机、电视机、影碟机等家用电器及电子设备的开关电路、检波电路、高频脉冲整流电路等电路中。

中速开关电路和检波电路可选用2AK系列普通开关二极管。高速开关电路选用RLS系列、ISS系列、1N系列、2CK系列的高速开关二极管。要根据应用电路的主要参数来选择开关二极管的具体型号。

4.3.5 变容二极管

4.3.5.1 特性

变容二极管是利用反向偏压来改变PN结电容量的特殊半导体器件。变容二极管相当于一个容量可变的电容器，它的两个电极之间的PN结电容大小，随加到变容二极管两端反向电压大小的改变而变化，反向偏压与结电容之间的关系是非线性的。当加到变容二极管两端的反向电压增大时，变容二极管的容量减小。如2CB14型变容二极管，当反向电压在3～25V变化时，其结电容在3～30pF变化。

图4-21（a）中，RP用来调节变容二极管VD反向电压的大小。当调节RP向右滑动时，加到变容二极管的负端电压升高，即反向电压增大，其容量发生变化，反向电压越高，容量越小；反之，反向电压越低，容量越大。图4-21（b）所示为变容二极管的特性曲线，它直观表示出变容二极管两端电压与容量变化的规律，如当反向电压为2V时，容量为3pF。当反向电压增大到6V时，容量减少到2pF。

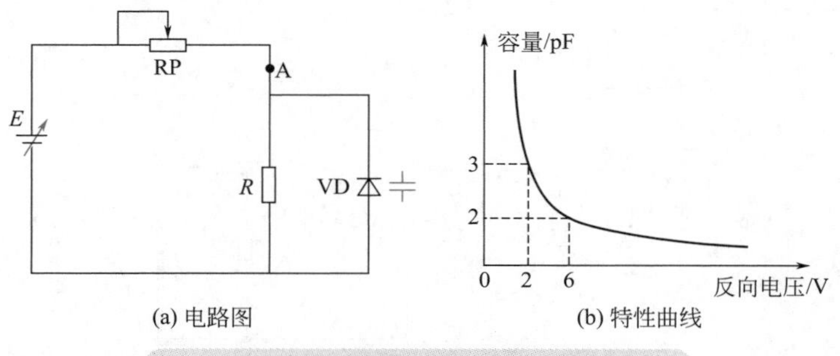

图4-21 变容二极管的电路图及特性曲线

4.3.5.2 封装与型号

中小功率的变容二极管一般采用玻璃封装、塑料封装或表面封装，而功率较大的变容二极管多采用金属封装。有些变容二极管也将两只封装在一起形成孪生背靠背结构的半桥形式，用于精密调谐电路。

常用的国产变容二极管有2CC系列和2CB系列。常用型号有ISV-101、ISV-149、2CB14。BB-112、BB-201为飞利浦孪生背靠背结构，适用于高频收音机。

4.3.5.3 外形与图形符号

图4-22所示为变容二极管的外形和图形符号。

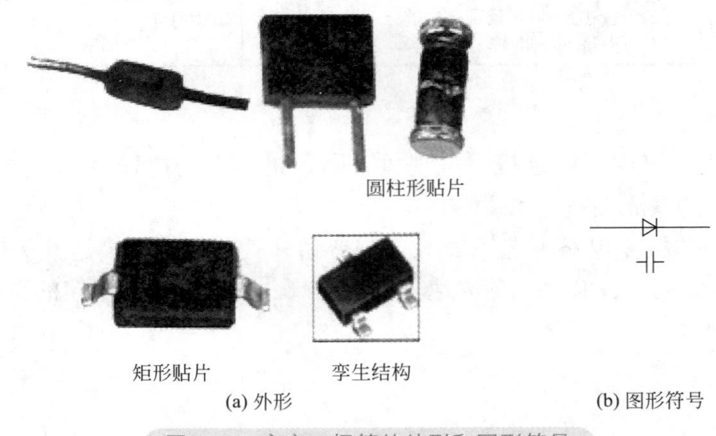

(a) 外形　(b) 图形符号

图4-22 变容二极管的外形和图形符号

4.3.5.4 选用

选用变容二极管时，应着重考虑其工作频率、最高反向工作电压、最大正向电流和零偏压结电容等参数是否符合应用电路要求，应选用结电容变化大、Q值高、反向漏电流小的变容二极管。

4.3.5.5 应用电路

变容二极管广泛应用于自动频率控制、扫描振荡、调频和调谐等电路，取代可变电容器，用于调谐回路、振荡电路、锁相环路，常用于电视机高频头的频道转换和调谐电路。

图4-23（a）所示电路为变容二极管压控振荡电路，图4-23（b）和图4-23（c）所示电路分别为其直流等效电路和交流等效电路。

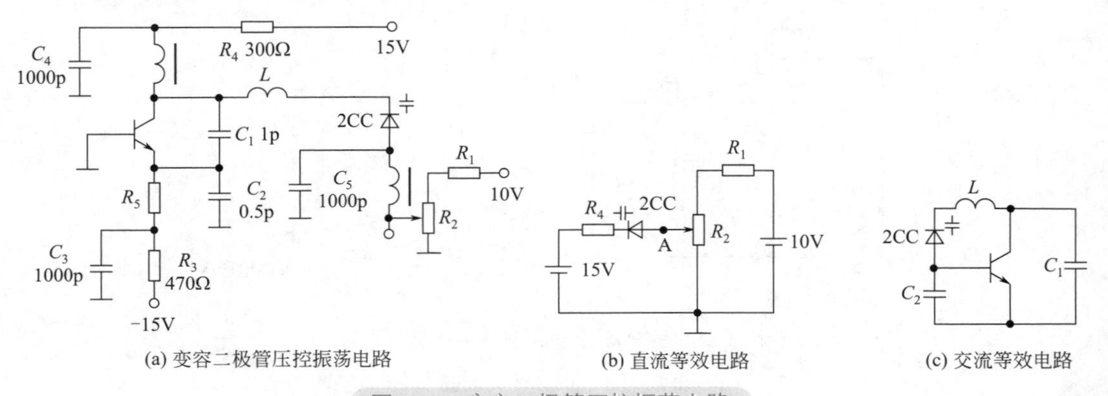

(a) 变容二极管压控振荡电路　(b) 直流等效电路　(c) 交流等效电路

图4-23 变容二极管压控振荡电路

4.3.6 检波二极管

4.3.6.1 特性与外形

检波二极管的作用是利用其单向导电性将叠加在高频或中频无线电信号中的低频信号取出来，具有较高的检波效率和良好的频率特性，广泛应用于半导体收音机、收录机、电视机及通信等设备的小信号电路中，其工作频率较高，处理信号幅度较小。

常见检波二极管外形如图4-24所示，在电路中的符号一般用“D”或“VD”标注。常用的国产检波二极管有2AP系列锗玻璃封装二极管。常用的进口检波二极管有1N34/A、1N60等。检波二极管除用于检波外，还常用于限幅、削波、调制、混频、开关等电路。

图4-24 常见检波二极管外形（1N34/A）

检波二极管符号同整流二极管，极性判断方法也同整流二极管一致。

4.3.6.2 选用

选用检波二极管时，应根据应用电路的具体要求选择工作频率高、反向电流小、正向电流足够大的检波二极管。选用时，主要考虑其工作频率。具体地说，国产2AP1 ～ 2AP8型（包括2AP8A、2AP8B）适用于150MHz以下；2AP9、2AP10型适用于100MHz以下；2AP31A型适用于400MHz以下；2AP32型适用于2000MHz以下等。

一般高频检波电路选用锗点接触型检波二极管，它的结电容小，反向电流小，工作频率高。

4.3.7 双向触发二极管

4.3.7.1 外形与图形符号

双向触发二极管简称双向二极管，它可以在电路中双向导通。双向二极管的实物外形和图形符号如图4-25所示。

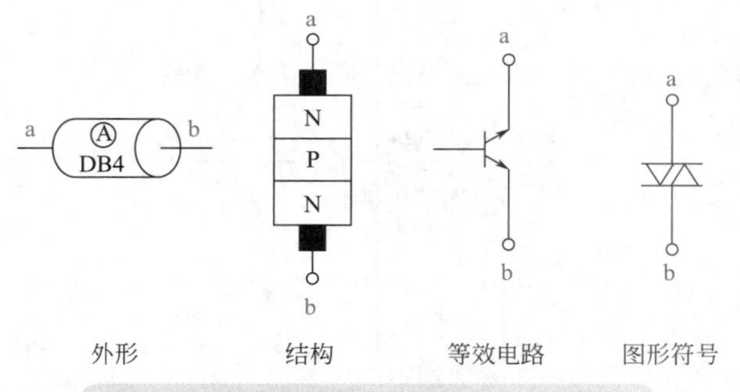

图4-25 双向触发二极管外形及图形符号

4.3.7.2 特性

普通二极管具有单向导电性，而双向触发二极管具有双向导电性，下面以图4-26所示电路来说明。

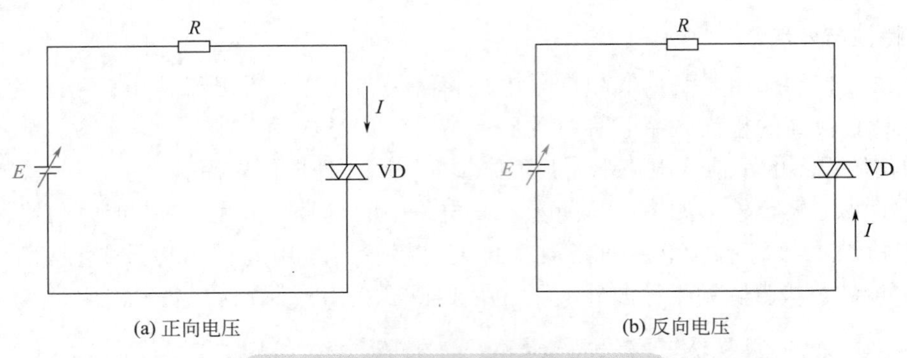

(a) 正向电压　　(b) 反向电压

图4-26　双向触发二极管的工作原理

图4-26（a）中，将双向触发二极管与可调电源E连接，对双向触发二极管施加正向电压。当电源电压较低时，VD并不能导通，随着电源电压的逐渐提高，当调到某一值时，VD马上导通，有从上往下的电流流过双向触发二极管。

图4-26（b）中，将电源的极性调换，对双向触发二极管施加反向电压。当电源较低时，VD不能导通，随着电源电压的逐渐调高，当调到某一值时，VD马上导通，有从下往上的电流流过双向触发二极管。

可见，不论施加正向电压还是反向电压，只要电压达到一定值，双向触发二极管就能导通。

4.3.7.3　特性曲线

图4-27所示为双向触发二极管的特性曲线，横轴表示双向触发二极管两端的电压，纵轴表示流过双向触发二极管的电流。

从图4-27特性曲线可以看出，当双向触发二极管两端施加正向电压时，如果两端电压低于U_{B1}，流过的电流很小，双向触发二极管不能导通，一旦两端的正向电压达到U_{B1}（称为触发电压）双向触发二极管马上导通，有很大的电流流过双向触发二极管，同时双向触发二极管的电压会下降（低于U_{B1}）。

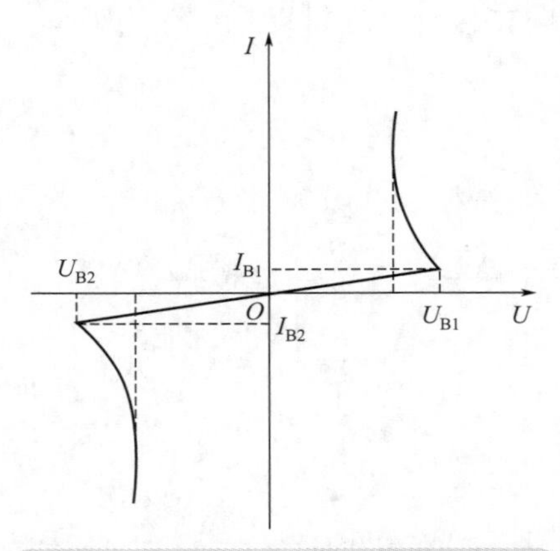

图4-27　双向触发二极管的特性曲线

同样地，当双向触发二极管施加反向电压时，在其两端电压低于U_{B2}时双向触发二极管不能导通，只有其两端的正向电压达到U_{B2}时才能导通，导通后的双向触发二极管两端的电压会下降（低于U_{B2}）。

双向触发二极管正、反向特性相同，具有对称性，故双向触发二极管极性没有正负之分。

双向触发二极管的触发电压较高，30V左右最为常见。双向触发二极管的触发电压一般有20～60V、100～150V和200～250V三个等级。

4.3.7.4 应用电路

图4-28所示为采用双向二极管的调光灯应用电路。合上开关S，电位器RP、电阻R_2和电容C构成分压关系。调节RP的阻值即可改变电容器的充电速度。当电容C上的充电电压高于双向触发二极管的转折电压时，电容C便通过限流电阻R_1和双向触发二极管VD_1向晶闸管VS的控制极放电，触发双向晶闸管VS导通。改变电位器RP的阻值可改变双向晶闸管的导通角，从而改变灯泡亮度。

4.3.8 阻尼二极管

4.3.8.1 作用与特性

阻尼二极管的实物外形如图4-29所示。

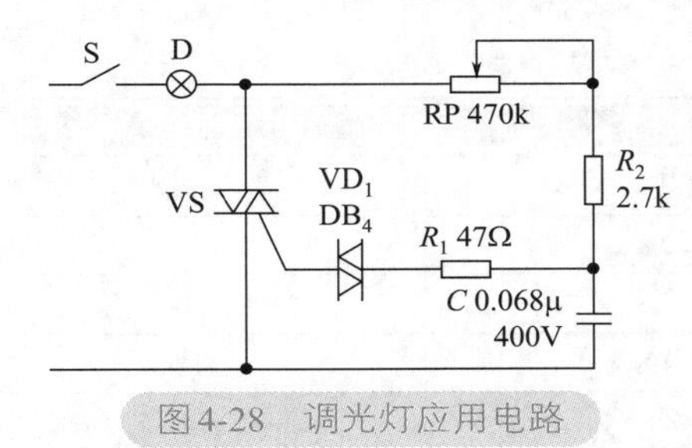

图4-28 调光灯应用电路

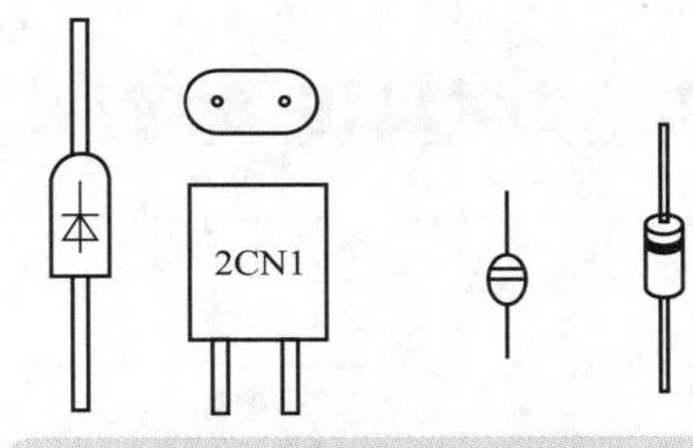

图4-29 阻尼二极管的实物外形

阻尼二极管的主要特性是，具有较高的反向工作电压和峰值电流，正向压降小。当其承受的反向电压达到设计值时，阻尼二极管会反向导通；导通后，当其承受的反向电压下降到设计值以下时，阻尼二极管会在很短的时间内截止，重新恢复常态。阻尼二极管在电路上能缓冲较高的反向击穿电压和较大的峰值电流，起到阻尼作用，因此称为阻尼二极管。

4.3.8.2 应用电路

阻尼二极管可用在电视机行扫描电路中，阻尼二极管并接在行输出管集电极和发射极之间，如图4-30所示。

行扫描输出是一个锯齿波，其下降沿十分陡，而其负载行变压器、偏转线圈均为感性负载，在行扫描电流陡降时（行输出管关断）会产生极高的反峰电压。阻尼二极管在行扫描电路中的作用是可以为这个反峰电压提供一个通路，使反峰电压限制到一定的水平，从而保护行输出管和其他电路元件。

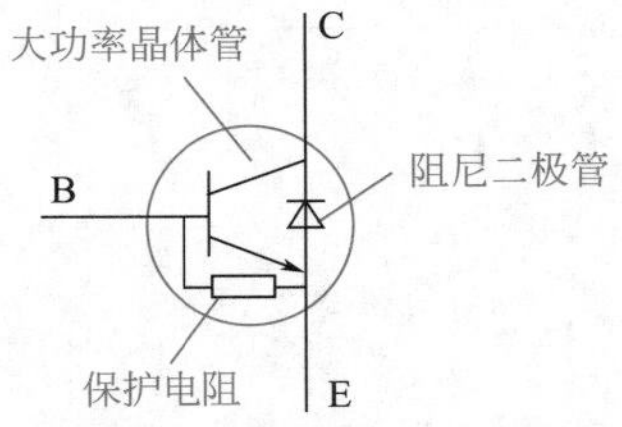

图4-30 带阻尼的行输出管

4.3.9 恒流二极管

恒流二极管是一种新型的半导体器件，它能在很宽的电压范围内输出恒定的电流。由于恒流二极管的恒流性能好，同时价格低廉、使用方便，故被广泛应用于恒流源、稳压源、放大器及各种保护电路。

图4-31所示为恒流二极管实物外形，图4-32所示为恒流二极管的图形符号。

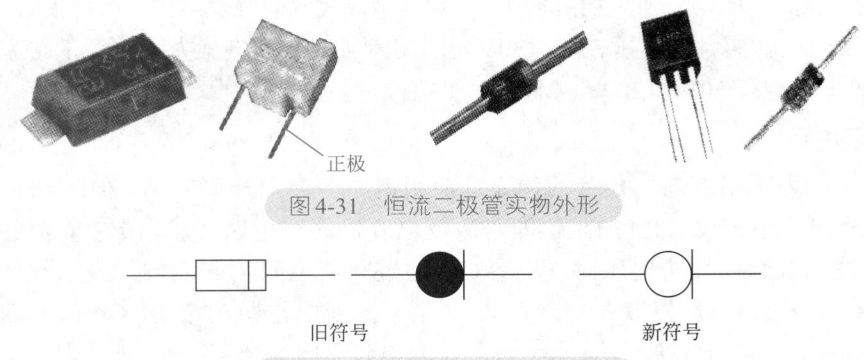

图4-31 恒流二极管实物外形

图4-32 恒流二极管的图形符号

图4-33所示为恒流二极管的特性曲线。从图中可以看出，在$U_S \sim U_B$（击穿电压）范围二极管输出恒定的电流，并且具有很高的动态阻抗。

常用的国产恒流二极管有DH系列，表4-6列出了部分型号的参数。

表4-6 国产DH系列恒流二极管部分型号参数

型号	恒定电流/mA	起始电压U_S/V	动态电阻/MΩ
2DH00	≤0.05	<0.5	≥8
2DH01	0.1±0.05	<0.8	≥8
2DH02	0.2±0.05	<1.5	≥5
2DH03	0.3±0.05	<1.5	≥5
2DH04	0.4±0.05	<2	≥2.5

图4-34所示电路中，LED照明电路中采用恒流二极管供电，即使出现电源电压不稳定或是负载电阻变化很大的情况，都能确保电路电流稳定，从而使LED灯更加稳定发光。

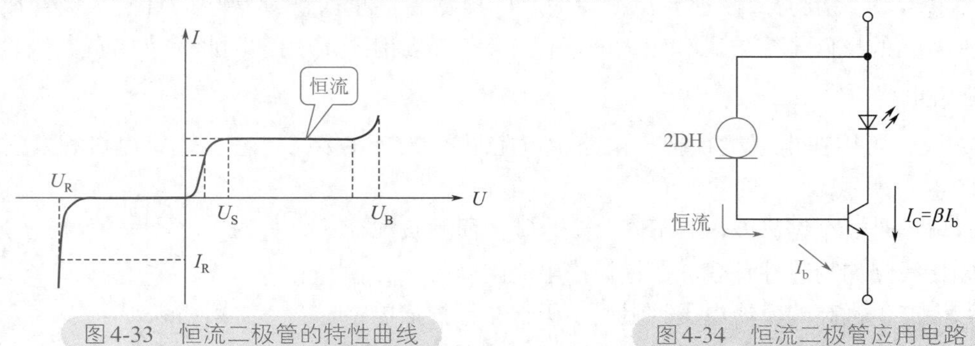

图4-33 恒流二极管的特性曲线

图4-34 恒流二极管应用电路

4.3.10 肖特基二极管

4.3.10.1 结构

肖特基二极管是利用金属与半导体接触形成的金属-半导体结原理制成的。它具有开关频率比快速恢复二极管更高和正向压降更低等优点，但其反向击穿电压比较低，大多不超过60V，最高仅约100V，这限制了其应用范围。

4.3.10.2 外形与图形符号

肖特基二极管又称肖特基势垒二极管（SBD），其图形符号与普通二极管相同，在电路中一般用“D”或“VD”标注。常见的肖特基二极管实物外形如图4-35（a）所示，三引脚的肖特基二极管内部由两个二极管组成，其连接方式有多种，如图4-35（b）所示。

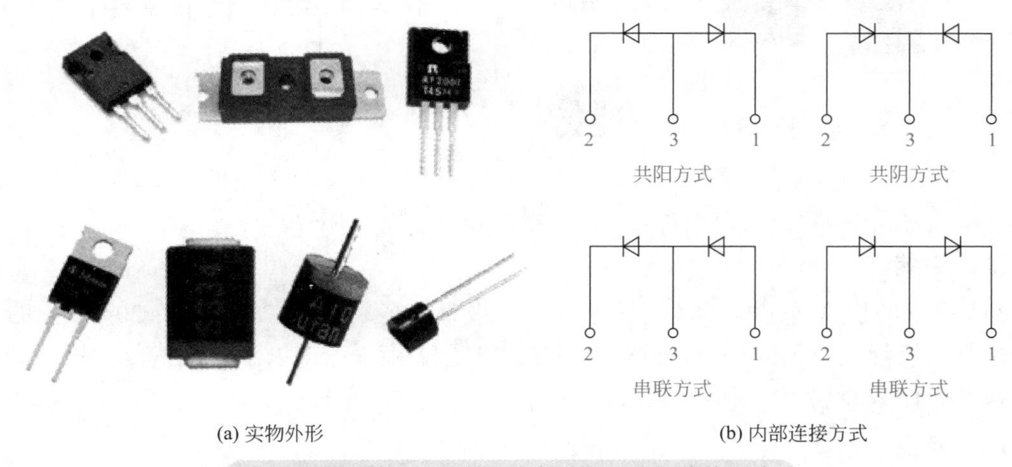

图4-35 肖特基二极管的实物外形及内部连接方式

4.3.10.3 封装

直插式封装有单管式和对管式（共阳或共阴半桥）两种封装形式；采用表面封装的肖特基二极管有单管型、双管型和三管型等多种封装形式。

常见型号有：MBR系列的MBR1545、MBR2538；RB系列的RB035B-40、RB400D；F5KQ100系列；D80-004、B82-004等。

4.3.10.4 选用

肖特基二极管是根据其整流特性定义的，因其反向击穿电压较低，因而一般用于高频低压开关电源脉冲整流电路，选用原则在整流二极管选用中已有阐述说明。

4.3.11 快恢复二极管

4.3.11.1 特性

快恢复二极管是一种新型的半导体二极管，是一种开关特性好、反向恢复时间短的半导体二极管。快恢复二极管的“快恢复”意在大幅度减小开关管的存储电荷耗尽时间，以保证在高速信号的作用下开关管的开关状态分明。

快恢复二极管的内部结构与普通二极管不同，它在P型、N型硅材料中增加了基区I，构成P-I-N硅片。由于基区很薄，反向恢复电荷很小，不仅大大减少了t_{rr}值（反向恢复时间），还降低了瞬态正向电压，使二极管能承受很高的反向工作电压。快恢复二极管的反向恢复时间一般为几百纳秒，正向压降为0.6～0.7V，正向电流是几安到几千安，反向峰值电压可达几百伏至几千伏。

4.3.11.2 外形与图形符号

快恢复二极管（FRD）、超快恢复二极管（SRD）的图形符号与普通二极管相同，在电路中一般用“D”或“VD”标注。常见的快恢复二极管实物外形如图4-36（a）所示。三引脚的快恢复二极管内部由两个二极管组成，其具有共阳和共阴两种接法，如图4-36（b）所示。

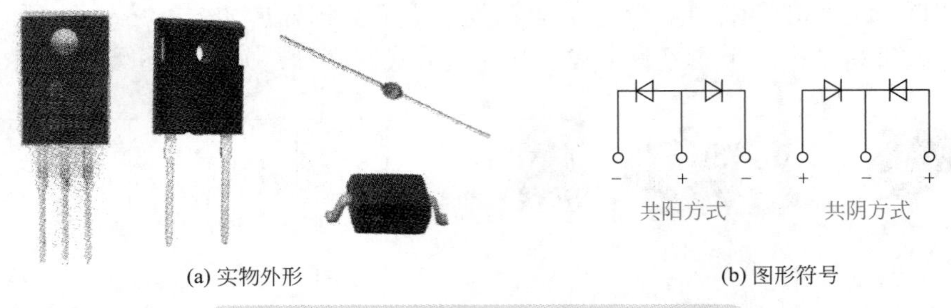

(a) 实物外形 (b) 图形符号

图4-36 快恢复二极管实物外形及图形符号

4.3.11.3 封装

20A以下的快恢复二极管及超快速恢复二极管大多采用T0-220封装；20A以上的大功率快恢复二极管采用顶部带金属散热片的T0-3P塑料封装；5A以下的快恢复二极管则采用D0-41、D0-15或D0-27等规格的塑料封装。

4.3.11.4 特点

快恢复二极管与肖特基二极管相比，主要有以下特点：

（1）快恢复二极管的反向恢复时间为几百纳秒，肖特基二极管更快，可达几纳秒。

（2）快恢复二极管的反向击穿电压高，可达几千伏。肖特基二极管的反向击穿电压低，一般在100V以下。

（3）快恢复二极管的功耗较大，而肖特基二极管功耗较小。

（4）快恢复二极管主要用在高电压小电流的高频电路中，肖特基二极管主要用在低电压大电流的高频电路中。

4.3.11.5 应用

快恢复二极管主要应用于开关电源、PWM脉宽调制器、变频器等电子电路中，作为高频续流二极管或阻尼二极管使用。当工作频率在几百至几百千赫时，由于普通二极管的恢复时间较长，不能实现整流工作，此时就要用快速恢复整流二极管。因此，采用开关电源供电的电器中的整流二极管通常为快恢复二极管，而不能用普通二极管代替。

4.3.12 隧道二极管

4.3.12.1 特点与应用

隧道二极管与一般二极管不同，它是一种在极低正向电压下具有负阻特性的半导体二极管。这种负阻是基于电子的量子力学隧道效应的，所以隧道二极管开关速度达到皮秒量级，工作频率高达100GHz。隧道二极管还具有小功耗和低噪声等特点。

隧道二极管可用于微波混频、检波（这时应适当减轻掺杂，制成反向二极管），低噪声放大、振荡等，还广泛应用于脉冲产生电路。例如，使用隧道二极管可组成单稳、双稳、多谐等电路。

4.3.12.2 外形、图形符号及极性判断

隧道二极管的外形、图形符号如图4-37所示。极性判断与普通二极管判断方法相同。

有打点标记或与金属外壳相连的是负极。

4.3.12.3 伏安特性

隧道二极管的伏安特性曲线如图4-38所示。它是一条S形特性曲线。曲线中最大电流点P称为峰点，最小电流点V称为谷点。

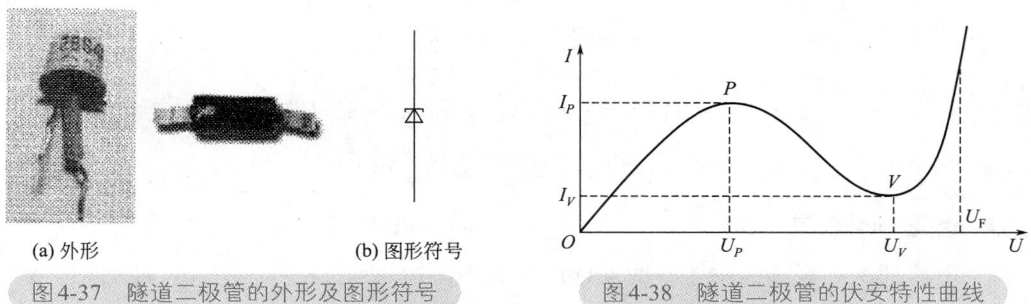

(a) 外形　(b) 图形符号

图4-37 隧道二极管的外形及图形符号

图4-38 隧道二极管的伏安特性曲线

从图中可以看出，通过管子的电流先将随电压的增加而很快变大，但在电压达到某一值后，忽而变小，小到一定值后又急剧变大，因为这种变化关系只能用量子力学中的“隧道效应”加以说明，故称隧道二极管。

隧道二极管的主要参数：

（1）峰点电压U_P，约几十毫伏，谷点电压U_V，约几百毫伏。

（2）峰点电流I_P，约几毫安，谷点电流I_V，约几百微安。

（3）峰谷电流比I_P/I_V约为5～6，越大越好。

（4）谷点电容C_V为几微法至几十微法，越小越好。谷点电容C_V是指隧道二极管工作在谷点时，包括PN结的结电容在内的分布电容，是描述高频特性的重要参数。

4.3.13 瞬态电压抑制二极管

4.3.13.1 特性

瞬态电压抑制二极管（TVS）是一种二极管形式的高效能保护器件。当它的两极间的电压超过一定数值时，能以极快的速度导通，将两极间的电压固定在一个预定值上，从而有效地保护电子电路中的精密元器件。

因此瞬态电压抑制二极管可作为各种仪器、仪表、自控装置和家用电器中的过压保护器，还可用来保护单片开关电源集成电路、MOS功率器件及其他对电压敏感的半导体器件。

4.3.13.2 类别

瞬态电压抑制二极管按照其峰值脉冲功率可分为四类，即500W、1000W、1500W、5000W。每类按照其标称电压分为若干种，最小击穿电压为8.2V，最大为200V。

瞬态电压抑制二极管分为单向瞬态电压抑制二极管、双向瞬态电压抑制二极管两种类型。前者用在直流电路中，后者用在交流电路中。

常见瞬态电压抑制二极管的外形及图形符号如图4-39所示。

4.3.13.3 检测

对于单向TVS，测量方法和普通二极管的方法一致。对于双向TVS，万用表调换红、黑表笔测量其两引脚间的电阻值均应为极大，否则说明管子性能不良或已损坏。

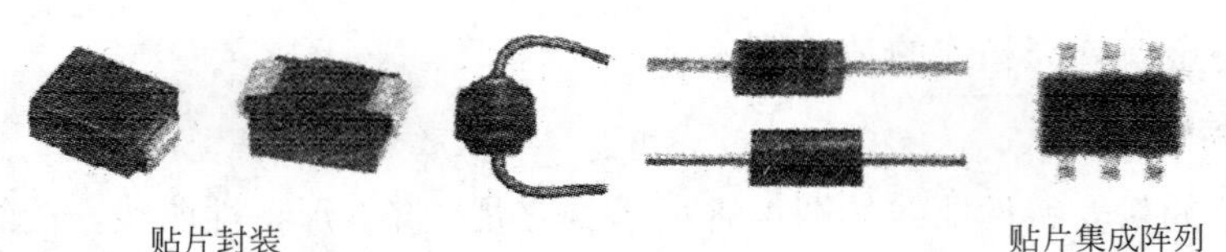

(a) 常见瞬态电压抑制二极管的外形

旧符号　新符号

(b) 常见瞬态电压抑制二极管的图形符号

图4-39　常见瞬态电压抑制二极管的外形及图形符号

4.3.13.4　主要参数及其选用

瞬态电压抑制二极管的主要参数及选用参见表4-7。

表4-7　瞬态电压抑制二极管的主要参数及选用

参数	解释	选用注意事项
击穿电压V_{BR}	在击穿状态、规定的试验电流I_{BR}下，测得的器件两端的电压称为击穿电压。在此区域内，二极管成为低阻抗的通路	性能参数不作为选用依据
最大反向脉冲峰值电流I_{pp}	在反向工作时，在规定的脉冲条件下，器件允许通过的最大脉冲峰值电流。I_{pp}与最大钳位电压V_{cmax}的乘积就是瞬态脉冲功率最大值	选用时应使TVS的额定瞬态脉冲功率P_{PR}大于被保护器件或线路可能出现的最大瞬态浪涌功率
最大反向工作电压V_{RWM}（变位电压）	器件反向工作时，在规定的穿透电流I_R下，器件两端的电压值称为最大反向工作电压V_{RWM}	通常V_{RWM}=（0.8～0.9）V_{BR}。在该电压作用下，器件的功率消耗很小，使用时，应使V_{RWM}不低于被保护器件或线路的正常工作电压
最大钳位电压V_{cmax}	在脉冲峰值电流I_{pp}作用下器件两端的最大电压值称为最大钳位电压	应使V_{cmax}不高于被保护器件的最大允许安全电压，钳位系数=V_{cmax}/V_{BR}。一般钳位系数为1.3左右

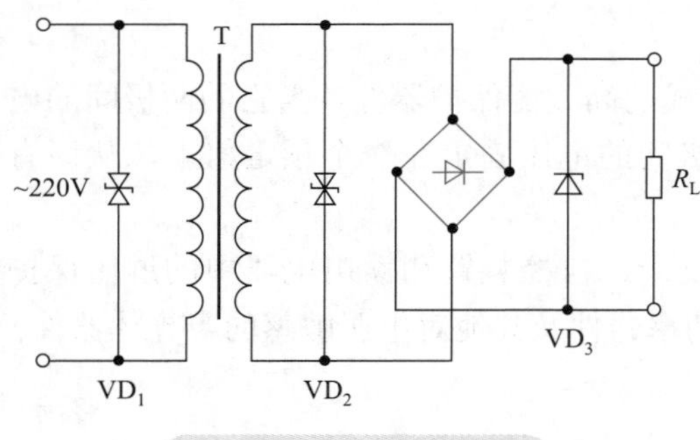

图4-40　电源保护电路

4.3.13.5　应用电路

选择不同规格，可实现对电路的多级保护。图4-40所示电路中，VD_1、VD_2、VD_3对电源实现了三级保护。

4.3.14　PIN二极管

4.3.14.1　特性

PIN二极管是在P和N半导体材料之间加入一薄层低掺杂的本征半导体而构成的，这种P-I-N结构的二极管就是PIN二极管。正因为有本征层的存在，PIN二极管应用非常广泛，主要应用于RF领域，作为RF开关和RF保护电路，也可作为光电二极管。

微波开关就是利用了PIN管在直流正、反偏压下呈现近似导通或断开的阻抗特性，实现了微波控制信号通道转换的作用。PIN二极管的直流伏安特性和PN结二极管是一样的，但是在微波频段有根本的区别。由于PIN二极管第I层的总电荷主要由偏置电流产生，而不是由微波电流瞬时产生的，所以其对微波信号只呈现一个线性电阻。此阻值由直流偏置决定，正偏时阻值小，接近于短路，反偏时阻值大，接近于断路。因此PIN管对微波信号不产生非线性整流作用，这是和一般二极管的根本区别，所以它很适合作为微波控制器件。

可以把PIN二极管作为可变阻抗元件使用，它常用于高频开关、移相、调制、限幅等电路中。

4.3.14.2 外形及图形符号

PIN二极管的外形及图形符号如图4-41所示。极性判断与一般二极管相同，引线同向的PIN二极管靠近凸起的引脚为负极。

(a) PIN二极管的外形　(b) PIN二极管的图形符号

图4-41 PIN二极管的外形及图形符号

4.4 二极管典型应用电路

4.4.1 二极管整流电路

二极管整流电路是利用二极管的单向导电性，将交流电变换为直流脉动电压的电路。根据整流电路中二极管的使用情况，整流电路可分为半波整流、全波整流、全波桥式整流及倍压整流电路等电路形式。

图4-42所示电路为二极管桥式整流电路，该电路由电源变压器和4只同型号的二极管接成桥式组成。

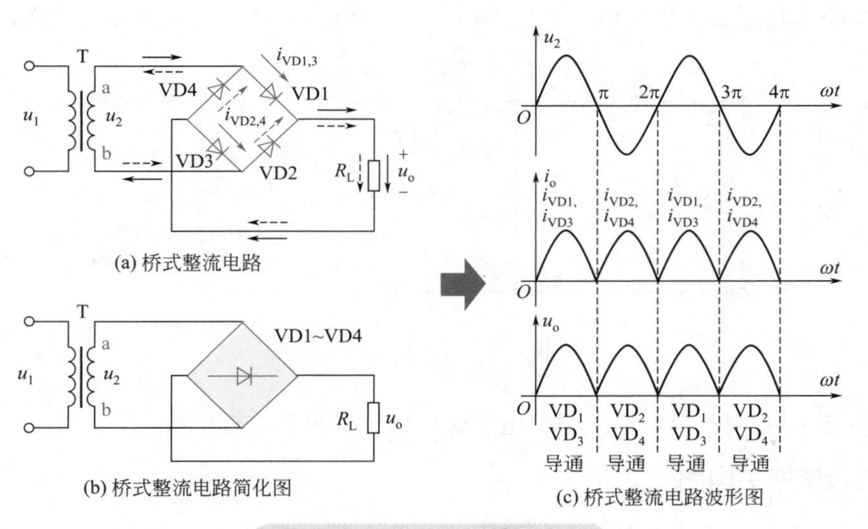

(a) 桥式整流电路

(b) 桥式整流电路简化图

(c) 桥式整流电路波形图

图4-42 二极管桥式整流电路

4.4.2 二极管限幅（或钳位）电路

二极管正向导通后，正向压降基本保持不变。利用这一特性就可以把二极管作为电路中的限幅组件，将信号幅度限制在一定范围内，适用于多种保护电路中。

用二极管可以构成多种形式的限幅电路，通过限幅电路，可以防止信号的幅度超出规定值。限幅电路是一种保护后级电路安全工作的电路，因为某些电路中如果输入信号幅度太大，会造成电路工作不正常和不安全。

图4-43所示电路为二极管限幅典型应用电路。二极管VD可以将输出电压限制在3 V，由于限幅二极管可以将输出端的输出电压限制在一定的幅值，即将输出电压钳位在一定范围内，因此该二极管又可称为钳位二极管。

钳位电路是使输出电位钳制在某一数值保持不变的电路。图4-44所示为二极管钳位电路，两只二极管为共阳极接法。设二极管为理想二极管，当输入U_A=U_B=+3V时，二极管VD_1、VD_2均正偏导通，输出被钳制在输入U_A、U_B上，即U_F=+3V；当U_A=0V，U_B=+3V时，则VD_1导通，输出被钳制在U_F=U_A=0V，VD_1承受反向偏压而截止。

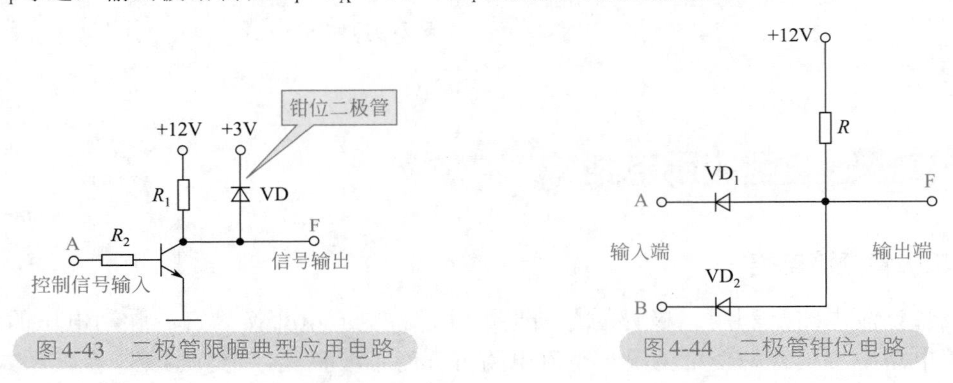

图4-43 二极管限幅典型应用电路

图4-44 二极管钳位电路

4.4.3 二极管直流稳压电路

稳压二极管VD_Z在工作时通常并联在供电电压两端，且通常都串联一个限流电阻R，以确保工作电流不超过最大稳定电流I_{ZM}。图4-45所示电路为稳压二极管应用电路。

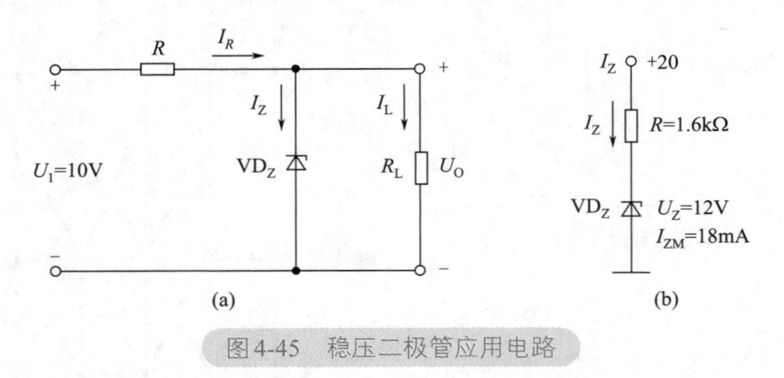

图4-45 稳压二极管应用电路

从图4-45（a）中可以看出，输出电压就是稳压二极管的稳压值。

4.4.4 二极管开关电路

利用二极管构成开关电路是一种常用的功能电路，其形式也多种多样，如图4-46所示是一种常见的二极管开关电路。

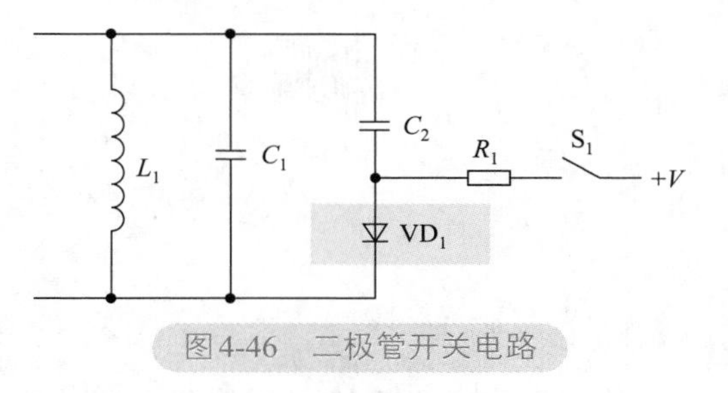

图4-46 二极管开关电路

在图4-46所示电路图中，C_2和VD_1串联，根据串联特性可知，C_2和VD_1要么同时接入电路，要么同时断开。当需要C_2接入电路时让VD_1导通，当不需要C_2接入电路时让VD_1截止，二极管的这种工作方式称为开关方式，这样的电路称为二极管的开关电路。

电路中的开关S_1用来控制工作电压$+V$是否接入电路。根据S_1开关电路更容易确认VD_1工作在开关状态下，因为S_1的开关控制了二极管的导通与截止。

4.4.5 二极管控制电路

二极管正向导通后，其正向电阻大小与流过二极管的正向电流相关，正向电流越大，正向电阻越小；反之越大。

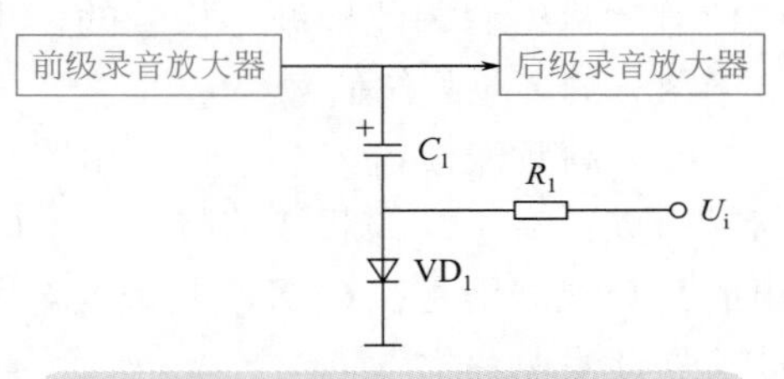

图4-47 二极管构成的自动控制电路

利用二极管正向电流与正向电阻之间的特性，可构成一些自动控制电路。如图4-47所示是一种由二极管构成的自动控制电路，常用在磁性录音设备（如卡座）的录音电路中。

录音机、卡座的录音卡电路需要对录音信号的大小幅度进行控制。在录音信号幅度较小时，不需要控制其幅度；当录音信号的幅度大到一定程度后，需要对信号幅度进行衰减。录音信号越大，对信号的衰减量越大。其工作过程如下：

（1）当没有录音信号或录音信号较小时，直流控制电压U_i为0或较小，不足以使二极管VD_1导通，VD_1对电路工作无影响，第一级录音放大器输出的信号可以全部加到第二级录音放大器中。

（2）当录音信号比较大时，直流控制电压U_i较大，使二极管VD_1导通，VD_1的内阻下降。C_1对录音信号呈通路，第一级录音放大器输出的录音信号中的一部分通过电容C_1和导通的二极管VD_1被分流到地端，VD_1导通越深，其内阻越小，对第一级录音放大器输出信号的对地分流量越大，VD_1是对录音信号进行分流衰减的关键元器件。

由以上分析可看出，二极管VD_1的导通程度受直流控制电压U_i控制，而直流控制电压U_i随电路中录音信号大小的变化而变化，录音信号越大，直流控制电压越大，所以二极管VD_1的内阻变化实际上受录音信号大小控制，从而实现自动电平控制。

如果二极管VD_1开路，在录音信号很小时，录音正常；录音信号较大时，会出现声音一会儿大一会儿小的起伏状失真。如果在二极管VD_1被击穿情况下，因录音信号被击穿的二极管VD_1分流到地，会出现录音声音很小的现象。

4.4.6 二极管检波电路

图4-48所示是二极管检波电路。电路中的VD_1是检波二极管，C_1是高频滤波电容，R_1是检波电路的负载电阻，C_2是耦合电容。

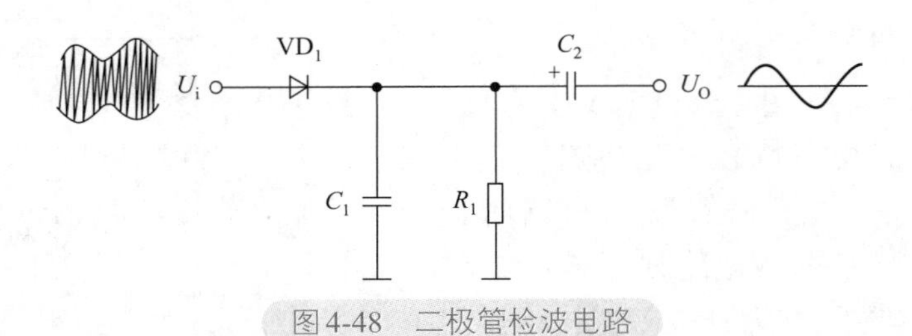

图4-48 二极管检波电路

从调幅收音机天线接收的调幅信号的中间部分是频率很高的载波信号，上下端是调幅信号的包络，其包络就是所需要的音频信号。上包络信号和下包络信号对称，但相位相反。收音机最终只需要其中的上包络信号，下包络信号和中间的高频载波信号均不需要。

二极管检波电路中各元件的作用：

（1）检波二极管VD_1。调幅信号是一个幅度在变化的交流信号。这一信号加到检波二极管正极，正半周信号时二极管导通，负半周信号时二极管截止，从而使检波电路输出正半周信号的包络。因此检波二极管的作用是将调幅信号中的下半部分去掉，留下上包络信号上半部分的高频载波信号。

（2）高频滤波电容C_1。检波电路输出信号由音频信号、高频载波信号和直流成分三种信号组成。对于高频载波信号而言，C_1对它的容抗很小而呈通路状态，从而使检波电路输出的高频载波信号被C_1旁路到地线。因此，C_1的作用是将检波二极管输出信号中的高频载波信号过滤掉。

（3）耦合电容C_2。检波电路输出信号中，除了需要的音频信号，还含有不需要的直流成分。耦合电容容量较大，有隔直流通交流的作用，因此，C_2的作用是通音频信号，阻止直流成分通过。

（4）检波电路负载电阻R_1。检波二极管导通时的电流回路由R_1构成，R_1上的压降就是检波电路的输出信号电压。

图4-49所示是检波二极管导通后的三种信号电流回路示意图。

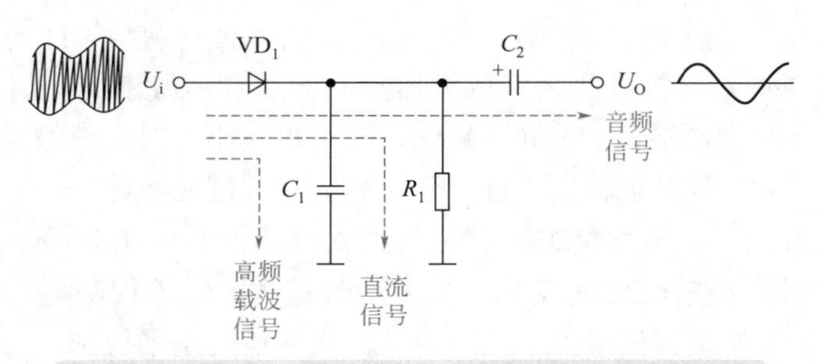

图4-49 检波二极管导通后三种信号电流回路示意图

4.4.7 续流二极管电路

续流二极管并不是一个实质的元件，它只因在电路中起续流作用而得名。一般选择快速恢复二极管或者肖特基二极管作为续流二极管，以并联的方式接到产生感应电动势的元件两端，并与其形成回路，使其产生的高电动势在回路以续电流方式消耗，避免突波电压的发生，从而起到保护电路中的元件不被损坏的作用。

图4-50是续流二极管的典型应用电路。储能元件以电感线圈为例，当VT关断时，电感线圈中的电流突然中断，其感应电动势会对电路中的元件产生反向电压。当反向电压高于元件的反向击穿电压时，会把三极管等元件烧坏。如果在线圈两端反向并联一个二极管（是否串接电阻R视电路中电流大小情况决定），当流过线圈中的电流消失时，线圈产生的感应电动势就会通过二极管和线圈构成的回路消耗掉，从而保证电路中其他元件的安全。

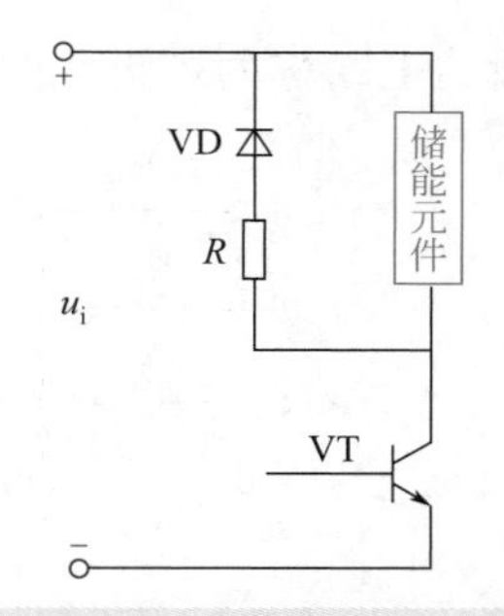

图4-50 续流二极管的典型应用电路

4.4.8 二极管构成的逻辑与门电路

图4-51是由二极管构成的三输入逻辑与门电路。

图4-51所示电路所对应的与门逻辑状态表如表4-8所示。当输入A、B、C不全为“1”时，输出Y为“0”，当输入A、B、C全为“1”时，输出Y为“1”，即有“0”出“0”，全“1”得“1”。把输入输出间的这种因果关系称为与逻辑，逻辑表达式为$Y=ABC$。实现与逻辑的电路称为逻辑与门电路，其逻辑符号如图4-52所示。

表4-8 与门逻辑状态表

A	B	C	Y
0	0	0	0
0	0	1	0
0	1	0	0
0	1	1	0
1	0	0	0
1	0	1	0
1	1	0	0
1	1	1	1

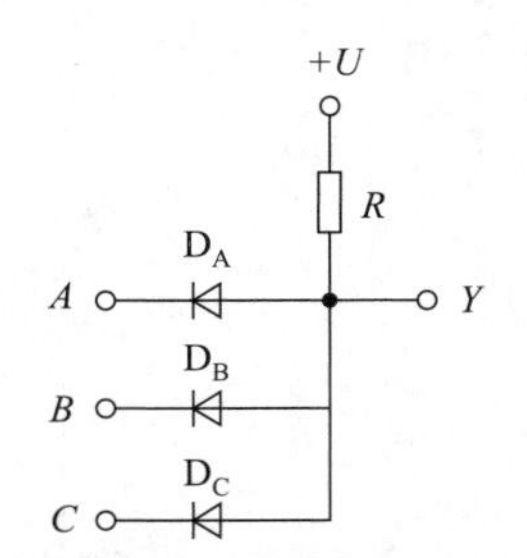

图4-51 由二极管构成的三输入逻辑与门电路

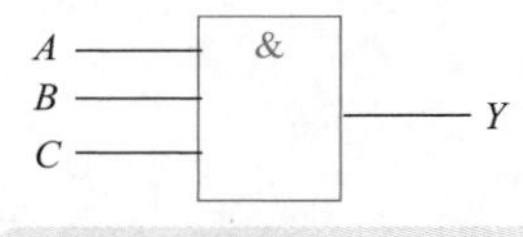

图4-52 与门逻辑符号

4.4.9 二极管构成的逻辑或门电路

图4-53是由二极管构成的三输入逻辑与门电路。

图4-53所示电路所对应的或门逻辑状态表如表4-9所示。当输入A、B、C中只要有一个为“1”时，输出Y为“1”，当输入A、B、C全为“0”时，输出Y为“0”，即有“1”出“1”，全“0”得“0”。把输入输出间的这种因果关系称为或逻辑，逻辑表达式为$Y=A+B+C$。实现

或逻辑的电路称为逻辑或门电路，其逻辑符号如图4-54所示。

图4-53 由二极管构成的三输入逻辑或门电路

图4-54 或门逻辑符号

表4-9 或门逻辑状态表

A	B	C	Y
0	0	0	0
0	0	1	1
0	1	0	1
0	1	1	1
1	0	0	1
1	0	1	1
1	1	0	1
1	1	1	1

4.4.10 二极管构成的偏置电路

图4-55所示电路为三只二极管串联构成的三极管放大偏置电路，电路中VD_1、VD_2、VD_3是二极管，它们用来构成一种特殊的偏置电路。每只二极管导通后的压降约为0.7V（硅管），因此，三极管的基极电位约为2.1V，保证三极管的发射结正向偏置，而集电结处于反向偏置，因此三极管工作于放大状态。

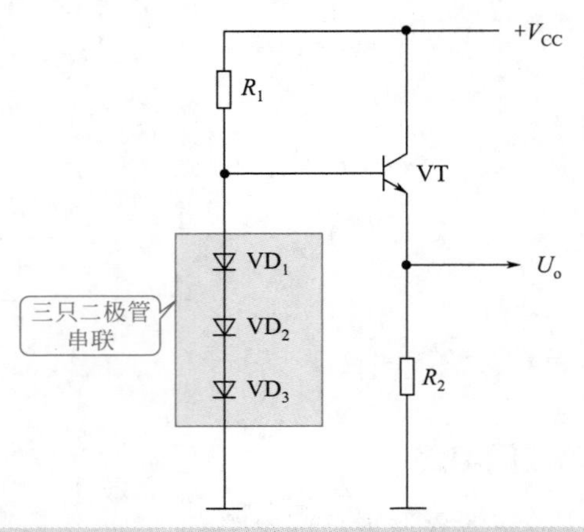

图4-55 三只二极管串联构成的三极管放大偏置电路

4.4.11 二极管均压和均流电路

高电压或大电流的情况下，如果没有承受高电压或整定大电流的整流元件，可以把二极管串联或并联起来使用。

4.4.11.1 均流电路

图4-56（a）所示为二极管均流电路。二极管在实际并联运行时，由于二极管的特性不完全一致，不能均分所通过的电流，会使有的管子因负担过重而烧毁。因此，须在每只二极管上串联一只阻值相同的电阻器，使各并联二极管流过的电流接近一致。这种均流电阻器一般选用几欧至几十欧的电阻器，电流越大，R选得越小。

4.4.11.2 均压电路

图4-56（b）所示为二极管均压电路。二极管串联使用时，由于每只二极管的反向电阻不尽相同，会造成电压分配不均。内阻大的二极管，有可能由于电压过高而被击穿，并由此引起连锁反应，把二极管逐个击穿。在二极管上并联电阻器，可以使电压分配均匀。均压电阻要取阻值比二极管反向电阻小的电阻器，各个电阻器的阻值要相等。

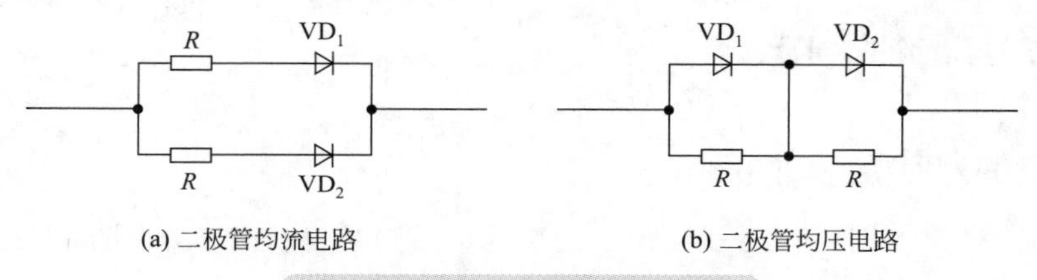

(a) 二极管均流电路　(b) 二极管均压电路

图4-56　二极管均流和均压电路

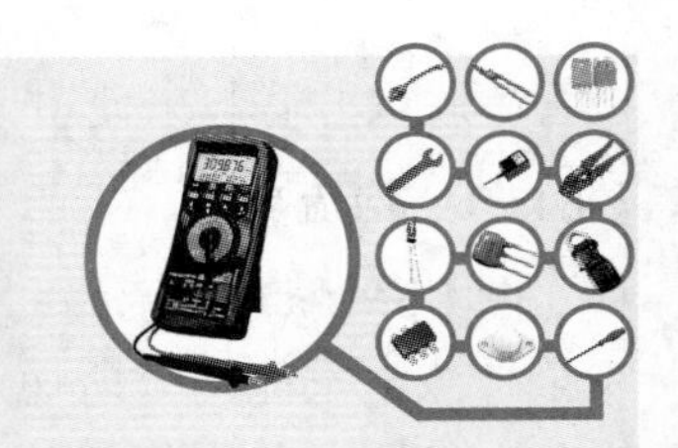

第5章

晶体三极管

5.1 三极管基础知识

5.1.1 三极管的外形特征和图形符号

目前用得较多的是塑料封装三极管，其次为金属封装三极管，如图5-1所示。关于三极管的外形特征主要说明以下几点：

（1）一般三极管有三根引脚，每根引脚之间不可互相代替。不同封装类型的三极管其引脚分布规律也不同。

（2）一些金属封装功率放大管只有两根引脚，它的外壳作为第三根引脚（集电极）。有的金属封装高频放大管是四根引脚，第四根引脚接外壳，这一引脚不参与三极管的内部工作。如果是对管，外壳内部有两只独立的三极管，有6根引脚。

（3）功率三极管的外壳上需要附加散热片。

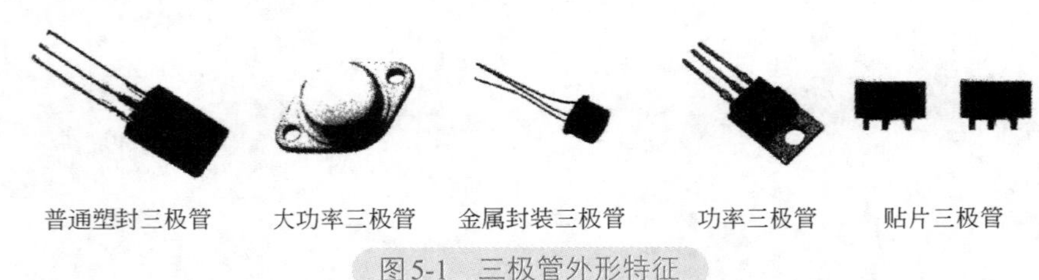

图5-1 三极管外形特征

三极管新旧图形符号对比如表5-1所示，在电路中常用字母“T”或“VT”标注。

表5-1 三极管新旧图形符号对比

电路符号	名称	说明
T	旧NPN型三极管电路符号	电路符号中用字母“T”表示，电路符号外有个圆圈
VT	新NPN型三极管电路符号	电路符号中用字母“VT”表示，新三极管电路符号外没有圆圈

续表

电路符号	名称	说明
T	旧PNP型三极管电路符号	两种结构类型不同的三极管其电路符号主要不同之处是发射极箭头方向不同，NPN型发射极箭头方向朝外，PNP型发射极箭头方向朝里
VT	新PNP型三极管电路符号	电路符号中用字母“VT”表示，电路符号外没有圆圈

三极管的图形符号说明如表5-2所示。

表5-2　三极管的图形符号说明

电路符号	说明
三极管电路符号用字母VT表示 C 发射极E对面的是集电极C VT B 与竖线条垂直方向的是基极B 有箭头的是发射极E，箭头代表电流的流向 E	图示为NPN型三极管的电路符号，用VT表示，三个电极分别为基极（用B表示）、集电极（用C表示）和发射极（用E表示）。各电极的识别方法见图中说明
C　I_C B　VT I_B E　I_E	电路符号中发射极的箭头方向指明了3个电极的电流方向。判断各电极电流方向时，首先根据发射极箭头方向确定发射极电流的方向，再根据基尔霍夫电流定律，即基极电流加集电极电流等于发射极电流，判断基极和发射极的电流方向。对于PNP型三极管的电路符号，发射极箭头方向朝里。国内生产的硅管多为NPN型（3D系列），锗管多为PNP型（3A系列）

5.1.2　三极管的分类

三极管的分类方法很多，种类齐全。表5-3所示为三极管的种类。

表5-3　三极管的种类

划分方法及名称		说　明
按极性划分	NPN型三极管	目前常用的三极管，电流从集电极流向发射极
	PNP型三极管	与NPN型不同之处在于电流从发射极流向集电极，两种类型的三极管可以通过电路符号加以区分
按材料划分	硅三极管	制造材料采用单晶硅，热稳定性好
	锗三极管	制造材料采用锗材料，反向电流大，受温度影响较大
按工作频率划分	低频三极管	工作频率较低，用于直流放大器、音频放大器等
	高频三极管	工作频率较高，用于高频放大器
按功率划分	小功率三极管	输出功率很小，用于前级放大器
	中功率三极管	输出功率较大，用于功率放大器或末级电路
	大功率三极管	输出功率很大，用于功率放大器输出级
按安装形式划分	普通三极管	3只引脚通过电路板上引脚孔伸到背面铜箔线路上，用焊锡焊接
	贴片三极管	体积小，3只引脚非常短，直接焊接在电路板铜箔线路一面
按封装材料划分	塑料封装三极管	小功率三极管大多采用这种封装
	金属封装三极管	一部分大功率三极管和高频三极管采用这种封装

5.1.3 三极管的封装

目前应用最多的是塑料封装的三极管，其次是金属封装的三极管。表5-4所示为几种常见三极管的封装形式。

表5-4 常见三极管的封装形式

三极管	外形	说明
塑料封装的小功率三极管		目前电子电路中应用最多的三极管，其外形有很多种，3只引脚分布也不同。小功率三极管主要用来放大信号电压和做各种控制电路中的控制器件
塑料封装的大功率三极管		左侧所示的塑料封装的大功率三极管，在顶部有一个开孔的小散热片
金属封装的大功率三极管		大功率三极管输出功率较大，用来对信号进行放大。通常情况下，输出功率越大，体积也越大。金属封装大功率三极管体积较大，结构为帽子形状，帽子顶部用来安装散热片，其金属外壳本身就是一个散热部件。这种封装的三极管只有两只引脚，分别为基极和发射极，集电极就是三极管的金属外壳
金属封装高频三极管		高频三极管采用金属封装，其金属外壳可起到屏蔽的作用
带阻三极管		带阻三极管是一种内部封装电阻器的三极管，它主要构成中速开关管，这种三极管又称为反相器或倒相器
带阻尼管的三极管		带阻尼管的三极管主要在电视机的行输出级电路中作为行输出三极管，它将阻尼二极管和电阻封装在管壳内
达林顿三极管		达林顿三极管又称达林顿结构的复合管，有时简称复合管。这种复合管由内部的两只输出功率大小不等的三极管复合而成。它主要作为功率放大管和电源调整管
功率场效应管		场效应管是压控器件，这是它和晶体三极管的不同之处
贴片三极管		贴片三极管体积小，其引脚很短，利于集成

5.1.4 三极管的引脚分布

不同封装的三极管，其引脚分布的规律不同。图5-2给出的是一些塑料封装三极管引脚分布，供识别时参考。

图5-3给出的是金属封装三极管引脚分布规律示意图。

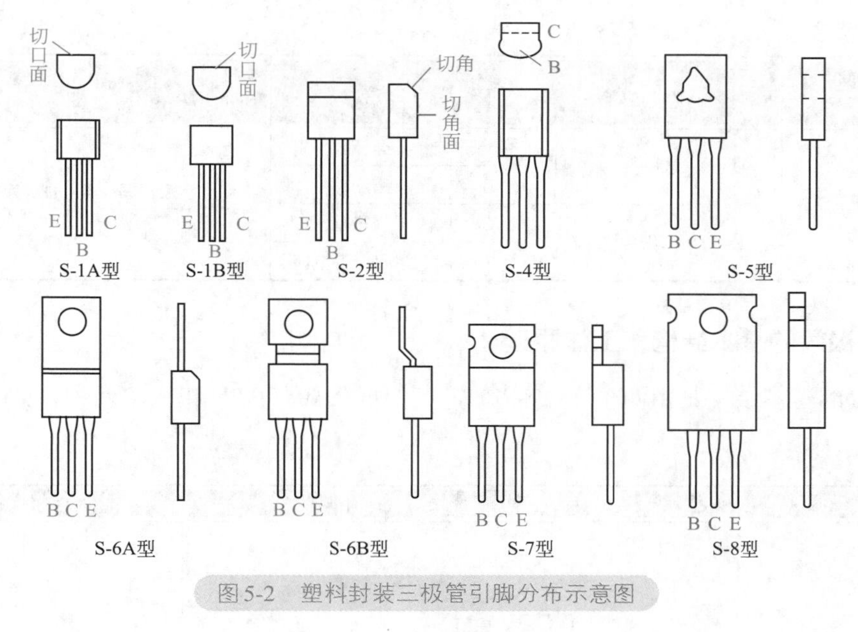

图5-2 塑料封装三极管引脚分布示意图

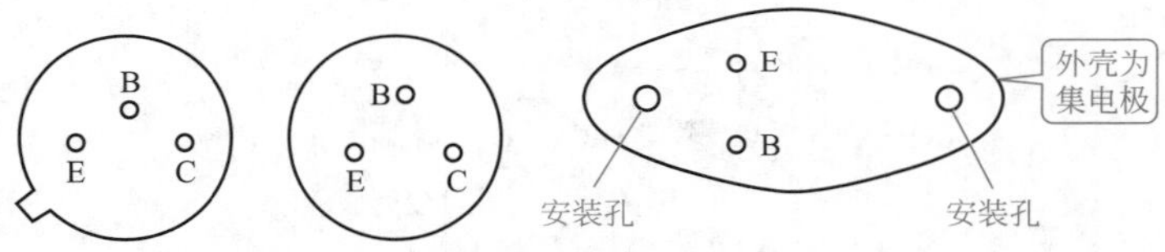

图5-3 金属封装三极管引脚分布规律示意图

5.1.5 三极管的命名方法

国产晶体管型号由五部分组成：

第一部分用数字“3”表示主称晶体管；

第二部分用字母表示晶体管的材料和极性；

第三部分用字母表示晶体管的类别；

第四部分用数字表示同一类型产品的序号；

第五部分用字母表示规格号。

例如，3DX表示NPN型低频小功率管。

国产晶体管型号命名及含义见表5-5。

表5-5 国产晶体管型号命名及含义

第一部分：主称		第二部分：晶体管的材料和极性		第三部分：类别		第四部分：序号	第五部分：规格号
数字	含义	字母	含义	字母	含义		
3	晶体管	A	锗材料、PNP型	G	高频小功率管	用数字表示同一类型产品的序号	用字母A或B、C、D等表示同一型号的器件的不同规格（可缺）
				X	低频小功率管		
		B	锗材料、NPN型	A	高频大功率管		
				D	低频大功率管		
		C	硅材料、NPN型	T	闸流管		
				K	开关管		

续表

第一部分：主称		第二部分：晶体管的材料和极性		第三部分：类别		第四部分：序号	第五部分：规格号
3	晶体管	D	硅材料、NPN型	V	微波管	用数字表示同一类型产品的序号	用字母A或B、C、D等表示同一型号的器件的不同规格（可缺）
				B	雪崩管		
		E	化合物材料	U	光敏管		
				J	结型场效应晶体管		

5.1.6 三极管的基本结构和工作原理

三极管的基本结构是由两个PN结构成，其组成形式有NPN和PNP两种，如表5-6所示。

表5-6 三极管的基本结构

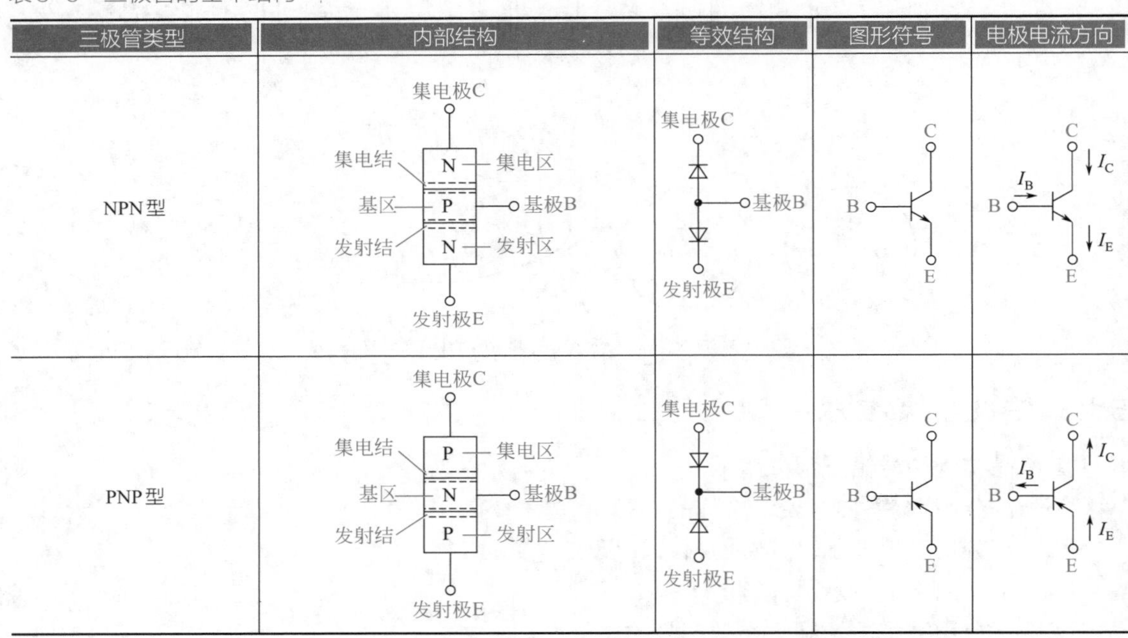

三极管类型	内部结构	等效结构	图形符号	电极电流方向
NPN型				
PNP型				

三极管结构分为三层，对于NPN型三极管而言，由两块N型半导体和一块P型半导体组成，P型半导体（基区）引出的电极为基极，两块N型半导体（集电区和发射区）引出的电极分别为集电极和发射极。集电区和发射区的掺杂特性不同，所以两者不能互换。

三极管具有两个PN结，基区和发射区交界面形成的PN结为发射结，基区和集电区形成的PN结为集电结。这两个PN结与二极管PN结具有相似的特性。

5.1.7 三极管的特性曲线

图5-4（a）所示为三极管的输入特性曲线。三极管的输入特性曲线表示在固定U_{CE}的情况下I_B与U_{BE}之间的关系，与二极管的伏安特性相同。

图5-4（b）所示为三极管的输出特性曲线。三极管的输出特性曲线表示I_B分别为不同数值时I_C与U_{CE}的关系。三极管的输出特性曲线可分为三个工作区，就是三极管有三种工作状态，即截止状态、放大状态和饱和状态。表5-7所示为三极管的三种工作状态。

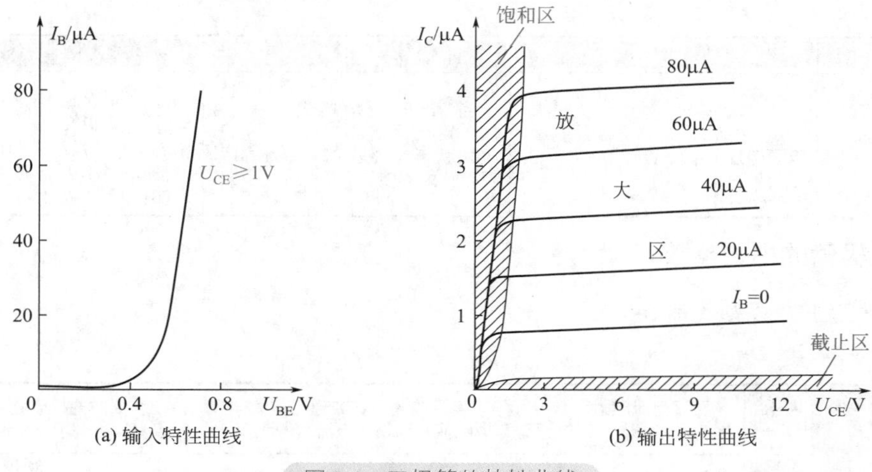

图5-4 三极管的特性曲线

表5-7 三极管的三种工作状态

工作状态	工作状态特征	说明
截止状态	发射结、集电结均反向偏置	$I_B \approx 0$，$I_C \approx I_{CEO} \approx 0$（$I_{CEO}$称为穿透电流，受温度影响较大）。对于NPN型管而言，为了可靠截止，常使$U_{BE} \leqslant 0$。当三极管截止时，发射极与集电极之间如同一个开关断开，其间电阻很大
放大状态	发射结正向偏置，集电结均反向偏置	放大区也称线性区，I_C与I_B成正比关系，即$I_C=\beta I_B$。对于NPN型管而言，应使$U_{BE}>0$，$U_{BC}<0$。此时，$U_{CE}>U_{BE}$
饱和状态	发射结、集电结均正向偏置	三极管工作于饱和状态时，I_B的变化对I_C的影响较小，两者不成正比。当三极管饱和时，$U_{CE}\approx 0$，发射极与集电极之间如同一个开关接通，其间电阻很小

三极管的三种工作状态电路示意图见表5-8。

表5-8 三极管的三种工作状态电路示意图

工作状态	截止状态	放大状态	饱和状态
PNP型锗管	$-U_{CC}$ I_C R_C I_B $U_{CE}\approx U_{CC}$ U_{BE} I_E −0.1~0.3V	$-U_{CC}$ I_C R_C I_B U_{CE} U_{BE} I_E −0.2~0.1V	$-U_{CC}$ I_C R_C I_B $U_{CE}\approx$0V U_{BE} I_E 小于−0.3V
NPN型硅管	$+U_{CC}$ I_C R_C I_B $U_{CE}\approx U_{CC}$ U_{BE} I_E −0.3~0.5V	$+U_{CC}$ I_C R_C I_B $U_{CE}\approx U_{CC}$ U_{BE} I_E +0.5~0.7V	$+U_{CC}$ I_C R_C I_B U_{CE}=0V U_{BE} I_E 大于+0.7V
状态特点	$I_C \leqslant I_{CEO}$	$I_C=\beta I_B+I_{CEO}$	$I_C=\dfrac{U_{CC}}{R_C}$
	$U_{CE}=U_{CC}$	$U_{CE}=U_{CC}-I_C R_C$	U_{CE}= 0.2 ~ 0.3V（饱和压降）

续表

工作状态	截止状态	放大状态	饱和状态
状态特点	$I_B \leqslant 0, I_C \leqslant I_{CEO}$，三极管截止，电源电压$U_{CC}$几乎全降在管子上	当I_B从0A逐渐增大时，I_C也按一定比例增加，三极管处于放大状态，微小的I_B变化能引起I_C较大的变化	当$I_B > \frac{U_{CC}}{\beta R_C}$时，三极管呈饱和态，$I_C$不再随$I_B$的增大而增加，管压降很小，电源电压$U_{CC}$几乎全加在负载$R_C$上

5.1.8 三极管的主要参数

三极管的主要参数见表5-9。

表5-9 三极管的主要参数

直流参数	共发射极直流放大系数$\bar{\beta}$	定义	直流电流放大系数也称静态电流放大系数或直流放大倍数，是指在共发射极电路中，静态无变化信号输入时，三极管集电极电流I_C与基极电流I_B的比值，即$\bar{\beta}=I_C/I_B$。一般用h_{FE}或$\bar{\beta}$表示
		说明	$\bar{\beta}$是衡量三极管直流放大能力的一个重要参数，对于同一个三极管而言，在不同的集电极电流下有不同的$\bar{\beta}$值。三极管的$\bar{\beta}$值可通过万用表的h_{FE}挡测出，只要将三极管的B、C、E对应插入h_{FE}的测试插孔，便可直接读出该管的$\bar{\beta}$值
	集电极-基极反向截止电流I_{CBO}	定义	I_{CBO}是指三极管发射极开路时，在三极管的集电结上加上规定的反向偏置电压，此时的集电极电流称为集电极反向截止电流。I_{CBO}又称为集电极反向饱和电流，这是因为在集电结反向偏置状态下，在一定的温度范围内再增大反向偏置电压，I_{CBO}也不再增大了，所以称为反向饱和电流
		说明	一般小功率锗三极管的I_{CBO}约为几微安至几十微安，硅三极管的I_{CBO}要小得多，可以达到纳安数量级，对于不同类型的三极管，集电极反向截止电流I_{CBO}的方向是不同的，NPN型三极管的I_{CBO}方向由C极指向B极，PNP型三极管的I_{CBO}方向由B极指向C极
	集电极-发射极反向截止电流I_{CEO}	定义	I_{CEO}是指三极管基极开路情况下，C、E极间加上一定反向电压（NPN型三极管C极电位高于E极，PNP型则反之）时的集电极电流，俗称穿透电流
		说明	$I_{CEO}=(1+\bar{\beta})I_{CBO}$，$I_{CBO}$和$I_{CEO}$都随温度的升高而增大，特别是锗管受温度影响更大，这两个反向截止电流反映了三极管的热稳定性。反向电流小，三极管的热稳定性就好
交流参数	共发射极电流放大倍数β	定义	β是指将三极管接成共发射极电路时的交流放大倍数。β等于集电极电流I_C变化量ΔI_C与基极电流变化量ΔI_B之比，即$\beta=\Delta I_C/\Delta I_B$
		说明	β与直流放大倍数$\bar{\beta}$含义是不同的，但是，对于大多数三极管来说，β与$\bar{\beta}$相差不大。所以，在常用的计算中，不将它们严格地区分，可以认为$\beta=\bar{\beta}$
	共基极电流放大倍数α	定义	α是指将三极管接成共基极电路时的交流放大倍数。α等于集电极电流I_C变化量ΔI_C与发射极电流I_E变化量ΔI_E之比，即$\alpha=\Delta I_C/\Delta I_E$
		说明	$\alpha=\frac{\beta}{1+\beta}$，$\beta=\frac{\alpha}{1-\alpha}$
	截止频率f_α	定义	f_α称为共基极截止频率或α截止频率。在共基极电路中，电流放大倍数α值在工作频率较低时基本为一常数。当工作频率超过某一值时，α值开始下降，当α值下降至低频值α_o的$1/\sqrt{2}$（即0.707倍）时所对应的频率为f_α
		说明	当三极管工作在高频状态时，就要考虑其频率参数。三极管的频率参数主要有截止频率f_α、f_β特征频率f_T及最高振荡频率f_m，一般规定，f_α<3MHz称为低频管，$f_\alpha \geqslant$ 3MHz称为高频管
	截止频率f_β	定义	f_β称为发射极截止频率或β截止频率。在共发射极电路中，电流放大倍数β值下降至低频β_0的$1/\sqrt{2}$时所对应的频率为f_β
		说明	f_α、f_β物理意义是相同的，即α和β值相对于低频值下降$1/\sqrt{2}$时的频率。区别在于晶体管在电路中的连接方式不同，因而频率特性也有所不同。因$f_\alpha \approx \beta f_\beta$，所以高频宽带放大器和一些高频、超高频、甚高频振荡器常用共基极接法
	特征频率f_T	定义	f_T称为特征频率。晶体管工作频率超过一定值时，β值开始下降，当β下降为1时，所对应的频率就叫做特征频率f_T
		说明	当$f=f_T$时，晶体管完全失去了电流放大功能。它有时也称为增益带宽乘积（f_T等于三极管的频率f与放大系数β的乘积）

续表

交流参数	最高振荡频率 f_M	定义	f_M称为最高振荡频率，定义为三极管功率增益等于1时的频率
		说明	晶体管电路在这个频率下振荡时，输出端全部功率反馈到输入端时刚好可以维持振荡工作状态，频率再高一点即停止振荡
极限参数	集电极最大允许电流I_{CM}	定义	集电极电流I_C超过一定数值时，三极管的β值要下降。β值下降到正常β值的2/3时的集电极电流 称为集电极最大允许电流I_{CM}
		说明	当I_C超过I_{CM}不多时，虽然不致损坏管子，但β值显著下降，影响电路的性能。如果三极管工作时I_C超过I_{CM}过多，这将导致三极管过流损坏
	集电极最大允许功耗P_{CM}	定义	当三极管工作时，管子两端的压降为U_{CE}，流过集电极的电流为I_C。损耗功率为P_C=I_CU_{CE}，集电极消耗的电能将转化为热能，使管子的温度升高。当P_C的数值超过某个数值时，三极管将因PN结升温过高而热击穿损坏，这个数值称为最大允许功耗P_{CM}
		说明	使用三极管时，实际功耗不允许超过P_{CM}，通常还应留有较大余量，因为功耗过大往往是三极管烧坏的主要原因。由于P_{CM}与管子散热条件相关，如果三极管加散热片，三极管散热快，允许最大功耗P_{CM}可大大提高。因此，功率输出电路中大功率三极管常装有散热片
	集电极-发射极击穿电压BV_{CEO}	定义	BV_{CEO}是指三极管基极开路时，允许加在集电极和发射极之间的最高电压
		说明	通常情况下，C、E极间电压不能超过BV_{CEO}，否则会引起管子击穿或使其特性变坏，而且实际使用时还要留有较大的余量
	集电极-基极击穿电压BV_{CBO}	定义	BV_{CBO}是指三极管发射极开路时，允许加在集电极和基极之间的最高电压
		说明	通常情况下，集电极和基极的反向电压不能超过BV_{CBO}。否则也会引起管子的击穿或特性变坏，而且实际使用时还要留有较大的余量。三极管的BV_{CBO}要大于BV_{CEO}

5.2　三极管的主要特性

5.2.1　三极管的电流放大作用

三极管的主要作用是电流放大，以共发射极放大电路为例，如图5-5所示。图中，$U_{CC}>U_{BB}$，保证三极管处于放大状态。当基极电压有一个微小变化时，基极电流I_B也会随之有一小的变化，受基极电流I_B的控制，集电极电流I_C将会有一个很大的变化，基极电流I_B越大，集电极电流I_C也越大；反之，基极电流I_B越小，集电极电流I_C也越小，即基极电流控制集电极电流的变化，如表5-10所示。集电极电流I_C的变化比基极电流I_B的变化大很多，这就是三极管的电流放大作用。

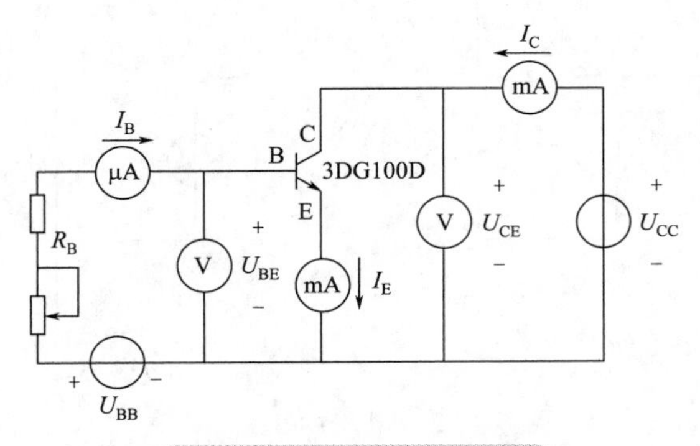

图5-5　共发射极放大电路

I_C的变化量与I_B的变化量之比叫做三极管的放大倍数β，$\beta=\Delta I_C/\Delta I_B$。三极管的放大倍数$\beta$一般在几十到几百。

表5-10 三极管电流测量数据

I_B/mA	0	0.02	0.04	0.06	0.08	0.10
I_C/mA	＜0.001	0.70	1.50	2.30	3.10	3.95
I_E/mA	＜0.001	0.72	1.54	2.36	3.18	4.05

5.2.2 三极管的电压放大作用

以图5-6所示的阻容耦合共发射极放大电路为例，图中三极管是起放大作用的核心元件，其工作在放大区。u_i直接加在三极管VT的基极和发射极之间，引起基极电流i_B做相应的变化。通过VT的电流放大作用，VT的集电极电流i_C也将变化。i_C的变化将引起VT集电极和发射极之间的电压u_{CE}变化，u_{CE}中的交流分量经过电容C_2传送给负载R_L，作为输出交流电压u_o，实现了电压放大作用。

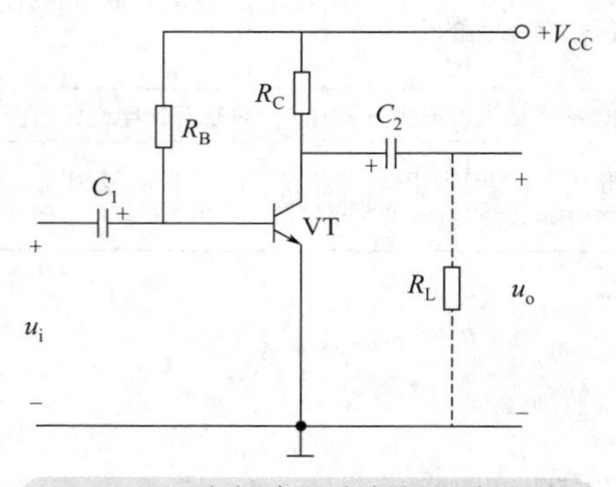

图5-6 阻容耦合共发射极放大电路

5.2.3 三极管的开关特性

工作在开关状态下的三极管处于饱和（导通）和截止两种状态。三极管截止时，E、B、C三个极互为开路，如图5-7（a）所示。三极管工作在饱和状态时，其等效电路图如图5-7（b）所示。

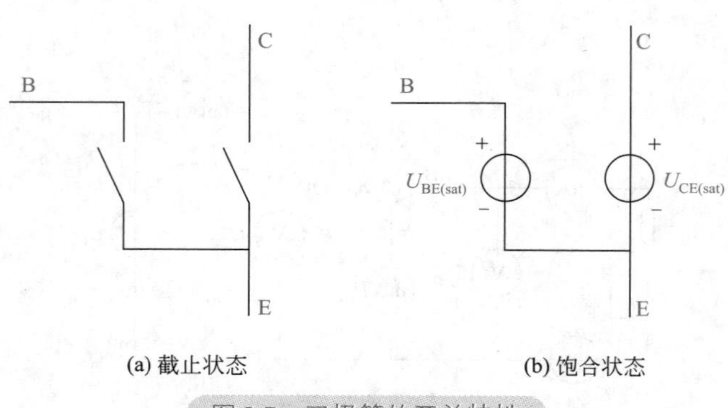

图5-7 三极管的开关特性

图5-8所示电路为三极管非门电路，当开关S拨至位置"2"时，A端电压为0V，三极管VT截止，E点电压为5V，Y端输出电压为5V。当S拨至位置"1"时，A端电压为5V时，三极管VT饱和导通，E点电压低于0.7V，Y端输出电压也低于0.7V。

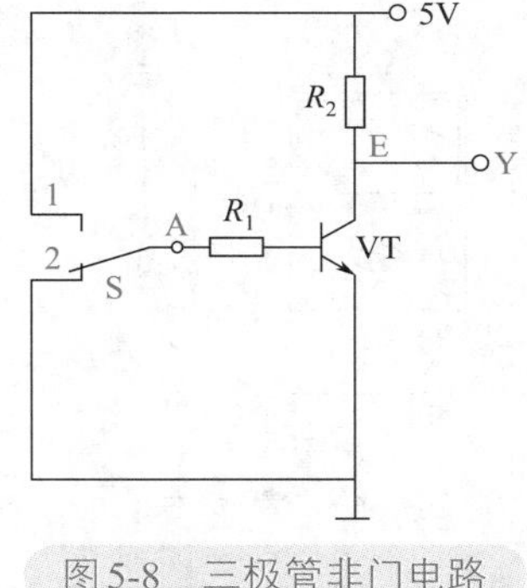

图5-8 三极管非门电路

5.3 三极管的选用

5.3.1 一般选用原则

（1）如果拿到一只三极管又无法查到它的参数，可以根据外形来推测参数。如最大耗散功率P_{CM}，小功率晶体管多见的是TO-92封装的塑料管或TO-18类的金封管，其最大耗散功率P_{CM}在100～150mW，最大不超过1W，它们的集电极最大允许电流I_{CM}在50～500mA，最大不超过1.5A，其他参数因外形而不能确定，只可通过器件手册查到。

（2）在设计晶体管电路时，应根据需要选择管子型号。如音频放大电路应选低频管；宽频放大电路应选高频管或超高频管；数字电路应选择开关管。若管子温升较高或反向电流要求小，应选择硅管；若B-E间导通电压要求低，应选择锗管。

（3）防止晶体管在工作中损坏的方法是，使之工作在安全工作区，B-E间电压小于U_{EBO}（以NPN为例，集电极开路时发射结的反向击穿电压），同时必须满足相应的散热条件。

5.3.2 三极管的代换原则

为保证电路安全工作，更换三极管的基本原则如表5-11所示。

表5-11 三极管代换的基本原则

代换原则	①更换管子时，最好选用同型号规格和封装的管子； ②国内外的管子均可代用，但其原则是参数接近，代换时应查代换手册
P_{CM}（最大允许耗散功率）	代用管的P_{CM}不小于原管
I_{CEO}（穿透电流）	接近原管
U_{CEO}（击穿电压）	不小于原管
f_T（特征频率）	不低于原管
B（放大倍数）	接近原管
引脚排列	应该一致
性能差异	高性能管可代替低性能管，但不能逆替换

5.3.3 晶体三极管的检测

5.3.3.1 小功率晶体三极管的检测

利用万用表可以测试小功率三极管的三个电极及类型，方法如下：

（1）先将万用表黑表笔接三极管某一引脚，红表笔分别接另两只引脚，测得两个电阻值。再将黑表笔接另一引脚，重复以上步骤，直到测得两个阻值都很小（或很大），这时黑

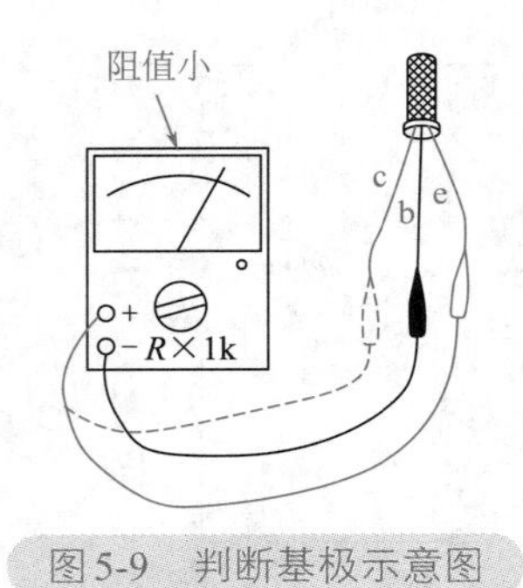

图5-9 判断基极示意图

表笔所接的是基极b，如图5-9所示。

（2）类型检测。将万用表拨至R×100挡或R×1k挡，测量晶体管任意两脚间的电阻，当测量出现一次阻值较小时，黑表笔接的为P极，红表笔接的为N极，如图5-10（a）所示。然后黑表笔不动，将红表笔接另一电极，有两种可能：若测得阻值很大，红表笔接的一定是P极，则该晶体管为PNP型，红表笔先前接的极为基极，如图5-10（b）所示；若测得阻值很小，则红表笔接的为N极，该晶体管为NPN型，黑表笔所接为基极。

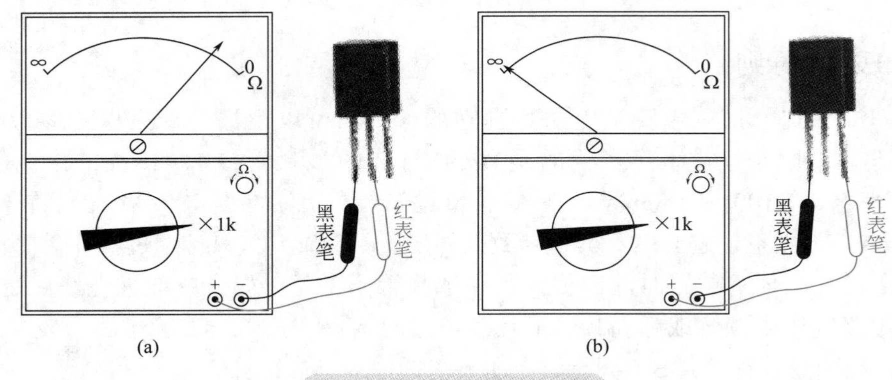

图5-10 晶体管类型检测

（3）从三极管的结构来看，集电区和发射区的面积和掺杂浓度有所差异。当使用正确时，放大能力强，反之，则弱。根据这一特点就可以把管子的c、e极区别开来。这种方法称为放大法。如图5-11（a）所示，两次假设e、c极，哪一次指针向右摆动大，则为假设正确。在实际工作中，往往用手指来代替基极电阻，如图5-11（b）所示。

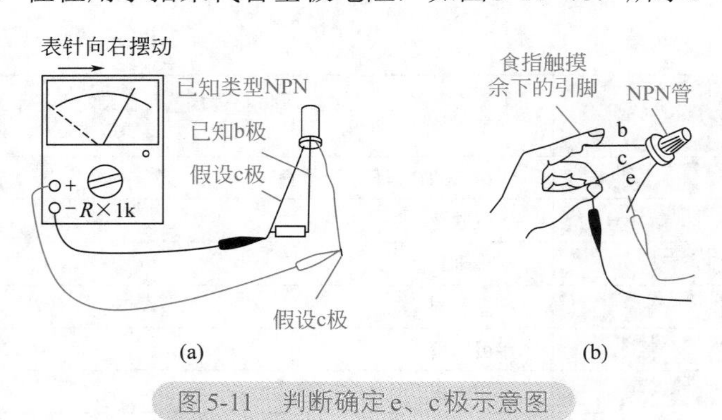

图5-11 判断确定e、c极示意图

5.3.3.2 大功率晶体三极管的检测

利用万用表对小功率三极管的极性、管型及性能的检测方法对大功率三极管（P_{CM}>1W）同样适用。

需要指出的是，由于大功率管体积较大，极间电阻相对小，若像检测小功率管极间正向电阻那样，使用万用表的R×1k挡，必然使得万用表指针趋向于零，这种情况与极间短路一样，使检测者难以判断。为了防止误判，在检测大功率三极管PN结正向电阻时，应使用R×1挡。同样，测量前万用表应调零。

5.4 三极管偏置电路

5.4.1 固定式偏置电路

5.4.1.1 采用正极性电源供电三极管固定偏置电路

图5-12所示是经典的固定式偏置电路。电路中的VT是NPN型三极管，采用正极性电源$+V$供电。

（1）固定偏置电阻。在直流电源$+V$和电阻R_B确定后，三极管的基极电流就是确定的，$I_B \approx +V/R_B$，所以称为固定偏置电路。

（2）基极电流回路。从图中可以看出，直流电源$+V$产生的直流电路通过R_B流入三极管基极，其基极电流回路是：$+V$→固定偏置电阻R_B→三极管VT基极→三极管VT发射极→地。

5.4.1.2 采用负极性电源供电三极管固定偏置电路

对于采用负极性电源供电的PNP型三极管固定偏置电路而言，如图5-13所示。偏置电阻R_B的特征是：它的一端与三极管基极相连，另一端与负电源$-V$相连。根据R_B电阻的这一电路特征，可以方便地确定电路中哪个电阻是固定偏置电阻。

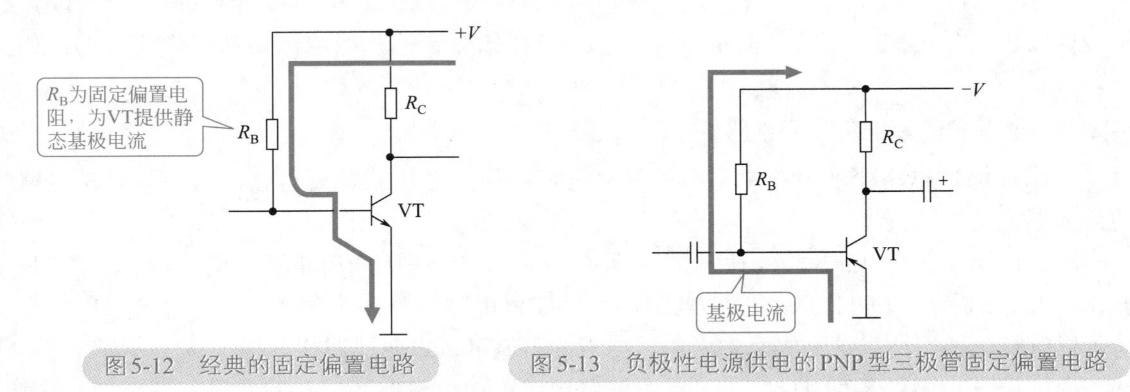

图5-12 经典的固定偏置电路　　图5-13 负极性电源供电的PNP型三极管固定偏置电路

地线在这一电路中的电位最高，而VT发射极接地线，给VT发射结提供正向偏置电压。

5.4.2 分压式偏置电路

5.4.2.1 正极性电源供电三极管分压偏置电路

图5-14所示为典型的分压式偏置电路。图中，VT是NPN型三极管，采用正极性电源$+V$供电。由于R_{B1}和R_{B2}这一分压电路为VT基极提供直流电压，所以称这一电路为分压式偏置电路。

电阻R_{B1}和R_{B2}构成直流工作电压$+V$的分压电路，分压电压加到VT基极，建立VT基极直流偏置电压。

电路中VT发射极通过电阻R_E接地，选择合适的电路参数，使得三极管工作在放大区，即发射结处于正向偏置，集电结处于反向偏置。

流过R_{B1}的电流分为两路：一路流入基极作为三极管VT的基极电流，其基极回路电流是：$+V$→R_{B1}→三极管VT基极→三极管VT发射极→R_E→地，另一路通过电阻R_{B2}流到地端。R_{B1}称为上偏置电阻，R_{B2}称为下偏置电阻，虽然基极电流通过上偏置R_{B1}电阻构成回路，但是R_{B1}和R_{B2}分压后的电压决定了三极管VT基极电压的大小，也就决定了基极电流的大小，所以R_{B1}和R_{B2}同时决定VT基极电流的大小。

5.4.2.2　负极性电源供电三极管分压偏置电路

图5-15所示为负极性电源供电三极管分压偏置电路。电路中的VT是PNP型三极管，$-V$是负极性直流工作电压，R_{B1}和R_{B2}构成分压式偏置电路，R_C是三极管VT的集电极电阻，R_E是三极管VT的发射极电阻。

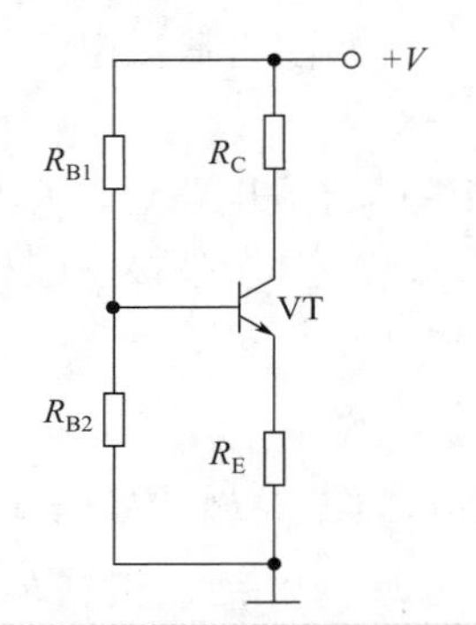

图5-14　典型的分压式偏置电路

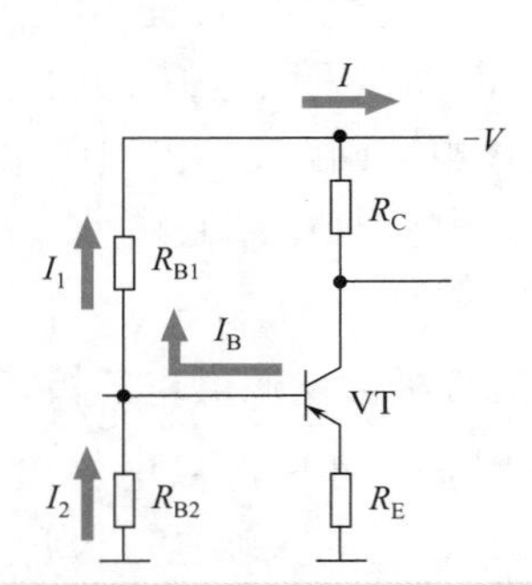

图5-15　负极性电源供电三极管分压偏置电路

电路中，各电流之间的关系是$I_1=I_2+I_B$。PNP型三极管的基极电流是从管内流出的，如图5-15所示。

5.4.2.3　分压式偏置电路变形电路

分压式偏置电路变形电路主要有两种，它们都属于分压式偏置电路的范畴，只是电路的具体形式发生了变化。

图5-16所示为分压式偏置电路变形电路的一种。电路中的RP_1是可变电阻器，R_{B1}、RP_1和R_{B2}构成三极管VT的分压式偏置电路。R_{B1}和RP_1串联后作为上偏置电阻，由于RP_1的阻值可以进行微调，所以这一电路中上偏置电阻的阻值可以方便地调整。

串联可变电阻器RP_1的目的是进行上偏置电阻的阻值调整，其目的是进行三极管VT基极电流的调整，从而可以调整三极管VT的静态工作状态。调整RP_1的阻值，实际上是改变了三极管VT基极的直流偏置电压，从而改变三极管VT的基极电流。

改变三极管的静态工作电流，可以改变三极管的动态工作情况，有时可以在一定范围内调整三极管VT这一级放大器的放大倍数等。

R_{B1}称为限流保护电阻，防止RP_1阻值调至最小时烧坏三极管VT。

图5-17是具有温度补偿的分压偏置电路。电路中的R_{B1}、R_{B2}和VD构成三极管VT的分压式偏置电路。R_{B1}是上偏置电阻，R_{B2}是下偏置电阻，二极管VD与下偏置电阻R_{B2}串联。

R_{B1}、R_{B2}、VD分压后的电压加到三极管VT的基极，作为VT基极直流偏置电压。二极管VD处于导通状态。

当温度升高时，VT的基极电流会增大一些，这说明三极管VT受温度影响不能稳定工作。加入VD后，温度升高时，VD的管压降略有下降，这使得VT基极电压略有下降，这一基极下降的电流正好抵消由于温度升高引起的基极电流增大，所以VD能对VT进行补偿。

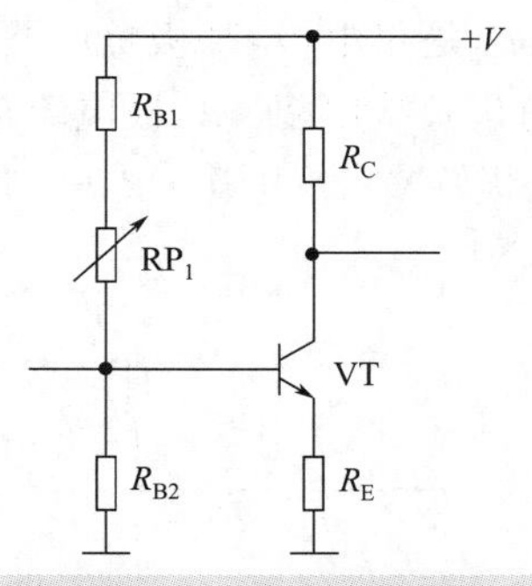

图 5-16　分压式偏置电路变形电路

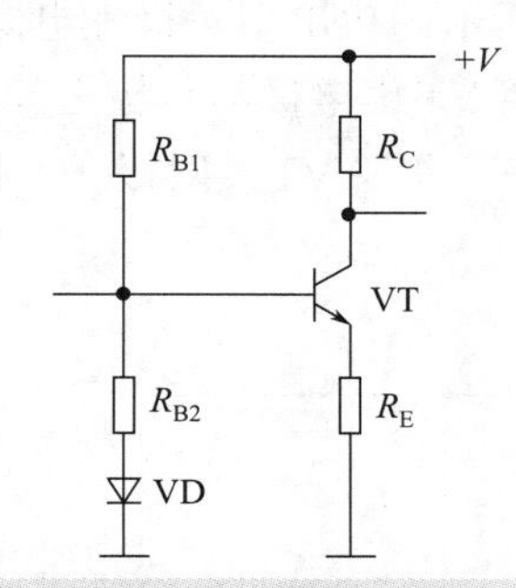

图 5-17　具有温度补偿的分压偏置电路

当温度下降时，VT 的基极电流会略有下降，而 VD 管压降略有上升，使 VT 基极电压略有上升，VT 基极电流略有增大，也能稳定 VT 基极电流。

5.4.3　三极管集电极-基极负反馈偏置电路

5.4.3.1　正电源供电的三极管集电极-基极负反馈偏置电路

图 5-18 所示为典型的三极管集电极-基极负反馈偏置电路。电路中 VT 是 NPN 型三极管，采用正极性直流电源 $+V$ 供电，R_B 是集电极-基极负反馈偏置电阻。

电阻 R_B 接在 VT 集电极与基极之间，这是偏置电阻，R_B 为 VT 提供基极电流回路，其基极电流回路是：$+V$ → R_C → 三极管 VT 集电极 → R_B → 三极管 VT 基极 → 三极管 VT 发射极 → 地端。

由于 R_B 接在 VT 集电极与基极之间，并且 R_B 具有负反馈的作用，所以称为集电极-基极负反馈偏置电路。

5.4.3.2　其他三种集电极-基极负反馈偏置电路

图 5-19 所示为 NPN 型负极性电源供电电路。电路中的 R_B 是集电极-基极负反馈偏置电阻，它接在三极管 VT 集电极与基极之间。R_C 是三极管 VT 集电极负载电阻。基极电流 I_B 的电流回路是：地端 → R_C → 三极管 VT 集电极 → R_B → 三极管 VT 基极 → 三极管 VT 发射极 → $-V$。

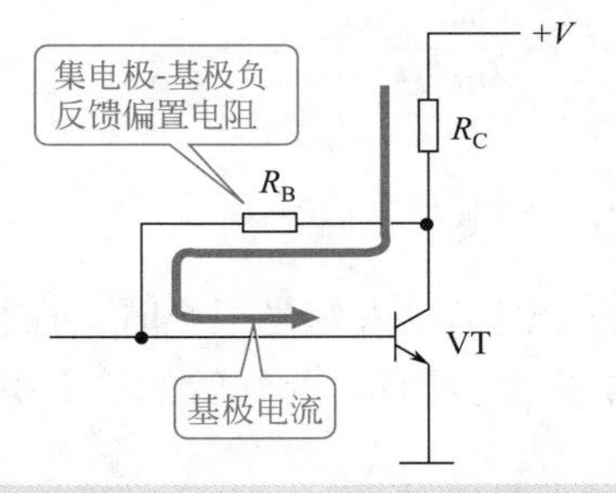

图 5-18　典型的三极管集电极-基极负反馈偏置电路

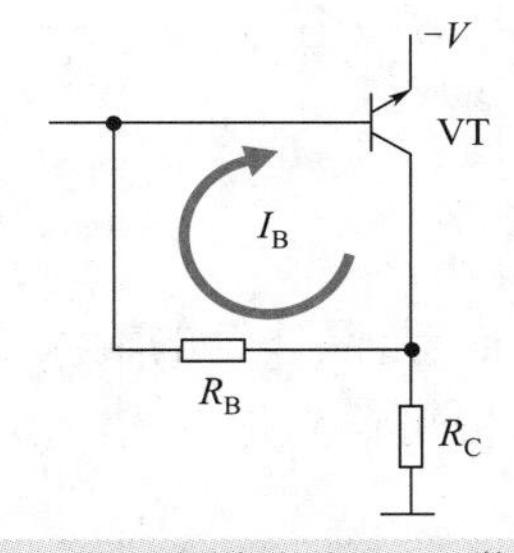

图 5-19　NPN 型负极性电源供电电路

图 5-20 所示为 PNP 型正极性电源供电电路。电路中的 R_B 是集电极-基极负反馈偏置电阻，它接在三极管 VT 集电极与基极之间。R_C 是三极管 VT 集电极负载电阻。基极电流 I_B 的电流回路是：$+V$ → 三极管 VT 发射极 → 三极管 VT 基极 → R_B → 三极管 VT 集电极 → R_C → 地端。

图5-21所示为PNP型负极性电源供电电路。电路中的R_B是集电极-基极负反馈偏置电阻，它接在三极管VT集电极与基极之间。R_C是三极管VT集电极负载电阻。基极电流I_B的电流回路是：地端→三极管VT发射极→三极管VT基极→R_B→三极管VT集电极→R_C→$-V$。

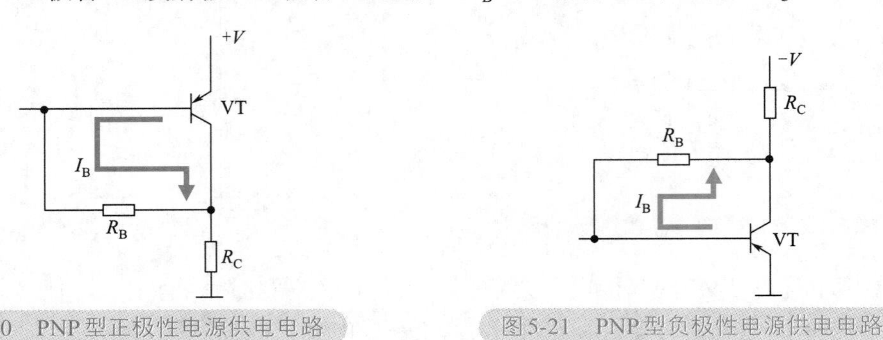

图5-20 PNP型正极性电源供电电路 图5-21 PNP型负极性电源供电电路

5.5 三极管放大电路

5.5.1 三极管的小信号模型

前面提到晶体管的输入特性曲线和输出特性曲线都是非线性的。晶体管在小信号（微变量）情况下工作，也就是说把晶体管线性化，可将其等效为一个线性元件，这样就可像处理线性电路那样来处理晶体管放大电路。下面以图5-22为例说明。

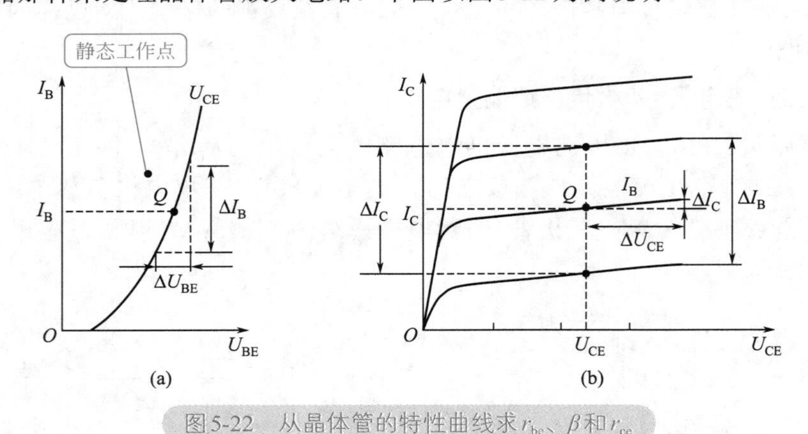

图5-22 从晶体管的特性曲线求r_{be}、β和r_{ce}

图5-22（a）是晶体管的输入特性曲线，是非线性的，但当输入信号很小时，在静态工作点附近的工作段可认为是直线。当U_{CE}一定时，ΔU_{BE}与ΔI_B之比称为晶体管的输入电阻，即

$$r_{be}=\frac{\Delta U_{BE}}{\Delta I_B}=\frac{u_{be}}{i_b}$$

它表示晶体管的输入特性，由它确定u_{be}和i_b的关系。低频小功率晶体管的输入电阻可进行估算：

$$r_{be}=300(\Omega)+(1+\beta)\frac{26(\text{mV})}{I_B(\text{mA})}$$

它是对交流而言的一个动态电阻，在手册中常用h_{ie}代表。

图5-22（b）所示为晶体管的输出特性曲线，在放大工作区是一组近似与横轴平行的直线。当U_{CE}一定时，ΔI_C与ΔI_B之比为晶体管的电流放大系数，即$\beta=\dfrac{\Delta I_C}{\Delta I_B}=\dfrac{i_c}{i_b}$。由它确定$i_c$受$i_b$控制的关系。因此，晶体管的输出电路可用一受控电流源$i_c=\beta i_b$表示。

此外，晶体管的输出特性曲线不完全与横轴平行，晶体管还存在输出电阻r_{ce}，$r_{ce}=\dfrac{\Delta U_{CE}}{\Delta I_C}=\dfrac{u_{ce}}{i_c}$。由于$r_{ce}$的阻值很高，约为几十千欧到几百千欧，可把它忽略不计。

这样即可得到晶体管的小信号模型，如图5-23所示。

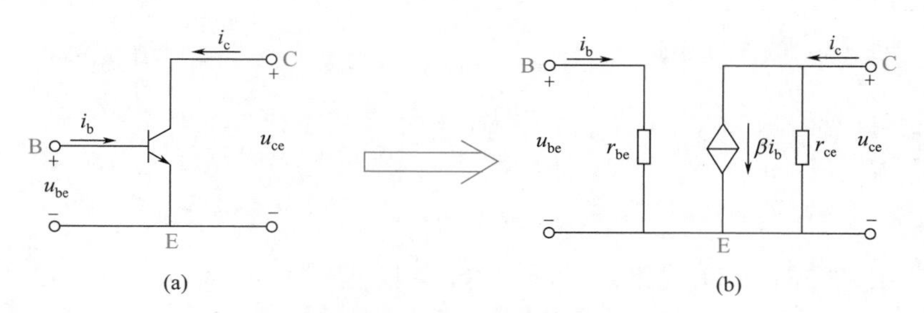

图5-23　晶体管的小信号模型

5.5.2　共发射极放大电路

由NPN型硅管组成的共发射极接法的基本放大电路如图5-24所示。由PNP型三极管组成的基本放大电路只是电源极性与NPN型电路相反，分析的方法完全相同。

5.5.2.1　电路组成

在单管共发射极放大电路中有一个双极型三极管作为放大器件，因此是单管放大电路。输入回路和输出回路的公共端是三极管的发射极，所以称为单管共射放大电路。

三极管：实现电流放大。

集电极直流电源U_{CC}：确保三极管工作在放大状态。

集电极负载电阻R_C：将三极管集电极电流的变化转变为电压变化，以实现电压放大。

基极偏置电阻R_B：为放大电路提供静态工作点。

耦合电容C_1和C_2：隔直流通交流。

5.5.2.2　共发射极放大器直流电路分析

静态是当放大电路没有输入信号时的工作状态，静态分析是要确定放大电路的静态值（直流值）I_B、I_C、U_{BE}和U_{CE}。

静态值既然是直流，故可以用交流放大电路的直流通路来分析计算。图5-25所示为共发射极放大电路的直流通路。电容C_1和C_2可视为开路。

由图5-25的直流通路1，可得出静态时的基极电流

$$I_B=\frac{U_{CC}-U_{BE}}{R_B}\approx\frac{U_{CC}}{R_B}$$

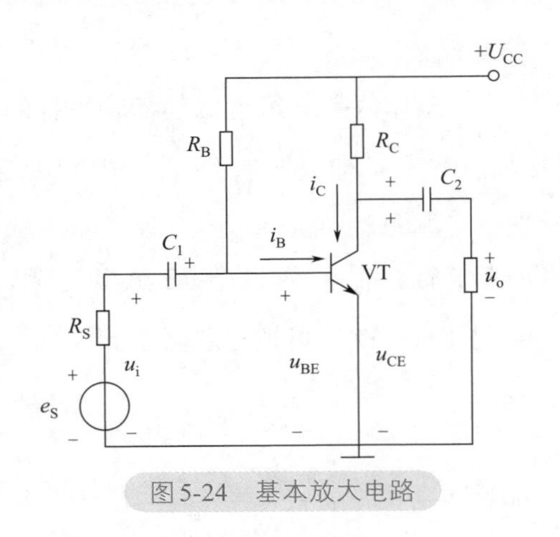

图5-24　基本放大电路

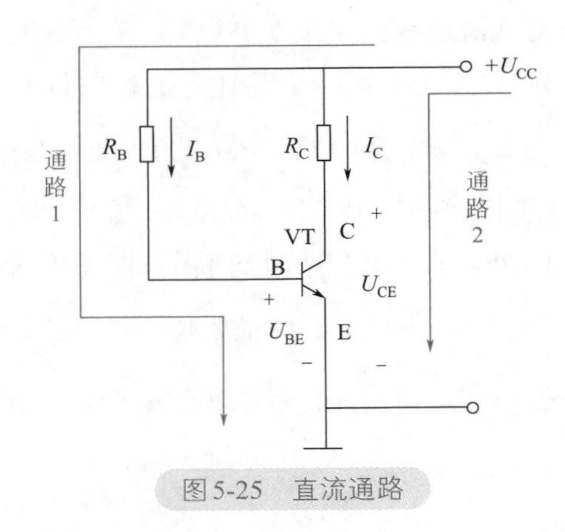

图5-25　直流通路

由于U_{BE}（硅管约为0.6V）比U_{CC}小得多，故可忽略不计。

集电极电流

$$I_C \approx \beta I_B$$

静态时，由图5-25的直流通路2，可得出集-射极电压为

$$U_{CE} = U_{CC} - R_C I_C$$

5.5.2.3　共发射极放大器交流电路分析

在小信号情况下，如果仅对放大电路电压、电流的变化量感兴趣，可以采用小信号模型分析法对放大电路作比较精确的分析。小信号模型分析法是将放大电路中的晶体管以其小信号模型代替，得到放大电路的微变等效电路进行分析。

图5-26（a）所示的电路为图5-24所示交流放大电路的交流通路。对交流量来讲，电容C_1和C_2视为短路；同时，一般直流电源的内阻很小，可以忽略不计，对交流来讲直流电源也可以认为对地是短路的。根据此可画出交流通路。再把交流通路中的晶体管用它的微变等效电路代替，即可得到放大电路的微变等效电路，如图5-26（b）所示。

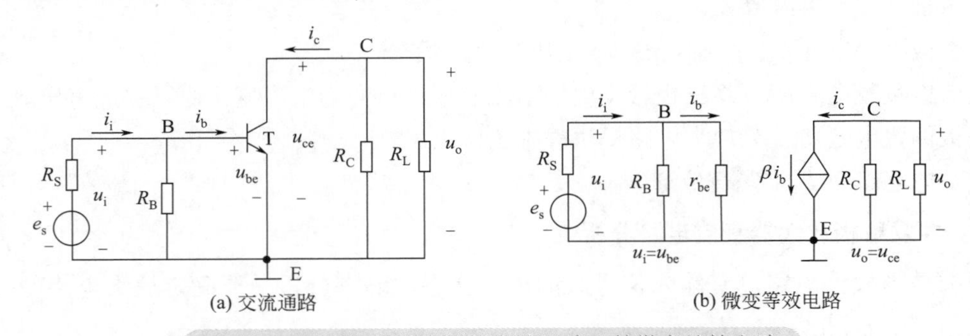

图5-26　共发射极放大器的交流通路及其微变等效电路

设输入信号是正弦交流信号，图5-26（b）中的电压和电流可用相量来表示，如图5-27所示。

输入电阻：$r_i = R_B // r_{be} \approx r_{be}$

输出电阻：$r_o \approx R_C$

电压放大倍数：$A_u = -\beta \dfrac{R_L'}{r_{be}}$，其中，$R_L' = \dfrac{R_C R_L}{R_C + R_L}$

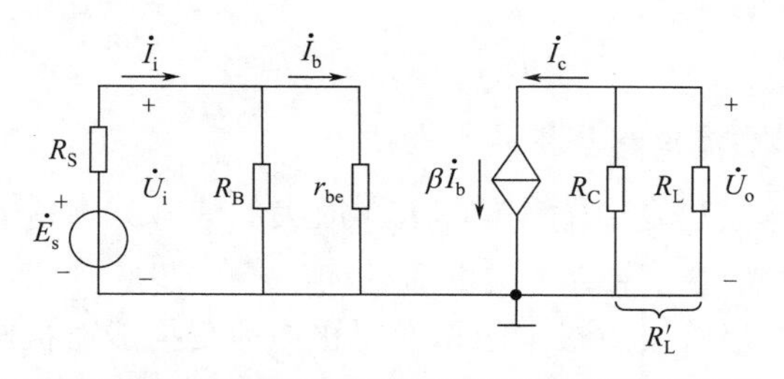

图5-27 正弦交流信号输入下的微变等效电路

5.5.3 共集电极放大电路

5.5.3.1 电路组成

共集电极放大器也称射极输出器，是一种应用很广泛的放大器。电路如图5-28所示，其中R_B为偏置电阻，用以调节三极管的静态工作点；R_E为直流负载电阻；C_1、C_2为耦合电容。图5-28中，输入信号经C_1加在三极管的基极与地之间，输出信号经C_2由发射极和地之间取出。因为电源U_{CC}对交流信号相当于短路，共集电极成为输入与输出的公共端。

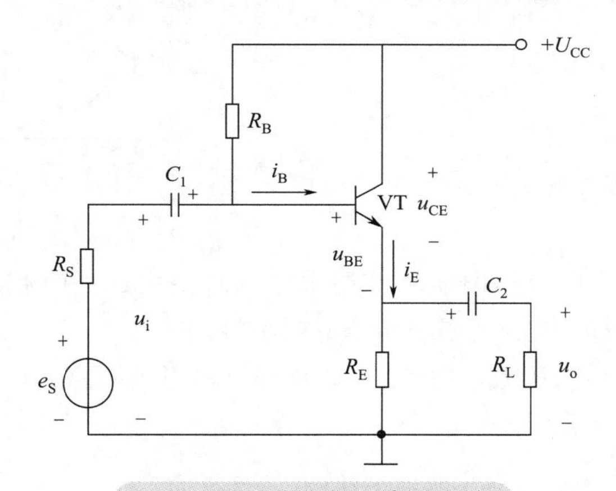

图5-28 共集电极放大器电路

共集电极放大器电路结构与共发射极放大器不同，主要体现在：

（1）无集电极电阻。三极管VT集电极直接与直流电源U_{CC}相连，没有共发射极放大器中的集电极负载电阻。

（2）输出信号取自三极管VT发射极和地之间，而共发射极放大器中的输出取自集电极和地之间。

（3）发射极上不能连接旁路电容，否则发射极输出的交流信号将被发射极旁路到地。

5.5.3.2 共集电极放大器直流电路分析

在静态情况下，电容C_1、C_2相当于开路，其直流通路如图5-29所示。

仿照前述分析共发射极放大电路分析的方法，可得出

$$I_B = \frac{U_{CC} - U_{BE}}{R_B + (1+\beta)R_E}$$

$$I_C = \beta I_B\text{，}\quad I_E = (1+\beta)I_B$$

$$U_{CE}=U_{CC}-I_{E}R_{E}$$

5.5.3.3 共集电极放大器交流电路分析

这一电路的信号传输过程是：输入信号u_i（放大的信号）→输入端耦合电容C_1→VT基极→VT发射极→输出端耦合电容C_1→输出信号u_o。

图5-30所示电路是三极管发射极电阻将发射极电流变换成射极电压变化的示意图。

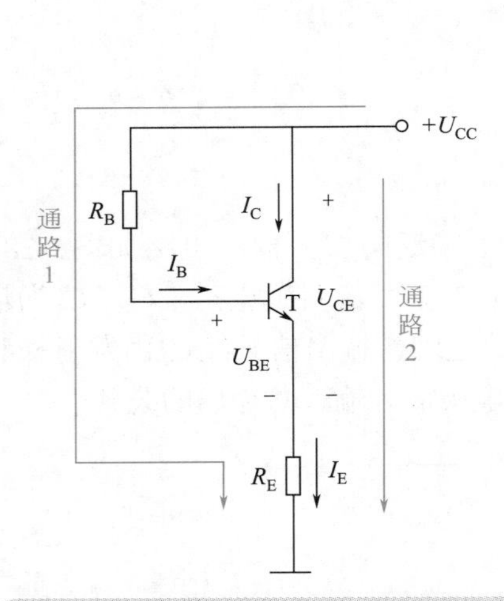

图5-29 共集电极放大器的直流通路

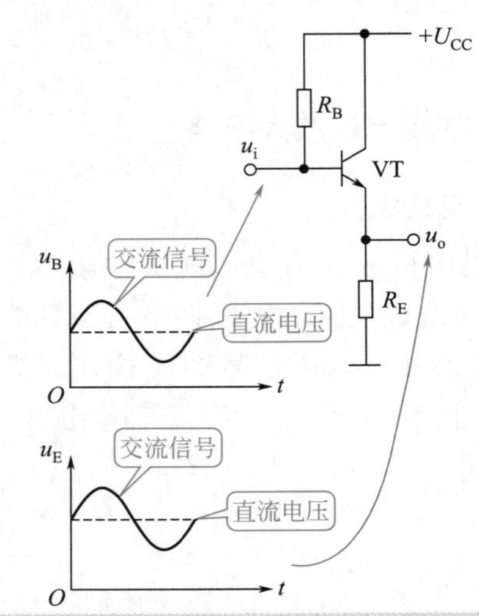

图5-30 三极管发射极电阻将发射极电流变换成射极电压变化的示意图

由图5-30可以看出，发射极电压与基极电压同时增大或同时减小，说明发射极电压与基极电压同相，这是共集电极放大器的一个重要特性。

考虑到电容C_1、C_2及电源U_{CC}对交流信号而言，相当于短路，可画出共集电极放大器的小信号模型，如图5-31所示。

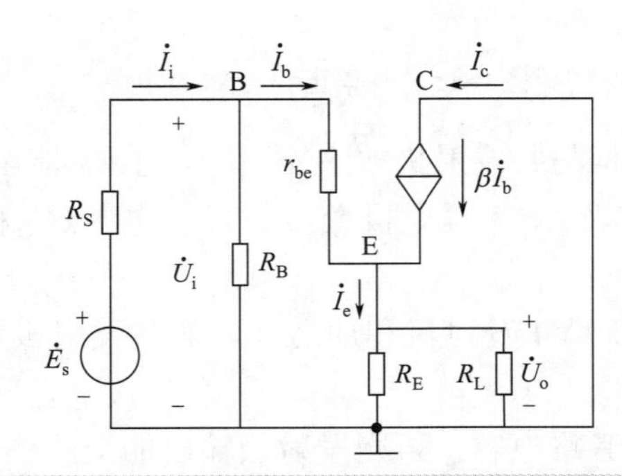

图5-31 共集电极放大器的微变等效电路

（1）电压放大倍数。由图5-31所示的共集电极放大器的微变等效电路可得出

$$\dot{U}_o=R_L'\dot{I}_e=(1+\beta)R_L'\dot{I}_b$$

式中

$$R_L'=R_L//R_E$$

$$\dot{U}_i=r_{be}\dot{I}_b+R_L'\dot{I}_e=r_{be}\dot{I}_b+(1+\beta)R_L'\dot{I}_b$$

$$A_u = \frac{(1+\beta)R_L'}{r_{be}+(1+\beta)R_L'}$$

由上式可知：

① 电压放大倍数接近于1，但恒小于1。这是因为 $r_{be} \ll (1+\beta)R_L'$，因此 $\dot{U}_o \approx \dot{U}_i$。虽然没有电压放大作用，但仍具有一定的电流放大和功率放大作用，$I_e = (1+\beta)I_b$。

② 输出信号电压相位与输入信号电压相位相同，具有跟随作用。由 $\dot{U}_o \approx \dot{U}_i$ 可知，两者同相，这是射极输出器的跟随作用，故它又称为射极跟随器。

（2）输入电阻。输入电阻值 r_i 可从图5-31所示的微变等效电路经过计算得出，即

$$r_i = R_B \,//\, \left[r_{be} + (1+\beta)R_L'\right]$$

利用射极输出器输入阻抗大的特点，在多级放大器系统中第一级放大器常采用射极输出器，这样，输入级放大器的输入阻抗比较大，减轻信号源的负担，使多级放大器与信号源电路之间的相互影响比较小。

（3）输出电阻。射极输出器的输出电阻值 r_o 可由图5-32所示的电路求得，将信号源短路，保留其内阻 R_S，R_S 与 R_B 并联后的电阻为 R_S'。在输出端将 R_L 去掉，加一交流电压 $\dot{U}_o$，产生电流 $\dot{I}_o$，即可求出

$$\dot{I}_o = \dot{I}_b + \beta\dot{I}_b + \dot{I}_e = \frac{\dot{U}_o}{r_{be}+R_S'} + \beta\frac{\dot{U}_o}{r_{be}+R_S'} + \frac{\dot{U}_o}{R_E}$$

$$r_o = \frac{\dot{U}_o}{\dot{I}_o} = \frac{1}{\dfrac{1+\beta}{r_{be}+R_S'} + \dfrac{1}{R_E}}$$

通常

$$(1+\beta)R_E \gg (r_{be}+R_S'),\quad \beta \gg 1$$

故

$$r_o \approx \frac{r_{be}+R_S'}{\beta}$$

其中

$$R_S' = R_S \,//\, R_B$$

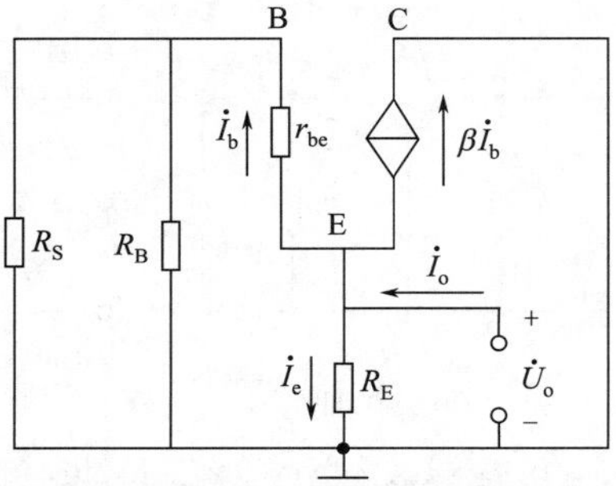

图5-32 计算输出电阻值 r_o 的等效电路

5.5.3.4 共集电极放大器的特点

共集电极放大器具有以下特点：

（1）有电流放大能力，无电压放大能力。

（2）输出电压与输入电压同相。

（3）输入电阻高，索取信号源的电流小，因为输入电阻高，它常被用作多级放大器的输入级。输出电阻低，它的带负载能力较强，所以它也常用作多级放大器的输出级。有时还将射极跟随器接在两级共射放大器之间，作为缓冲级，起到阻抗匹配的作用。

5.5.4 共基极放大电路

共基极放大器的基本结构如图5-33所示。共基极放大器的信号从发射极输入，从集电极输出。它的基极交流接地，作为输入回路和输出回路的公共端。

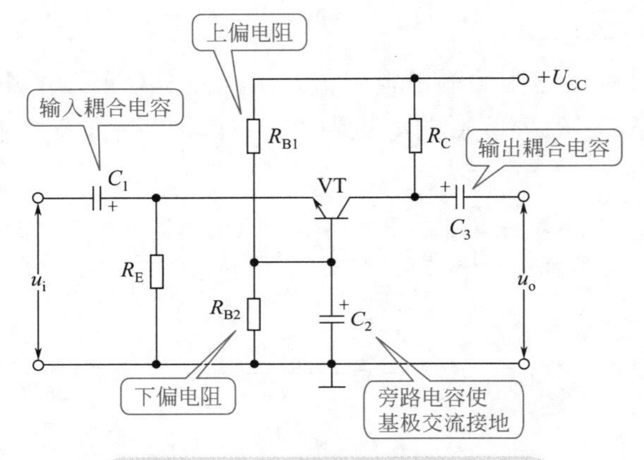

图5-33　共基极放大器的基本结构

5.5.4.1 共基极放大器的直流电路分析

共基极放大器直流通路如图5-34（a）所示，可以看出，它的直流通路与分压式偏置共射放大器完全一样，R_{B1}和R_{B2}分别为上偏电阻和下偏电阻，R_E为发射极电阻，R_C为集电极负载电阻。它的静态工作点的求法与分压式偏置共射放大器一样。

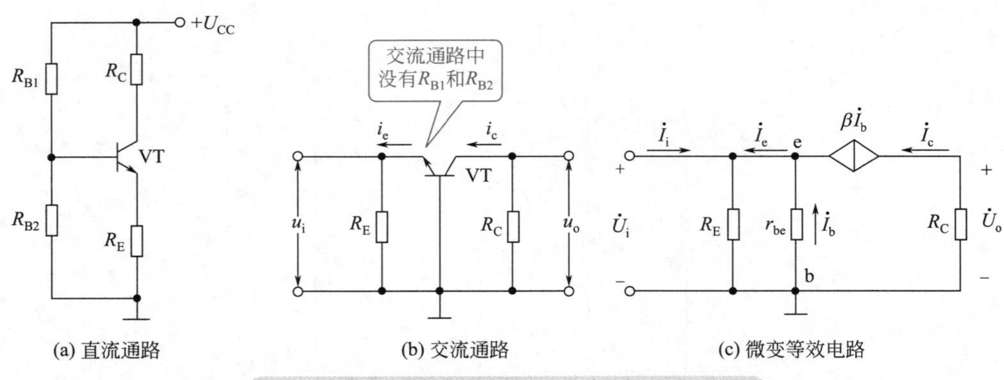

图5-34　共基极放大器的直流通路和交流通路

5.5.4.2 共基极放大器的交流电路分析

从图5-34（b）所示的交流通路看，因基极接有大电容C_2（R_{B2}的旁路电容），故基极相当于交流接地。信号虽然从发射极输入，但事实上仍作用于三极管的B、E之间，此时输入信号电流为i_e。

（1）电压放大倍数的计算：

$$A_u=\frac{\dot{U}_o}{\dot{U}_i}=\frac{-\dot{I}_c R_C}{-\dot{I}_b r_{be}}=\beta\frac{R_C}{r_{be}}\text{（不接负载}R_L\text{时）}$$

从上式可以看出，共基极放大器的输出电压与输入电压同相。

（2）输入电阻的计算：在共基极接法时，三极管的输入电阻为

$$r_i=R_E\ //\ r_{be}\approx r_{be}$$

（3）输出电阻的计算：

$$r_o\approx R_C$$

共基极放大器的输入电流为i_e，输出电流为i_c，因i_e和i_c非常接近，所以共基极放大器的电流放大倍数$\beta=\frac{i_c}{i_e}\approx 1$，即没有电流放大能力。

5.5.4.3 共基极放大器的特点

与另两种放大器相比，共基极放大器有其自身的特性。

（1）具有电压放大能力。共基极放大器具有电压放大能力，其电压放大倍数远大于1。输入信号电压加在基极与发射极之间，只要有很小的输入信号电压，就会引起基极电流的变化，从而引起集电极电流的变化，并通过集电极负载电阻R_C转换成集电极电压的变化，因R_C阻值较大，所以输出信号远大于输入信号，即共基极放大器具有电压放大能力。

（2）无电流放大能力。共基极放大器没有电流放大能力，其电流放大倍数小于1而接近于1。这一特性可以这样理解：输入信号电流是三极管的发射极电流，而输出电流是集电极电流，由三极管的各电极电流特性可知，集电极电流小于发射极电流，因此这种放大器的输出电流小于输入电流，所以没有电流放大能力。

（3）输出信号电压与输入信号电压相位相同。这一特性可以这样理解：当三极管发射极输入信号电压增大时三极管发射极电位也增大，由于采用NPN型三极管，所以发射结正向偏置电压减小，基极电流减小，发射极电流也随之减小，集电极电流也减小。

由于集电极和发射极电流减小，三极管集电极电压增大，说明共基极放大器中的集电极电压和发射极电压同时增大，同理，当三极管发射极电压下降时，其集电极电压也下降。所以，共基极放大器的输出信号与输入信号电压也是同相的。

（4）输出阻抗大是共基极放大器的缺点，其带负载能力也差。

（5）输入阻抗小。输入阻抗小，则将从信号源取用较大的电流，从而增加信号源的负担；在多级放大器中，后级放大器的输入电阻就是前级放大器的负载电阻，输入阻抗小，将会降低前级放大器的电压放大倍数，通常希望放大电路的输入电阻高一些。

（6）高频特性好。当三极管的工作频率高到一定程度时，三极管的放大能力明显下降。

同一只三极管，当接成共基极放大器时，其工作频率比接成其他形式的放大器时要高，所以共基极放大器主要用于高频信号的放大电路中。

5.6 多级放大电路

多级放大器：放大器的输入信号一般都很微弱，而单级放大器的放大能力是有限的，因此在实用放大系统中往往需要多级放大器。两级或两级以上单级放大器通过级间耦合电路连接起来构成多级放大器。

级间耦合：两个单级放大器之间的级间连接采用级间耦合电路，它将信号无损耗地从前一级放大器输出端传输到后一级放大器的输入端。

耦合方式：多级放大器的耦合方式有阻容耦合、直接耦合和变压器耦合等方式，其中阻容耦合放大电路和直接耦合放大电路比较常见。三种耦合方式对照表如表5-12所示。

表5-12 三种耦合方式对照表

名称	电路	特性解说
直接耦合方式	前级放大器 → 后级放大器	①无耦合元器件 ②能够耦合直流和交流信号，低频特性好 ③直流放大器必须采用这种耦合电路 ④前级和后级放大器之间的直流电路相连，电路设计和故障检修难度增加
阻容耦合方式	前级放大器 —C→ 后级放大器	①只用一只容量足够大的耦合电容，要求耦合电容对信号的容抗接近零。信号频率高时耦合电容容量可以小，信号频率低时耦合电容容量大 ②低频特性不很好，不能用于直流放大器中 ③前级和后级放大器之间的直流电路被隔离，电路设计和故障检修难度下降
变压器耦合方式	前级放大器 —T1→ 后级放大器	①采用变压器耦合，成本较高 ②能够隔离前、后级放大器之间的直流电路 ③低频和高频特性不好

图5-35所示电路是两级放大器的结构方框图，多级放大器结构方框图与此类似，只是级数较多。

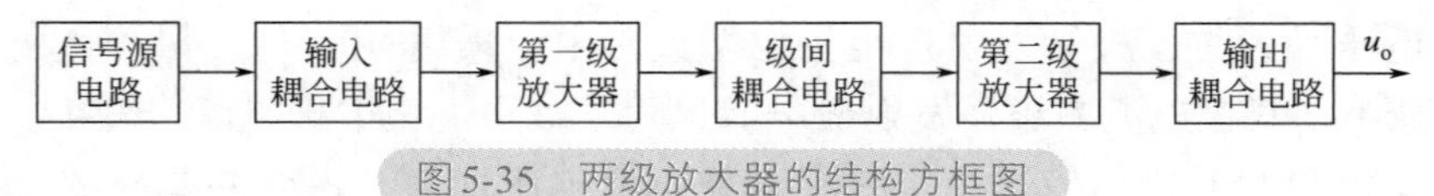

图5-35 两级放大器的结构方框图

从图中可以看出，一个两级放大器主要由信号源电路、级间耦合电路、各单级放大器等组成。信号源输出的信号经耦合电路加至第一级放大器中进行放大，放大后的信号经级间耦合电路加至第二级放大器中进一步放大。在多级放大器中，第一级放大器通常称为输入级放大器，最后一级放大器称为输出级放大器。

5.6.1 阻容耦合多级放大器

图5-36所示的两级放大器中，前、后级之间是通过耦合电容C_2及下级输入电阻连接的，故称为阻容耦合。

（1）静态分析。由于电容有隔直作用，它可使前、后级的直流工作状态相互之间无影响，故各级放大器的静态工作点可以单独考虑。两级放大电路均为分压式偏置共射放大器，静态值的计算可参考前面介绍的分压式偏置共射放大器的直流分析方法，这里不再详细介绍。

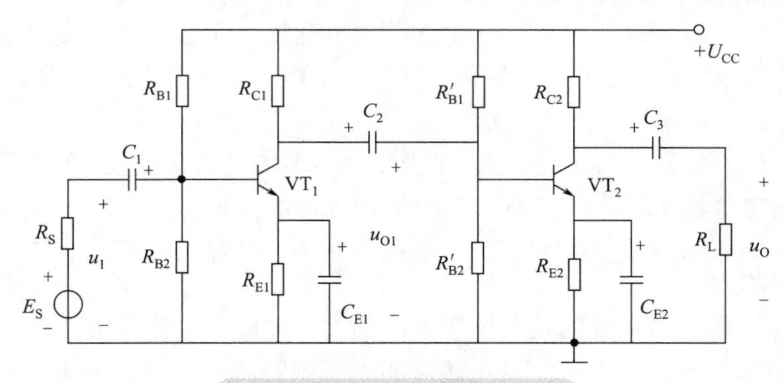

图 5-36　阻容耦合多级放大器

（2）动态分析。耦合电容对交流信号的容抗必须很小，其交流分压可以忽略不计，以使前级输出信号无损失地传输到后级输入端。输入信号 u_I 通过 C_1 加到 VT_1 的基极，经过 VT_1 电压和电流双重放大后，从 VT_1 集电极输出，再经 C_2 加到 VT_2 的基极上，经 VT_2 电压和电流双重放大后，通过 C_3 交流耦合输出。交流信号在这一电路中得到两级放大器的电压和电流放大。

仿照前面介绍的单级放大器的交流通路分析方法，分析可知：多级放大器的输入电阻为第一级放大器的输入电阻，多级放大器的输出电阻为末级放大器的输出电阻，多级放大器的电压放大倍数为各级放大器电压倍数的乘积。

5.6.2　直接耦合多级放大器

图 5-37 所示的两级放大器中，前、后级之间没有耦合电容，而是直接相连的，所以称为直接耦合放大器。在放大变化缓慢的信号（称为直流信号）时，必须采用这种耦合方式，在集成电路中，为了避免制造大容量电容的困难，也采用这种耦合方式。

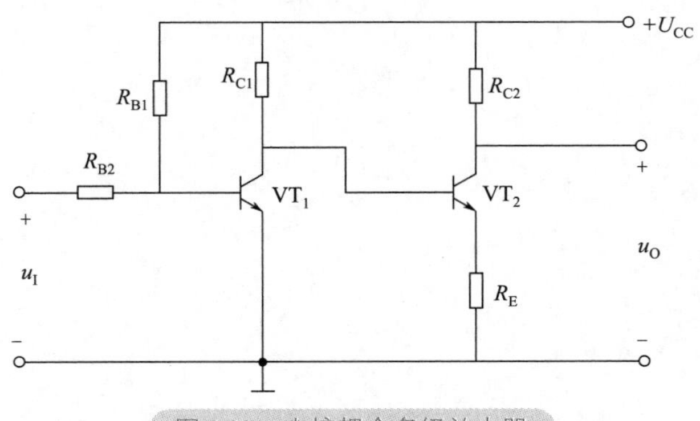

图 5-37　直接耦合多级放大器

电路中，VT_1 构成第一级放大器，VT_2 构成第二级放大器，两管之间没有耦合电容，而是直接相连，所以称为直接耦合放大器。

（1）静态分析。图 5-37 中，R_{B1} 是 VT_1 基极偏置电阻，为 VT_1 提供基极偏置电压。R_{C1}

是 VT_1 集电极负载电阻，同时又是 VT_2 的偏置电阻。R_{C2} 是 VT_2 的集电极负载电阻，R_E 是 VT_2 的发射极直流负载电阻。

由于 VT_1 集电极和 VT_2 基极之间没有隔直元件（阻容耦合方式中有电容作为隔直元件），所以当 VT_1 直流发生改变时，VT_1 集电极电压大小变化，而这一电压变化直接加到 VT_2 基极，将引起 VT_2 直流工作电流的相应变化。这是直接耦合的一个特点，即两级放大器之间的直流电路互相牵制，静态工作点相互影响。

（2）交流分析。输入信号 u_i 通过 R_{B2} 直接加到 VT_1 的基极，经过 VT_1 电压和电流双重放大后，从 VT_1 集电极输出，直接加到 VT_2 的基极上，经 VT_2 电压和电流双重放大后，通过 VT_2 的集电极输出，输出信号 u_o 送到下一级放大器中。交流信号在这一电路中得到两级放大器的电压和电流放大。

外界对静态工作点最主要的是温度影响。温度变化时，工作点发生变动，使放大电路在无输入信号的情况下，输出电压发生缓慢的不规则的波动，这种现象称为零点漂移。但在直接耦合放大电路中，因级间无耦合电容，任何一级输出电压的漂移，都可以顺利地传递到下一级，并在后面逐级放大，使末级输出电压发生较大的漂移。零漂是直接耦合放大电路必须解决的突出问题。解决零漂的办法是多级放大器的输入级采用差分放大器。对于差分放大器的内容，读者可自学，在这里不再进行介绍。

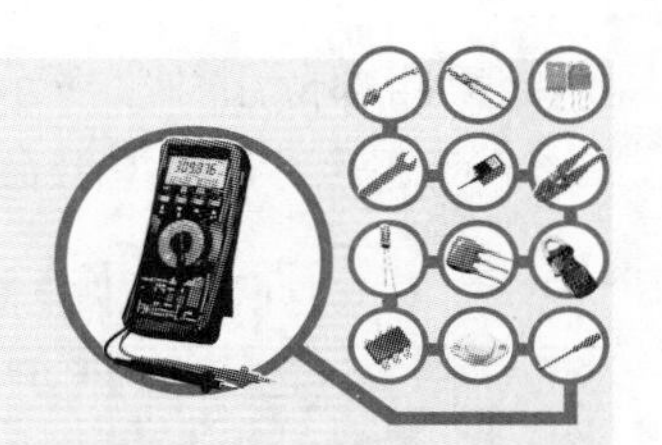

第6章 晶闸管

半导体元件除了二极管、三极管、场效应管以外，还有晶闸管、光电耦合器、集成电路等类型。晶闸管是晶体闸流管的简称，原名可控硅整流器（SCR），简称可控硅，其派生器件有双向晶闸管和可关断晶闸管。晶闸管的出现，使半导体器件从弱电领域进入强电领域。晶闸管的制造和应用技术发展迅速，主要用于整流、逆变、调压、开关等方面，应用最多的还是晶闸管可控整流。

6.1 晶闸管

6.1.1 晶闸管的实物外形

图6-1所示为常见晶闸管的外形，其中直插型晶闸管用于小电流控制的设备，螺栓型晶闸管主要用于中小型容量的设备中，而平板型晶闸管主要用于200A以上大电流的设备中。

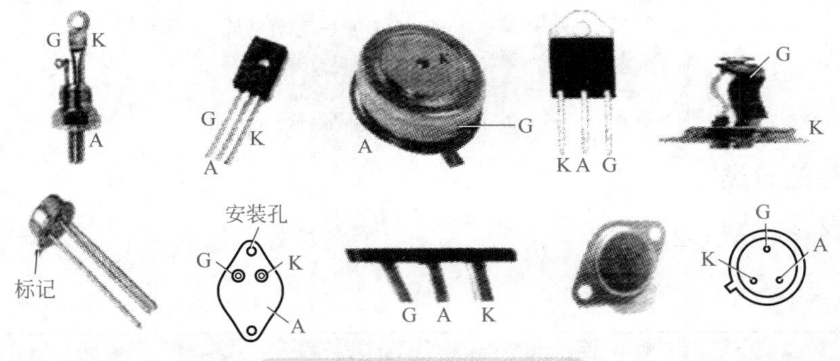

图6-1 常见晶闸管的外形

6.1.2 晶闸管的命名方法

国产晶闸管的型号命名主要由以下四部分组成：

第一部分用字母“K”表示主称为晶闸管；

第二部分用字母表示晶闸管的类别；

第三部分用数字表示晶闸管的额定通态电流；

第四部分用数字表示重复峰值电压级数。

国产晶闸管的型号命名及含义如表6-1所示。

表6-1 国产晶闸管的型号命名及含义

第一部分：主称		第二部分：类别		第三部分：额定通态电流		第四部分：重复峰值电压级数	
字母	含义	字母	含义	数字	含义	数字	含义
K	晶闸管（可控硅）	P	普通反向阻断型	1	1A	1	100V
				5	5A	2	200V
				10	10A	3	300V
				20	20A	4	400V
		K	快速反向阻断型	30	30A	5	500V
				50	50A	6	600V
				100	100 A	7	700V
				200	200A	8	800V
		S	双向型	300	300A	9	900V
				400	400A	10	1000V
				500	500A	12	1200V
						14	1400V

实例：

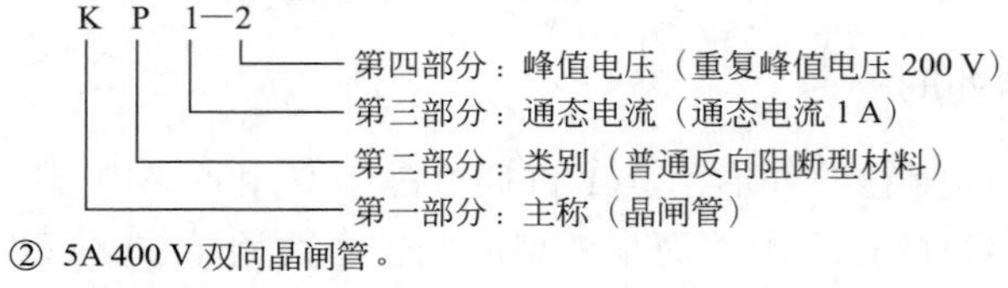

② 5A 400 V 双向晶闸管。

K S 5—4

第四部分：峰值电压（重复峰值电压 400 V）

第三部分：通态电流（通态电流 5 A）

第二部分：类别（双向管）

第一部分：主称（晶闸管）

6.1.3 晶闸管的分类

晶闸管的分类见表6-2。

表6-2 晶闸管的分类

分类方式	类型说明
按控制方式分类	普通晶闸管、双向晶闸管、逆导晶闸管、可关断晶闸管（GTO）、BTG晶闸管、光控晶闸管等
按封装形式分类	金属封装晶闸管、塑料封装晶闸管和陶瓷封装晶闸管三种。其中金属封装晶闸管又分为螺栓形、平面形和圆壳形等多种；塑料封装晶闸管又分为带散热片型和不带散热片型两种
按电流容量分类	大功率晶闸管、中功率晶闸管和小功率晶闸管三种。通常大功率晶闸管多采用金属封装，而中功率晶闸管和小功率晶闸管则多采用塑料和陶瓷封装
按关断速度分类	普通晶闸管和高频（快速）晶闸管

6.1.4 晶闸管的主要参数

晶闸管的主要参数如表6-3所示。

表6-3 晶闸管的主要参数

正向重复峰值电压U_{FRM}	控制极断开时，允许重复加在晶闸管两端的正向峰值电压
反向重复峰值电压U_{RRM}	在控制极开路时，可以重复加在晶闸管上而不造成反向击穿的反向峰值电压，一般U_{RRM}为反向击穿电压U_{BR}的80%
额定电压U_D	通常把U_{DRM}和U_{RRM}中较小的一个值称作晶闸管的额定电压
正向转折电压U_{BO}	在额定结温和控制极断路条件下，晶闸管阳极A与阴极K之间施加正弦半波电压，当晶闸管由阻断转为导通时对应的电压峰值
反向击穿电压U_{BR}	在额定结温下，晶闸管阳极A与阴极K之间施加正弦半波反向电压，当其反向漏电流急剧增加时对应的峰值电压
通态平均电压U_F	也称正向平均电压，习惯上称为导通时的管压降，通常为0.4～1.2V，这个值越小越好
通态平均电流I_F	也称正向平均电流，它是指在规定环境温度和标准散热条件下，晶闸管正常工作时A、K极间所允许通过电流的平均值
维持电流I_H	维持晶闸管导通的最小电流。当正向电流小于维持电流I_H时，导通的晶闸管会自动关断
门极触发电压U_{GT}	在规定的环境温度和晶闸管阳极A与阴极K之间为定值正向电压的条件下，使晶闸管从阻断状态转变为导通状态所需要的最小门极直流电压，一般为1.5V左右
门极触发电流I_{GT}	在规定的环境温度和晶闸管阳极A与阴极K之间为定值正向电压的条件下，使晶闸管从阻断状态转变为导通状态所需要的最小门极直流电流

6.2 单向晶闸管

6.2.1 单向晶闸管的结构与外形

单向晶闸管的外形与三极管相似，如图6-2所示。但其内部结构与三极管不同，它具有三个PN结四层结构，如图6-3（a）所示，引出的电极分别为阳极A、阴极K和控制极G（也称门极）。单向晶闸管的结构可等效为两个三极管，如图6-3（b）所示。

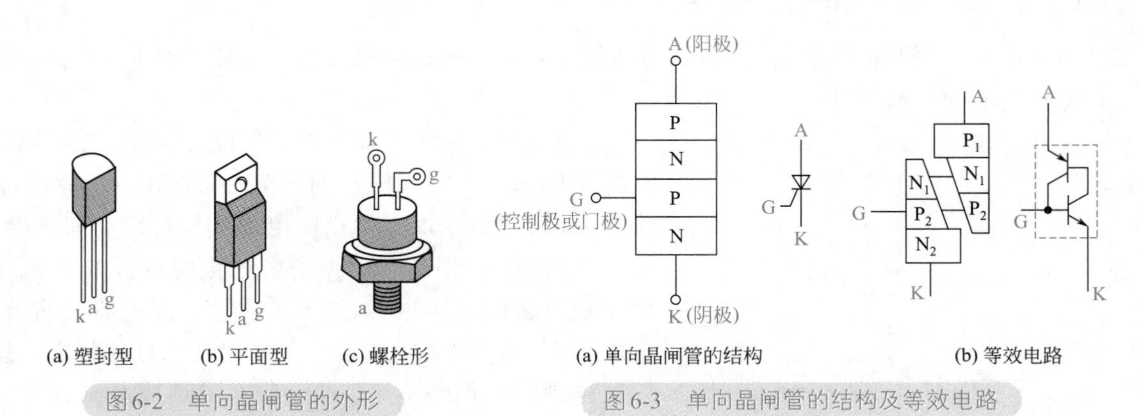

图6-2 单向晶闸管的外形

图6-3 单向晶闸管的结构及等效电路

6.2.2 单向晶闸管的工作原理

单向晶闸管具有可控的单向导电性。以图6-4为例进行说明。在图6-4中，只有图6-4（b）

所示的晶闸管正向导通，灯泡点亮，另两种接法晶闸管都不导通。

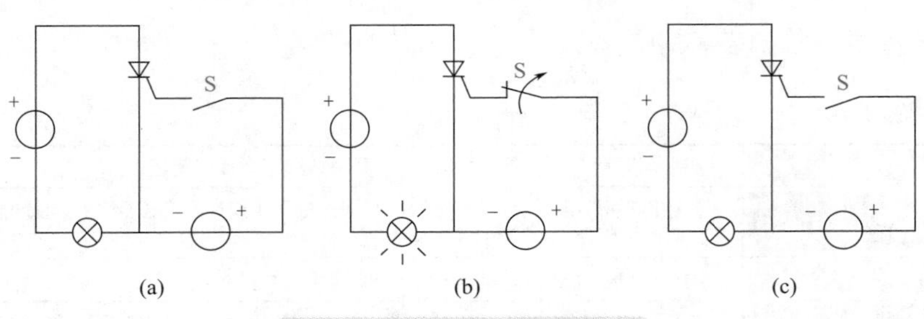

图6-4 晶闸管导通实验电路

图6-4（a）所示电路中，晶闸管阳极接电源的正极，阴极经白炽灯接电源的负极，此时晶闸管承受正向电压。控制极电路中开关S断开（不加电压）。这时灯不亮，说明晶闸管不导通。

图6-4（b）所示电路中，晶闸管的阳极和阴极之间加正向电压，控制极相对于阴极也加正向电压，这时灯亮，说明晶闸管导通。

晶闸管导通后，去掉控制极上的电压［将图6-4（b）中的开关S断开］，灯仍然亮。这表明晶闸管继续导通，即晶闸管一旦导通后，控制极就失去了控制作用。

图6-4（c）所示电路中，晶闸管的阳极和阴极之间加反向电压，无论控制极加不加电压，灯都不亮，晶闸管截止。

如果控制极加反向电压，晶闸管阳极回路无论加正向电压还是反向电压，晶闸管都不导通。

综上所述，晶闸管的导通和截止相当于开关的闭合和断开，只是它的开、合是有条件的，所以用它可构成各种控制电路。晶闸管导通必须同时具备两个条件：①晶闸管的阳极和阴极间加正向电压；②控制极电路加适当的正向电压（实际工作中，控制极加正触发脉冲信号）。

6.2.3 单向晶闸管的伏安特性

单向晶闸管的伏安特性如图6-5所示，表示晶闸管阳极A与阴极K之间电压U_{AK}与阳极电流I_A的关系曲线。

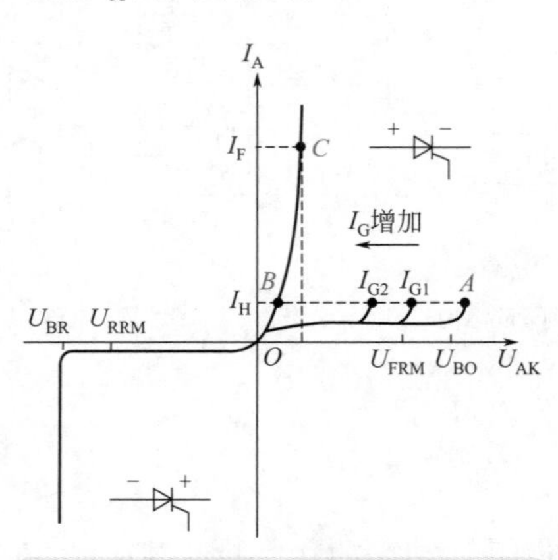

图6-5 单向晶闸管的伏安特性曲线

在第Ⅰ象限中：当晶闸管承受正向电压且控制极开路时，即$U_{AK}>0$，$I_G=0$时，对应特性的OA段。此时晶闸管A、K之间呈现很大的正向电阻，只有很小的漏电流，处在正向阻断状态。当U_{AK}增大到正向转折电压U_{BO}时，J_2结（N1和P2之间的PN结）被击穿，漏电流突然增大，从A点迅速经B点跳到C点，晶闸管转入导通状态。晶闸管这种导通是正向击穿现象，很容易造成晶闸管永久性损坏，实际工作中应避免这种现象发生。

晶闸管正常导通时应加正向触发电压，而且触发电流I_G越大，就越容易导通，正向转折电压就越低。不同规格的晶闸管所需的触发电流是不同的，一般情况下，晶闸管的正向平均电流越大，所需的触发电流也越大。

晶闸管正向导通后，工作在BC段，和普通二极管正向特性相似，其管压降很小，只有1V左右。

在第Ⅲ象限，晶闸管承受反向电压，即$U_{AK}<0$，晶闸管只有很小的反向漏电流，此段特性与二极管反向特性相似，晶闸管处于反向阻断状态。当反向电压超过反向击穿电压U_{BR}时，反向电流剧增，晶闸管反向击穿。

通过前面的分析可知，晶闸管的通、断工作状态是随着阳极电压、阳极电流和控制极电流等条件相互转换的，具体见表6-4。

表6-4　单向晶闸管通、断转换条件

由断到通的条件	维持导通条件	由通到断的条件
① 阳极与阴极加正向电压 ② 控制极与阴极间也加足够的正向电压	① 阳极与阴极加正向电压 ② 阳极电流大于维持电流	① 阳极与阴极加反向电压 ② 阳极电流小于维持电流
以上两条件需同时具备	以上两条件需同时具备	以上两条件具备其中一个

6.2.4　单向晶闸管的检测

单向晶闸管的检测包括电极检测、好坏检测和触发能力检测。

6.2.4.1　电极检测

单向晶闸管有A、G、K三个电极，三者不能混用。在使用单向晶闸管前首先要检测出各个电极。从单向晶闸管的结构可以看出，G、K之间相当于一个二极管，G为二极管的正极，K为二极管的负极。而A、K与A、G之间的正、反向电阻都是很大的。根据这个原则，就可判别单向晶闸管的电极。

万用表拨至$R\times100$或$R\times1$k挡，测量任意两个电极之间的阻值，如图6-6所示。当测量出现的阻值很小时，以这次测量为准，黑表笔接的电极为G极，红表笔接的是K极，剩下的一个电极是A极。

6.2.4.2　好坏检测

工作正常的单向晶闸管除了G、K之间的正向电阻小、反向电阻大外，其他各极之间的正、反向电阻都接近无穷大。根据这个原则，判断单向晶闸管的好坏可采用以下方法。

万用表拨至$R\times1$k挡，测量并记录单向晶闸管任意两个电极之间的正、反向电阻。若出现两次或两次以上阻值很小，则说明单向晶闸管内部有短路；若G、K之间的正、反向电阻均为无穷大，则说明单向晶闸管G、K之间开路；若测量时出现一次阻值小，并不能完全确定晶闸管工作正常（如G、K之间正常，A、G极间开路），在这种情况下，需进一步测量单向晶闸管的触发能力。

6.2.4.3　触发能力检测

单向晶闸管触发能力检测过程如图6-7所示。

万用表置于$R\times1$挡，黑表笔接A极，红表笔接K极，测量单向晶闸管A、K之间的正向电阻应接近无穷大，然后再用金属物或导线将A、G极短接，为G极提供触发电压。若单向晶闸管性能良好，A、K之间应导通，A、K之间的阻值立即变小，再将金属物或导线移开，

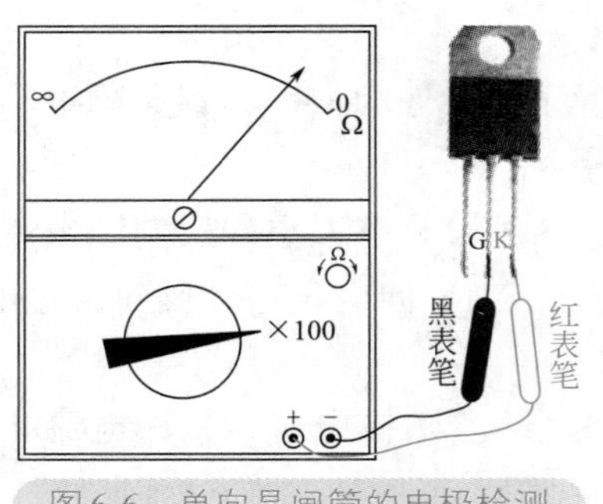

图6-6 单向晶闸管的电极检测

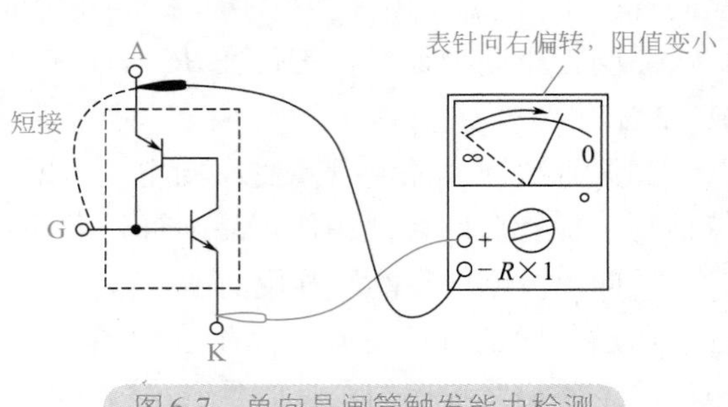

图6-7 单向晶闸管触发能力检测

G极虽失去触发电压，但单向晶闸管还应处于导通状态，A、K之间的阻值仍很小。

若短接A、G极前后，A、K之间的阻值变化不大，说明G极失去触发能力；若移开金属物或导线后，A、K之间的阻值又变大，则说明单向晶闸管开路。需要注意的是：即使单向晶闸管正常，由于在高阻挡时万用表提供给单向晶闸管的维持电流比较小，有可能不足以维持单向晶闸管继续导通。

6.2.5 单向晶闸管的代换

晶闸管的参数很多，但设计电路时一般对选用的元件参数都留有较大裕量，所以更换晶闸管时只要几个主要参数相近就可以了。这些参数主要有额定电压、额定电流、触发电流、触发电压等。额定电压与额定电流这两个参数最重要，可以从实物或电路标注上查出晶闸管的型号和参数。从安全方面考虑，选用的额定电压越高越好，但是价格也相对高。为保证晶闸管的安全，它的额定电压参数一般要取最高工作电压的1.5～2倍。晶闸管的正向压降、门极触发电流及触发电压应符合应用电路要求，不能偏高或偏低，否则会影响晶闸管的正常工作。

非标准型号晶闸管损坏，或者没有相同型号的晶闸管备用时，应找参数相近的晶闸管代用。代换时需注意以下几点：

（1）管子的外形要相同，否则会给安装带来不便或无法安装。

（2）管子的开关速度要基本一致。例如：在脉冲电路、高速逆变电路中使用的高速晶闸管损坏后，只能选用同类型的快速晶闸管，而不能用普通晶闸管来代换。

（3）选取代用晶闸管时，不管什么参数，都不必留有过大的裕量，应尽可能与被代换晶闸管的参数接近。这是因为过大的裕量不仅是一种浪费，有时还会起副作用，出现不触发或触发不灵敏等现象。

6.3 双向晶闸管

6.3.1 双向晶闸管的结构、符号和外形

双向晶闸管是具有NPNPN五层半导体材料构成的三端半导体器件，如图6-8所示。其三个电极分别为主电极T_1、主电极T_2和门极G。双向晶闸管可以等效为两个单向晶闸管反向并联。因为双向晶闸管正负双向均可以控制导通，故控制极G以外的两个电极不再称阴

极（K）和阳极（A），而改称主电极T_1和主电极T_2。

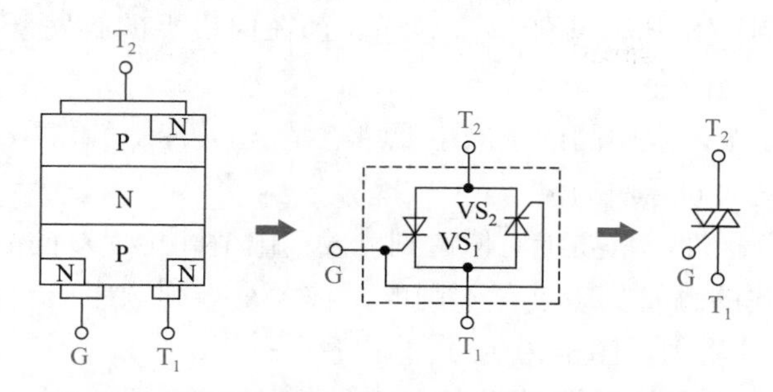

图6-8 双向晶闸管的结构示意图与图形符号

图6-9所示为常见双向晶闸管的外形。

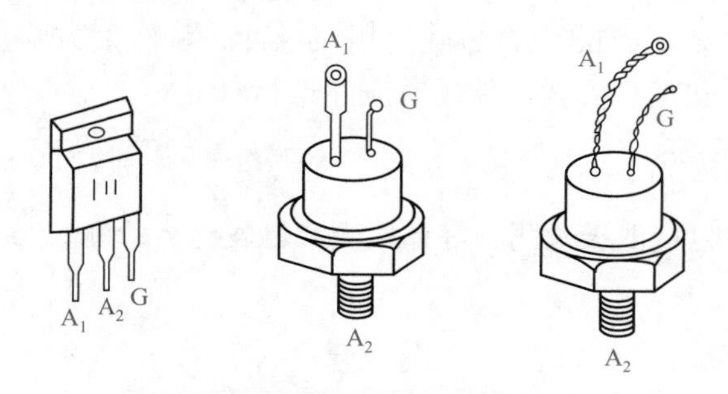

图6-9 双向晶闸管的外形

6.3.2 双向晶闸管的工作原理

双向晶闸管可以双向导通，即无论门极G相对T_1加上正还是负的触发电压，均能触发双向晶闸管正、负两个方向导通，控制极的极性和主电极的极性共有四种触发方式，如图6-10所示。

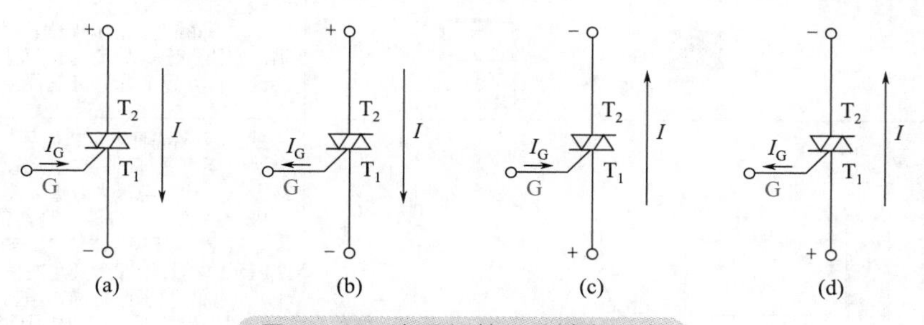

图6-10 双向晶闸管四种触发方式

当主电极T_2相对于主电极T_1的电压为正，且门极G相对于主电极T_1为正脉冲（$U_{T_2}>U_{T_1}$，$U_G>U_{T_1}$），如图6-10（a），或门极G相对于主电极T_1为负脉冲（$U_{T_2}>U_{T_1}$，$U_G<U_{T_1}$），如图6-10（b），此时T_2为阳极，T_1为阴极，晶闸管的导通方向为$T_2\rightarrow T_1$。

当主电极T_2相对于主电极T_1的电压为负，且门极G相对于主电极T_1为正脉冲（$U_{T_2}<U_{T_1}$，$U_G>U_{T_1}$），如图6-10（c），或门极G相对于主电极T_1为负脉冲（$U_{T_2}<U_{T_1}$，$U_G<U_{T_1}$），如图6-10（d），此时T_1为阳极，T_2为阴极，晶闸管的导通方向为$T_1\rightarrow T_2$。

双向晶闸管一旦导通，即使失去触发电压，也能继续维持导通状态。当主电极T_1、T_2

电流减小至维持电流以下或T_1、T_2之间电压改变极性，且无触发电压时，双向晶闸管自动断开，只有重新施加触发电压，才能再次导通。加在门极上的触发脉冲的大小或时间改变时，其导通电流会相应地改变。

与单向晶闸管相比较，双向晶闸管的主要特点是：

（1）在触发之后是双向导通的。

（2）触发电压不分极性，只要绝对值达到触发门限值即可使双向晶闸管导通。

（3）四种触发方式的触发灵敏度是不同的，按大小排列顺序依次为：图6-10（a）中的最大，图6-10（d）中的次之，图6-10（c）中的最小。

（4）实际使用中，双向晶闸管需要正、反向触发，故触发方式有ad、bd、ac、bc四种组合方式。

（5）常用的是ad、bd两种组合，ad组合方式触发灵敏度最好，但触发方式要分别用正脉冲和负脉冲，电路复杂，而bd组合方式只用负脉冲一种触发方式，故广泛被采用，但触发灵敏度及可靠性不如ad组合方式，使用时应注意。

6.3.3 双向晶闸管的检测

双向晶闸管的检测包括电极检测、好坏检测和触发能力检测。

6.3.3.1 电极检测

电极检测可参见表6-5。

表6-5 双向晶闸管的电极检测

测试内容	示意图	测量方法及步骤
首先确认T_2端	T_2 3 2 1 −R×1	万用表置于$R\times1$挡，先假设3端为T_2端，从双向晶闸管的结构来看，G极与T_1端靠近，相当于两个PN结反向并联，因此，G-T_1之间的正、反向电阻都很小。而T_2距G和T_1端都较远（有PN结处于反偏），所以，T_2-G、T_2-T_1之间的正、反向电阻均为无穷大。这表明，如果测出某脚和其他两脚之间都不通，那么这个极就是T_2极，如左图所示
区分G、T_1端	红表笔先短接G与T_2，然后再脱开G，但仍与T_2相接；T_1 G T_2 黑表笔 红表笔 ×1	找出双向晶闸管的T_2极后，才能判断G、T_1极。万用表置于$R\times1$挡，先假定一个电极为T_1极，另一个电极为G极。将黑表笔接假定的T_1极，红表笔接G极，测量的阻值应为无穷大。接着用红表笔将T_2极与G极短路，如左图所示，给G极加上负触发信号，阻值应为几十欧，说明管子已导通，再将红表笔与G极脱开（但仍接T_2极），如果阻值变化不大，仍很小，表明管子在触发之后仍能维持导通状态，先前的假设正确，即黑表笔接的电极为T_1极，红表笔接的电极为T_2极（前面已判明），另一个电极为G极。如果红表笔与G极脱开后，阻值马上由小变为无穷大，说明假设错误，即先前假定的T_1极实为G极，假定的G极为T_1极
螺栓形晶闸管的电极判断	G T_1 T_2	双向晶闸管的螺栓一端为主电极T_2，较细的引线端为G极，较粗的引线端为T_1，如左图所示

续表

测试内容	示意图	测量方法及步骤
塑料封装TO-220	T_1 T_2 G	双向晶闸管的中间引脚为主电极T_2
金属封装TO-3	安装孔 G T_1 T_2	双向晶闸管的外壳为主电极T_2

6.3.3.2 好坏检测

正常的双向晶闸管除了T_1、G之间的正、反向电阻较小外，T_1、T_2极和T_1、G之间的正、反向电阻均接近无穷大。双向晶闸管好坏检测可参见表6-6。

表6-6 双向晶闸管好坏检测

测试内容	测量方法与步骤
测量双向晶闸管T_1、G之间的正、反向电阻	万用表拨至$R\times10$挡，测量晶闸管T_1、G之间的正、反向电阻，正常时正、反向电阻都很小，约几十欧。若正、反向电阻均为0，则T_1、G之间短路；若正、反向电阻均为无穷大，则T_1、G之间开路
测量T_2、G极和T_2、T_1之间的正、反向电阻	万用表拨至$R\times1k$挡，测量T_2、G极和T_2、T_1之间的正、反向电阻，正常时它们之间的电阻均为无穷大。若某两电极之间阻值小，则表明它们之间有短路

6.3.3.3 触发能力检测

若检测时发现T_1、G极之间的正反向电阻小，T_1-T_2和T_2-G极间的正、反向电阻均接近无穷大，不能说明双向晶闸管一定正常，还需检测它的触发能力，其检测方法如表6-7所示。

表6-7 双向晶闸管触发能力检测

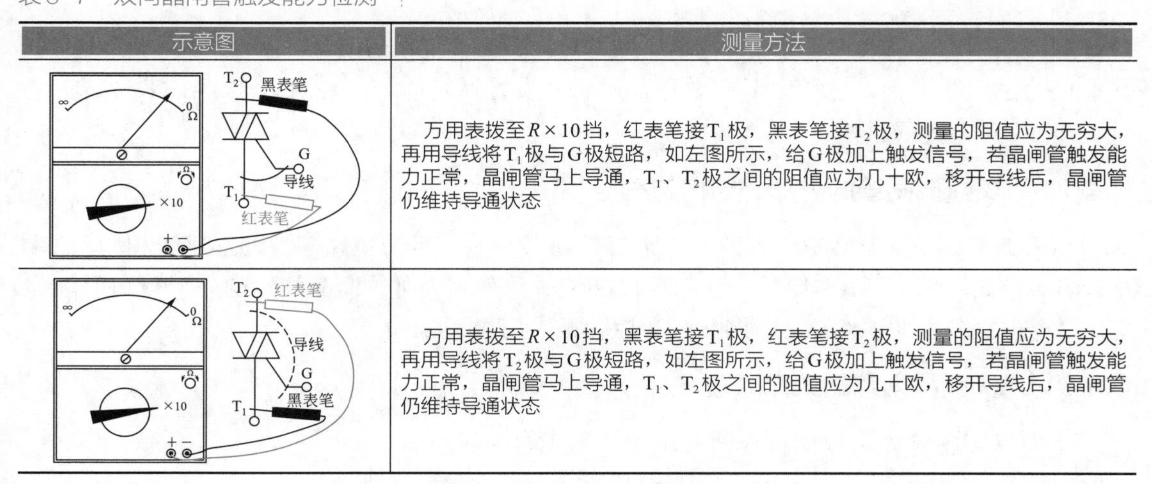

示意图	测量方法
	万用表拨至$R\times10$挡，红表笔接T_1极，黑表笔接T_2极，测量的阻值应为无穷大，再用导线将T_1极与G极短路，如左图所示，给G极加上触发信号，若晶闸管触发能力正常，晶闸管马上导通，T_1、T_2极之间的阻值应为几十欧，移开导线后，晶闸管仍维持导通状态
	万用表拨至$R\times10$挡，黑表笔接T_1极，红表笔接T_2极，测量的阻值应为无穷大，再用导线将T_2极与G极短路，如左图所示，给G极加上触发信号，若晶闸管触发能力正常，晶闸管马上导通，T_1、T_2极之间的阻值应为几十欧，移开导线后，晶闸管仍维持导通状态

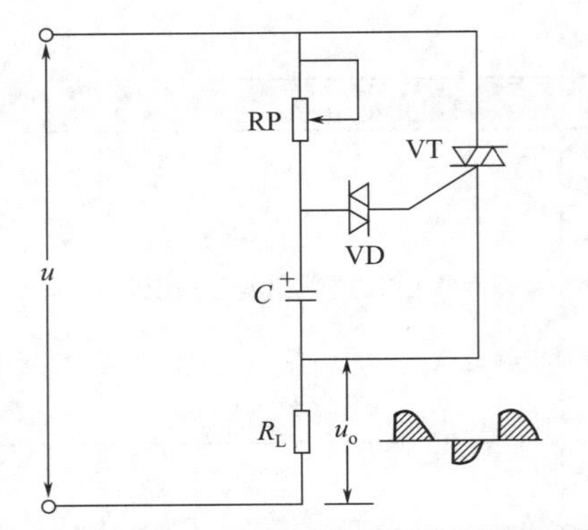

图6-11 由双向触发二极管和双向晶闸管构成的交流调压电路

6.3.4 双向晶闸管应用电路

常用的双向晶闸管有MAC97A6、MAR97A4、MAC91-8、SM30D11、SM16D12等。双向晶闸管广泛应用于交流调压、交流无触点开关、灯光亮度调节及固态继电器等电路中。

图6-11所示为由双向触发二极管和双向晶闸管构成的交流调压电路。

电路工作过程如下：

在交流电压u为正半周时，u的极性为上正下负，该电压经负载R_L、电位器RP对电容C充电，在电容C充得上正下负的电压达到一定值时，该电压使双向触发二极管VD导通，电容C的正电压经VD送到VT的G极，VT的G极电压较主极T_1的电压高，VT被正向触发，T_2、T_1之间随之导通，有电流经过负载R_L。在交流电压u过零时，流过晶闸管VT的电流为0，VT由导通转入截止。

在交流电压u为负半周时，u的极性为上负下正，该电压对电容C反向充电，先将上正下负的电压中和，然后再充得上负下正电压，随着充电的进行，当C的上负下正电压达到一定值时，该电压使双向触发二极管VD导通，上负电压经VD送到VT的G极，VT的G极电压较主极T_1的电压低，VT被反向触发，T_2、T_1之间随之导通，有电流经过负载R_L。在交流电压u过零时，流过晶闸管VT的电流为0，VT由导通转入截止。

从以上分析可知，只有在晶闸管导通期间，交流电压才能加到负载两端，晶闸管导通时间越短，负载两端得到的交流电压有效值越小，而调节电位器RP的值可以改变晶闸管的导通时间，进而改变负载上的电压。如RP滑动端下移，RP阻值变小，交流电压u经RP对电容C充电电流变大，C上的电压很快上升到双向触发二极管导通的电压值，晶闸管导通提前，导通时间长，负载上得到的交流有效值高。

6.4 可关断晶闸管

普通晶闸管（SCR）在触发导通后，断开触发信号亦能维持导通。可关断晶闸管（GTO）是晶闸管的派生器件，它除了具有普通晶闸管触发导通功能外，还可以通过在G、K之间加反向电压将晶闸管关断。

6.4.1 可关断晶闸管的外形、结构与符号

可关断晶闸管也属于PNPN四层三端器件，其结构和等效电路与普通晶闸管相同，如图6-12（b）、（c）所示。图6-12（a）和图6-12（d）所示分别为可关断晶闸管的外形与图形符号。它的3个电极分别叫做阳极A、阴极K和控制极（门极）G。

6.4.2 可关断晶闸管的工作原理

下面以图6-13为例说明可关断晶闸管的工作原理。

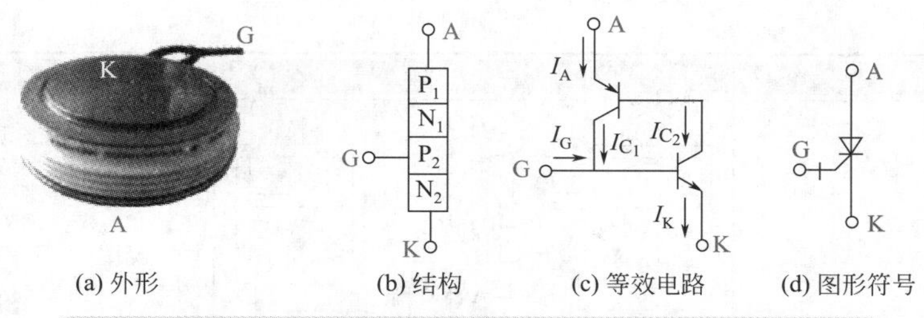

(a) 外形　(b) 结构　(c) 等效电路　(d) 图形符号

图6-12 可关断晶闸管的外形、结构、等效电路及图形符号

图中，电源E_1、E_2通过开关S为GTO的门极G提供正压或负压，E_3通过R_3为GTO的A、K极之间提供正向电压U_{AK}。当开关S置于“1”时，电源E_1为GTO的G极提供正压（$U_{GK}>0$），GTO导通，有电流从A极流入，从K极流出。当开关置于“2”时，电源E_2为GTO的G极提供负压（$U_{GK}<0$），GTO马上关断，电流无法从A极流入。

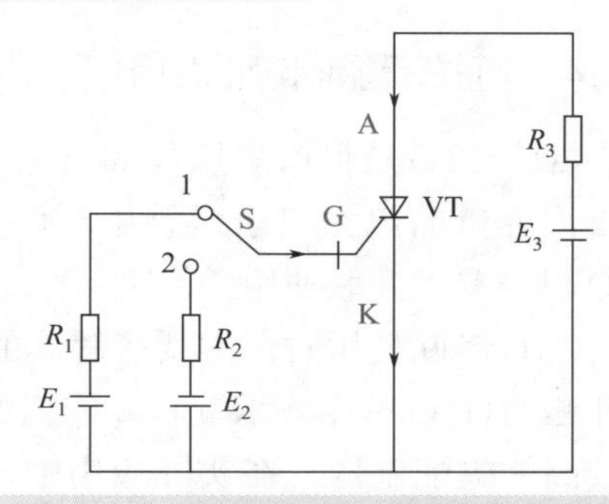

图6-13 可关断晶闸管的工作原理示意图

尽管它与普通晶闸管的触发导通原理相同，但两者的关断原理及关断方式截然不同。这是由于普通晶闸管在导通之后处于深度饱和状态，而可关断晶闸管导通后只能达到临界饱和，所以给门极加上负触发信号即可关断。

6.4.3 可关断晶闸管的检测

可关断晶闸管的检测见表6-8。

表6-8 可关断晶闸管的检测

检测内容	示意图	检测方法
极性检测		GTO的结构与普通晶闸管相似，G、K之间都有一个PN结。故两者的极性检测与普通晶闸管相同
好坏检测		万用表拨至$R\times1$挡，测量GTO各引脚之间的正、反向电阻，六次测量中，正常时只会出现一次阻值小的情况。若出现两次或两次以上阻值小，表明GTO一定损坏；若只出现一次阻值小的情况，还不能确定GTO一定正常，还需进行触发能力和关断能力检测
触发能力检测		左图中，万用表Ⅰ拨至$R\times1$挡，黑表笔接A极，红表笔接K极，此时测得的阻值应为无穷大。然后用黑表笔尖也同时接触G极，加上正向触发信号，表针马上向右偏转到低阻值，表明GTO已经导通。最后脱开G极，只要GTO维持导通状态，就说明该管触发能力正常

续表

检测内容	示意图	检测方法
关断能力检测	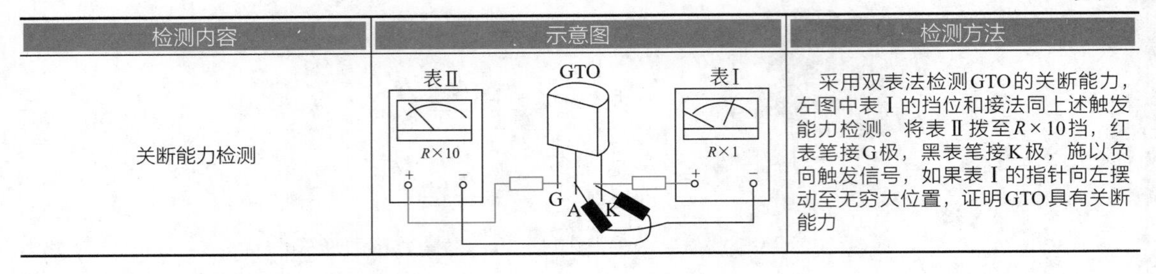	采用双表法检测GTO的关断能力，左图中表Ⅰ的挡位和接法同上述触发能力检测。将表Ⅱ拨至$R\times10$挡，红表笔接G极，黑表笔接K极，施以负向触发信号，如果表Ⅰ的指针向左摆动至无穷大位置，证明GTO具有关断能力

6.4.4 可关断晶闸管的使用

尽管GTO是目前耐压最高、电流容量最大的全控型电力电子元器件之一，广泛应用于高压大容量的电力电子装置中，但随着大功率电力电子装置电压、电流等级的不断提高，GTO也需要串并联使用。

GTO串联使用时，主要应解决的问题是开关过程中的均压问题。GTO串联电路开通时，后开通的GTO单元将承受较高的失配电压；GTO串联电路关断时，先关断的GTO单元将承受较高的失配电压。在实际应用中，可以通过改变GTO门极驱动电路参数以间接调整串联各个GTO单元的开通和关断时间，进而减小串联电路的失配电压。

GTO并联使用时，主要解决的问题是器件间的动态和静态均流问题。在并联使用过程中，应确保GTO并联支路不平衡电流小于最大阳极可关断电流，并应注意各单元开关损耗的均衡。由于GTO的可关断阳极电流、开通延迟时间以及存储时间等参数与门极开通和关断脉冲密切相关，因此门极电路参数对并联使用有一定影响。

6.5 单结晶体管

单结晶体管（UJT）又称为双基极二极管，因为它有一个发射极和两个基极，是一种具有一个PN结和两个欧姆电极的负阻半导体器件。

6.5.1 单结晶体管外形与符号

单结晶体管可分为N型基极单结晶体管和P型基极单结晶体管两大类，具有陶瓷封装和金属封装等形式。它的外形和普通晶体管相似，图6-14所示为常见单结晶体管的外形。

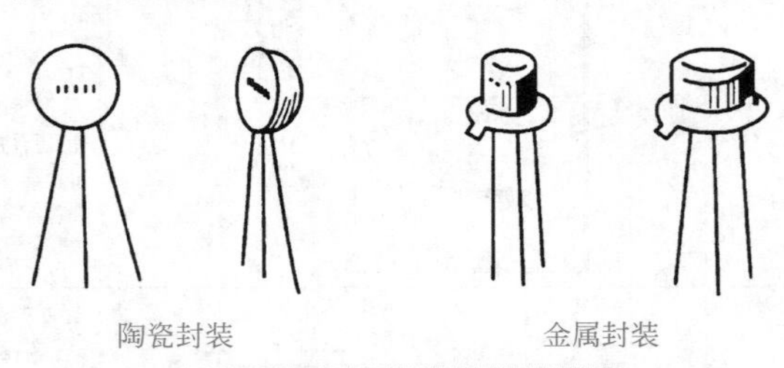

图6-14 单结晶体管的外形

单结晶体管的文字符号为“V”，图形符号如图6-15所示。

单结晶体管共有三个引脚，图6-16所示为两种典型单结晶体管的引脚排列。

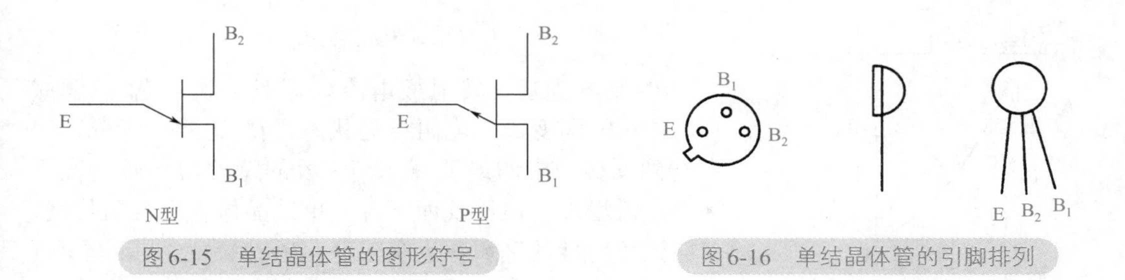

图6-15 单结晶体管的图形符号

图6-16 单结晶体管的引脚排列

6.5.2 单结晶体管的结构

图6-17（a）所示为单结晶体管的结构示意图，从图中可以看出，N型基极单结晶体管有一个PN结和一个N型硅片，在PN结的P型半导体上引出的电极为发射极E，在硅片的两端分别引出第一基极B_1和第二基极B_2。基极B_1、B_2之间的N型硅片可以等效为一个纯电阻，其阻值一般在2～15kΩ。B_2-E间电阻R_{B1}随发射极电流I_E变化，E-B_2间的电阻R_{B2}与发射极电流I_E无关。

单结晶体管可用图6-17（b）所示等效电路来表示。发射极与两个基极之间的PN结可用一个等效二极管VD来表示。R_{B1}为第一基极与发射极间的电阻，其值随发射极电流I_E的大小而改变，R_{B2}为第二基极与发射极间电阻。$R_{B1}+R_{B2}=R_{BB}$。当基极间加电压U_{BB}时，R_{B1}上分得的电压为

$$U_{B1}=\frac{U_{BB}}{R_{B1}+R_{B2}}\cdot R_{B1}=\frac{R_{B1}}{R_{BB}}\cdot U_{BB}=\eta U_{BB}$$

式中，η称为分压比，与管子结构有关，约为0.5～0.9。

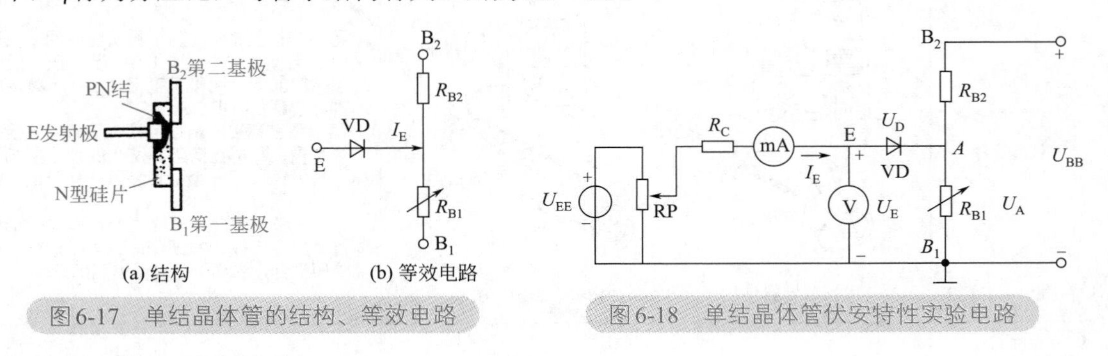

图6-17 单结晶体管的结构、等效电路

图6-18 单结晶体管伏安特性实验电路

6.5.3 单结晶体管的伏安特性

下面以图6-18所示的单结晶体管伏安特性实验电路进行说明。

单结晶体管伏安特性是指在基极B_1、B_2间加一恒定电压U_{BB}时，发射极电流I_E与电压U_E间的关系曲线，如图6-19所示。

调节RP，使U_E从零开始逐渐增大。当$U_E<U_A$时，PN结因反向偏置而截止，E与B_1间呈现很大的电阻，故只有很小的反向漏电流，对应这一段特性的区域称为截止区，如图6-19中的AP段所示。当U_E增加到$U_E=U_A+U_D$（U_D为PN结的正向导通压降，约为0.7V）时，PN结导通，发射极电流突然增大，这个突变点称为峰点P，与P点对应的电压和电流分别称为峰点电压U_P和峰点电流I_P，显然

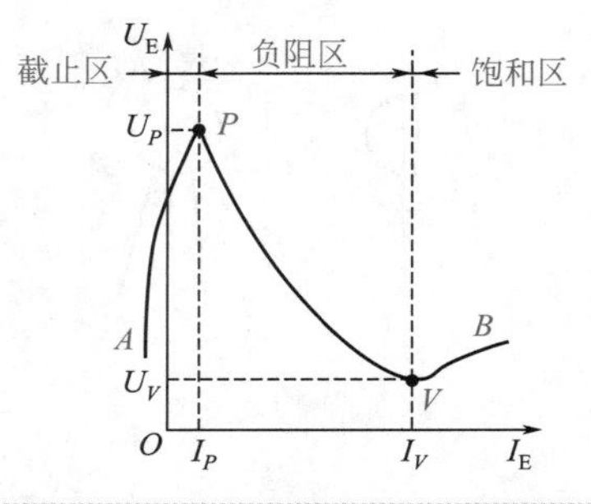

图6-19 单结晶体管伏安特性曲线

$$U_P=\eta U_{BB}+U_D$$

PN结导通后，发射极电流I_E增长很快，R_{B1}急剧减小，E与B_1间变成低电阻导通状态，U_E也随之下降，一直达到图6-19中的最低点V。PV段的特性与一般情况不同：电流增加，电压反而下降，单结晶体管呈负阻特性，对应该段特性的区域称为负阻区。V点称为谷点，与V点对应的电压和电流分别称为谷点电压U_V和谷点电流I_V。此后，发射极电流I_E继续增大时，电压U_E变化不明显，这个区域称为饱和区，如图6-19中的VB段。

综上所述，单结晶体管具有以下特点：

（1）当发射极电压U_E等于峰点电压U_P时，单结晶体管导通；导通之后，当发射极电压U_E小于谷点电压U_V时，单结晶体管就恢复截止。

（2）单结晶体管的峰点电压U_P与外加电压U_{BB}和管子的分压比η有关。对于分压比η不同的管子，或者外加电压U_{BB}的数值不同时，峰点电压U_P也就不同。

（3）不同单结晶体管的谷点电压U_V和谷点电流I_V都不一样。谷点电压U_V约为2～5V。

6.5.4 单结晶体管的检测

单结晶体管的检测如表6-9所示。

表6-9 单结晶体管的检测

检测内容	示意图	检测方法
电极检测	$R\times1$k挡 $R\times1$k挡 E B₁ B₂ (1) 判断发射极E (2) 判断基极B_1 B_2	万用表拨至$R\times1$k挡，测量任意两个引脚之间的阻值，如左图（1）所示。正、反向阻值相等的两个引脚是基极B_1、B_2，剩下的引脚必定是发射极E 然后黑表笔接发射极，红表笔分别去接触两个基极，测得正向电阻略小的那个引脚为第二基极B_2，另一个引脚是第一基极B_1，如图（2）所示 上述测基极方法不一定适合所有的单结晶体管。如在工作中发现测试结果不理想，只需将原来判定的两个基极调换后即可
好坏检测	E B_2 B_1 判别R_{BB}	通过万用表测试单结晶体管的极间电阻值R_{BB}，可粗略判断其好坏。万用表拨至$R\times1$k挡，红、黑表笔分别接B_1、B_2，如果测得正、反向电阻值在2～15kΩ，则表明单结晶体管是好的。如果测得的阻值很小，表明管子短路击穿；阻值很大则是开路损坏，均不可使用
分压比η检测	5.1k VD E B_2 B_1 G 10V C_2 1μ C_1 0.1μ	直流电源E为10V，二极管VD采用2CP系列硅二极管，万用表置于直流电压10V挡。则可根据万用表测得电压的值U及电源电压E，按下式求出：$\eta=U/E$。若测得U=7V，则η=0.7。η的值约为0.5～0.9

6.5.5 单结晶体管的应用电路

触发电路种类很多，其中最常用的是单结晶体管触发电路。

6.5.5.1 单结晶体管振荡电路

利用单结晶体管的负阻特性和RC电路的充、放电原理，可组成频率可调的振荡电路，如图6-20（a）所示。其输出电压u_g可为晶闸管提供触发脉冲。

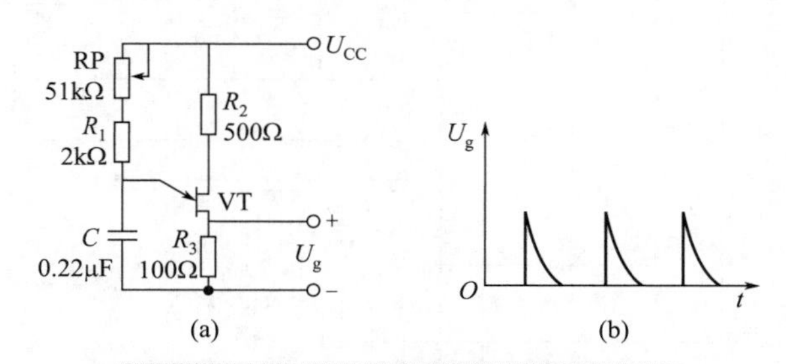

图6-20 单结晶体管触发脉冲产生电路

电源接通后，U_{CC}通过可变电阻器RP和电阻器R_1向电容器C充电，当满足单结晶体管的导通条件时，单结晶体管导通，电容器C上的电压通过R_3迅速放电，放电电流会在电阻器R_3两端输出一个很窄的正脉冲U_g。

随着电容器C的放电，电容器上的电压U_C下降，当U_C下降到一定值时，单结晶体管截止，放电结束。此后，电源U_{CC}又通过RP、R_1向电容器C充电，重复上述过程，形成张弛振荡现象，这样就在R_3上形成正脉冲，如图6-20（b）所示。调整RP阻值的大小，可改变电容器C的充电常数，从而调整输出脉冲的频率。

6.5.5.2 单结晶体管触发电路

单结晶体管振荡电路不能直接作为触发电路，因为可控整流电路中的晶闸管在每次承受正向电压的半周内，接受第一个触发脉冲的时刻应该相同，也就是每半个周期内，晶闸管的导通角应相等，才能保证整流后输出电压波形相同并被控制。因此，在可控整流电路中，必须解决触发脉冲与交流电源电压同步的问题。

由单结晶体管触发的单相半控桥式整流电路如图6-21所示。变压器将主电路和触发电路接在同一交流电源上。变压器原边电压u_1是主电路的输入电压，变压器副边电压u_2经整流、稳压二极管VD_w削波转换为梯形波电压u_w后作为触发电路的电源。稳压二极管VD_w与R_3组成削波电路，其作用是保证单结晶体管输出脉冲的幅值和每半个周期内产生第一个触发脉冲的时间不受交流电源电压波动的影响，并可增大移相范围。

每当主电路的交流电源电压过零值时单结晶体管上的电压u_w也过零值，两者达到同步，变压器被称为同步变压器。

当梯形波电压u_w过零值时，加在单结晶体管两基极间的电压U_{BB}为零，则峰点电压$U_P \approx \eta U_{BB} = 0$，如果这时电容器$C$上的电压$u_C$不为零值，就会通过单结晶体管及电阻$R_1$迅速放完所存电荷，保证电容$C$在电源每次过零值后都从零开始充电，只要充电电阻$R$不变，触发电路在每个正半周内，由零点到产生第一个触发脉冲的时间就不变，从而保证了晶闸管每次都能在相同的控制角下触发导通，实现了触发脉冲与主电路的同步。电路中各电压波形如图6-22所示。

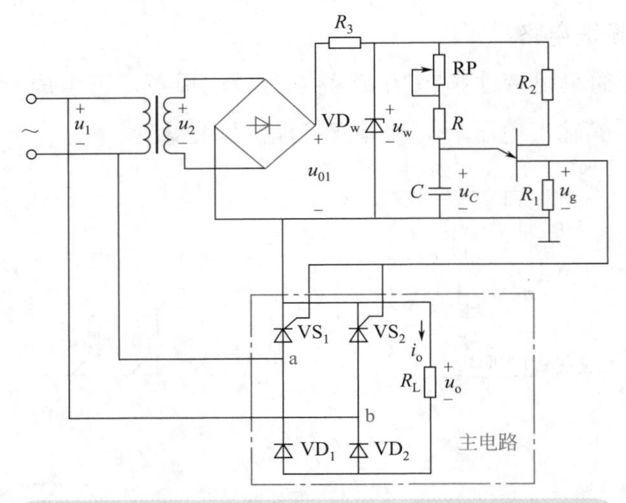

图6-21 由单结晶体管触发的单相半控桥式整流电路

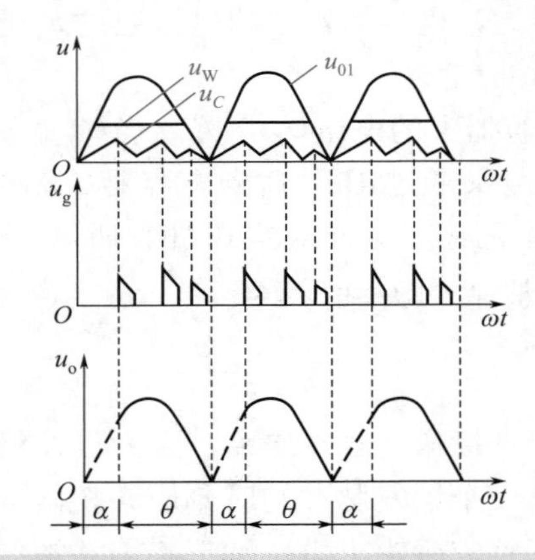

图6-22 单结晶体管触发电路各电压波形图

6.6 BTG晶闸管

BTG晶闸管是20世纪80年代发展起来的一种半导体器件。由于它既可以作为晶闸管使用，又可作为单结晶体管使用，所以也称为程控单结晶体管或可调式单结晶体管。

6.6.1 BTG晶闸管的结构

BTG晶闸管的内部结构、等效电路和图形符号如图6-23所示。从图中可以看出，BTG晶闸管是一种四层三端晶闸管。可以把它的PNPN结构看成是由$P_1N_1P_2$与$N_1P_2N_2$两个三极管构成的复合管。其中，$P_1N_1P_2$部分的P_1端对应于BTG晶闸管的阳极A；N_1对应于BTG晶闸管的门极G；$N_1P_2N_2$部分的N_2端对应于BTG晶闸管的阴极K。

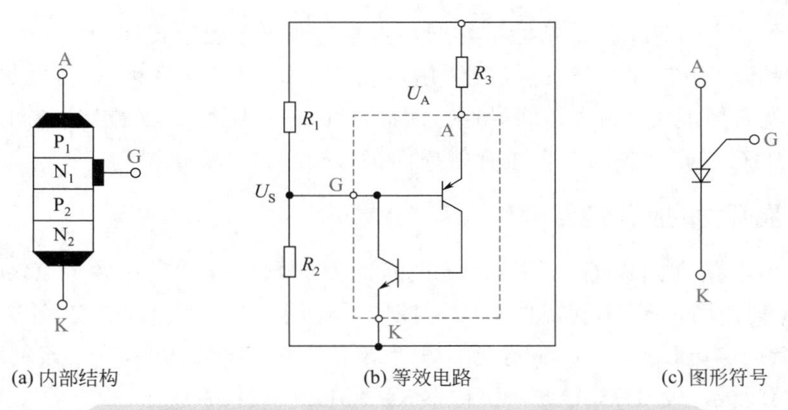

(a) 内部结构 (b) 等效电路 (c) 图形符号

图6-23 BTG晶闸管的内部结构、等效电路和图形符号

6.6.2 BTG晶闸管的伏安特性

BTG晶闸管的伏安特性曲线如图6-24所示。图中，U_P为峰点电压，它是BTG晶闸管开始出现负阻特性时阳极A与阴极K之间的电压。I_P为峰点电流，是阳极A与阴极K之间电压达到U_P时的A、K之间的电流，I_P值很小，通常为1 ～ 2μA。U_V为谷点电压，是BTG晶闸管由负阻区开始进入饱和区时阳极A与阴极K之间的电压。I_V为谷点电流，是阳极A与阴极K之间电压达到U_V时的A、K之间的电流。

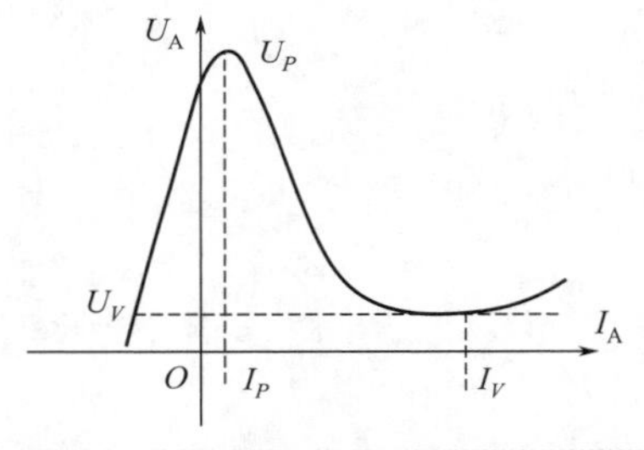

图6-24 BTG晶闸管的伏安特性曲线

BTG晶闸管的伏安特性曲线和单结晶体管基本相同，但二者参数有差异。单结晶体管的两个基极电阻R_{B1}和R_{B2}是由器件内部的结构所决定的，器件一旦制成，其分压比固定不变。鉴于BTG晶闸管的门极对地电阻$R_G=R_1R_2/$（R_1+R_2）自由可调，只需在外部改变R_1、R_2的电阻比，即可调整参数值，使应用更加灵活，所以称为程控式单结晶体管。BTG晶闸管与单结晶体管的另一个区别是前者的内部结构采用N门极，与传统的P门极不同，这种结构不仅使BTG晶闸管可以作为单结晶体管使用，还可作为晶闸管使用，所以，BTG晶闸管具有参数可调、触发灵敏度高、脉冲上升时间短、漏电流小、输出功率大等优点。

6.6.3 BTG晶闸管的检测

BTG晶闸管的检测包括极性检测和触发能力检测。

6.6.3.1 极性检测

万用表拨至R×1挡，分别测量任意两脚之间的正、反向电阻，共进行六次测量。其中五次测量万用表的读数应为无穷大，一次读数为几十欧。以读数为几十欧测量为准，黑表笔接的是控制极G，红表笔接的是阴极K，剩下的一个电极就是阳极A。

若在测量中不符合以上规律，说明晶闸管损坏或接触不良。

6.6.3.2 触发能力检测

万用表拨至R×1挡，黑表笔接阳极A，红表笔接阴极K，此时万用表读数应为无穷大。接着用手指触摸门极G，此时人体的感应电压便可触发晶闸管导通，A、K之间的电阻值应马上降至几十欧。说明管子被正常触发导通，否则说明管子已经损坏。

需要注意的是，BTG晶闸管的触发灵敏度很高，即使在开路状态下，只要门极G上存在感应电压，就有可能使A、K之间导通。因此，可先在阳极A与门极G之间用一根导线短接，以强行将BTG晶闸管关断，再进行触摸门极G极测试，防止误判。

6.6.4 BTG晶闸管的应用电路

图6-25所示电路为由BTG晶闸管构成的延时定时器电路。它由两个BTG晶闸管构成，BTG_1起延时控制作用，BTG_2起晶闸管（可控硅）作用。当电容器C_1（100μF）上的电压充电至BTG_1的峰点电压U_P时，BTG_1导通，G_1点电位下降，产生负脉冲。该负脉冲经电容器C_2触发BTG_2的门极，使BTG_2导通，继电器KL加电。

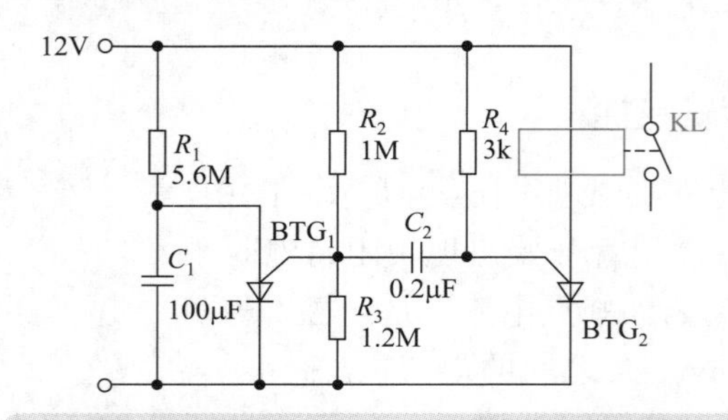

图6-25　由BTG晶闸管构成的延时定时器电路

6.7 四端小功率晶闸管

四端小功率晶闸管（SCS）也称硅控制开关。它属于新型的多功能半导体器件。只要改变接线方式，就可构成普通晶闸管（SCR）、可关断晶闸管（GTO）、逆导晶闸管（RCT）、单结晶体管（UJT）等器件。因此，它被誉为新型的“万能”器件。

6.7.1 四端小功率晶闸管的结构和符号

四端小功率晶闸管属于PNPN四层四端器件，其外形、引脚排列内部结构、等效电路及图形符号如图6-26所示。

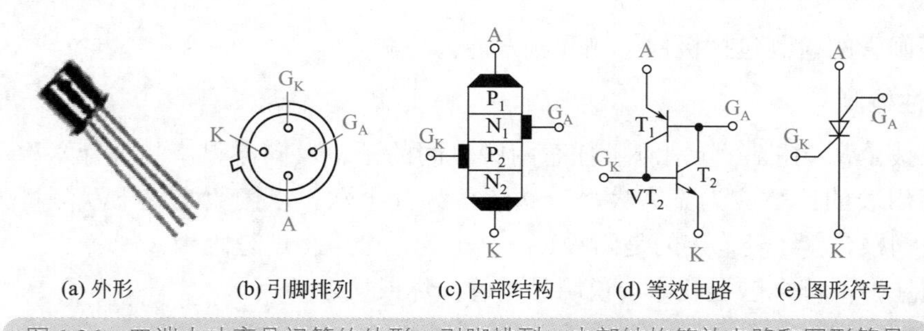

图6-26　四端小功率晶闸管的外形、引脚排列、内部结构等效电路和图形符号

等效电路可看作是由NPN晶体管和PNP三极管组成的，如图6-26（b）所示。四个引出端分别是阳极A、阴极K、阳极门极G_A、阴极门极G_K。由于其门极触发电流极小（只有几

微安），开关时间（t_{on}、t_{off}）极短，所以它相当于一个高灵敏度的小功率晶闸管。容量一般为60V、0.5A，大多采用金属壳封装，管径为8mm。

6.7.2 四端小功率晶闸管的特点和功能

四端小功率晶闸管的四个电极分别是阳极A、阴极K、阳极门极G_A、阴极门极G_K。若将其阳极门极G_A空着不用，则四端小功率晶闸管可以代替普通晶闸管或可关断晶闸管使用；若将其阴极门极G_K空着不用，则四端小功率晶闸管可以代替单结晶体管或程控单结晶体管使用；若将其阳极门极G_A和阳极A短接，则可以代替逆导晶闸管或NPN型晶体管使用。在不同接线方式下，四端小功率晶闸管的电路功能见表6-10。

表6-10 四端小功率晶闸管的电路功能

序号	接线方式	电路功能	对应引脚	主要特点
1	G_A开路	普通晶闸管（SCR）	G_K，A，K （G，A，K）	高灵敏度晶闸管，门极触发电流仅几微安
2		可关断晶闸管（GTO）	G_A、G_K，A，K （G，A，K）	用G_A、G_K均可触发GTO的导通与关断
3	G_K与K短路	PNP型硅晶体管（T_2）	A，G_A，K （E，B，C）	利用万用表可测出其电流放大系数
4	G_K开路	程控单结晶体管（PUD）	G_A，A，K （G，A，K）	外接可调式分压电阻器R_1、R_2，分压比可变
5		单结晶体管（UJT）	G_A，A，K （E，B_2，B_1）	外接固定式分压电阻器R_1、R_2，分压比固定
6	G_A与A短路	NPN型硅晶体管（T_1）	A，G_K，K （C，B，E）	利用万用表可测出其电流放大系数
7		逆导晶闸管（RCT）	G_K，A，K （G，A，K）	其正向特性与普通晶闸管相同，反向特性与硅整流二极管的正向特性相似
8	G_A、G_A开路	肖克莱二极管（SKD）	K（+，-）	可控半导体整流二极管
9	G_K、K开路	稳压二极管（DZ）	A，G_A（+，-）	稳定电压典型值为90V
10	K开路	稳压二极管（DZ）	G_K，G_A（+，-）	稳定电压典型值为80V
11	A、G_A开路	稳压二极管（DZ）	G_K，K（+，-）	稳定电压典型值为4V

6.7.3 四端小功率晶闸管的检测

6.7.3.1 电极检测

四端小功率晶闸管多采用金属壳封装，图6-26（b）所示是其引脚排列底视图。从引脚（管壳上的凸起处）开始看，顺时针方向依次为阴极K、阴极门极G_K、阳极门极G_A、阳极A。

6.7.3.2 好坏检测

用万用表$R\times1$k挡，分别测量其各个电极之间的正、反向电阻值。正常时，阳极A与阳极门极G_A之间的正向电阻值（黑表笔接A极）为无穷大，反向电阻值为4～12kΩ；阳极门极G_A与阴极门极G_K之间的正向电阻值（黑表笔接G_A极）为无穷大，反向电阻值为2～10kΩ；阴极K与阴极门极G_K之间的正向电阻值（黑表笔接K极）为无穷大，反向电阻值为4～12kΩ。

若测得某两极之间的正、反向电阻值均较小，则说明该晶闸管内部短路；

若测得某两极之间的正、反向电阻值均为无穷大，则说明该晶闸管内部开路。

6.7.3.3 触发能力检测

万用表拨至$R\times1$k挡，黑表笔接阳极A，红表笔接阴极K，此时电阻值应为无穷大。若将K极与阳极门极G_A瞬间短接，给G_A极施以负触发脉冲电压时，A、K极间电阻值由无穷大迅速变为低阻值，则说明晶闸管G_A极的触发能力良好。

断开黑表笔后，再将其与阳极A连接好，红表笔仍接阴极K，万用表指示电阻值为无穷大。若将A极与G_K极瞬间短接，给G_K施以正触发脉冲电压时，A、K极间电阻值由无穷大迅速变为低阻值，则说明晶闸管G_K极的触发能力良好。

若将K、G_A极或A、G_A极短路时，A、K极间电阻值仍为无穷大，则说明晶闸管内部开路损坏或性能不良。

6.7.3.4 关断能力检测

在四端晶闸管被触发导通状态下，若将阳极A与阳极门极G_A或阴极K与阴极门极G_K瞬间短路，A、K极间电阻值由低阻值变为无穷大，则说明被测晶闸管的关断性能良好。

6.7.3.5 反向导通性能检测

分别将晶闸管的阳极A与阳极门极G_A、阴极K与阴极门极G_K短路，万用表拨至$R\times1$k挡，黑表笔接阳极A，红表笔接阴极K，正常时阻值应为无穷大；再将两表笔对调测量，K、A极间正常电阻值应为低阻值（数千欧）。

6.7.4 四端小功率晶闸管的使用注意事项

四端小功率晶闸管作为GTO使用时，应注意以下几点：

（1）A接电源正极，K接电源负极；

（2）G_A极加负脉冲电压时器件导通，加正脉冲电压时器件关断；

（3）G_K极加正脉冲电压时器件导通，加负脉冲电压时器件关断。

四端小功率晶闸管作为GTO使用时，其导通和关断脉冲示意图如图6-27所示。

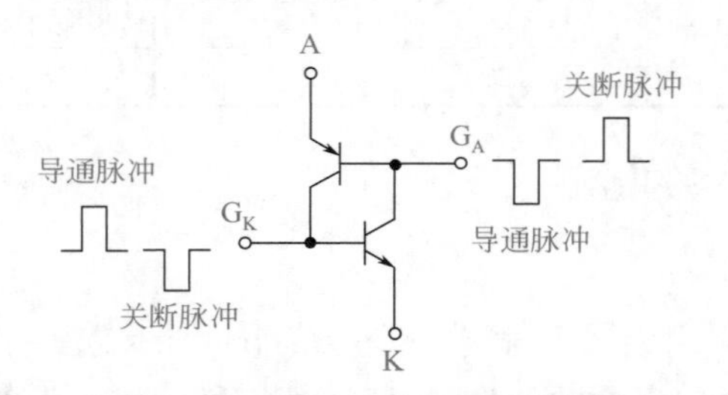

图6-27 四端小功率晶闸管作为GTO使用时的导通和关断脉冲示意图

6.8 其他晶闸管

6.8.1 逆导晶闸管

6.8.1.1 符号与特性

逆导晶闸管（RCT）俗称逆导可控硅，其特点是在普通晶闸管的阳极与阴极之间并联一只二极管，使阳极与阴极的发射结均呈短路状态，如图6-28所示。由于这种特殊的电路结构，使之具有耐高压、耐高温、关断时间短、通态电压低等优良性能。例如，逆导晶闸管的关断时间仅几微秒，工作频率达几十千赫，优于快速晶闸管（FSCR）。该器件适用于开关电源、UPS不间断电源中。

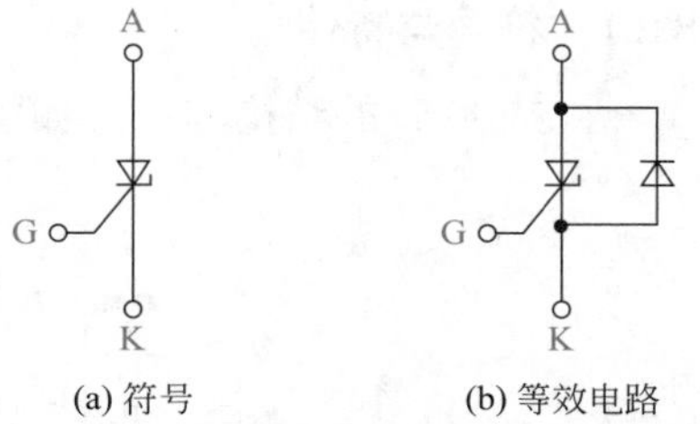

(a) 符号　(b) 等效电路

图6-28 逆导晶闸管的符号和等效电路

6.8.1.2 检测

（1）电极检测。根据逆导晶闸管的内部结构，在阳极A与阴极K之间并接一只二极管（正极接K极），而门极G与阴极K之间有一个PN结，阳极A与门极G之间有多个反向串联的PN结。

用万用表$R\times100$挡测量各电极之间的正、反向电阻值，发现有一个电极与另外两个电极之间正、反向测量时均会有一个低阻值，这个电极就是阴极K。然后将黑表笔接阴极K，红表笔依次去碰触另外两个电极，显示为低阻值的一次测量中，红表笔接的是阳极A。再将红表笔接阴极K，黑表笔依次碰触另外两个电极，显示低阻值的一次测量中，黑表笔接的便是门极G。

（2）好坏检测。用万用表$R\times100$挡或$R\times1\text{k}$挡测量逆导晶闸管的阳极A与阴极K之间的正、反向电阻值，正常时，正向电阻值（黑表笔接A极）为无穷大，反向电阻值为几百欧至几千欧（用$R\times1\text{k}$挡测量为7kΩ左右，用$R\times100$挡测量为900Ω左右）。若正、反向电阻均为无穷大，则说明晶闸管内部并接的二极管已开路损坏。若正、反向电阻值均很小，则说明晶闸管短路损坏。

正常时逆导晶闸管的门极A与门极G之间的正、反向电阻值均为无穷大。若测得A、G极间的正、反向电阻值均很小，说明晶闸管的A、G极间击穿短路。

正常时逆导晶闸管的门极G与阴极K之间的正向电阻值（黑表笔接G极）为几百欧至几千欧，反向电阻值为无穷大。若测得正、反向电阻值均为无穷大或均很小，则说明晶闸管G、K极间开路或短路损坏。

（3）触发能力检测。用万用表$R\times1$挡，黑表笔接阳极A，红表笔接阴极K（大功率晶闸管应在黑表笔或红表笔上串联1～3节1.5V干电池），将A、G极瞬间短路，晶闸管即能被触发导通，万用表的读数由无穷大变为低阻值（数欧），则说明晶闸管触发能力良好；否则说明此晶闸管性能不良。

6.8.2 光控晶闸管

光控晶闸管（LAT）是一种用光信号控制的开关器件。从其内部结构来看，光控晶闸管与普通晶闸管基本相同，其伏安特性和普通晶闸管也相似，只是用光触发代替了电触发。光控晶闸管的特点是门极区集成了一个光电二极管，触发信号源与主回路绝缘，它的关键是触发灵敏度要高。光控晶闸管控制极的触发电流由器件中光生载流子提供。光控晶闸管阳极和阴极加正向电压，门极若用一定波长的光照射，则光控晶闸管由断态转入通态。为提高光控晶闸管触发灵敏度，门极区常采用放大门极结构或双重放大门极结构。小功率光控晶闸管常应用于电隔离，为较大晶闸管提供控制极触发，也可用于继电器、自动控制方面。

6.8.2.1 符号与特性

光控晶闸管的结构和符号如图6-29所示。

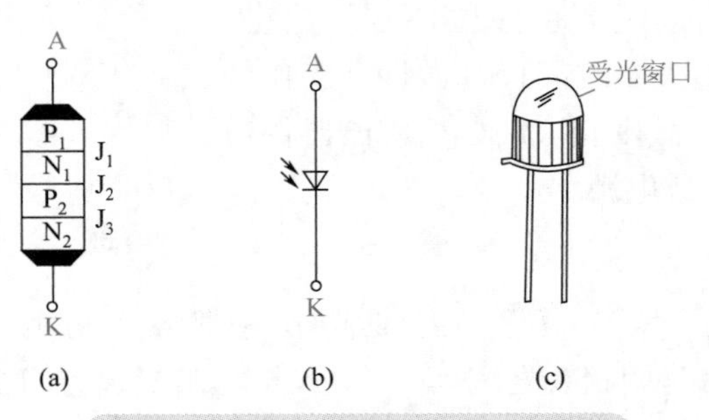

图6-29 光控晶闸管的结构与符号

光控晶闸管也是由$P_1N_1P_2N_2$四层半导体叠合而成的，其中由N_1和P_2构成的PN结J_2相当于一个光电二极管。不过，因为光控晶闸管是用光信号触发的，并不需要引出门极，所以它是一个只有阳极A与阴极K的二端元件。另外，为了使J_2结能接受光照，在光控晶闸管的顶端开有一个玻璃窗。

当在光控晶闸管的阳极A加上正向电压，阴极K上加负电压时，再用足够强的光照射一下其受光窗口，晶闸管即可导通。晶闸管受光照触发导通后，即使光源消失也能维持导通，除非加在阳极A与阴极K之间的电压消失或极性改变，晶闸管才能关断。

6.8.2.2 检测

可按图6-30所示电路对光控晶闸管进行检测。接通电源开关S，用手电筒照射晶闸管VS的受光窗口，为其加上触发光源（大功率光控晶闸管自带光源，只要将其光缆中的发光二极管或半导体激光器加上工作电压即可，无需外加光源）后，指示灯EL点亮，撤离光源后指示灯EL应维持发光。

在接通电源开关S（尚未加光源）时，指示灯EL即点亮，说明被测晶闸管已击穿短路。若接通电源开关，并加上触发光源后，指示灯EL仍不亮，在被测晶闸管电极连接正确的情况下，则说明该晶闸管内部损坏。若加上触发光源后，指示灯发光，但取消后指示灯即熄灭，则说明该晶闸管触发性能不良。

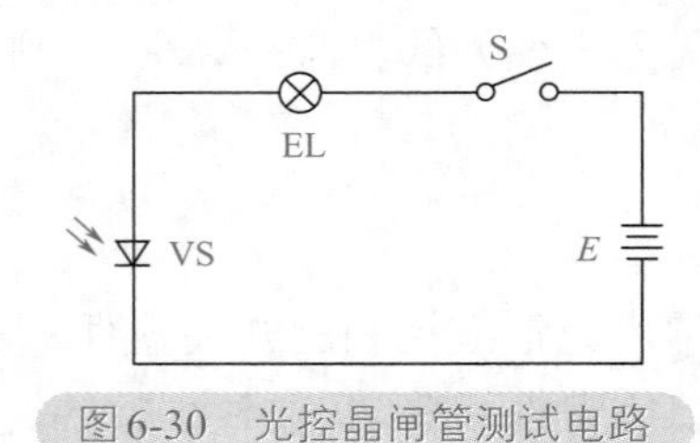

图6-30 光控晶闸管测试电路

6.8.3 温控晶闸管

温控晶闸管是一种新型温度敏感开关器件，它将温度传感器和控制电路结合为一体，输出电流大，可直接驱动继电器等执行部件。

6.8.3.1 结构与图形符号

温控晶闸管的内部结构与普通晶闸管相似，电路符号也与普通晶闸管相同，也是由NPNP半导体材料制成的三端器件，但在制作时，温控晶闸管中间的PN结中注入了对温度极为敏感的成分如氩粒子，因此改变环境温度，即可改变其特性曲线。

在温控晶闸管的阳极A上接正电压，在阴极K上接负电压，在门极G和阳极A之间接入分流电阻，就可以使它在一定温度范围内（通常为-40 ～ +130℃）起开关作用。温控晶闸管由断态转入通态时承受的电压随温度变化而变化，温度越高，转折电压值越低。

6.8.3.2 检测

（1）电极检测。温控晶闸管的内部结构与普通晶闸管相似，因此可用判别普通晶闸管电极的方法来找出温控晶闸管的各电极。

（2）性能检测。温控晶闸管的好坏也可以用万用表大致测出来，具体方法可参考普通晶闸管的检测方法。

图6-31是温控晶闸管测试电路。电路中，*R*是分流电阻，用来设定晶闸管VS的开关温度，其阻值越小，开关温度设置值就越高。*C*为抗干扰电容，可防止晶闸管误触发。EL为6.3V指示灯（小电珠），S为电源开关。

接通电源后，晶闸管VS不导通，指示灯EL不亮。用电吹风“热风”挡给晶闸管加温，其温度达到设定温度值时，指示灯亮，说明晶闸管VS已被触发导通。若再用电吹风“冷风”挡给晶闸管VS降温（或待其自然冷却）至一定温度值时，指示灯能熄灭，则说明该晶闸管性能良好。若接通电源开关后指示灯即亮，或给晶闸管加温后指示灯不亮，或给晶闸管降温后指示灯不熄灭，则说明被测晶闸管击穿损坏或性能不良。

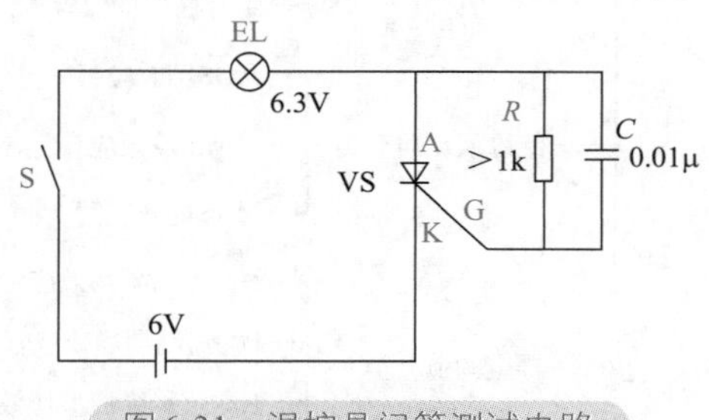

图6-31 温控晶闸管测试电路

第7章

场效应管和复合晶体管

7.1 场效应管基础知识

场效应管是场效应晶体管（FET）的简称。它与晶体管一样具有放大能力，晶体管是电流控制型器件，而场效应管是电压控制型器件。场效应管具有输入电阻高（10^7 ～ 10^9），噪声小，功耗低，没有二次击穿现象，安全工作区域宽，受温度影响小，抗辐射能力强等优点，特别适用于要求高灵敏度和低噪声的电路。

场效应管根据不同的分类标准，可以分为不同的种类，具体如图7-1所示。

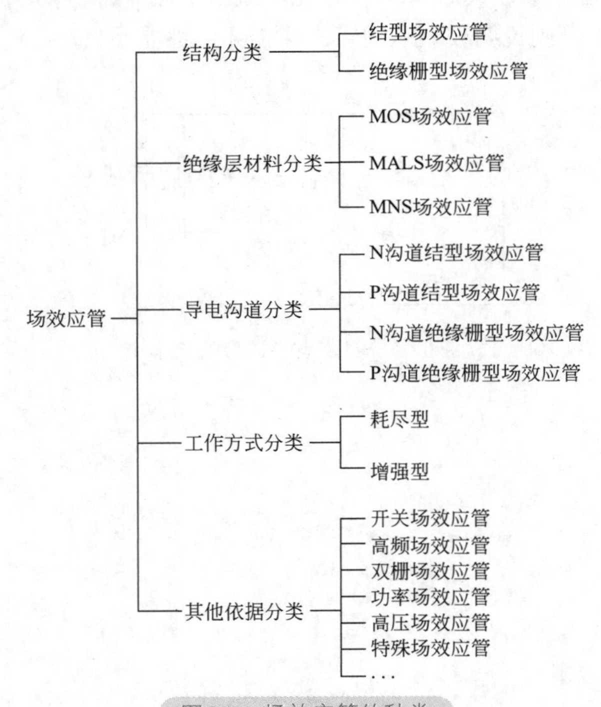

图7-1　场效应管的种类

场效应管和普通晶体管一样都有三只引脚，控制引脚为栅极G。栅极控制的导电沟道一端称为源极S，另一端为漏极D，如图7-2所示。

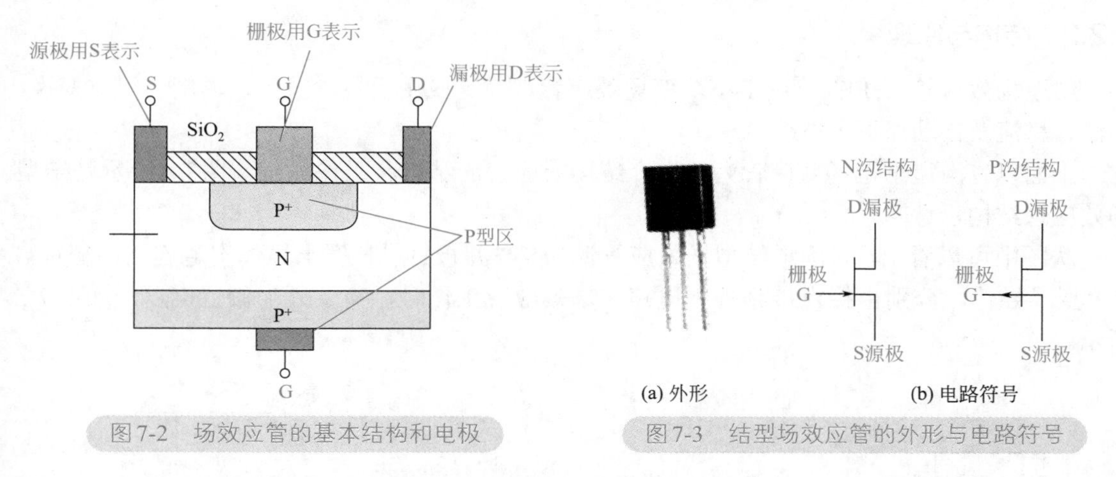

图7-2 场效应管的基本结构和电极

图7-3 结型场效应管的外形与电路符号

沟道场效应管的源极提供电子，经过N型沟道到达漏极，电流方向是由漏极流向源极；P沟道场效应管的电流方向是由源极流向漏极。沟道的导电特性和其附近的电场有关。该电场可由栅极和源极间的电位差来控制。

目前在场效应管中，应用最为广泛的是绝缘栅型场效应管，简称MOS管或MOSFET。此外，还有PMOS、NMOS和VMOS功率场效应管及VMOS功率模块等。

P沟道场效应管的工作原理与N沟道场效应管完全相同，只不过导电的载流子不同，供电电压极性不同，就如同双极性三极管有NPN型和PNP型一样，对于结型场效应管而言，漏极和源极可以互换。

表7-1列出了场效应管与三极管的区别。

表7-1 场效应管与三极管的区别

项目 \ 器件名称	双极型晶体管	场效晶体管
载流子	两种不同极性的载流子（电子与空穴）同时参与导电，故称为双极型晶体管	只有一种极性的载流子（电子或空穴）参与导电，故又称为单极型晶体管
控制方式	电流控制	电压控制
类型	NPN型和PNP型两种	N沟道和P沟道两种
放大参数	β=30～300	g_m=1～5 mA/V
输入电阻	10^2～$10^4\Omega$	10^7～$10^{14}\Omega$
输出电阻	r_{ce}很高	r_{ds}很高
热稳定性	差	好
制造工艺	较复杂	简单，成本低
对应极	基极-栅极，发射极-源极，集电极-漏极	

7.2 结型场效应管

7.2.1 外形与符号

结型场效应管的外形与电路符号如图7-3所示。

7.2.2 结构与原理

结型场效应管（JFET）属于小功率场效应管，广泛应用于各种放大、调制、阻抗变换、限流、稳流及自动保护等电路中。

下面以N沟道结型场效应管为例来介绍场效应管的结构和工作原理，图7-4所示是结型场效应管结构示意图。

从图中可以看出，N沟道结型场效应管源极S与漏极D以N型半导体沟道连接，栅极G是P型半导体，分别由接点接到外围电路。场效应管工作时，需要外加偏置电压，如图7-5所示。

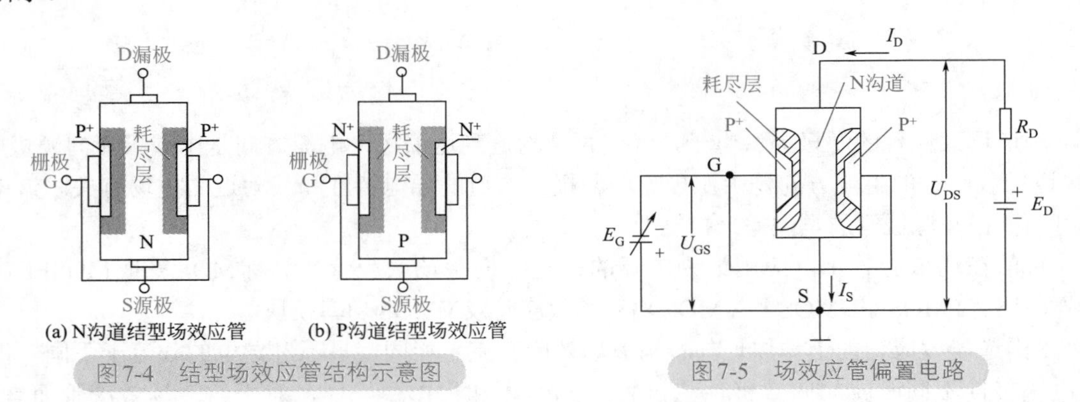

图7-4 结型场效应管结构示意图

图7-5 场效应管偏置电路

当结型场效应管的栅极加上控制电压U_{GS}（N沟道型为负电压，P沟道型为正电压）时，N型或P型导电沟道的宽度将随着栅极控制电压U_{GS}的大小变化而发生变化，从而达到控制沟道电流（源极与漏极之间的电流）的目的。在漏源电压U_{DS}为一固定值时，逐渐增大栅源电压U_{GS}，沟道两边的耗尽层将充分地扩展，使沟道变窄，漏极电流I_D将随之减小。当栅源电压U_{GS}与夹断电压U_P相等时，场效应管的源极与漏极之间将被阻断而无电流通过。

由此可见，改变G、S极之间的电压U_{GS}，就能改变从D极流向S极的电流I_D的大小，并且电流I_D变化较电压U_{GS}的变化大得多，这就是场效应管的放大原理。场效应管的放大能力用跨导g_m表示，即

$$g_m = \frac{\Delta I_D}{\Delta U}$$

g_m反映了栅源电压U_{GS}对漏极电流I_D的控制作用，是表征场效应管放大能力的一个重要参数（相当于晶体管的β），g_m的单位是西门子（S）。

若给结型场效应管的G、S之间加上正向电压U_{GS}，则场效应管内部两个耗尽层都会导通，耗尽层消失，不管如何增大U_{GS}，沟道宽度都不变，电流I_D也不变化。也就是说，当给N沟道场效应管的G、S之间加上正向电压时，无法控制电流I_D变化。

在正常工作时，N沟道结型场效应管的G、S之间应加反向电压，即$U_G<U_S$；P沟道结型场效应管的G、S之间应加正向电压，即$U_G>U_S$。

7.2.3 特性曲线

通常利用输出特性和转移特性来描述场效应管的电流和电压之间的关系。

7.2.3.1　输出特性

场效应管的输出特性曲线描述的是当栅源极之间电压 u_{GS} 不变时，漏极电流 i_D 与漏源极之间电压 u_{DS} 的关系。

N沟道结型场效应管的输出特性曲线如图7-6（a）所示，对于每一个确定的 u_{GS}，都有一条曲线，所以输出特性是一族曲线。从图中可以看出，它们与晶体三极管的输出特性曲线相似。

从输出特性曲线可以看出，场效应管也有3个工作区域：可变电阻区、恒流区和截止区。

7.2.3.2　转移特性

当场效应管的漏源极之间的电压 u_{DS} 保持不变时，漏极电流 i_D 与栅源极之间电压 u_{GS} 的关系称为转移特性。

转移特性描述栅源极之间电压 u_{GS} 对漏极电流 i_D 的控制作用。N沟道结型场效应管的转移特性曲线如图7-6（b）所示。由图可见，当 $u_{GS}=0$ 时，i_D 达到最大，u_{GS} 愈负，则 i_D 愈小。当 $u_{GS}=U_P$ 时（U_P 为夹断电压），$i_D\approx 0$。

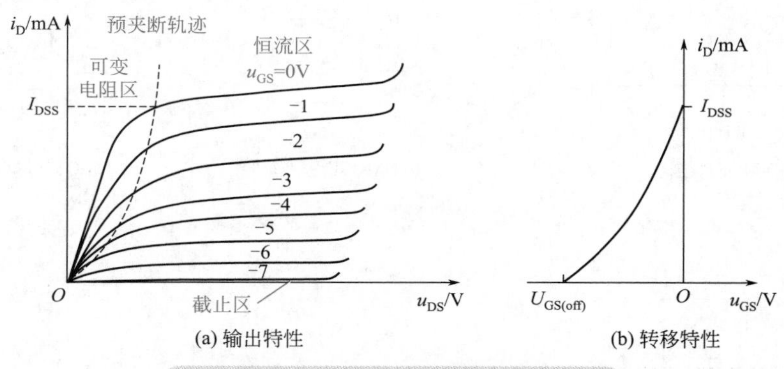

图7-6　N沟道结型场效应管的特性曲线

7.2.4　结型场效应管的主要参数

结型场效应管的主要参数如表7-2所示。

表7-2　结型场效应管的主要参数

参数名称	参数含义	说明
开启电压 $U_{GS(th)}$	使场效应管刚开始形成导电沟道的临界电压	
夹断电压 $U_{GS(off)}$	当栅源之间的电压 U_{GS} 的负值达到某一数值 $U_{GS(off)}$ 时，导电沟道消失，$I_D\approx 0$	
饱和漏极电流 I_{DSS}	当栅源之间的电压 U_{GS} 等于零，而漏源之间的电压 U_{DS} 大于夹断电压 $U_{GS(off)}$ 时对应的漏极电流	
跨导 g_m	表示栅源电压 U_{GS} 对漏极电流 I_D 的控制能力	g_m 是场效应管放大能力的重要参数
漏源击穿电压 $U_{(BR)DS}$	栅源电压 U_{GS} 一定时，场效应管正常工作所能承受的最大漏源电压	$U_{(BR)DS}$ 是一项极限参数，加在场效应管上的工作电压必须小于 U_{DS}
漏极最大允许耗散功率 P_{DM}	场效应管性能不变坏时所允许的最大漏源耗散功率	P_{DM} 也是一项极限参数，使用时，场效应管实际功耗应小于 P_{DM} 并留有一定裕量。如果场效应管加散热片，P_{DM} 可大大提高
最大漏极电流 I_{DM}	场效应管正常工作时，漏源间所允许通过的最大电流	极限参数，场效应管的工作电流不应超过 I_{DM}

7.3 绝缘栅型场效应管

绝缘栅型场效应管（MOSFET）简称MOS管，由金属、氧化物、半导体制成。它与结型场效应管的不同之处，在于它的栅极是从二氧化硅上引出，栅极是与源极、漏极绝缘的。绝缘栅型场效应管亦因此而得名。

7.3.1 结构与符号

MOSFET可分为耗尽型和增强型，每种类型又分为P沟道和N沟道。图7-7所示为NMOS管的结构和符号，图7-8所示为PMOS管的结构和符号。

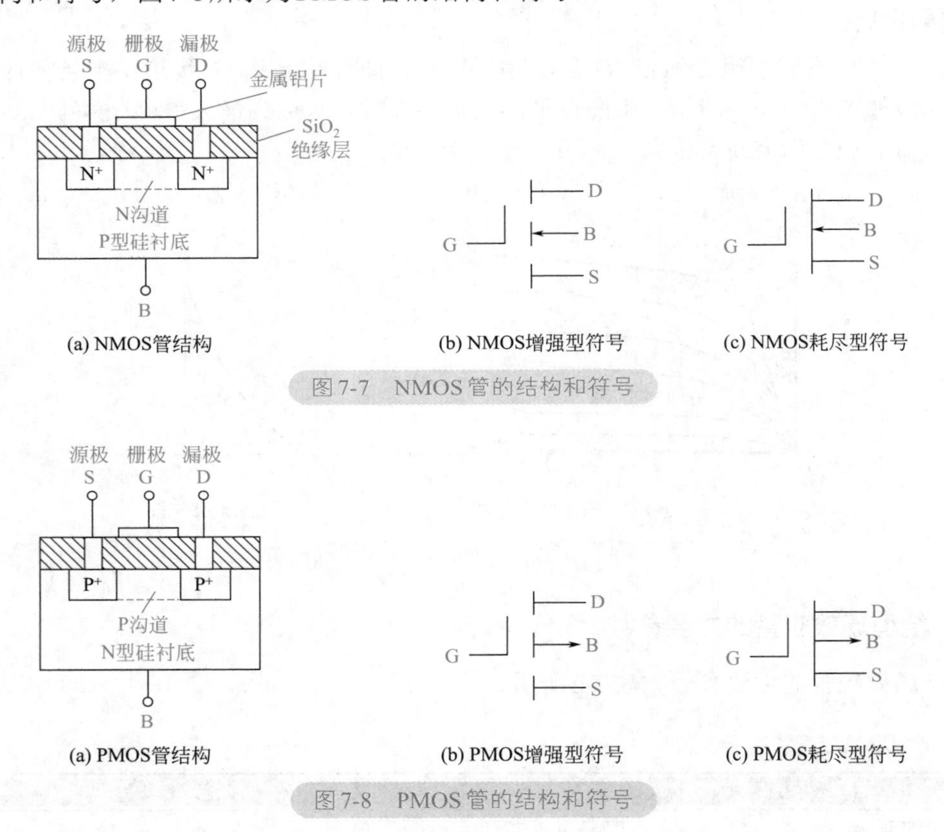

(a) NMOS管结构 (b) NMOS增强型符号 (c) NMOS耗尽型符号

图7-7 NMOS管的结构和符号

(a) PMOS管结构 (b) PMOS增强型符号 (c) PMOS耗尽型符号

图7-8 PMOS管的结构和符号

7.3.2 工作原理

在实际中增强型NMOS管更为常用，下面以增强型MOS管为例来说明其工作原理。

图7-9所示为增强型NMOS管工作原理图。在开关S断开时，场效应管的G极无电压，D、S所接的两个N区之间没有导电沟道，所以两个N区之间不能导通，电流I_D为0；将开关闭合后，场效应管的G极获得正电压，与G极相连的铝电极有正电荷，它产生的电场穿过SiO_2层，将P衬底很多电子吸引靠近SiO_2层，从而在两个N区之间出现导电沟道，由于此时D、S极之间加上正向电压，就有电流I_D从D极流入，再经导电沟道从S极流出。

若改变电压E_2的大小，即改变G、S极之间的电压U_{GS}，与G极相通的铝层产生的电场大小就会变化，SiO_2下面的电子数量就会变化，两个N区之间沟道宽度就会变化，流过的电

流 I_D 大小也就会发生变化。电压 U_{GS} 越高，沟道就会越宽，电流 I_D 就会越大。

由此可见，改变G、S极之间的电压 U_{GS}，D、S极之间的内部沟道宽窄就会发生变化，从D极流向S极的电流 I_D 就会发生变化，并且电流 I_D 的变化较电压 U_{GS} 变化大得多，这就是电压控制电流变化的原理。

增强型绝缘栅场效应管的特点是：当G、S极之间的电压 $U_{GS}=0$ 时，D、S极之间没有导电沟道，$I_D=0$；当G、S极之间加上合适的电压（大于开启电压 $U_{GS(th)}$）时，D、S极之间有导电沟道形成，电压 U_{GS} 变化时，沟道宽窄发生变化，电流 I_D 也会发生变化。

对于N沟道增强型绝缘栅场效应管，G、S极之间应加正电压 $U_G>U_S$（$U_{GS}>0$），D、S极之间才会形成导电沟道；对于P沟道增强型绝缘栅场效应管，G、S极之间须加负电压即 $U_G<U_S$（$U_{GS}<0$），D、S极之间才会形成导电沟道。

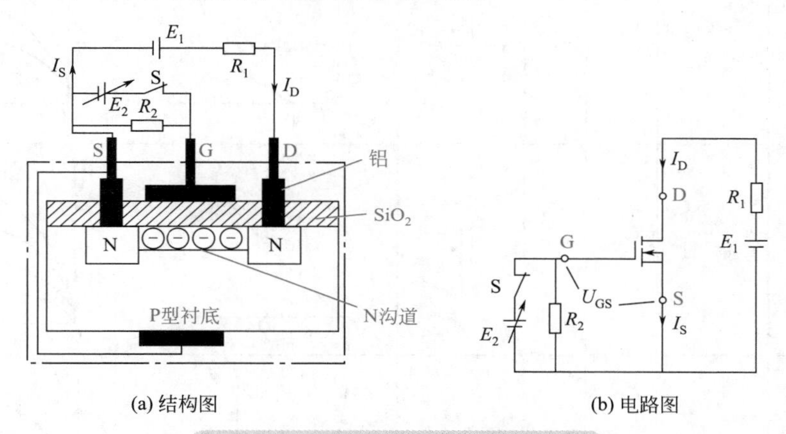

(a) 结构图 (b) 电路图

图 7-9 增强型NMOS管工作原理图

7.3.3 特性曲线

图7-10（a）所示为N沟道增强型场效应管转移特性，由于增强型场效应管不存在原始导电沟道，所以在 $U_{GS}=0$ 时，场效应管不能导通，$I_D=0$。

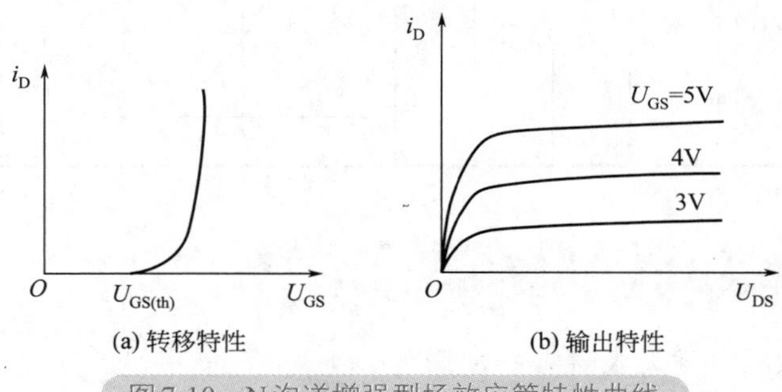

(a) 转移特性 (b) 输出特性

图 7-10 N沟道增强型场效应管特性曲线

如果在栅源极之间加一正向电压 U_{GS}，在 U_{GS} 的作用下，会产生垂直于衬底表面的电场。P型衬底与 SiO_2 绝缘层的界面将感应出负电荷层，随着 U_{GS} 的增大，负电荷的数量也增多，当积累的负电荷足够多时，使两个 N^+ 区沟道，形成导电沟道，漏、源极之间便有 I_D 出现。在一定的漏源电压 U_{DS} 下，使管子由不导通转为导通的临界栅源电压称为开启电压，用

$U_{GS(th)}$ 表示。当 $U_{GS} < U_{GS(th)}$ 时，$I_D \approx 0$；当 $U_{GS} > U_{GS(th)}$ 时，I_D 随 U_{GS} 增大而增大。

综上所述，漏极电流 I_D 受栅源电压 U_{GS} 的控制，即 I_D 随 U_{GS} 的变化而变化。

图7-10（b）所示为N沟道增强型场效应管漏极特性曲线，它与耗尽型场效应管的漏极特性曲线相似。

为了便于比较，绝缘栅型场效应管的四种管型和特性如表7-3所示。

表7-3 绝缘栅型场效应管的四种管型和特性

结构	极性	工作方式	工作电压		符号	转移特性	输出特性
			U_{GS}	U_{DS}			
N沟道	电子导电	增强型	+	+	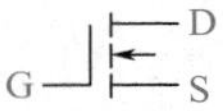 G D S	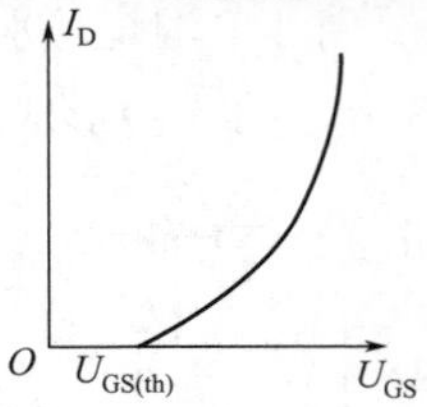 I_D, O, $U_{GS(th)}$, U_{GS}	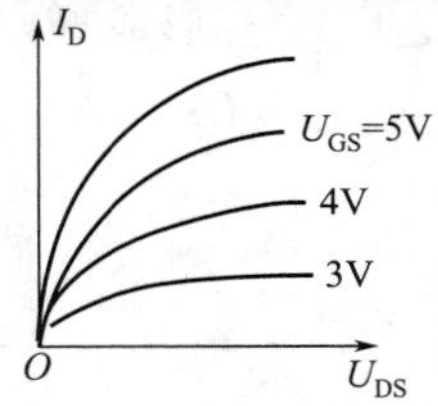 I_D, U_{GS}=5V, 4V, 3V, O, U_{DS}
		耗尽型	+或-	+	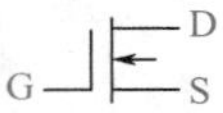 G D S	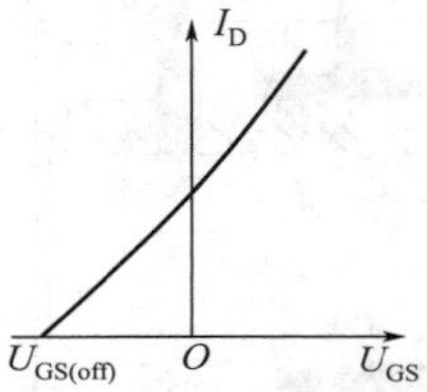 I_D, $U_{GS(off)}$, O, U_{GS}	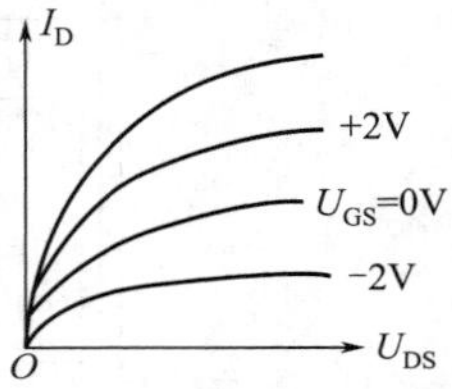 I_D, +2V, U_{GS}=0V, -2V, O, U_{DS}
P沟道	空穴导电	增强型	-	-	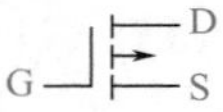 G D S	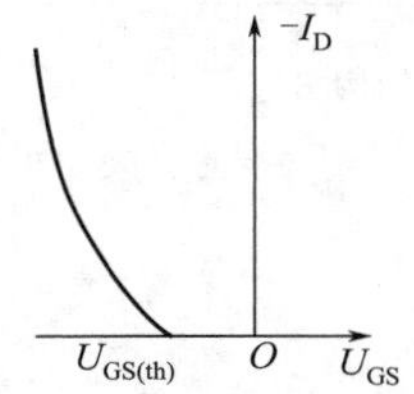 $-I_D$, $U_{GS(th)}$, O, U_{GS}	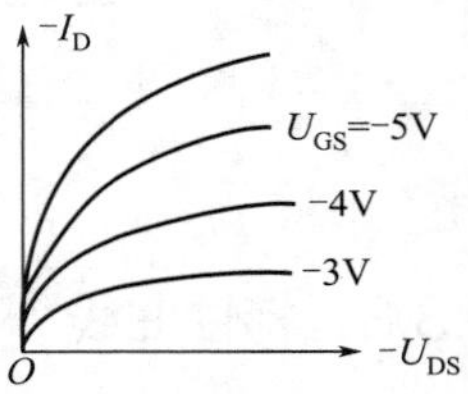 $-I_D$, U_{GS}=-5V, -4V, -3V, O, $-U_{DS}$
		耗尽型	+或-	-	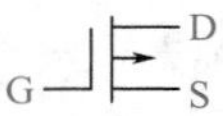 G D S	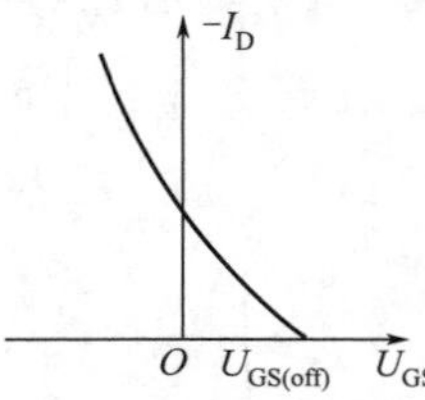 $-I_D$, O, $U_{GS(off)}$, U_{GS}	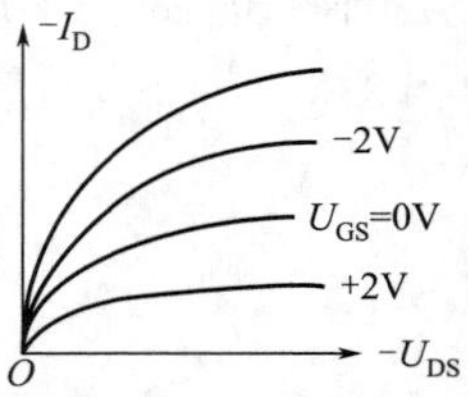 $-I_D$, -2V, U_{GS}=0V, +2V, O, $-U_{DS}$

7.4 其他类型的场效应管

其他类型的场效应管参见表7-4。

表7-4 其他类型的场效应管

类型	说明
FETRON	高压结型场效应管，其结电压高达300～400V以上，功率大，利用其与电阻、电容组合在同一陶瓷基片上，就形成了高压复合结型场效应管，即FETRON。 FETRON是一种可以代替电子管而被维修人员认识的器件。它与电子管比较，具有的优点为：比电子管输入输出电容更小，启动时间更快，而且不需要灯丝加热，引脚多样（二电极、三电极、束射四电极、五电极等）等。FETRON也有一些缺点：过载能力不及电子管，损坏后修复几乎不可能实现

续表

类型	说明
双栅极场效应管	双栅极场效应管又叫四极场效应管，如下图所示。它的主要特点是有两个栅极，而且两个栅极加不同的电压均可以控制漏极电流。两个栅极是互相独立的，使得它可以用来作高频放大器、混频器、解调器、增益控制放大器等。 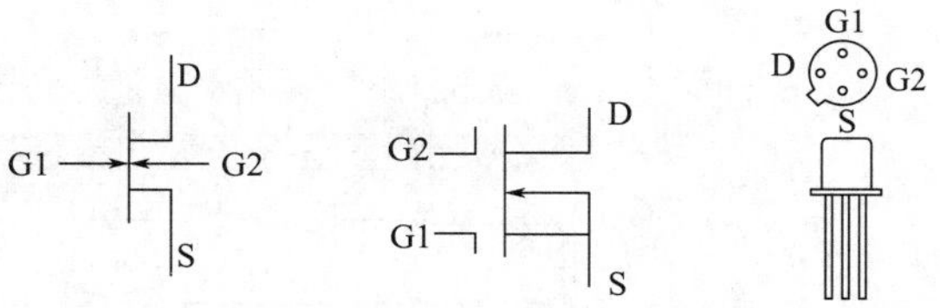 G1为第一栅极，它与栅扩散区相连。G2为第二栅极，它与衬底相连。G1比G2控制能力强，G1与G2连起来控制力更强。G1比G2电容小，更有利于进行高频控制
大跨导结型场效应管	结型场效应管根据跨导参数大小可以分为小跨导管与大跨导管。场效应管的跨导大小与沟道有关系：与沟道长度成反比，与沟道宽度成正比。实际制作时，根据长度不能够太短，宽度不可能任意宽的实际情况，特有漏极、源极接触孔增多等办法或者措施加以解决。 大跨导结型场效应管一般用于放大电路、开关电路等
高频结型场效应管	用于高频放大电路、高速开关电路中的场效应管常选择高频结型场效应管。高频结型场效应管除了常见的反向电压、最大漏极电流、功率损耗参数外，还要注意极间电容、最高工作频率等参数。最高工作频率与载流子的迁移率成正比，与沟道长度成反比。高频结型场效应管一般为N型场效应管与双栅极场效应管
孪生结型场效应对管	孪生结型场效应对管是由两只性能完全一样的结型场效应管组成，它主要用于音频放大电路中。其内部结构有集中类型，如下图所示。常见的孪生结型场效应对管有6DJ6D ～ 6DJ6I、6DJ7D ～ 6DJ7J、6DJ8D ～ 6DJ8K、6DJ9D ～ 6DJ9J、2SK389、2SJ73、2SK58、2SK72、2SK109、2SK111、2SK131、2SK150、2SK185等 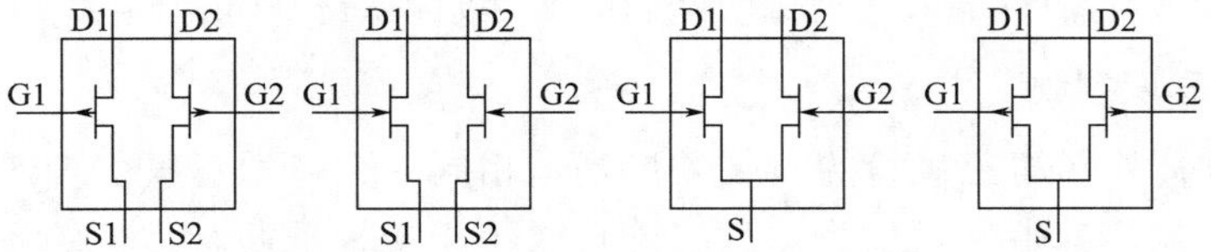
CMOS	CMOS场效应管是由N沟道的MOS管与P沟道的MOS管组成的互补性电路，其引脚有G、S1、S2和S、G、D、S、G、D等情况。此器件主要特点是：功耗低、输入电流小、工作电源电压范围宽。它在集成电路中应用广泛，其内部结构如下图所示 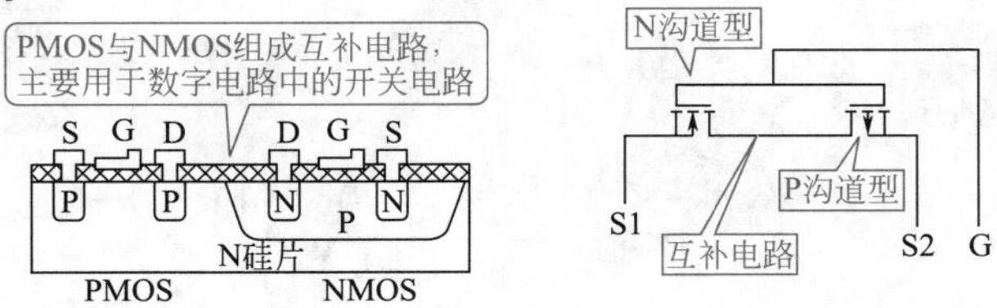
VMOS	VMOS是V形槽与垂直导电型的一种功率场效应管，此器件主要特点是：输入阻抗高、耐压高（可达1200V以上）、工作速度快、跨导线性好、工作电流大（1.5 ～ 100A）、输出功率大（1 ～ 250W）、热稳定性好、所需驱动功率小或者驱动电流小、驱动灵活（既可以用双极TTL驱动，也可以用CMOS集成电路驱动）。它主要应用于大功率场合。VMOSFET特性优越，但是其U_{TM}与U_{CS}高使得其存在驱动电路设计不容易以及供电效率不容易提高等缺点。 VMOS可以分为VVMOSFET（V形槽实现垂直导电型）与VDMOSFET（垂直导电双扩散型）
UMOS	此器件主要特点是：耐压高、工作速度快、功耗大、所需驱动功率小、驱动灵活（既可以用双极TTL驱动，也可以用CMOS集成电路驱动）。它主要应用于大功率场合
PMOS	PMOS即功率场效应管、电力场效应管。此器件主要特点是：功率大、组件结构内含许多小单元MOS管。主要用于可控整流、变频、功率开关、驱动器等电路

续表

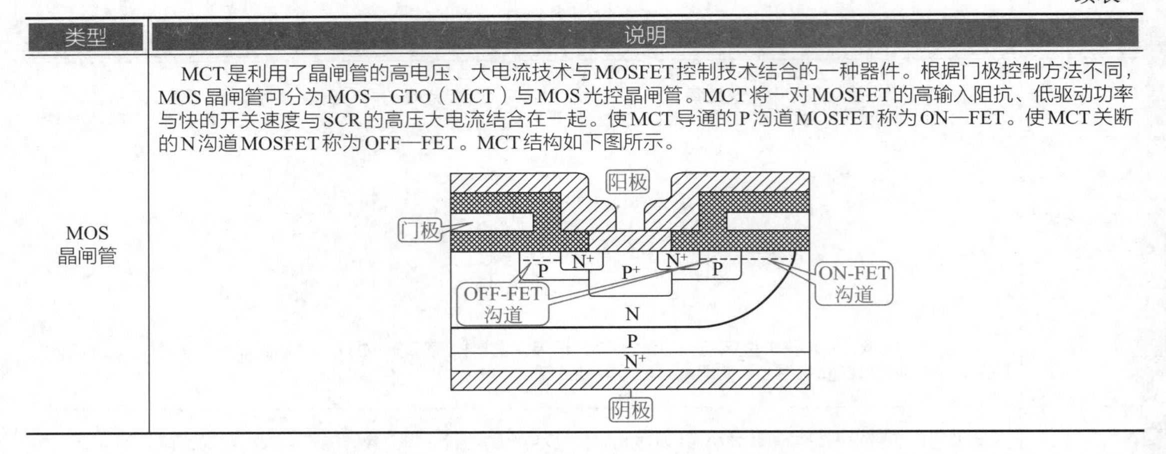

类型	说明
MOS晶闸管	MCT是利用了晶闸管的高电压、大电流技术与MOSFET控制技术结合的一种器件。根据门极控制方法不同，MOS晶闸管可分为MOS—GTO（MCT）与MOS光控晶闸管。MCT将一对MOSFET的高输入阻抗、低驱动功率与快的开关速度与SCR的高压大电流结合在一起。使MCT导通的P沟道MOSFET称为ON—FET。使MCT关断的N沟道MOSFET称为OFF—FET。MCT结构如下图所示。

7.5 场效应管的识别与选用

7.5.1 场效应管的识别

7.5.1.1 电路中标识符识别

场效应管在电路中常用字母“V”“T”“VT”表示，也有用“Q”表示的。由于场效应管与三极管都为三只引脚，且都起放大作用，故标识符基本相同。

7.5.1.2 外形识别

场效应管外形与三极管的封装外形基本相同，大多为三只引脚，少数高频应用小功率管有四只引脚，其中一只引脚与外壳连接，用于接地屏蔽。常见的场效应管外形如图7-11所示。

图7-11 常见场效应管外形

7.5.1.3 图形符号识别

一般场效应管图形符号如表7-5所示。

表7-5 一般场效应管图形符号

种类		符号
结型N沟道	耗尽型	d g s

续表

种类		符号
结型P沟道	耗尽型	
绝缘栅型N沟道	增强型	
	耗尽型	
绝缘栅型P沟道	增强型	
	耗尽型	

双栅极场效应管的外形和图形符号如图7-12所示。它的特点是有两个栅极，而且两个栅极加不同的电压均可控制漏极电流。两个栅极是互相独立的，使得它可以用作高频放大器、混频器、解调器、增益控制放大器等。

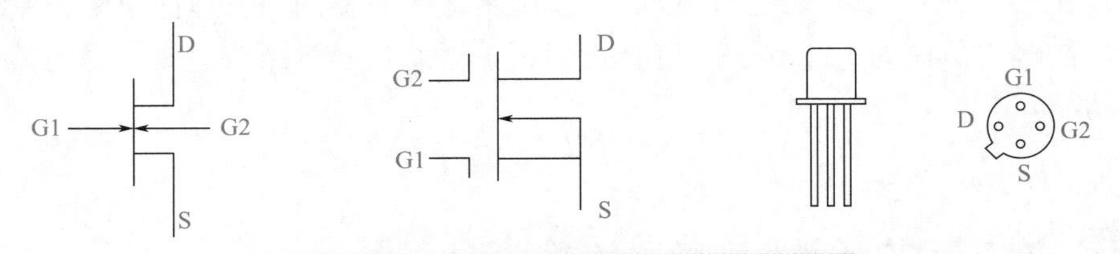

图 7-12　双栅极场效应管的外形和图形符号

7.5.2　场效应管的选用

场效应管有多种类型，应根据电路的需要选择合适的管型。场效应管是电压控制型，三极管是电流控制型。在只允许从信号源获取较小电流的情况下，应选用场效应管；在信号电压低，又允许从信号获取较大电流的情况下，应选用三极管。

场效应管输入阻抗高，适用于高输入阻抗的场合。场效应管的噪声系数小，适用于低噪声放大器的前置级。

（1）所选场效应管的主要参数应符合应用电路的具体要求。小功率场效应管应注意输入输出阻抗、低频跨导、夹断电压（或开启电压）、击穿电压等参数。大功率场效应管应注意击穿电压、耗散功率、漏极电流等参数。

（2）为了安全使用场效应管，在线路的设计中不能超过管子的耗散功率、最大漏源电压和电流等参数的极限值。

（3）各类型场效应管在使用时，都要严格按要求的偏置接入电路中。如结型场效应管栅源漏之间是PN结，N沟道管栅极不能加正偏压；P沟道管栅极不能加负偏压等。

（4）MOS 场效应管由于输入阻抗高，所以在运输、储藏中必须将引脚短路，要用金属屏蔽包装，以防止外来感应电动势将栅极击穿。尤其要注意，不能将MOS场效应管放入塑料盒子内，保存时最好放在金属盒内，同时要注意管子的防潮。

（5）在安装场效应管时，注意安装的位置要尽量避免靠近发热元件；为了防止管子受到振动，有必要将管壳体紧固起来；引脚弯曲时，应当在距离根部5mm以上处进行，以防止弯断引脚和引起漏气等。

（6）焊接时，电烙铁外壳必须预先做良好接地。先焊源极；在接入电路之前，管的全部引脚端保持互相短接状态，焊接完之后才能把短接材料去掉；为了安全起见，可将管子的三个电极暂时短路，待焊接好才能拆除。

（7）从元器件架上取下管子时，应以适当的方式确保人体接地，如采用接地环等；当然，如果能采用先进的气热型电烙铁，焊接场效应管是比较方便的，并且确保安全；在未关断电源时，绝对不可以把管子插入电路或从电路中拔出。测试时，也要先插好管子，再接通电源，测试完毕应先断电再拔下管子。

（8）选用音频功率放大器推挽输出用VMOS场效应管时，要求两管的各项参数要一致（配对），要有一定的功率裕量。所选大功率管的最大耗散功率应为放大器输出功率的0.5 ～ 1倍，漏源击穿电压应为功放工作电压的2倍以上。

对于功率型场效应管，要有良好的散热条件。因为功率型场效应管在高负荷条件下运用，必须设计足够的散热器，确保壳体温度不超过额定值，使器件长期稳定可靠地工作。

另外，在工作过程中采取人体静电防护措施是非常必要的。人体静电防护主要有防静电手腕带、防静电脚腕带、工作服、鞋袜、帽、手套或指套等组成，具有静电泄放、中和与屏蔽等功能。

7.6 场效应管的检测

场效应管有结型与绝缘栅型两种，两种类型场效应管的检测方法与操作规范有所不同，测试MOS管时仪表要可靠接地，操作人员也要戴腕带接地。

7.6.1 结型场效应管的检测

7.6.1.1 管型和电极判别

将万用表拨至$R\times1$k挡，黑表笔任接一个电极，红表笔依次碰触另外两个电极。若测出某一电极与另外两个电极的阻值均很大（无穷大）或阻值均较小（几百欧至一千欧），则可判断黑表笔接的电极为栅极，另外两个电极分别是源极和漏极。在两个阻值均为高阻值的一次测量中，被测管为P沟道结型场效应管；在两个阻值均为低阻值的一次测量中，被测管为N沟道结型场效应管。

也可以测量结型场效应管任意两个电极之间的正、反向电阻值。若测出某两只电极之间的正、反向电阻值相同或相近，且为几千欧，则这两个电极分别为漏极和源极，另一个电极为栅极。结型场效应管的源极和漏极具有对称性，可以互换使用。

若测得场效应管某两级之间的正、反向电阻值为0或为无穷大，则说明该管已击穿或已开路损坏。

7.6.1.2　放大能力检测

万用表没有专门测量场效应管跨导的挡位，可用万用表大致估计放大能力大小。将万用表拨至$R\times100$挡，红表笔接源极S，黑表笔接漏极D，由于测量阻值时万用表内接1.5V电池，相当于给漏源极之间加一个正向电压，然后用手碰触栅极G，将人体感应电压作为输入信号加到栅极G上。由于场效应管的放大作用，表针会摆动，表针摆动幅度越大（不论向左或向右摆动均正常），表明场效应管放大能力越大。若表针不动说明已经损坏。

7.6.1.3　好坏检测

结型场效应管的好坏可通过测量三个极之间的正、反向电阻值来检测。漏源极之间的正、反向电阻值，正常应在几十欧至几千欧（不同型号有所不同）。栅漏极或栅源极之间的正、反向电阻值，正常时正向阻值小，反向电阻无穷大或接近无穷大。

7.6.2　绝缘栅型场效应管的检测

7.6.2.1　电极判别

将万用表拨至$R\times1$k挡，用黑表笔接MOS管的某一引脚（假设为栅极），再用红表笔分别接另外两个引脚。然后用红表笔接同一脚，用黑表笔分别接另外两个引脚。注意每次测试前，应将MOS管三个电极短接一次，以确保测试准确。

若四次测得的电阻值均为无穷大，则假设的栅极正确；如不符这一规律，则假设错误，应换一脚进行上述测试。

确定MOS管栅极G后，用红、黑表笔分别接触D、S极，测量其电阻值，然后交换两表笔，再测一次。其中阻值较低的一次为正向电阻，此时黑表笔接的是源极S，红表笔接的是漏极D。

7.6.2.2　放大能力检测

将万用表拨至$R\times10$k挡，黑表笔接D极，红表笔接S极测其电阻；再用黑表笔碰G极，红表笔碰S极（或黑表笔接S极，红表笔接G极）接触一下断开，再测D、S间电阻值。

红、黑表笔碰触G、S前，测得D、S间电阻值为无穷大，红、黑表笔碰触G、S后，D、S间电阻值明显减小，说明场效应管有较大放大能力。

黑表笔碰G极，红表笔碰S极，D、S间电阻值减小，而黑表笔碰S极，红表笔碰G极，D、S间电阻值仍为无穷大，则为N沟道；反之为P沟道。

7.7　复合场效应管

有复合三极管，也有复合场效应管。绝缘栅双极晶体管就是一种复合场效应管，绝缘栅双极晶体管（IGBT）综合了晶体管和场效应管的优点，具有良好的特性，广泛应用于三相电动机变频器、电焊机开关电源、UPS不间断电源、大功率开关电源、汽车电子点火器、

电磁炉等产品中作开关管或功率输出管。

7.7.1 实物外形

7.7.1.1 种类

根据封装的不同，IGBT可分为模压树脂密封的三端单体封装型和模块类型，从TO-3P到小型表面贴装都已经形成系列。事实上，根据不同依据，IGBT有不同的分类，表7-6所列为IGBT的分类。

表7-6 IGBT的分类

种类	说明
IGBT单管	一般单管IGBT模块额定电流比较大，是由多个IGBT芯片和快恢复二极管（FRD）芯片在模块内部并联而成
IGBT功率模块	该类型IGBT一般采用集成电路驱动，其具体类型有复合功率模块、智能功率模块IPM、电力电子积木PEBB、电力模块IPEM
IGBT模块	有半桥IGBT模块（即2单元模块，是一个桥臂）、高端模块、低端模块、智能模块
IPM模块	IGBT与外围电路内置成的一块功率模块IPM。IPM一般具有栅极驱动、内置驱动电路、内置保护电路[过电流保护（OC）、短路保护（SC）、控制电源欠电压保护（UV）、过热保护（OH）及报警输出（ALM）]等功能。IPM具有四种封装形式：单管封装、双管封装、六管封装和七管封装
N-IGBT	N沟道的IGBT
P-IGBT	P沟道的IGBT
PT-IGBT	PT是Punch Through的缩写，是穿通型结构的IGBT。该类型的n^-和p^+区间存在一个高扩散浓度的n^-缓冲层，这是其与NPT-IGBT结构的基本区别所在
RC-IGBT	为反向导通IGBT
超快速IGBT	该类型IGBT可以减少IGBT的拖尾效应，使其能快速关断。该类型IGBT可在电机控制、大功率电源变换器中应用
低功率IGBT	一般应用在微波炉、电子整流器、电磁灶、照相机、洗衣机等产品中
非穿通型NPT -IGBT	NPT-IGBT是采用薄硅片技术，离子注入发射区代替高复杂、高成本的厚层高阻外延，具有高速、低损耗、正温度系数、无锁定效应的特点。NPT-IGBT是IGBT的发展方向
沟槽结构U-IGBT、IEGT	U-IGBT是在管芯上刻槽，芯片元胞内部形成沟槽式栅极。该类型的IGBT具有可缩小元胞尺寸、减少沟道电阻、提高电流密度等特点。该类型IGBT可满足低电压驱动、表面贴装的要求。沟槽式栅极，又称为沟道式栅极，与平面式相比的缺点是承受短路能力低些，栅极电容也大一些
硅片直接键合SDB-IGBT	该类型IGBT是利用硅片直接键合技术制作的高速IGBT及模块系列产品，特点为高速、低饱和压降、低拖尾电流、正温度系数、易于并联，分为UF、RUF两大系统
快速恢复二极管IGBT/FRD结合型	IGBT/FRD有效结合，减少转换状态的损耗，可以用于电机驱动和功率转换中
三端单体封装结构IGBT	是根据封装结构特点来分类的
模块型IGBT	是根据封装结构特点来分类的

7.7.1.2 绝缘栅双极晶体管

IGBT也是三端器件，三个电极分别为栅极G、集电极C和发射极E。常见的IGBT的实物外形如图7-13所示。

7.7.1.3 IGBT模块

在一些应用中，常需把几只IGBT和续流二极管（FWD）成对地（2或6组）封装起来，称为IGBT模块。模块的类型根据用途的不同分为多种形状及封装形式，都已系列化。

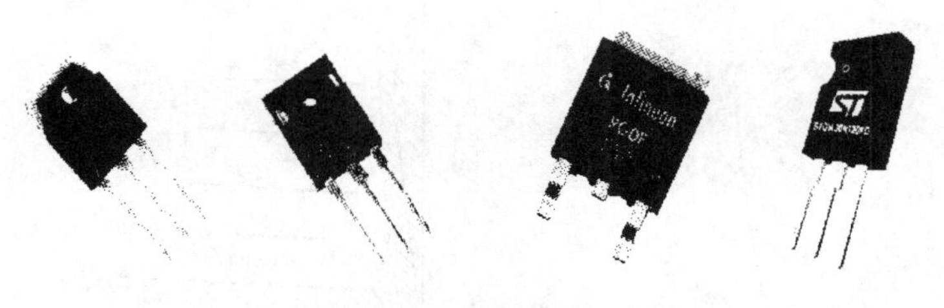

图7-13　IGBT的实物外形

图7-14所示为IGBT模块的实物外形和结构。不同种类的IGBT内部结构有所不同，特别是IGBT模块内部结构差异更大些。

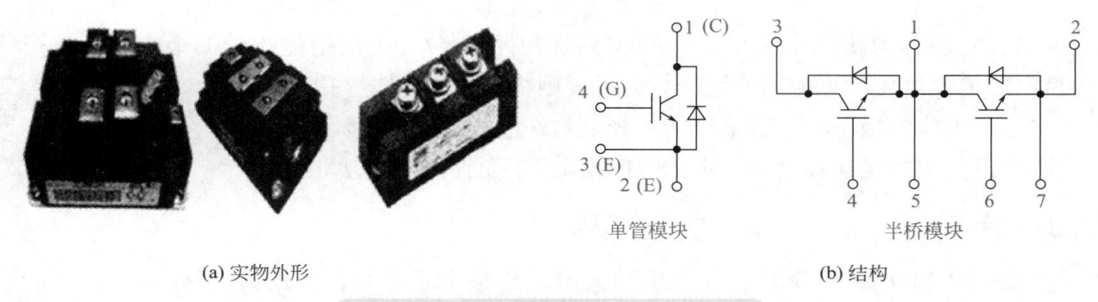

(a) 实物外形　(b) 结构

图7-14　IGBT模块的实物外形和结构

7.7.2　内部结构、等效电路及图形符号

IGBT的内部结构、等效电路及图形符号如图7-15所示。IGBT是一种输入部分采用MOS结构，输出部分为双极型的功率晶体管。IGBT与FET在结构上的主要差别是IGBT漏极和漏区之间多了一层（NPT-IGBT没有）。

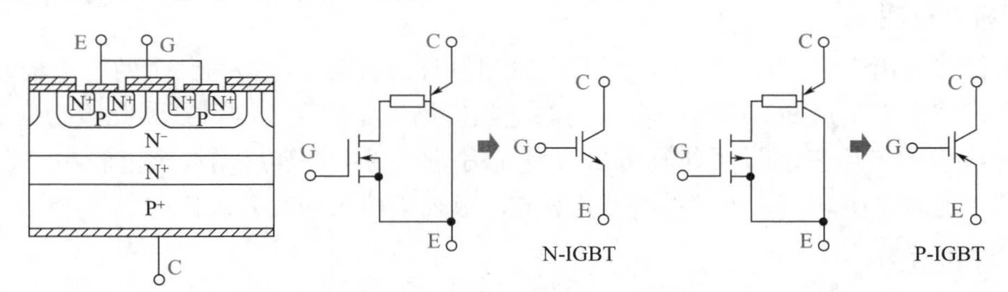

图7-15　IGBT的内部结构、等效电路及图形符号

7.7.3　伏安特性

IGBT的伏安特性曲线如图7-16所示。

i_C与U_{GE}之间的关系称为转移特性，与MOSFET的转移特性类似。以U_{GE}为参考变量时，i_C与U_{CE}之间的关系称为输出特性，IGBT管的输出特性分为三个区域：正向阻断区、有源区和饱和区，分别与三极管的截止区、放大区和饱和区相对应。U_{CE}<0时，IGBT为反向阻断工作状态。

7.7.4　主要参数

（1）开启电压$U_{GE(th)}$　绝缘栅双极晶体管能实现电导调制，而导通的最低栅-射电压随温度的升高而略有下降。在+25℃时，$U_{GE(th)}$的值一般为2 ～ 6V。

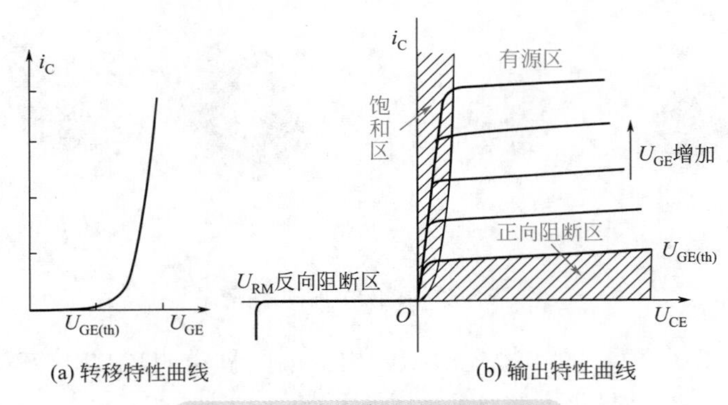

(a) 转移特性曲线　　(b) 输出特性曲线

图7-16　IGBT的伏安特性曲线

（2）最大集-射极间电压U_{CES}　G、E两极短路时，C、E间所能承受的最大电压，在任何时候C、E间电压都不能超过这一数值，否则将造成器件击穿损坏。

（3）最大集电极电流　集电极的电极上容许的最大脉冲电流。

（4）最大集电极功耗P_{CM}　在正常工作温度下允许的最大功耗。

7.7.5　特点

普通功率MOS场效应管在高电压和大电流状态下工作时，导通内阻很大，发热严重，输出功率也较低。大功率达林顿管在大电流状态下工作时，需要有较大的激励电流。IGBT场效应管则集功率MOS场效应管和大功率达林顿管的优点于一身，具有电压控制、驱动功率小、输入阻抗高、开关损耗小、耐高压、热稳定性好、通断速度快、安全工作区较大、短路承受能力较强以及工作频率高等优点。

7.7.6　检测

7.7.6.1　极性检测

将指针式万用表置于$R\times1$k挡，用万用表测量时，若某一电极与其余两个电极间的阻值为无穷大，调换表笔后与其余两个电极间的电阻值仍为无穷大，则可判断此极为栅极G。其余两个电极再用万用表测量，若测得阻值为无穷大，调换表笔后测量阻值较小，在测量阻值较小的一次测量中，红表笔接的为集电极C，黑表笔接的为发射极E。

7.7.6.2　好坏检测

将指针式万用表置于$R\times10$k挡，黑表笔接C极，红表笔接E极，此时万用表的指针在零位。用手指同时碰触一下G、C极，这时IGBT被触发导通，万用表的指针摆向阻值较小的方向，并能指示在某一位置不动。然后用手同时碰触一下G、E极，这时IGBT被阻断，万用表的指针回零。此时可判断IGBT是好的。

7.8　场效应管电路

7.8.1　场效应管放大电路

三极管可以把微弱信号放大，场效应管也能。三极管和场效应管这两种元件之间存在着电极对应关系：G—b，S—e，D—c。由三极管放大电路，即可得到与之对应的场效应管放大电路，但是两者不能简单地替换。

三极管放大电路需预先设置一个偏流（静态工作点），以避免放大后波形产生失真；场效应管是电压控制器件，场效应管放大电路需要设置一定的偏压 U_{GS}。场效应管放大电路直流偏置电路分自偏压和分压式电路两种，也有共源、共漏和共栅三种组态。

7.8.1.1　共源放大器

如图 7-17 所示，它相当于三极管放大电路中的共发射极放大器，是一种常用电路。输入信号从源极与栅极之间输入，输出信号从源极与漏极之间输出，源极是输入回路和输出回路的公共电极。

7.8.1.2　共漏放大器

如图 7-18 所示，它相当于三极管放大电路中的共集电极放大器，输入信号从漏极与栅极之间输入，输出信号从源极与漏极之间输出。这种电路又称为源极输出器或源极跟随器。

7.8.1.3　共栅放大器

如图 7-19 所示，它相当于三极管放大电路中的共基极放大器，输入信号从栅极与源极之间输入，输出信号从栅极与漏极之间输出。这种电路的高频特性比较好。

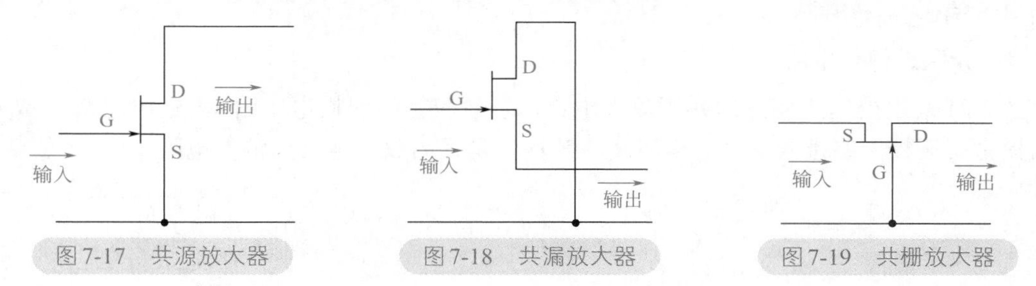

图 7-17　共源放大器　图 7-18　共漏放大器　图 7-19　共栅放大器

7.8.2　场效应管偏置电路

7.8.2.1　栅极偏置特性

场效应管同三极管一样，用于放大信号时要给予它适当的偏压，即给栅极一个直流偏置电压 U_{GS}，这一电压是加到栅极与源极之间的。

对于结型场效应管，栅极与源极之间应加反向偏置电压。

对于绝缘栅场效应管，在选择偏置电压时，应区分是增强型还是耗尽型。对增强型而言，栅极与源极之间应采用正向偏压，而对耗尽型管子，栅极与源极之间有正向、零、反向偏置电压三种情况。

表 7-7 所示是几种常见类型场效应管偏置电压。

表 7-7　几种常见类型场效应管偏置电压

管类型	栅极电压极性	漏极电压极性
N沟道结型场效应管	负极性	正极性
P沟道结型场效应管	正极性	负极性
N沟道增强型绝缘栅型场效应管	正极性	正极性
N沟道耗尽型绝缘栅型场效应管	正、零、负	正极性
P沟道增强型绝缘栅型场效应管	负极性	负极性

7.8.2.2 场效应管偏置电路特点

场效应管偏置电路具有三个特点：

（1）只需偏置电压，无需偏置电流。与晶体三极管不同，场效应管是电压控制器件。

（2）偏置电压要稳定。场效应管是电压控制器件，栅极的电压变化对漏极电流影响很大。

（3）注意偏置电压的极性。如表7-7所示，场效应管偏置电路比三极管偏置电路复杂得多。

7.8.2.3 场效应管自偏压电路

如图7-20所示为场效应管自偏压电路。其中，场效应管的栅极通过电阻R_g接地，源极通过电阻R接地。

自偏压电路依靠漏极电流i_D在源极电阻R上产生的电压为栅-源之间提供一个偏置电压U_{GS}，故称为自偏压电路。

在静态时，源极电位$U_S=i_DR$。由于栅极电流为零，故R_G上没有压降，栅极电位$U_G=0$，所以栅-源偏置电压$U_{GS}=U_G-U_S=-i_DR$。自偏压电路只适用于结型场效应管或耗尽型MOS管。

应该指出，由N沟道增强绝缘栅场效应管组成的放大电路，工作时U_{GS}为正，所以无法采用自给偏压偏置电路。

7.8.2.4 分压式偏置电路

图7-21采用分压式偏置的共源放大电路，场效应管的栅极电压由V_{DD}经电阻R_{G1}、R_{G2}分压后提供。栅极回路接入一个大电阻R_g，其作用是提高放大电路的输入电阻。

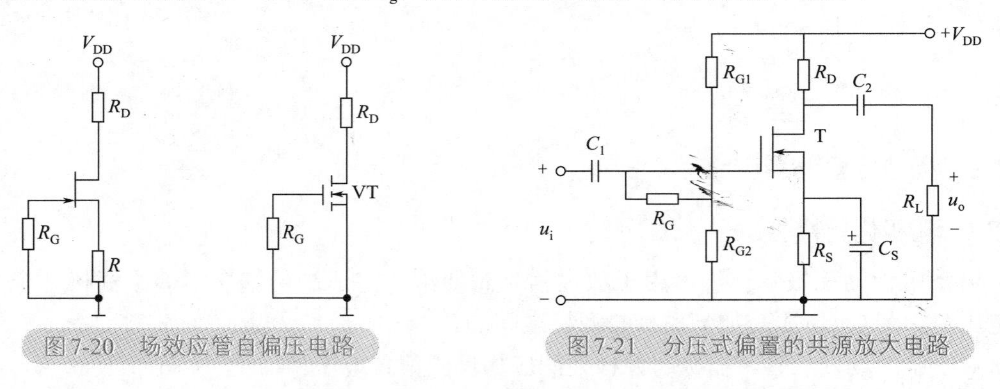

图7-20 场效应管自偏压电路

图7-21 分压式偏置的共源放大电路

（1）静态参数。采用估算法可确定分压式偏置电路的静态工作点U_{GSQ}、I_{DQ}和U_{DSQ}的数值。

$$U_{GSQ}=\frac{R_{G2}}{R_{G1}+R_{G2}}V_{DD}-I_{DQ}R_S=V_G-I_{DQ}R_S$$

式中，V_G为栅极电位。对于N沟道耗尽型管，U_{GSQ}为负值，所以$I_{DQ}R_S>V_G$；对于N沟道增强型管，U_{GSQ}为正值，所以$R_SI_{DQ}<V_G$。

在$U_{GS(th)}\leqslant u_{GS}\leqslant 0$范围内，耗尽型场效应管的转移特性可近似用下式表示：

$$I_D=I_{DSS}\left(1-\frac{U_{GS}}{U_{GS(th)}}\right)^2$$

式中，$U_{GS(th)}$为场效应管的开启电压；I_{DSS}为饱和漏极电流。联立方程，即可得到U_{GSQ}、I_{DQ}。

根据输出回路，可求得

$$U_{DSQ}=V_{DD}-I_{DQ}(R_D+R_S)$$

（2）动态参数。电压放大倍数

$$\dot{A}_u=-g_m R_L'$$

式中，$R_L'=R_D//R_L$，负号表示输出电压与输入电压反相。

如果没有场效应管特性曲线，可利用下式估算g_m：

$$g_m=-\frac{2I_{DSS}\left(1-\frac{u_{GS}}{U_{GS(th)}}\right)}{U_{GS(th)}}\quad（当U_{GS(th)}\leqslant u_{GS}\leqslant 0时）$$

输入电阻

$$r_i=R_G+R_{G1}//R_{G2}$$

在共源极放大电路中，漏极电阻R_D是和管子的输出电阻r_{ds}并联的。所以当$r_{ds}>>R_D$时，放大电路的输出电阻

$$r_o\approx R_D$$

这和双极型晶体管共发射极放大电路是类似的。

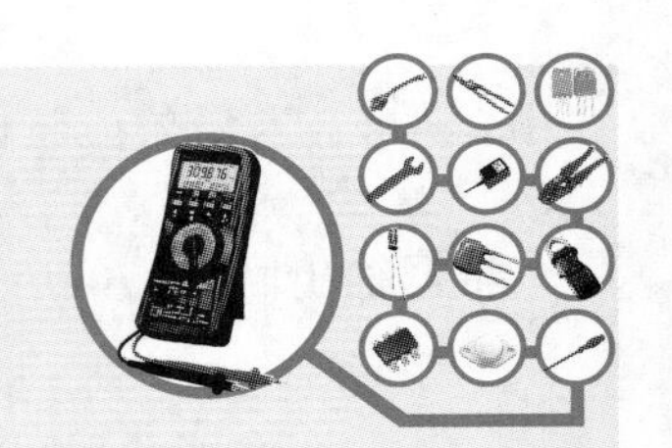

第8章

集成电路

8.1 集成电路基础知识

集成电路英文为Integrated Circuit，缩写为IC。它是在一块极小的单晶硅片上，利用半导体工艺将许多二极管、晶体三极管、电阻器、电容器等制作到单晶硅片上，并连成能完成特定功能的电子电路（有的就为单片整机功能），然后封装在一个便于安装的外壳中，就构成了集成电路。

集成电路具有体积小、重量轻、引出线和焊点少、寿命长、可靠性高、性能好等优点，同时成本低，便于大规模生产。

集成电路主要有以下特点：

（1）集成电路中多用晶体管，少用电感器、电容器和电阻器，特别是大容量的电容器，因为制作这些元器件需要占用大面积硅片，导致成本提高。电阻的阻值受到限制，大电阻常用三极管恒流源代替，电位器需外接。

（2）集成电路内部多采用对称电路（如差分放大电路），这样可以纠正制造工艺上的偏差。

（3）集成电路内各个电路之间多采用直接连接（即用导线直接将两个功能电路连接起来），这样可以减少集成电路的面积，又能使它适用于各种频率的电路。

（4）集成电路一般不能单独使用，需要与分立元器件组合才能构成实用电路，如集成运算放大器构成的模拟运算电路。

（5）集成电路一旦生产出来，内部的电路无法更改，所以当集成电路内的某个元器件损坏时只能更换整个集成电路。

8.1.1 集成电路的分类

集成电路的种类很多，分类方式也很多，如表8-1所示。

表8-1 集成电路的分类方式

分类方式	分类结果	说明
按集成度高低或内含晶体管数量分类	小规模集成电路	晶体管数量为100以下
	中规模集成电路	晶体管数量为100～1000
	大规模集成电路	晶体管数量为1000～100000
	超大规模集成电路	晶体管数量为100000以上

续表

分类方式	分类结果	说明
按结构、功能分类	模拟集成电路	用来生产、放大和处理各种模拟信号（指幅度随时间变化的信号，如半导体收音机的音频信号），其输入信号和输出信号成比例关系。包括：运算放大器、功率放大器、电压比较器、直流稳压器和专用集成电路
	数字集成电路	用来生产、放大和处理各种数字信号（指在时间和幅度上不连续取值的信号），包括门电路、触发器、存储器、微处理器等
按有源器件类型不同分类	双极型集成电路	内部主要采用二极管和晶体管，其开关速度快、频率高、信号传输延迟时间短，但制造工艺复杂
	单极型集成电路	内部主要采用MOS场效应管，其输入阻抗高、功耗小、工艺简单、集成密度高、易于大规模集成
按制造工艺分类	半导体集成电路	在半导体基片上制作包括电阻器、电容器、三极管、二极管等元器件并连接成具有某种功能的集成电路
	膜集成电路	在玻璃或陶瓷片等绝缘物体基片上，以“成膜”的方法制作电阻器、电容器等无源元件。无源元件的数值范围可以很宽，精度可以很高，在实际使用中，一般将膜集成电路配合半导体集成电路或分立的二极管、三极管等有源器件，使之构成一个整体，这便是混合集成电路

8.1.2 集成电路的封装

集成电路的封装，是一种将集成了各元件的芯片用绝缘材料制作外壳的工艺，采用的绝缘材料一般为树脂或陶瓷，起密封、增强芯片的作用。封装技术的好坏直接影响到芯片自身性能的发挥以及与之连接的印制电路板（PCB）的设计和制造，因此封装形式至关重要。常见的集成电路封装形式见表8-2。

表8-2 常见的集成电路封装形式

名称	图例	说明
SIP（单列直插式）		引脚从封装的一个侧面引出，排列成一条直线，引脚数一般在23个以下
DIP封装（双列直插式）		① 有两排引脚，引脚数一般不超过100个 ② 可将具有DIP结构的插座的引脚穿过印制电路板的焊盘孔，焊接后再将集成块插在插座上，也可以直接将集成块引脚穿过印制电路板的焊盘孔进行焊接 ③ 体积相对较大
SOP封装（小外形封装）		① 采用表面贴装（SMT）方式 ② 引脚从封装两侧引出，呈L形
TQFP封装（薄塑封四角扁平封装）		① 采用表面贴装（SMT）方式 ② 缩小了高度、体积和重量，TQFP工艺能有效利用空间，从而降低对印制电路板空间大小的要求
PQFP封装（塑封四角扁平封装）		PQFP芯片引脚之间距离很小，引脚很细，一般大规模或超大规模集成电路采用这种封装，引脚数一般在100以上

续表

名称	图例	说明
PLCC封装		表面贴装型（SMT）封装之一，外形呈正方形，32脚封装，引脚从封装的4个侧面引出，呈丁字形，外形尺寸比DIP封装小得多
PGA封装（插针网络阵列）		常见于微处理器的封装。PGA封装一般是将集成电路包装在瓷片内，瓷片的底面是排列成方阵列的插针，这些插针可以插到电路板上对应的插座中，非常适合需要频繁拔插的应用场合。对于同样引脚的芯片，PGA封装通常比过去常见的双列直插式封装需要的面积更小
BGA封装（球栅阵列封装）		外形结构为矩形或方形。BGA封装的I/O端子以圆形或柱状焊点按阵列形式分布在封装下面

8.1.3 集成电路的引脚分布规律

集成电路的引脚少则几个，多则几百个，各个引脚具有独特的功能。使用集成电路前，必须认真查对集成电路的引脚，确认电源、地、输入、输出、控制端等引脚号，以免因错接而损坏器件。

圆形集成电路：识别时，面向引脚正视，从定位销（管键）顺时针方向依次为1，2，3，4，…，如表8-3所示。

扁平形和双列直插式集成电路：不管什么集成电路，它们都有一个标记指出第1引脚，集成电路常见标记有小圆点、小凸起、缺口、缺角。识别时，将标记正放，将圆点、缺口等标记置于左方，由顶部俯视，从左下脚起，按逆时针方向数，依次为1，2，3，4，…，如表8-3所示。扁平形多用于数字集成电路，双列直插式广泛应用于模拟和数字集成电路。

表8-3　集成电路引脚识别

集成电路结构形式	引脚标记形式	引脚识别方法
圆形结构		圆形结构的集成电路形似晶体管，体积较大，外壳用金属封装，引脚有3，5，8，10等多种，识别时将管底对准自己，从引脚开始顺时针方向读引脚序号
扁平形平插式结构		这类结构的集成电路通常以色点作为引脚的参考标记，识别时，从外壳顶端看，特色点置于左方位置，靠近色点的引脚为第1脚，然后按照逆时针读2，3，…各引脚
扁平形直插式结构（塑料封装）		塑料封装的扁平直插式集成电路通常以凹槽作为引脚参考标记，识别时，从外壳顶端看，将凹槽置于正面左方的位置，靠近凹槽左下方第一个脚为第1脚，然后按照逆时针方向读2，3，…各引脚

续表

集成电路结构形式	引脚标记形式	引脚识别方法
扁平形直插式结构（陶瓷封装）	引脚 14 13 1 2 金属封片标记	这种结构的集成电路通常以凹槽或金属封片作为引脚参考标记，识别方法同上
扁平单列直插式结构	倒角 AN××× 1 7	这种结构的集成电路，通常以倒角或凹槽作为引脚参考标记。识别时将引脚向下置标记于左方，则可从左向右读出各脚，有的集成电路没有任何标记，此时应将印有型号的一面正向对着自己，按上述方法读出脚号

8.1.4 集成电路的主要参数

集成电路种类很多，不同用途的集成电路都有不同的参数。下面介绍的是集成电路的主要参数，如表 8-4 所示。

表 8-4 集成电路的主要参数

参数名称	含义
静态工作电流	静态工作电流是指在没有给集成电路输入信号的情况下电源引脚回路中电流的大小。这个参数对判断集成电路性能好坏有一定作用
最大输出功率	最大输出功率是指对于有功率输出要求的集成电路，当信号失真度超过允许值时，集成电路输出脚输出的电信号功率
增益	指集成电路放大器的放大能力大小，通常为闭环增益
最大电源电压	指集成电路电源引脚的最大工作电压值
耗散功率	指集成电路在标称的电源电压及允许的工作温度范围内正常工作时所输出的最大功率
工作环境温度	指集成电路能正常工作的环境温度极限值或温度范围

8.1.5 集成电路的选用、代换与使用

8.1.5.1 集成电路的选用

（1）在选用某种类型的集成电路之前，应先认真阅读产品说明书或有关资料，全面了解集成电路的功能、参数、封装以及外围电路。不允许集成电路的使用环境、参数等指标超过该集成电路规定的极限参数。

（2）选用集成电路时，还应仔细观察其产品型号是否清晰，外形包装是否规范，以免买到假货。

（3）根据电路设计要求，正确选用集成电路，主要从三个方面考虑：速度、抗干扰性和价格。选择集成电路器件，应尽量选用同一系列的，还要考虑到备件的来源，否则会给制作和维修带来不便。

8.1.5.2 集成电路的代换

（1）直接代换。集成电路损坏后，应优先选用与其规格、型号完全相同的集成电路来直接更换。若无同型号集成电路，则应查找有关集成电路代换手册等资料查明允许直接代

换的集成电路型号，在确定其引脚、功能、内部电路结构与损坏集成电路完全相同后方可进行代换，不能凭经验或仅因引脚数、外形等相同，便盲目直接代换。

（2）间接代换。在无可直接代换集成电路的情况下，也可以用原集成电路的封装形式、内部电路结构、主要参数等相同，只是个别引脚或部分引脚功能排列不同的集成电路来间接代换（通过改变引脚），作应急处理。

8.1.5.3 集成电路的使用与注意事项

（1）使用集成电路前，要对集成电路的功能、内部结构、电特性、外形封装以及该集成电路相连接的电路作全面分析和理解，使用时各性能参数不得超过该集成电路所允许的最大使用范围。

（2）在印制电路板安装集成电路时，要注意方向不要搞错，否则，通电时集成电路很可能被烧毁。一般规律是：以集成电路的缺口、小圆点为准，则按逆时针方向排列。如单列直插式集成电路，则以正面（印有型号商标的一面）为准，引脚一般从左至右排列。除了以上常规的引脚方向排列外，也有一些引脚方向排列较为特殊，应引起注意，这些大多属于单列直插式封装结构，它的引脚方向排列刚好与上面说的相反，后缀为“R”，如A1339AR、HA1366AR等，这主要是一些双声道音频功率放大器，在连接BTL功放电路时，为电路板的排列对称方便而特别设计的。

（3）不用的输入脚不能悬空，应按其功能的要求接上电源或接地。有些空引脚不能擅自接地，内部等效电路和应用电路中有的引出脚没有标明，遇到空的引出脚时，不应擅自接地，这些引出脚为更替或备用脚，有时也作为内部连接。数字电路中不用的输入引脚应根据实际情况接上适当的逻辑电平，不得悬空，否则电路的工作状态将不确定，并且会增加电路的功耗。对于触发器（CMOS电路）还应考虑控制端的直流偏置问题，一般可在控制端与V_{dd}或V_{ss}（视情况而定）之间接一只100kΩ的电阻，触发信号接到引脚上。这样才能保证在常态下电路状态是唯一的，一旦触发信号来到，触发器便能正常翻转。

（4）集成电路的引脚不要加上太大的应力，在拆卸集成电路时要小心，以防折断。对于耐高压集成电路，电源与地线以及其他输入线之间要留有足够的空隙。

（5）焊接时，焊接人员应注意良好接地。焊接电路板时，应先将引脚全部短路，并将整个电路板一次焊完，再将引脚短路线断开。

（6）集成电路不允许大电流冲击，容易导致集成电路损坏。

（7）不应带电插拔集成电路，拔插前应切断电源，并注意让电源滤波电容放电后进行。

（8）设置集成电路位置时，应尽量远离脉冲高压、高频等装置，连接集成电路的引线及相关导线要尽量短，在不可避免的长线上要加入过压保护电路。CMOS用于高速电路时，要注意电路结构和印制电路板设计。输出引线过长，容易产生“振铃”现象，引起波形失真。

（9）防止感应电动势击穿集成电路。电路中带有继电器等感性负载时，在集成电路相关引脚要接入保护二极管以防止过压击穿。焊接时宜采用20W内热式电烙铁，烙铁外壳需接地线，或防静电电烙铁，防止因漏电而损坏集成电路。每次焊接时间应控制在3～5s内。严禁在电路通电时进行焊接。

（10）对于功率集成电路，在未装散热片前不能随意通电。在未确定功率集成电路的散热片接地前，不要将地线焊接到散热片上。散热片的安装要平，散热面积足够大。散热片与集成电路之间不要夹进灰尘、碎屑等东西，中间最好使用硅脂，用以降低热阻。散热片安装好后，需要接地的散热板用引线焊到印制电路板的接地端上。

8.2 集成电路的命名方法

8.2.1 国家标准规定的半导体集成电路型号命名方法

我国国家标准规定的半导体集成电路型号命名方法由五部分组成，如表8-5所示。

表8-5 国家标准半导体集成电路型号命名方法及含义

第零部分		第一部分		第二部分	第三部分		第四部分	
用字母表示器件符合国家标准		用字母表示器件的类型		用阿拉伯数字和字母表示器件系列品种	用字母表示器件的工作温度范围		用字母表示器件的封装	
符号	意义	符号	意义		符号	意义	符号	意义
C	中国	T	TTL电路	TIL分为：	C	0 ～ 70℃	F	多层陶瓷扁平封装
		H	HTL电路	54/74XXX	G	-25 ～ 70℃	B	塑料扁平封装
		E	ECL电路	54/74HXXX	L	-25 ～ 85℃	H	黑瓷扁平封装
		C	CMOS	54/74LXXX	E	-40 ～ 85℃	D	多层陶瓷双列直插封装
		M	存储器	54/74SXXX	R	-55 ～ 85℃	J	黑瓷双列直插封装
		μ	微型机电器	54/74LSXXX	M	-55 ～ 125℃	P	塑料双列直插封装
		F	线性放大器	54/74ASXXX			S	塑料单列直插封装
		W	稳压器	54/74LASXXX			T	塑料封装
		D	音响、电视电路	54/74FXXX			K	金属圆壳封装
		B	非线性电路	CMOS为：			C	金属菱形封装
		J	接口电路	40000系列			E	陶瓷芯片载体封装
		AD	A/D转换器	54/74HCXXX			G	塑料芯片载体封装
		DA	D/A转换器	54/74HTCXXX			SOIC	小引线封装
		SC	通信专用电路				PCC	塑料芯片载体封装
		SS	敏感电路				LCC	陶瓷芯片载体封装
		SW	钟表电路					
		SJ	机电仪电路					
		SF	复印机电路					

8.2.2 国外数字集成电路型号命名方法

54/74系列集成电路是国外最流行的通用器件。74系列为民用品，54系列为军用品，两者之间区别在于工作温度范围，74系列器件的工作温度范围为0 ～ 70℃，54系列器件的工作温度范围为-55 ～ 125℃。54/74系列器件在国内使用也非常普遍。目前我国生产的TTL器件也直接按国外系列型号来命名。

54/74系列集成电路型号的组成为三部分，为前缀、字头和阿拉伯数字。

前缀部分表示生产该产品的公司。表8-6是国外生产的TTL集成电路的部分主要公司及其产品的前缀。

表8-6　国外生产TTL集成电路型号前缀

国别	公司名称	代号	型号前缀
美国	德克萨斯公司	TEXAS	SN
美国	摩托罗拉公司	MOTOROLA	MC
美国	国家半导体公司	NATIONAL	DM
日本	日立公司	HITACHI	HD

字头表示器件所属的系列以及按速度、功耗等特性的分类。74系列的TTL集成电路器件分为五大类，如表8-7所示。54系列的分类情况相同。

表8-7　74系列的TTL集成电路器件分类表

种类	字头	举例
标准TTL	74-	7400，74194
高速TTL	74H-	74H00，74H194
低功耗TTL	74L-	74L00，74L194
肖特基TTL	74S-	74S00，74S194
低功耗肖特基TTL	74LS-	74LS00，74LS194

8.3　集成运算放大器

集成运算放大器（Integrated Operational Amplifier）简称集成运放，是由多级直接耦合的放大电路组成的高增益模拟电路。

8.3.1　电路组成及工作原理

集成运算放大器的基本组成包括四部分，即输入级、中间级、输出级和偏置电路，如图8-1所示。

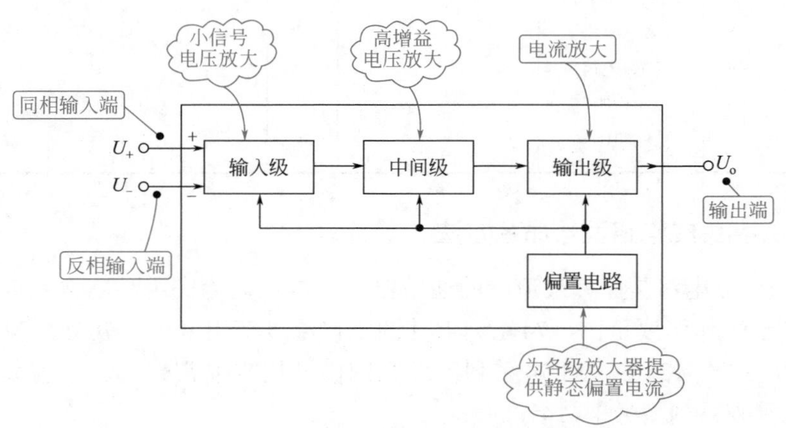

图8-1　运算放大器的方框图

输入级是提高运输放大器质量的关键部分，要求输入电阻高、静态电流小、差模放大倍数高、零漂小，输入级都采用差分放大器构成，它有同相和反相两个输入端。

中间级主要是进行电压放大，要求它的电压放大倍数高，一般由共发射极放大电路构成，其放大管采用复合管，以提高电流放大系数。集电极电阻常采用晶体管恒流源代替，以提高电压放大倍数。

输出级一般由互补对称电路或射极输出器构成，其输出电阻低，带负载能力较强，能输出足够大的电压和电流。

偏置电路的作用是为各级电路提供所需的电源电压、有源负载和恒流源等。

8.3.2　外形和符号

在应用集成运算放大器时，需要其封装形式、引脚用途及主要参数。它有双列直插式和金属圆壳式两种封装，如图8-2所示。

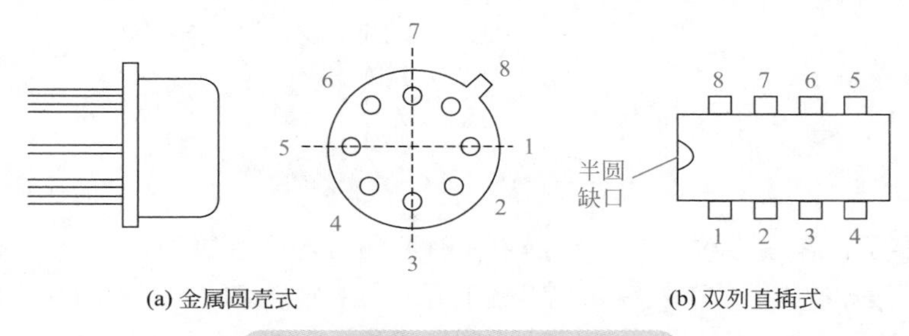

图8-2　运算放大器的封装形式

图8-3所示为集成运放的电路符号。

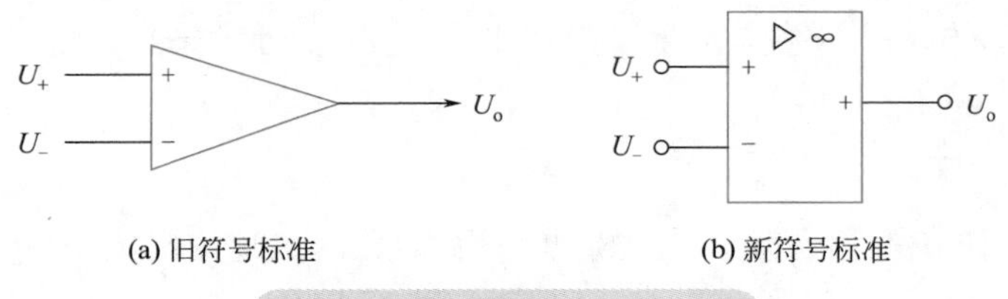

图8-3　集成运放的电路符号

表8-8所示的是集成运放的电路符号的含义。

表8-8　集成运放的电路符号的含义

符号含义	电路符号中有一个三角形，用以表示集成运放信号传输的方向，而且引脚上标有“+”“-”极性，表示输入信号与输出信号之间的相位关系
2根输入引脚	两根输入引脚，分别为同相输入端U_+和反相输入端U_-
1根输出引脚	输出端引脚U_o
∞	表示开环电压放大倍数的理想化条件

8.3.3　传输特性与工作状态

图8-4所示的是集成运放的传输特性，可分为线性区和饱和区。运算放大器可工作在线性区，也可工作在饱和区，但分析方法不一样。

8.3.3.1　工作在线性区

当运算放大器工作在线性区时，U_o和(U_+-U_-)是线性关系，即

$$U_o = A_{uo}(U_+ - U_-) \tag{8-1}$$

运算放大器是一个线性放大器件，由于运算放大器的开环电压放大倍数 A_{uo} 很高，即使输入为毫伏级以下的信号，也足以使输出电压饱和，其饱和值 $+U_{om}$ 或 $-U_{om}$ 达到接近正电源电压或负电源电压值。所以，要使运算放大器工作在线性区，通常引入深度负反馈。

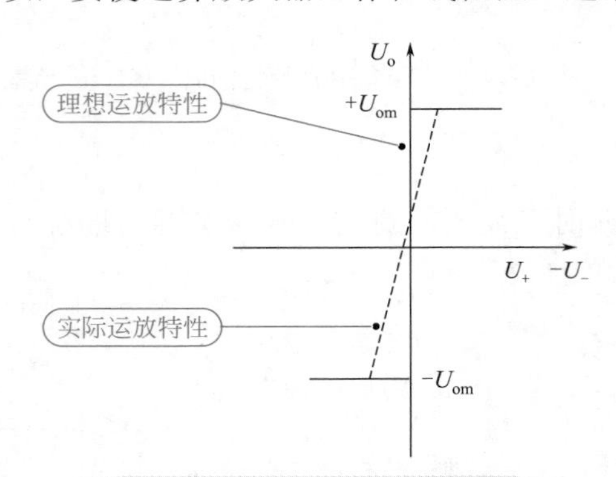

图 8-4 集成运放的传输特性

运算放大器工作在线性区，分析依据主要有两条：虚断和虚短。

虚断：由于运算放大器的差模输入电阻趋于无穷大，集成运放的同相输入端与反相输入端之间输入信号电流接近于零，同相输入端与反相输入端的输入信号电流近似相等，此即“虚断”。

虚短：由于运算放大器的开环电压放大倍数 $A_{uo} \to \infty$，而输出电压是一个有限的数值，即同相输入端的电位与反相输入端的电位相等，此即“虚短”。如果反相端有输入时，同相端接“地”，这时反相输入端的电位接近于“地”电位，它是一个不接“地”的“地”电位端，通常称为“虚地”。

8.3.3.2 工作在饱和区

运算放大器工作在饱和区时，式（8-1）不能满足，这时输出电压 U_o 只有两种可能，或等于 $+U_{om}$ 或等于 $-U_{om}$，而 U_+ 与 U_- 不一定相等：

当 $U_+ > U_-$ 时，$U_o = +U_{om}$；

当 $U_+ < U_-$ 时，$U_o = -U_{om}$。

此外，运算放大器工作在饱和区时，两个输入端的输入电流也可认为等于零。

集成运放的非线性应用，主要说明下列三点：

（1）集成运放工作在饱和区时，运放本身不带反馈，或者带有正反馈，这一点与集成运放工作在线性区明显不同。

（2）集成运放工作在饱和区时，集成运放的输出与输入之间是非线性的，输出电压 U_o 或等于 $+U_{om}$ 或等于 $-U_{om}$。

（3）集成运放工作在饱和区时，虽然同相端和反相端上的电压大小不等，但是由于集成运放的输入电阻很大，所以输入端的信号电流很小而接近于零，这样集成运放仍然具有“虚断”的特点，但不存在“虚短”。

8.3.4 使用要点

集成运算放大器有两个电源引脚 $+U_{CC}$ 和 $-U_{EE}$，但有不同的供电方式。不同的供电方式，对输入信号的要求是不同的。

（1）双电源供电：集成运算放大器大多采用这种供电方式。相对于公共端（地）的正电源与负电源分别接于运算放大器的 $+U_{CC}$ 和 $-U_{EE}$ 引脚上，在这种方式下，可把信号源直接接到运算放大器的输入脚上，而输出电压的振幅可达正负对称电源电压。

（2）单电源供电：单电源供电是将运算放大器的 $-U_{EE}$ 引脚接地，而将 $+U_{CC}$ 接电源正极。为保证集成运放内部电路具有合适的静态工作点，在运算放大器输入端一般要加一直流电位。此时，运算放大器的输出在直流电位基础上随输入信号变化。用作交流放大器时，运算放大器的静态输出电压约为 $U_{CC}/2$，加接电容可隔离输出中的直流成分。

（3）集成运算放大器调零问题。由于集成运放的输入失调电压和输入失调电流的影响，当运输放大器组成的线性电路输入信号为零时，输出往往不等于零。为了提高电路的运算精度，要求对失调电压和失调电流造成的误差进行补偿，这就是运算放大器的调零。

8.3.5 线性应用电路

集成运算放大器引入适当的反馈，可以使输出和输入之间具有某种特定的函数关系，即实现特定的模拟运算，如比例、加、减、积分、微分等，这就构成了模拟运算电路或运算放大器。下面的分析中，在不涉及运算精度的情况下，可以认为运算电路的集成运算放大器为理想器件。

8.3.5.1 比例运算电路

（1）反相比例运算电路。输入信号从反相输入端引入的运算便是反相运算。图8-5所示电路为反相比例运算电路。输入信号 u_i 经输入电阻 R_1 送至反相输入端，而同相输入端通过电阻 R_2 接“地”。反馈电阻 R_F 跨接在输出端和反相输入端之间。

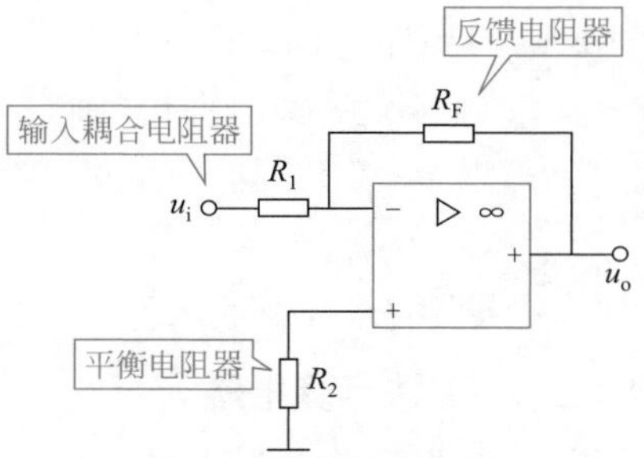

图8-5 反相比例运算电路

根据运算放大器工作在线性区时的两条分析依据可知

$$i_1 \approx i_F，u_- \approx u_+=0$$

由图8-5可知

$$u_o = -\frac{R_F}{R_1}u_i \tag{8-2}$$

闭环电压放大倍数为

$$A_{uf} = \frac{u_o}{u_i} = -\frac{R_F}{R_1}$$

当 $R_F = R_1$ 时

$$u_o = -u_i \quad 即\ A_{uf} = \frac{u_o}{u_i} = -1$$

称为反相器。

式（8-2）表明，输出电压 u_o 与输入电压 u_i 是比例运算关系。如果 R_1 和 R_F 的阻值足够精确，而且运算放大器的开环电压放大倍数很高，就可认定 u_o 与 u_i 的关系只取决于 R_1 与 R_F 的

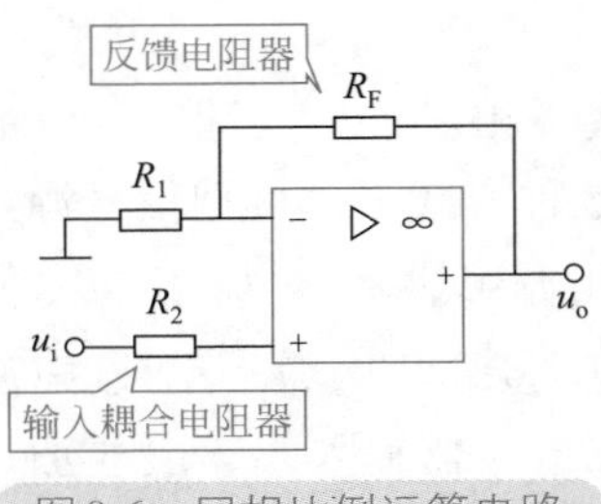

图8-6 同相比例运算电路

阻值之比而与运算放大器本身的参数无关。式（8-2）中的负号表示u_o与u_i反相。

R_2是一平衡电阻，$R_2 = R_1 // R_F$，其作用是消除静态基极电流对输出电压的影响。

（2）同相比例运算电路。输入信号从同相输入端引入的运算便是同相运算。图8-6所示的是同相比例运算电路。

根据理想运算放大器工作在线性区时的分析依据

$$u_- \approx u_+ = u_i,\quad i_1 \approx i_F$$

由图8-6可得出

$$u_o = \left(1 + \frac{R_F}{R_1}\right) u_i$$

闭环电压放大倍数为

$$A_{uf} = \frac{u_o}{u_i} = 1 + \frac{R_F}{R_1} \qquad (8\text{-}3)$$

可见，输出电压u_o与输入电压u_i的比例关系也可认定与运算放大器本身的参数无关。

式（8-3）中，A_{uf}为正值，表示u_o与u_i同相，并且A_{uf}总是大于或等于1，这点和反相比例运算电路不同。

当$R_1 = \infty$或$R_F = 0$时，则

$$A_{uf} = \frac{u_o}{u_i} = 1$$

称为电压跟随器。

8.3.5.2 加法运算电路

如果在反相输入端增加若干输入电路，则构成反相加法运算电路，如图8-7所示。

由图8-7可得出

$$u_o = -\left(\frac{R_F}{R_{11}} u_{i1} + \frac{R_F}{R_{12}} u_{i2} + \frac{R_F}{R_{13}} u_{i3}\right) \qquad (8\text{-}4)$$

当$R_{11} = R_{12} = R_{13} = R_1$时，则

$$u_o = -(u_{i1} + u_{i2} + u_{i3})$$

从式（8-4）可以看出，加法运算电路与运算放大器本身的参数无关，只要电阻阻值足够精确，就可保证加法运算电路的精度和稳定性。

平衡电阻

$$R_2 = R_{11} // R_{12} // R_{13} // R_F$$

8.3.5.3 减法运算电路

如果运算放大器的两个输入端都有输入，则为差分输入。差分运算在电子测量和控制系统中应用广泛，其运算电路如图8-8所示。

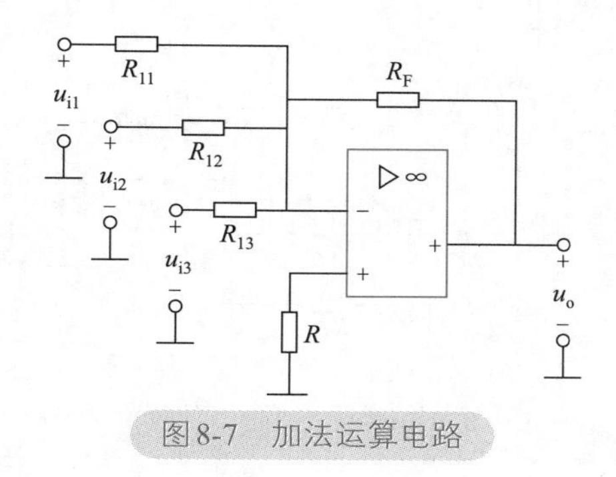

图8-7 加法运算电路

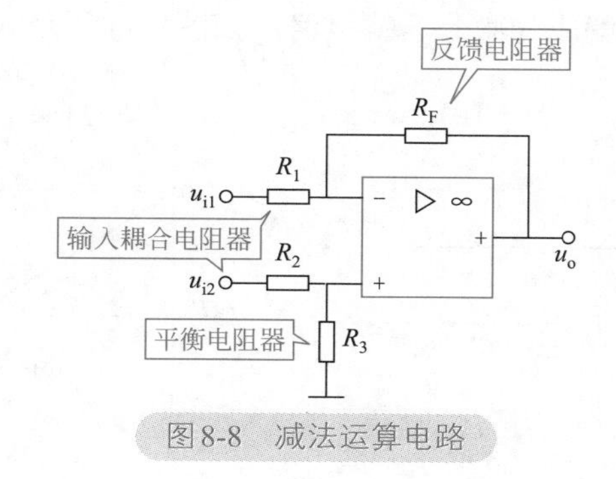

图8-8 减法运算电路

输出电压 u_o 与输入电压 u_i 的关系为

$$u_o = \left(1+\frac{R_F}{R_1}\right)\frac{R_3}{R_2+R_3}u_{i2} - \frac{R_F}{R_1}u_{i1} \tag{8-5}$$

当 $R_1 = R_2$ 和 $R_F = R_3$ 时

$$u_o = \frac{R_F}{R_1}(u_{i2} - u_{i1}) \tag{8-6}$$

当 $R_F = R_1$ 时，则

$$u_o = u_{i2} - u_{i1}$$

由式（8-5）和式（8-6）可以看出，输出电压与两个输入电压的差值成正比，所以可以进行减法运算。

由于电路存在共模电压，为了保证运算精度，应当选用共模抑制比较高的运算放大器或选用阻值合适的电阻。

8.3.5.4 积分运算电路

图8-5所示的反相比例运算电路中，若用电容 C_F 代替 R_F 作为反馈元件，就构成了积分运算电路，如图8-9所示。

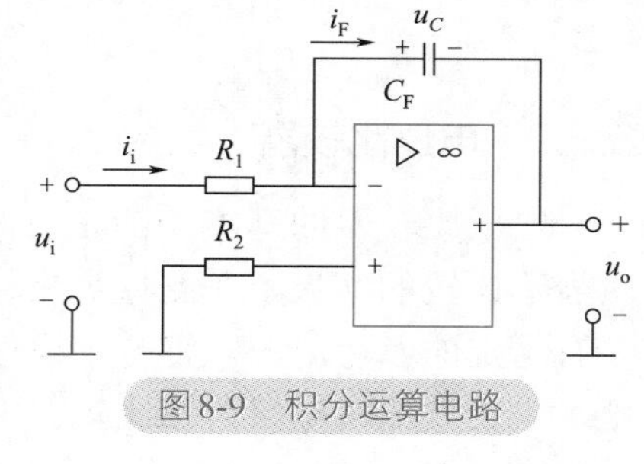

图8-9 积分运算电路

输出电压 u_o 与输入电压 u_i 的关系为

$$u_o = -u_C = -\frac{1}{C_F}\int i_F \mathrm{d}t = -\frac{1}{R_1 C_F}\int u_i \mathrm{d}t \tag{8-7}$$

式（8-7）表明 u_o 与 u_i 的积分成比例，式中的负号表示两者反相。R_1C_F 称为积分时间。若 u_i 为阶跃电压 U，则输出电压

$$u_o = -\frac{U}{R_1 C_F}t$$

与时间 t 成正比，其波形如图8-10所示，最后达到负饱和值 $-U_{om}$。

8.3.5.5 微分运算电路

微分运算是积分运算的逆运算，只需将图8-9中的反相输入端的电阻和反馈电容调换位

置，就成为微分运算电路，如图8-11所示。

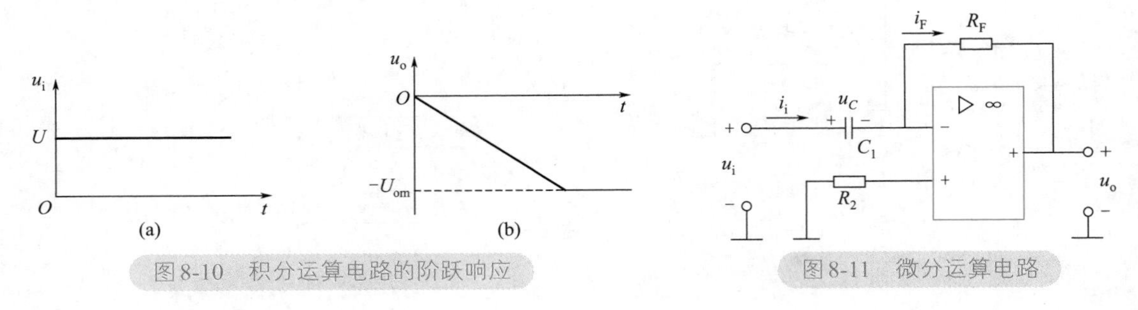

图8-10 积分运算电路的阶跃响应

图8-11 微分运算电路

微分运算电路输出 u_o 与输入 u_i 的关系为

$$u_o = -R_F C_1 \frac{\mathrm{d}u_i}{\mathrm{d}t}$$

即输出电压与输入电压对时间的一次微分成正比。

若 u_i 为阶跃电压 U 时，则输出电压 u_o 为尖脉冲，如图8-12所示。

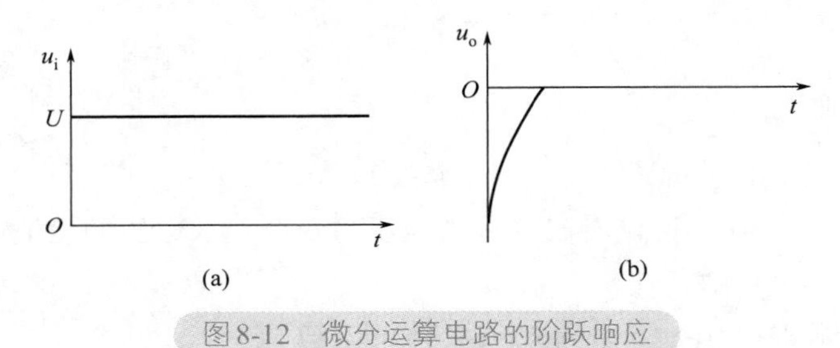

图8-12 微分运算电路的阶跃响应

8.3.6 电压比较器

电压比较器的基本功能是对两个输入端的信号进行鉴别与比较的电路，以输出端正、负表示比较的结果，在测量、控制及波形变换等方面有着广泛的应用。在这类电路中，都要有给定的参考电压，将一个模拟电压信号与参考电压作比较，在输出端则以高电平或低电平来反映比较结果。在比较器中，电路不是处在开环工作状态，就是引入正反馈。所以集成运放都工作在非线性区。因而输出电压只有两种情况，不是 $+U_{om}$，就是 $-U_{om}$。

8.3.6.1 基本电压比较器

如图8-13和图8-14所示，在比较器的一端加上输入信号是连续变化的模拟量，另一端加上固定的基准电压 U_R，而输出信号则是数字量，即“1”或“0”。因此，此类比较器可以作为模拟电路与数字电路的接口。

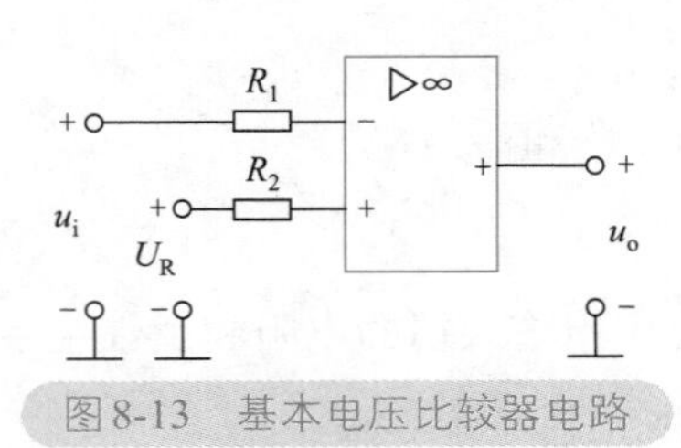

图8-13 基本电压比较器电路

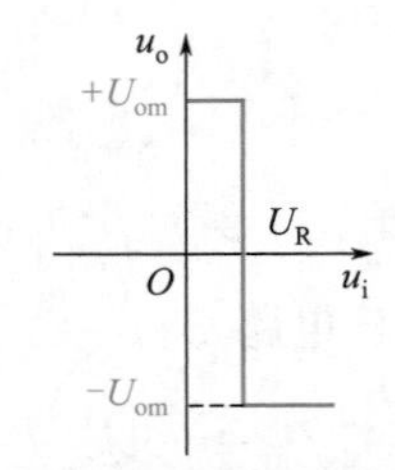

图8-14 基本电压比较器传输特性

8.3.6.2　过零比较器

参考电压为零的比较器称为过零比较器。根据输入方式的不同又可分为反相输入式和同相输入式两种。反相输入式过零比较器的同相输入端接地，而同相输入式过零比较器的反相输入端接地。

对于反相输入式过零比较器，当输入信号电压 $u_{\mathrm{i}} > 0$ 时，输出电压 $u_{\mathrm{o}} = -U_{\mathrm{om}}$ ；当 $u_{\mathrm{i}} < 0$ 时，$u_{\mathrm{o}} = +U_{\mathrm{om}}$ 。反相输入式过零比较器电路及电压传输特性如图 8-15 所示。

对于同相输入式过零比较器，当输入信号电压 $u_{\mathrm{i}} > 0$ 时，输出电压 $u_{\mathrm{o}} = +U_{\mathrm{om}}$ ；当 $u_{\mathrm{i}} < 0$ 时，$u_{\mathrm{o}} = -U_{\mathrm{om}}$ 。同相输入式过零比较器电路及电压传输特性如图 8-16 所示。

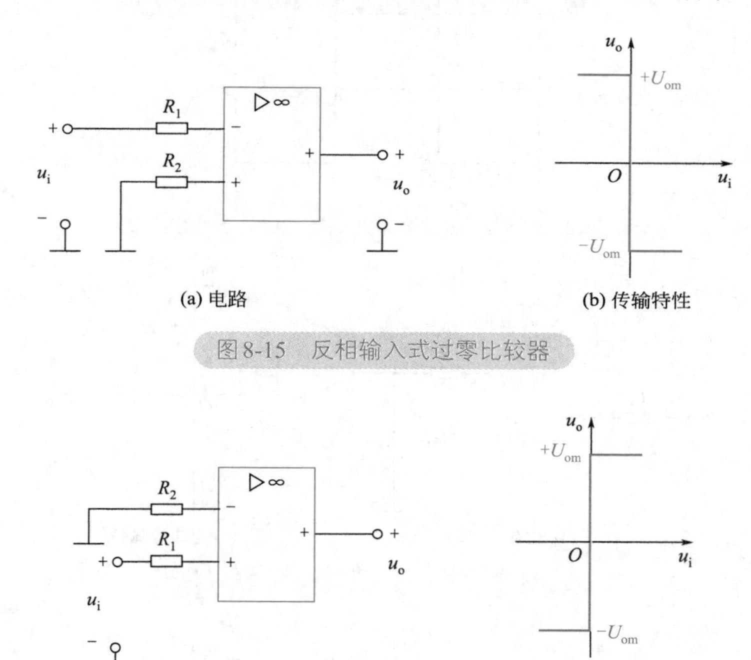

(a) 电路　(b) 传输特性

图 8-15　反相输入式过零比较器

(a) 电路　(b) 传输特性

图 8-16　同相输入式过零比较器

对于反相输入式过零比较器当输入电压为正弦波电压 u_{i} 时，则 u_{o} 为矩形波，如图 8-17 所示。

8.3.6.3　单限电压比较器

单限电压比较器可用于检测输入信号电压是否大于或小于某一特定值。根据输入方式，可分为反相输入式、同相输入式及求和式三种。

图 8-18 所示为反相输入式单限电压比较器的电路和电压传输特性，图 8-19 所示为同相输入式单限电压比较器的电路和电压传输特性。

图中的 u_{R} 是一个固定的参考电压，由它们的传输特性可以看出，当输入信号 u_{i} 的值等于参考电压 u_{R} 时，输出电压 u_{o} 就发生跳变。传输特性上输出电压转换时的输入电压称为门限电压 U_{TH} 。单限电压比较器只有一个门限电压，其值可以正也可以负。实际上过零比较器就是单限电压比较器的一个特例，其门限电压 $U_{\mathrm{TH}} = 0$ 。

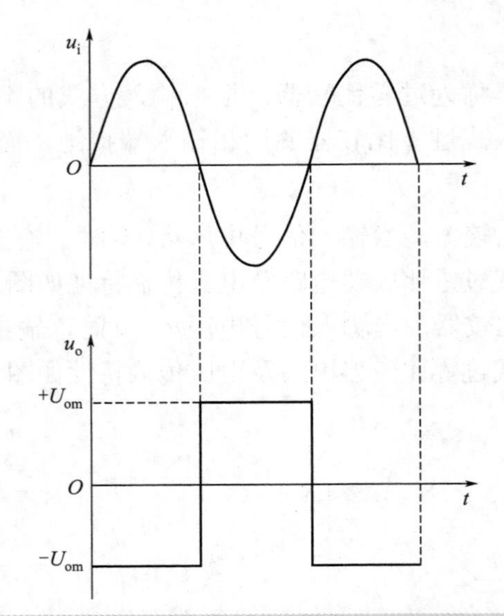

图8-17 过零比较器将正弦波电压变换为矩形波电压

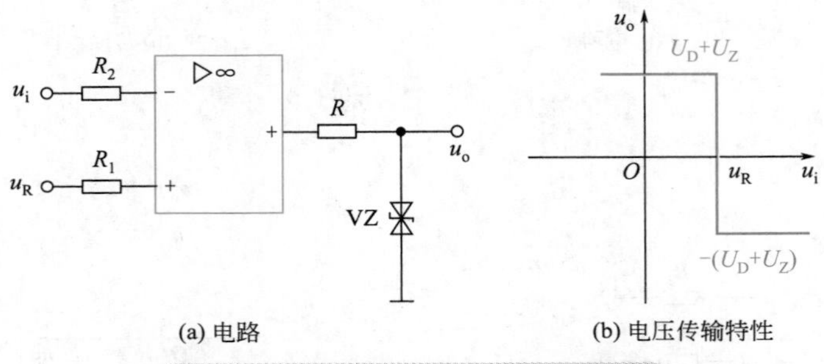

图8-18 反相输入式单限电压比较器

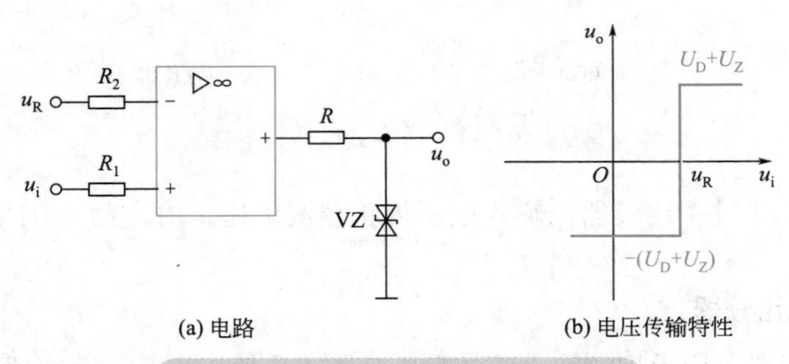

图8-19 同相输入式单限电压比较器

8.3.6.4 滞回电压比较器

滞回电压比较器又称为施密特触发器。单限电压比较器当输入信号在U_R上下波动时，输出电压会出现多次翻转。采用滞回电压比较器可以消除这种现象。

图8-20（a）所示为滞回电压比较器电路，当输入信号u_i为0时，输出电压u_o为正饱和值，等于稳压管两端电压U_Z（$u_o = U_Z > 0$），根据叠加原理，可求出运放同相输入端的电压$u_+ = \frac{R_F}{R_2 + R_F}U_{REF} \pm \frac{R_2}{R_2 + R_F}U_z$，令为$u_+ = u_-$，可求出阈值电压：

$$u_1 = \frac{R_F}{R_2 + R_F} U_{REF} + \frac{R_2}{R_2 + R_F} U_Z$$

$$u_2 = \frac{R_F}{R_2 + R_F} U_{REF} - \frac{R_2}{R_2 + R_F} U_Z$$

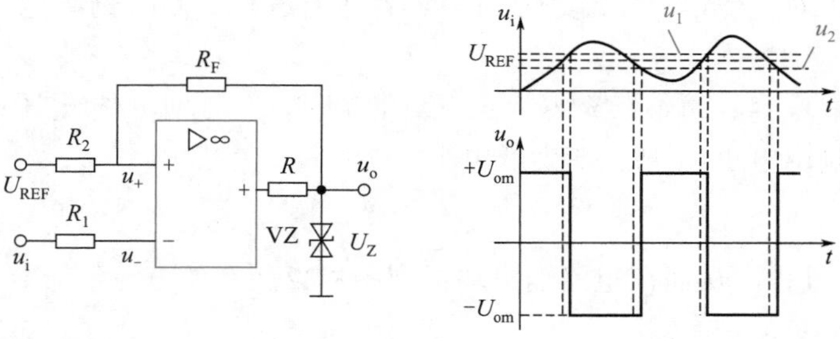

(a) 电路

(b) 波形图

图8-20 滞回电压比较器

输入信号 u_i 逐渐增大，且 $0 < u_i \leqslant u_1$ 时，输出电压继续保持 $u_o = U_Z > 0$。当输入电压 u_i 继续增大，且 $u_i \geqslant u_1$ 时，运放发生翻转，输出电压 $u_o = -U_{om}$，等于稳压管两端电压 U_Z（$u_o = U_Z < 0$）。

如果 $u_i \geqslant u_1$ 时逐渐减小，且减小到 $u_2 < u_i \leqslant u_1$，由于此时反相输入端的电压 u_i 仍然大于同相输入端的电压 $u_+ = u_2$，输出端的电压 u_o 仍然等于负饱和值 $-U_Z$。u_i 继续减小，减小到 $u_i \leqslant u_2$，反相输入端的电压小于同相输入端的电压，运放再次发生翻转，输出电压 $u_o = +U_{om}$。就这样，输入电压大于 u_1，输出电压为负值 $-U_Z$；输入电压小于 u_2，输出电压为正值 U_Z；而在输入电压为 $u_1 < u_i < u_2$ 时，输出电压保持不变，其波形如图8-20（b）所示。由于使运放翻转的输入电压总是滞后于前一个翻转电压，因此称这种电压比较器为滞回电压比较器。

滞回电压比较器也属于单限电压比较器，其稳定性和抗干扰能力比单限电压比较器强，从而避免了使输出电压反复翻转的现象发生。适当选择 R_2 和 R_F，可以调节使运放发生翻转的输入电压滞后值。

8.3.7 方波信号发生器

图8-21所示电路是一个运算放大器构成的方波信号发生器，它是在运算放大器上同时加正、负反馈电路构成的，VS为双向稳压管。假设它的稳压值 $U_Z = 5V$，它可以使输出电压 U_o 稳定在 −5V ～ 5V 范围内。

8.3.7.1 工作原理

在 $0 \sim t_1$ 期间，$U_o = 5V$ 通过 R 对电容 C 进行充电，在电容 C 上充得上正下负的电压，U_C 电压上升，U_- 电压也上升，在 t_1 时刻 U_- 电压达到门限电压3V，开始有 $U_- > U_+$，输出电压 U_o 马上变为低电平，即 $U_o = -5V$，同相输入端的门限电压被 U_o 拉低至 $U_+ = -3V$。

在 $t_1 \sim t_2$ 期间，电容 C 开始放电，放电路径是：电容 C 上正→ R → R_1 → R_2 →地→电容 C 下负，t_2 时刻，电容 C 放电完毕。

在$t_2 \sim t_3$期间，$U_o = -5V$电压开始对电容C反充电，其路径是：地→电容$C \to R \to$ VS上（–5V），电容C被充得上负下正的电压。U_C为负压，U_-也为负压，随着电容C不断被反充电，U_-不断下降。在t_3时刻，U_-下降到–3V，开始有$U_- < U_+$，输出电压U_o马上转为高电平，即$U_o = 5V$，同相输入端的门限电压被U_o抬高到$U_+ = 3V$。

在$t_3 \sim t_4$期间，$U_o = 5V$又开始经R对电容C进行充电，t_4时刻将电容C上的上负下正电压中和。

在$t_4 \sim t_5$期间，电容C再继续充得上正下负的电压，t_5时刻，U_-电压达到门限电压3V，开始有$U_- > U_+$，输出电压U_o马上变为低电平。

8.3.7.2 输出波形

以后重复上述过程，从而在电路输出端得到图8-22所示的方波信号U_o。

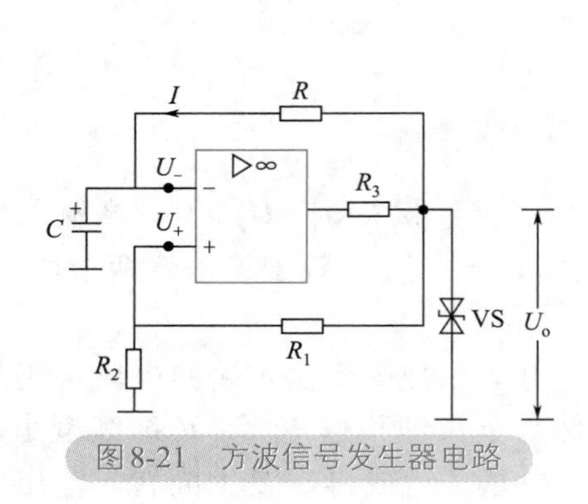

图8-21 方波信号发生器电路

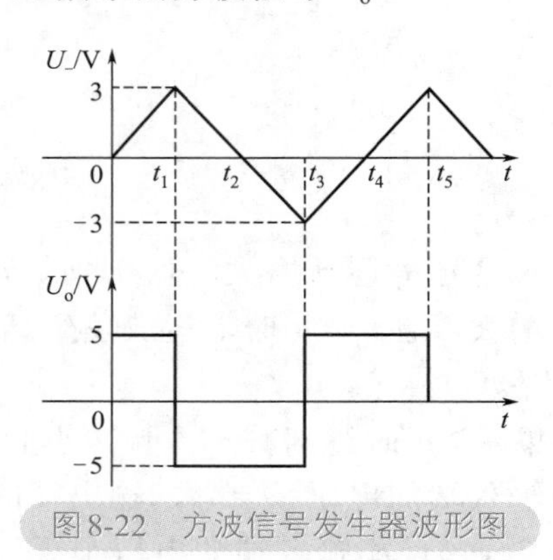

图8-22 方波信号发生器波形图

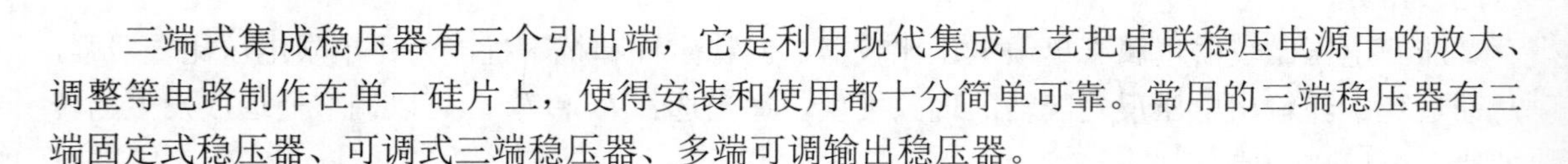

8.4 集成稳压器

三端式集成稳压器有三个引出端，它是利用现代集成工艺把串联稳压电源中的放大、调整等电路制作在单一硅片上，使得安装和使用都十分简单可靠。常用的三端稳压器有三端固定式稳压器、可调式三端稳压器、多端可调输出稳压器。

8.4.1 三端固定式稳压器

三端固定式稳压器是常用的一种中小功率集成稳压电路。目前，市场上流行的两大系列三端集成稳压器即“W78××”系列和“W79××”系列。W78××系列输出正电压，如7805输出+5V电压；W79系列输出负电压，如7905输出-5V电压。W78××系列和W79××系列中的后两位数“××”代表输出电压的高低。W78××系列输出的固定正电压有5V，6V，9V，12V，15V，18V，24V七个等级。W79××系列输出固定负电压，其参数与W78××系列基本相同。W78××系列和W79××系列封装形式有塑料封装和金属封装两种。

（1）外形和引脚。三端稳压集成电路是以三端稳压器为核心构成的一个稳定集成块，它对外只引出三个引脚，即输入端、输出端和公共端，如图8-23所示。

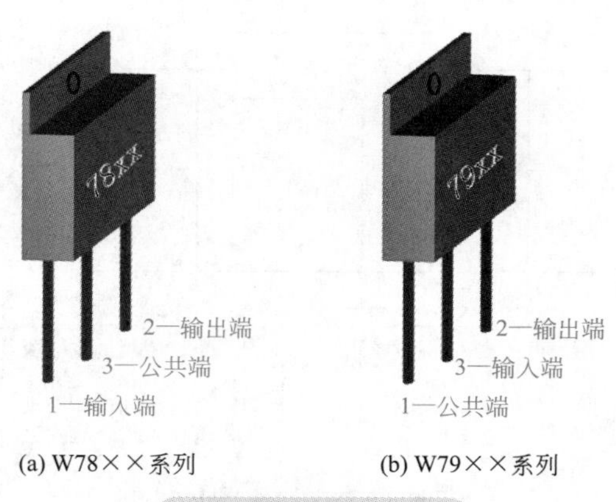

(a) W78××系列 (b) W79××系列

图8-23 三端稳压器

（2）性能规格

表8-9所示为W78××系列三端稳压器的主要性能规格。

表8-9 W78系列三端稳压器的主要性能规格

项目	符号	规格								
		7805	7806	7807	7808	7812	7815	7818	7824	单位
输出电压	V_{OUT}	4.8～5.2	5.7～6.3	6.7～7.3	7.7～8.3	11.5～12.5	14.4～15.6	17.3～18.7	23～25	V
输入稳定度	δ_{IN}	3	5	5.5	6	10	11	15	18	mV
负载稳定度	δ_{LOAD}	15	14	13	12	12	12	12	12	mV
偏压电流	I_Q	4.2	4.3	4.3	4.3	4.3	4.4	4.6	4.6	mA
纹波压缩度	R_{REJ}	78	75	73	72	71	70	69	66	dB
最小输入输出电压差	V_D	3	3	3	3	3	3	3	3	V
输出短路电流	I_{OS}	2.2	2.2	2.2	2.2	2.2	2.1	2.1	2.1	A
输出电压温度系数	T_{CVO}	-1.1	-0.8	-0.8	-0.8	-1.0	-1.0	-1.0	-1.5	mV/℃

国内典型产品为CW×17和CW×37系列，其中17系列输出正电压，37系列输出负电压。输出电流分0.1A、0.5A、1.5A三挡，用L、M标记或无标记，“×”取1、2、3，分别代表军用品、半军用品和民用品。

（3）基本电路。图8-24所示为78/79系列最基本的使用方法，最重要的是必须在输入侧、输出侧分别接入电容器，输入侧的电容器C_1用于提高IC动作的稳定性，通常相当于整流电路的平滑大容量电容器。

如果在输出侧没有接入电容器C_2，那么IC有可能产生振荡现象。三端稳压器的振荡频率为高频正弦波，且频率随接线长度变化而变化，对于稳定直流输出电压来说，高频振荡的危害类似于纹波。

因此为了防止发生振荡，最好在接近三端稳压器的输入输出端接入电容器C_1和C_2。

使用三端稳压器后，可使稳压电路变得十分简单，它只需在输入端和输出端上分别加一个滤波电容就可以了。在图8-24所示电路中，C_1用以抵消输入端较长接线的电感效应，防止产生自激振荡，接线不长时也可不用。C_2是为了瞬时增减负载电流时不致引起输出电压有较大的波动。C_1一般在0.1～1μF，如0.33μF；C_2可用1μF。

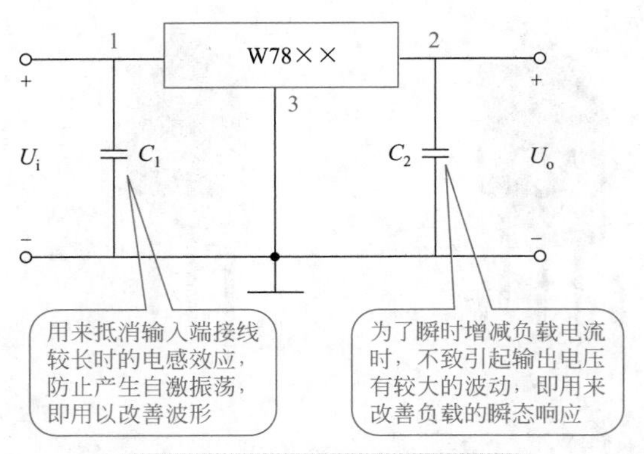

图8-24 W78××系列接线图

（4）扩展电路。图8-25所示电路为可调式直流稳压电源电路。

$$U_o = \left(1 + \frac{R_2}{R_1}\right) U_{\times\times}$$

调节电位器R_P即可调整R_2与R_1的比值，就可调节输出电压U_o的大小。

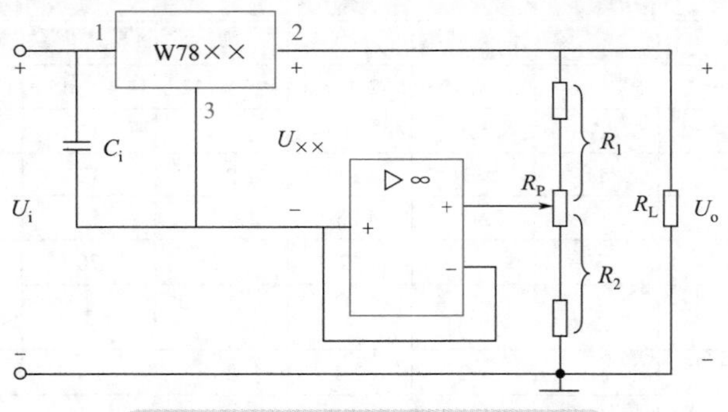

图8-25 可调式直流稳压电源电路

图8-26所示电路是提高输出电压的稳压电路，输出电压$U_o = U_{\times\times} + U_Z$。

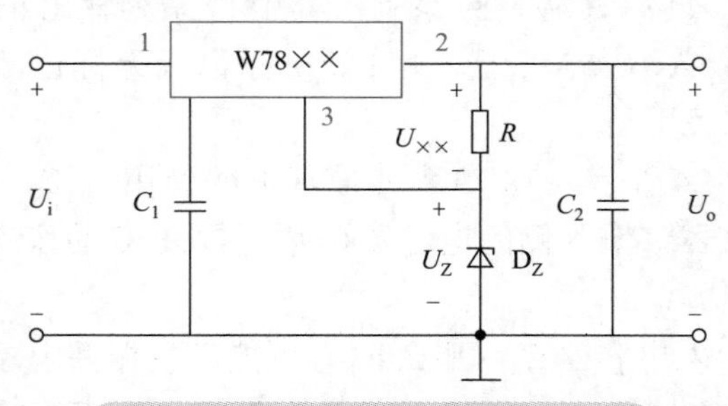

图8-26 提高输出电压的稳压电路

图8-27所示电路是增大输出电流的电路。其工作原理是：I_{om}是稳压器输出电流，当$I_O < I_{om}$时，U_R较小，VT截止，$I_C = 0$。当$I_o > I_{om}$时，U_R较大，VT导通，$I_o = I_{om} + I_C$。

在电子电路中，不仅需要正电源，而且需要负电源。79系列的三端稳压器能用于负电源。图8-28所示为输出正、负电源的稳压电路，通过78系列正输出三端稳压器使电压稳定，然后以输出的正端为地，就可构成负电源。

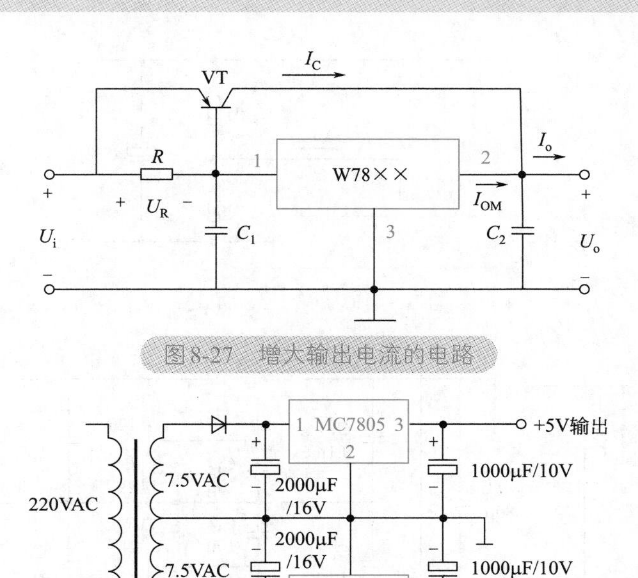

图8-27 增大输出电流的电路

图8-28 输出正、负电源的稳压电路

8.4.2 可调式三端稳压器

（1）基本概念 所谓可调式三端稳压器，是指可以根据电路的需要来调整输出电压的稳压器（输出电压可在一定范围内调整）。

（2）常见类型。常见可调式三端稳压器有LM117、LM317、LM337、LM1117、CW117、CW137等；也分为正电压输出和负电压输出两种，如LM317、CW117为正电压输出型，LM337、CW137为负电压输出型。

（3）典型电路。下面以CW117为例进行说明。CW117的典型应用电路如图8-29所示。图中，电阻R_1和可变电阻RP构成分压电路。调节RP，就可改变集成调压器的调节脚的电压，从而改变输出电压。

电路的输出电压满足以下关系：

$$U_o = 1.25(1 + \text{RP} / R_1)$$

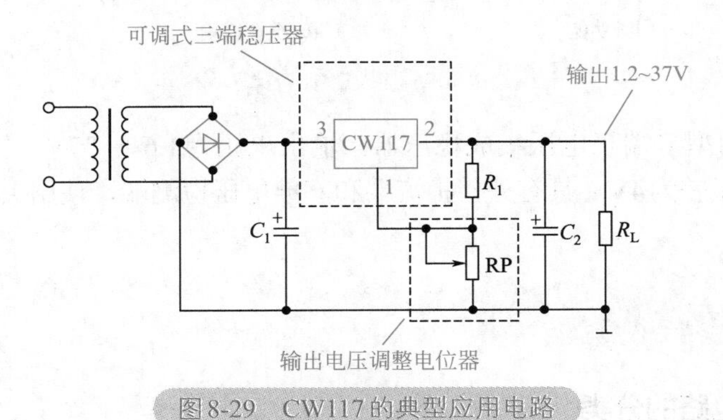

图8-29 CW117的典型应用电路

负电压型可调式三端稳压器（以CW137为例）的应用电路如图8-30所示。

三端可调式集成稳压器正负可调稳压电路如图8-31所示。

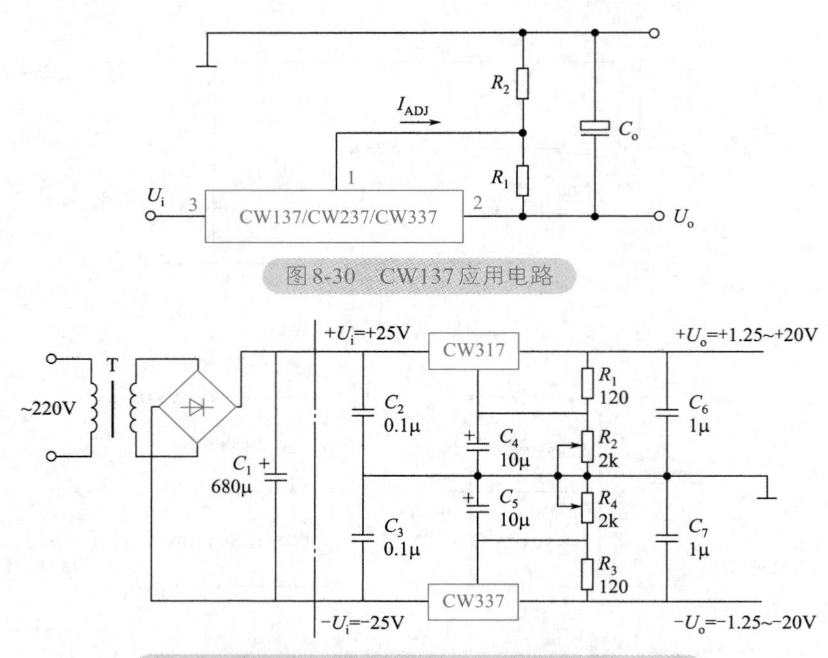

图 8-30 CW137 应用电路

图 8-31 三端可调式集成稳压器正负可调稳压电路

8.4.3 多端可调输出稳压器

多端可调输出稳压器也有正输出和负输出两种方式。图 8-32 所示为 CW3085 引脚功能和典型应用电路。

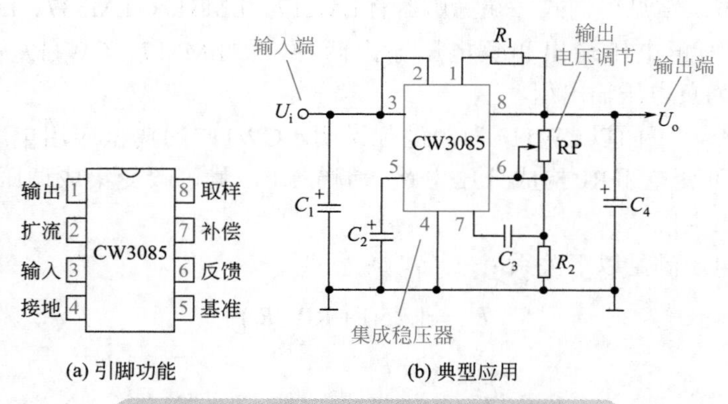

图 8-32 CW3085 引脚功能与典型应用电路

CW3085 是通用型多端正电压集成稳压器，输出电压为 1.6 ～ 37V；输出电流为 100mA；最小输入、输出电压差为 4V；具有外接扩流端和基准电压检测端，使用灵活方便。

8.5 数字集成电路

8.5.1 数字集成电路的分类

目前，中小规模数字集成电路最常用的是 TTL 电路和 CMOS 电路两大系列，其基本分类如表 8-10 所示。

表8-10　数字集成电路基本分类

系列	子系列	中文含义	对电源要求	使用说明
TTL	54/74	普通TTL系列	54：5V ± 10% 74：5V ± 5%	①54系列为军用品；74系列为民用品 ②对于同一功能编号的各系列TTL集成电路，它们的引脚排列与逻辑功能完全相同。比如，7404、74LS04、74A504、74F04、74ALS04等各集成电路的引脚图与逻辑功能完全一致，但它们电路的工作速度和功耗方面具体应查手册
	54/74H	高速TTL系列		
	54/74L	低功耗TTL系列		
	54/74S	肖特基TTL系列		
	54/74AS	先进肖特基TTL系列		
	54/74LS	低功耗、先进肖特基TTL系列		
CMOS	40/45	互补场效应管系列	3 ～ 18V	①40系列是按RCA公司标准制定的；45系列是按Motorola公司标准制定的 ②40系列和45系列完全兼容 ③由左表可知，CMOS集成电路的工作电源电压范围比较宽泛
	74HC	高速CMOS系列	2 ～ 6V	
	74HCT	与TTL电平兼容的HCMOS系列	4.5 ～ 5.5 V	

8.5.2　数字集成电路的参数

8.5.2.1　电压参数

数字集成电路的电压参数如表8-11所示。

表8-11　数字集成电路的电压参数

项目	符号	TTL系列	CMOS系列	说明
高电平输出电压/V	U_{OH}	≥2.4	电源电压	TTL电源：用V_{CC}表示电源正极，电源负极接地表示为GND MOS电源：V_{DD}表示电源正极（漏极电源），V_{CC}表示电源负极（源极电源）
低电平输出电压/V	U_{OL}	≤0.4	0	
高电平输入电压/V	U_{IH}	≥2	≥3.5	
低电平输入电压/V	U_{IL}	≤0.8	≤1.5	

8.5.2.2　电流参数

数字集成电路的电流参数如表8-12所示。

表8-12　数字集成电路的电流参数

名称	符号	示意图	TTL		CMOS	
			74系列	74LS系列	40系列	74HC系列
高电平输出电流	I_{OH}	2.4V I_{OH} H R_L 拉流	0.4mA	0.4mA	0.51mA	4mA
低电平输出电流	I_{OL}	V_{CC} R_L H H 0.4V L I_{OL} 灌流	16mA	8mA	0.51mA	4mA
高电平输入电流	I_{IH}	前级 H I_{IH}	40μA	20μA	20μA	0.1μA
低电平输入电流	I_{IL}	L I_{IL}	1.6mA	0.4mA	0.1mA	1mA

8.5.3 常用TTL集成电路的型号

部分常用TTL集成电路的型号和功能如表8-13所示。

表8-13 部分常用TTL集成电路的型号和功能

序号	型号	功能
1	74LS00	2输入四与非门
2	74LS02	2输入四或非门
3	74LS04	六反相器
4	74LS07	六同相缓冲/驱动器（OC）
5	74LS08	2输入四与门
6	74LS10	3输入三与非门
7	74LS11	3输入三与门
8	74LS12	3输入三与非门（OC）
9	74LS14	六反相器（施密特触发）
10	74LS20	四输入双与非门
11	74LS21	四输入双与门
12	74LS27	3输入三或非门
13	74LS30	8输入与非门
14	74LS32	2输入四或门
15	74LS42	BCD至十进制数4线-10线译码器
16	74LS51	2路2输入/3输入四组输入与或非门
17	74LS55	4-4输入二路与或非门
18	74LS73	双J-K触发器（带清零）
19	74LS74	正沿触发双D型触发器（带预置和清零）
20	74LS76	双J-K触发器（带预置和清零）
21	74LS83	4位二进制全加器（快速进位）
22	74LS85	4位比较器
23	74LS86	2输入四异或门
24	74LS90	十进制计数器（÷2，÷5）
25	74LS92	十二分频计数器（÷2，÷6)
26	74LS93	4位二进制计数器（÷2，÷8)
27	74LS95B	4位移位寄存器
28	74LS109A	正沿触发双J-K触发器（带预置和清零）
29	74LS110	与输入J-K主从触发器(带数据锁定）
30	74LS112	负沿触发双J-K触发器（带预置和清零）
31	74LS125	四总线缓冲门（三态输出）
32	74LS138	3-8线译码器/解调器
33	74LS139	双2-4线译码器/解调器
34	74LS151	8选1数据选择器
35	74LS153	双4选1数据选择器
36	74LS154	4-16线译码器/分配器
37	74LS157	四2选1数据选择器/复工器
38	74LS160A	4位十进制计数器（直接清零）
39	74LS161	4位二进制计数器（直接清零）
40	74LS164	八位并行输出串行移位寄存器（异步清零）

续表

序号	型号	功能
41	74LS165	并行输入8位移位寄存器（补码输出）
42	74LS174	六D触发器
43	74LS175	四D触发器
44	74LS176	可预置十进制（二平五进制）计数器/锁存器
45	74LS181	算术逻辑单元/功能发生器
46	74LS190	十进制同步可逆计数器
47	74LS191	二进制同步可逆计数器
48	74LS192	十进制同步可逆双时钟计数器
49	74LS193	二进制同步可逆双时钟计数器
50	74LS194	4位双向通用移位寄存器
51	74LS195	4位并行存取移位寄存器
52	74LS198	8位双向通用移位寄存器
53	74LS244	八缓冲器/线驱动器/线接收器（三态）
54	74LS245	八总线收发器（三态）
55	74LS248	BCD-七段译码器/驱动器（内有升压输出）
56	74LS257	四2选1数据选择器/复工器
57	74LS273	八D触发器
58	74LS283	4位二进制全加器
59	74LS290	十进制计数器（÷2，÷5)
60	74LS323	八位通用移位/存储寄存器（三态输出）
61	LM324	四运算放大器（模拟集成电路）
62	555	集成定时器
63	2114	静态RAM
64	2716	2K×8位 EPROM
65	7800	集成三端稳压器系列
66	7900	集成三端稳压器系列
67	8051	单片微型计算机

8.5.4 数字集成电路应用注意事项

8.5.4.1 应用TTL数字集成电路的注意事项

（1）在高速电路中，电源与集成电路之间存在引线电感及引线间的分布电容，既会影响电路的速度，又易通过公用线段产生级间耦合，引起自激。为此，可采用退耦措施，在靠近集成电路的电源引出线和地线引端之间接入0.01μF的旁路电容，在频率不太高的情况下，通常只在印制电路板的插头处，每个通道入口的电源端和地端之间，并联一个10～100μF和0.01～0.1μF的电容器，前者作低频滤波，后者作高频滤波。

（2）TTL门空余输入端的处理方法。若是“与”门、“与非”门空余输入端，最好不要悬空而接电源，如果是“或”门、“或非”门，便将空余输入端接地。可直接接入或串接1～10kΩ电阻器再接入。前一种接法电源浪涌电压可能损坏电路，后一种接法分布电容将影响电路的工作速度。也可将空余输入端并联在一起，如图8-33所示。但是与输入端并联后，结电容会降低电路的工作速度，同时也增加了信号对信号驱动电流的要求。

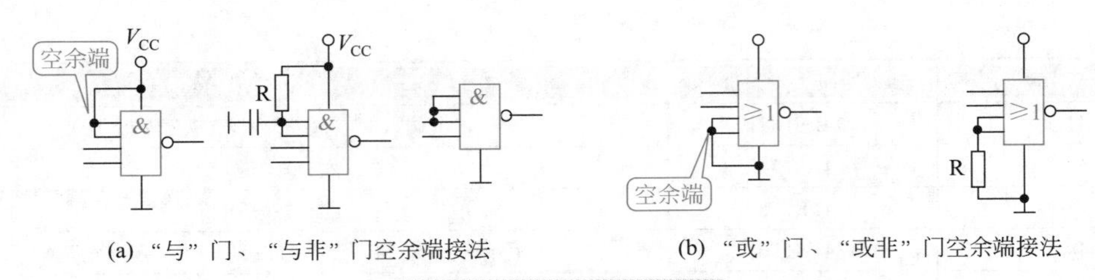

(a)“与”门、“与非”门空余端接法　(b)“或”门、“或非”门空余端接法

图 8-33　TTL 空余端接法

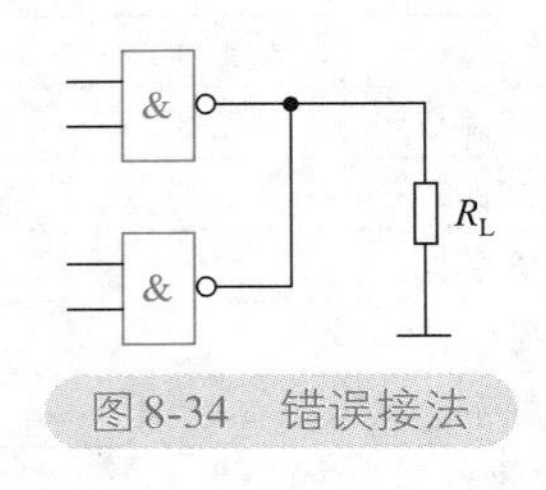

图8-34　错误接法

（3）除集电极开路（OC）门和三态（TS）门外，其他电路的输出端不允许并联使用，如图8-34所示，否则会引起逻辑混乱或损坏器件。

（4）TTL集成电路54系列工作电源电压值为5×（1±10%）V，74系列工作电源电压值为5×（1±5%）V，超过该范围可能引起逻辑混乱或损坏器件。U_{CC}接电源正极，U_{SS}（地）接电源负极。

8.5.4.2　应用CMOS数字集成电路的注意事项

（1）CMOS集成电路工作电源$+U_{DD}$为+5 ～ +15V，U_{SS}接电源负极，两者不能接反。

（2）输入信号电压U_i应为$U_{SS} \leqslant U_i \leqslant U_{DD}$，超出会损坏器件。

（3）空余的输入端一律不许悬空，应按其逻辑要求接U_{DD}或U_{SS}（地），工作速度不高时，允许输入端并联使用。

（4）调试使用中要严格遵守：开机时，先接通电源，再加输入信号；关机时，先撤去输入信号，再关电源。

（5）CMOS集成电路输入阻抗极高，易受外界干扰、冲击和静态击穿。应用时，必须用金属屏蔽包装。若需长期保存，应将其放入金属盒内，待焊的集成电路应在临焊前拆除屏蔽包装。焊接时，应切断电源，电烙铁外壳必须良好接地。一般使用功率为20W的内热式电烙铁，焊接时间不宜超过5s，严禁虚焊。

（6）输入端的电流不能超过1mA，否则应接入适当大小的限流电阻。

8.6　语音集成电路

语音集成电路是将语音信号进行处理后，以数字编码形式储存在半导体只读存储器（ROM）中，其中ROM有两种形式，一种是掩膜式ROM，另一种是可擦除式存储器。语音信号的采样频率是决定语音电路音质好坏的最重要因素。一般来说，采样频率必须是语音频带宽度的2倍以上，比如，要保存最高频率为6kHz带宽的频谱，这时采样频率最低必须为2×6kHz=12kHz。通常线的带宽为3kHz，如果以电话的音质为准，7kHz的采样频率就能满足要求，而处理一般的音素，用12kHz采样就可基本达到高保真音质的水平。

8.6.1　语音录放集成电路

语音录放集成电路芯片采用多层光罩技术将语音电路单元和数字化语音信息掩膜在半导体芯片中，语音集成电路能在人工或者自动控制的条件下完成录音与回放，由于操作简单、信息可长期保存、投资少等优点，它在自动留言机、语音学习机、高等智能玩具等领域应用广泛。

目前，语音录放电路在市场上的种类很多，但操作方法都大同小异，下面以一种单片8～20s单段语音录放电路ISD1820P为例对此类电路做一介绍（表8-14）。

表8-14 语音录放集成电路简介

项目	图示	说明
录放集成电路	 DIP(双列直插)封装 　COB(裸芯片封装)	外封装主要有DIP和COB两类
ISD1820P引脚	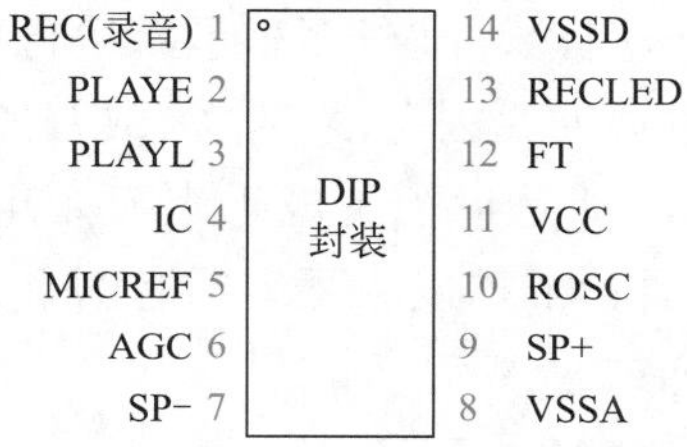 REC(录音) 1　14 VSSD PLAYE 2　13 RECLED PLAYL 3　12 FT IC 4　11 VCC MICREF 5　10 ROSC AGC 6　9 SP+ SP− 7　8 VSSA DIP封装	COB封装引脚可在网上查找
应用电路图	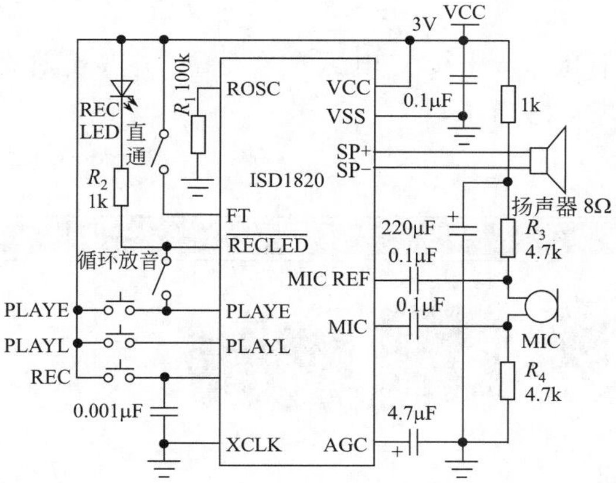	VCC：3V REC：录音 RECLED：录音提升 MIC：话筒 MICREF：话筒参考 AGC：自动增益控制 SP+、SP−：扬声器 PLAYE：放音一 PLAYL：放音二 XCLK：外部时钟，此端内部有下拉元件，只为测试用，不用接 ROSC：振荡电阻，此端接振荡电阻至VSS，由振荡电阻的阻值决定录放音的时间 FT：直通模式，此端允许接MIC输入端的外部语音信号经过芯片内部的AGC
操作方法	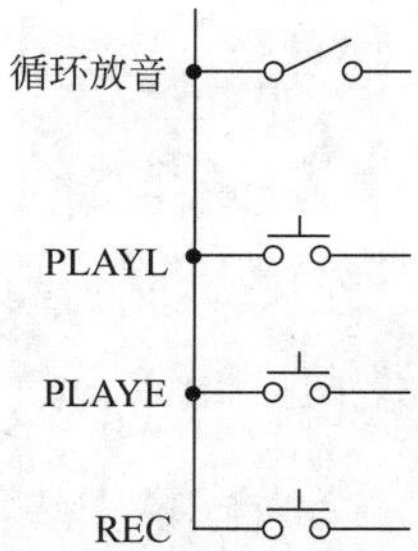	（1）录音 按住REC录音按键不放录音，RECLED灯会亮起，松开按键录音停止 （2）放音 ①全段放音：按PLAYL键一下将全段放音，除非断电或放音结束，否则不停止放音 ②触发放音：按住PLAYE键时即放音，松开按键即停止 ③循环放音：将循环放音开关闭合，按PLAYL键开始循环放音，只有断电才能停止

续表

项目	图示		说明
录音时间调节	ROSC	录放时间	调整外接电阻R_1的阻值调整录放音时间
	80kΩ	8s	
	100 kΩ	10s	
	120 kΩ	12s	
	160 kΩ	16s	
	200 kΩ	20s	
	—	—	

8.6.2 音乐集成电路

音乐集成电路是一种高度集成的固态电路，音乐或语言是烧写在芯片的ROM里的，又称为音乐IC，常用于音乐贺卡、音乐门铃、汽车倒车示警等方面。音乐IC已逐渐进入了人们日常生活和生产的领域，其迅速发展的原因有很多，大致有如下几点。

（1）功能强。音乐IC虽然很小，却是包括了成千上万个电子元器件的集成电路芯片。它的内部包含振荡电路、音符发生器、节拍发生器、音色发生器、只读存储器、地址计数器和控制输出器等单元电路，功能强大。

（2）价格低。一般的音乐片价格为10元左右。

（3）使用方便。音乐IC电路外的电路十分简洁，使用者不用了解电路内部复杂的原理，仅仅需要按要求接几根线。

（4）使用时对外部要求不高。音乐IC对电源要求不高，电压允许范围大，耗电极少。

音乐集成电路的分类如表8-15所示。

表8-15 音乐集成电路的分类

项目	图示	说明
音乐集成电路	软封装 实物图	按封装形式主要有黑膏软封装和三极管两种封装形式，后者称为音乐三极管。音乐集成电路一般采用“软封装”，也有少量使用双列直插和单列直插封装

续表

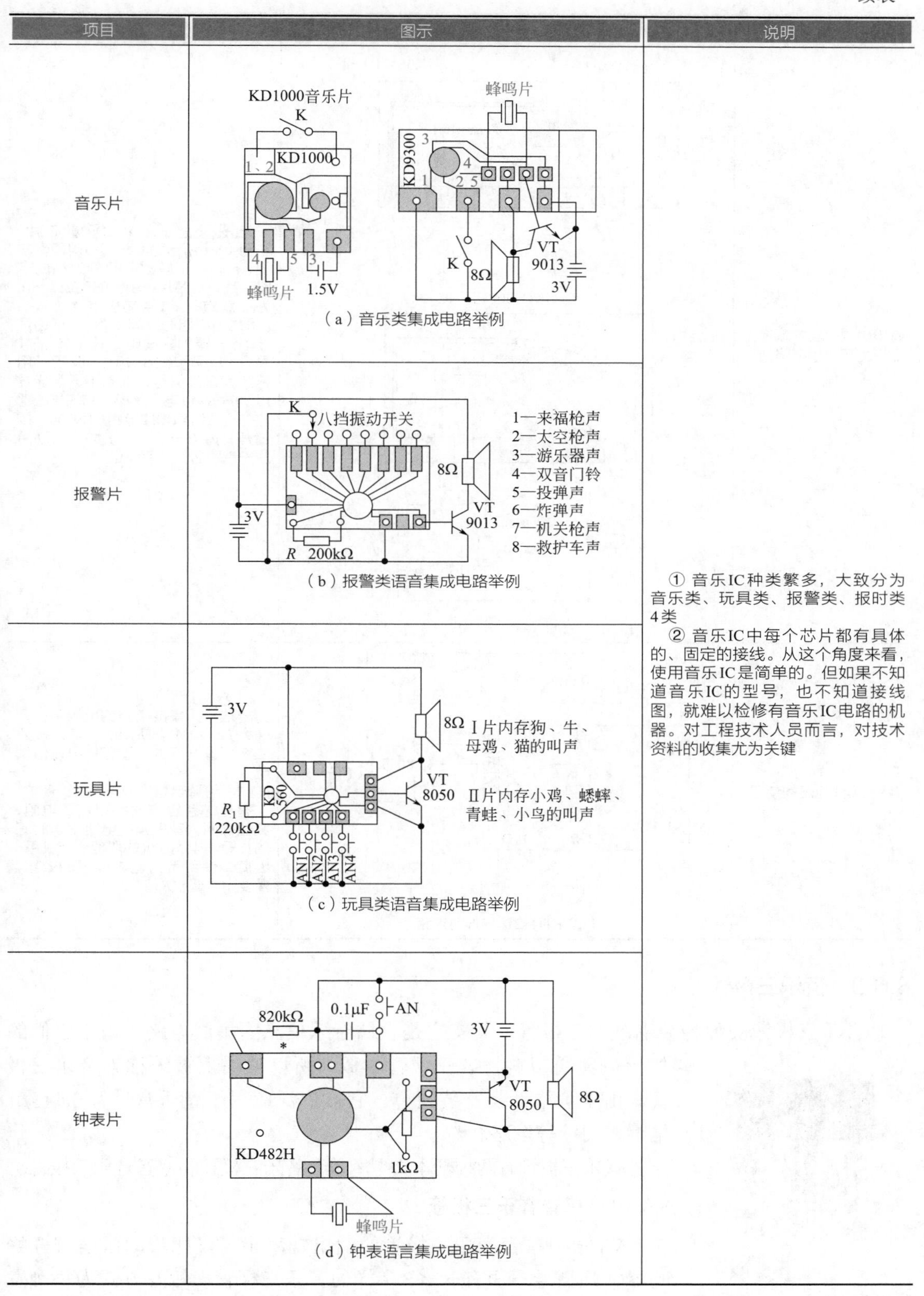

项目	图示	说明
音乐片	（a）音乐类集成电路举例	① 音乐IC种类繁多，大致分为音乐类、玩具类、报警类、报时类4类 ② 音乐IC中每个芯片都有具体的、固定的接线。从这个角度来看，使用音乐IC是简单的。但如果不知道音乐IC的型号，也不知道接线图，就难以检修有音乐IC电路的机器。对工程技术人员而言，对技术资料的收集尤为关键
报警片	（b）报警类语音集成电路举例	
玩具片	（c）玩具类语音集成电路举例	
钟表片	（d）钟表语言集成电路举例	

续表

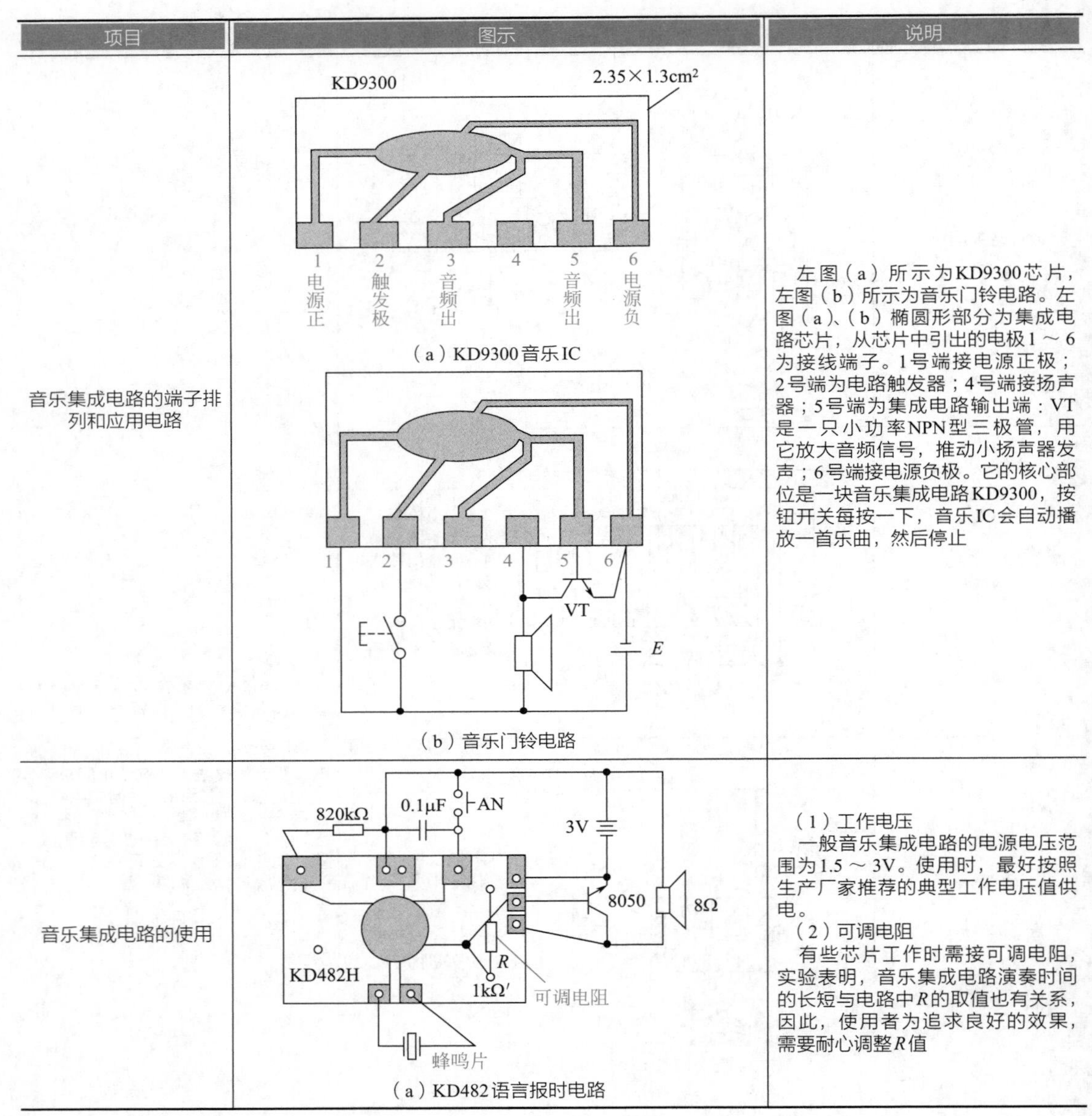

项目	图示	说明
音乐集成电路的端子排列和应用电路	KD9300 2.35×1.3cm² 1 电源正 2 触发极 3 音频出 4 5 音频出 6 电源负 （a）KD9300音乐IC 1 2 3 4 5 6 VT E （b）音乐门铃电路	左图（a）所示为KD9300芯片，左图（b）所示为音乐门铃电路。左图（a）、（b）椭圆形部分为集成电路芯片，从芯片中引出的电极1～6为接线端子。1号端接电源正极；2号端为电路触发器；4号端接扬声器；5号端为集成电路输出端：VT是一只小功率NPN型三极管，用它放大音频信号，推动小扬声器发声；6号端接电源负极。它的核心部位是一块音乐集成电路KD9300，按钮开关每按一下，音乐IC会自动播放一首乐曲，然后停止
音乐集成电路的使用	820kΩ 0.1μF AN 3V 8050 8Ω KD482H R 1kΩ′ 可调电阻 蜂鸣片 （a）KD482语言报时电路	（1）工作电压 一般音乐集成电路的电源电压范围为1.5～3V。使用时，最好按照生产厂家推荐的典型工作电压值供电。 （2）可调电阻 有些芯片工作时需接可调电阻，实验表明，音乐集成电路演奏时间的长短与电路中R的取值也有关系，因此，使用者为追求良好的效果，需要耐心调整R值

8.6.3 音乐三极管

音乐三极管被称为会唱歌的三极管，其实它是存储音乐信息的集成电路，由于它们的外形与普通塑料封装三极管相似，所以习惯上被统称为音乐三极管。由于价格低，安装简单，它被广泛应用于音乐盒、音乐玩家、电话、门铃等电路。

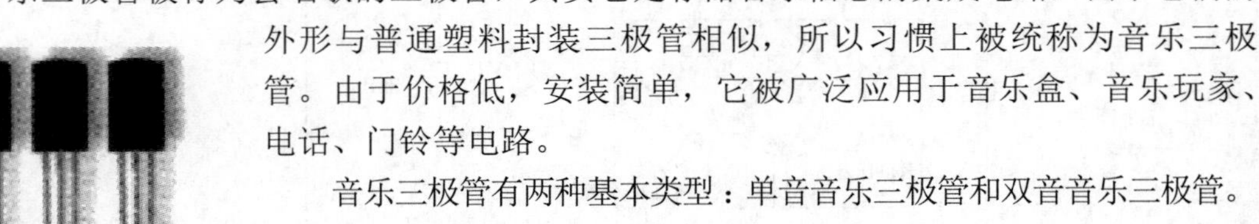

图8-35 音乐三极管

音乐三极管有两种基本类型：单音音乐三极管和双音音乐三极管。

8.6.3.1 单音音乐三极管

VT66型单音音乐三极管的输出功率小，仅能带动压电陶瓷蜂鸣器。凡型号下面有××S字样的音乐三极管，触发方式为每触发一次就演奏单音乐曲，播完即停；凡型号下面有××L字样的音乐三极管，其触发方式是通电时一直演奏，直到断开电源才停止演奏。具体接线如图8-36所示。

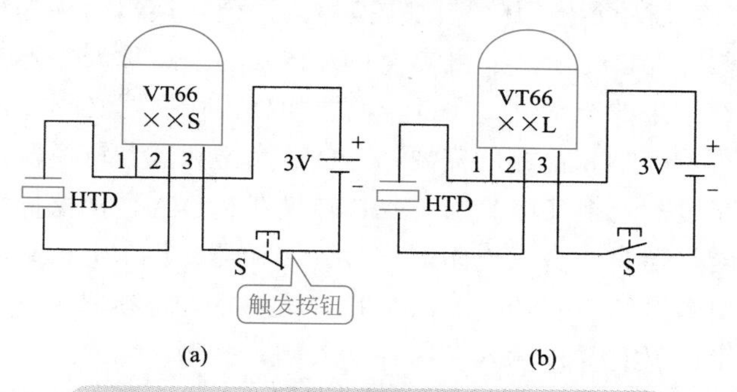

图8-36 VT66型单音音乐三极管接线示意图

VT66A型单音音乐三极管内部已具有功率放大电路，能直接推动8Ω英寸扬声器放音。和VT66一样，VT66A也有两种触发方式。具体接线如图8-37所示。

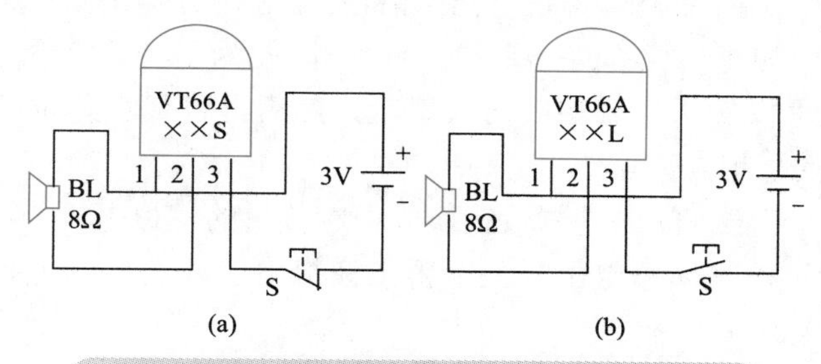

图8-37 VT66A型单音音乐三极管接线示意图

8.6.3.2 双音音乐三极管

VT66D型号双音音乐三极管如图8-38所示。所谓双音音乐，指既有伴音又有节拍的乐曲，音乐效果很好。

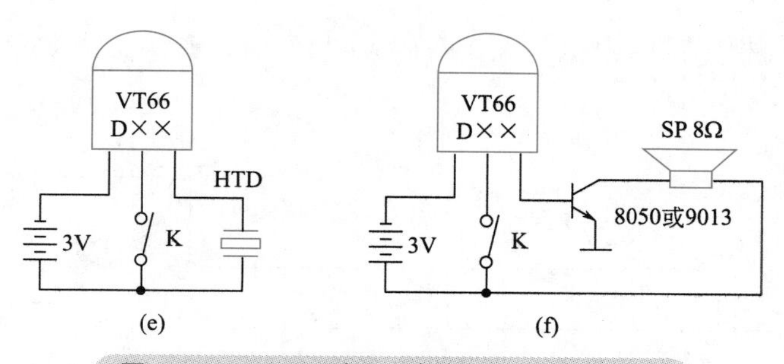

图8-38 VT66D型号双音音乐三极管示意图

8.7 数字模拟转换集成电路

由于数字电子技术的迅速发展，尤其是计算机在自动控制、自动检测以及许多其他领域的广泛应用，用数字电路处理模拟信号的情况更加普遍了。

为了能够使用数字电路处理模拟信号，必须将模拟信号转换成相应的数字信号，方能送入数字系统进行处理。同时，往往还要求将处理后得到的数字信号再转换成相应的模拟信号，作为最后的输出。将前一种从模拟信号到数字信号的转换称为模数转换，简称为A/D转换；将后一种从数字信号到模拟信号的转换称为数模转换，简称为D/A转换。同时，将实现A/D转换的电路称为A/D转换器；将实现D/A转换的电路称为D/A转换器。

为了保证数据处理结果的准确性，A/D转换器和D/A转换器必须有足够的转换精度。同时，为了适应快速过程的控制和检测的需要，A/D转换器和D/A转换器还必须有足够快的转换速度。因此，转换精度和转换速度是衡量A/D转换器和D/A转换器性能优劣的主要标志。

目前常见的D/A转换器中，有权电阻网络D/A转换器、倒T形电阻网络D/A转换器、权电流D/A转换器、权电容网络D/A转换器以及开关树型D/A转换器等几种类型。在D/A转换器数字量的输入方式上，又有并行输入和串行输入两种类型。

A/D转换器的类型也有多种，可以分为直接A/D转换器和间接A/D转换器两大类。在直接A/D转换器中，输入的模拟电压信号直接被转换成相应的数字信号；而在间接A/D转换器中，输入的模拟信号首先被转换成某种中间变量，然后再将这个中间变量转换为输出的数字信号。A/D转换器数字量的输出方式上也有并行输出和串行输出两种类型。

由于构成数字代码的每一位都有一定的“权”，因此为了将数字量转换成模拟量，就必须将每一位代码按其“权”转换成相应的模拟量，然后再将代表各位的模拟量相加即可得到与该数字量成正比的模拟量。

D/A转换器是将一组输入的二进制数转换成相应数量的模拟电压或电流输出的电路，实质上是由二进制数字量控制模拟电子开关，再由模拟电子开关控制电阻网络与运算放大器组成的模拟加法运算电路。

8.7.1 倒T形电阻网络D/A转换器

8.7.1.1 电路结构

倒T形电阻网络D/A转换器由数个相同的电路环节构成，每个电路环节有两个电阻和一个模拟开关（图8-39）。

各位的数码控制相应位的模拟开关，数码为“1”时，开关接电源U_R；数码为0时，开关接“地”。

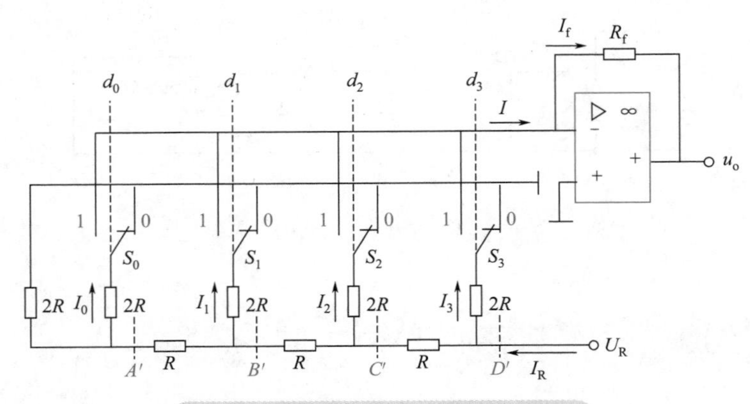

图8-39 倒T形电阻网络D/A转换器

8.7.1.2 工作原理

倒T形网络开路时（图8-40）的输出电压U_A是反相比例运算电路的输入电压。

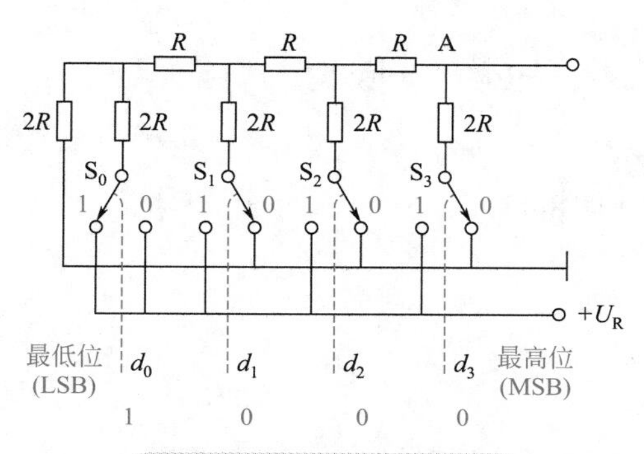

图8-40 倒T形电阻网络

（1）用戴维宁定理和叠加定理计算U_A。

对应二进制数为0001时，其等效电路如图8-41所示。

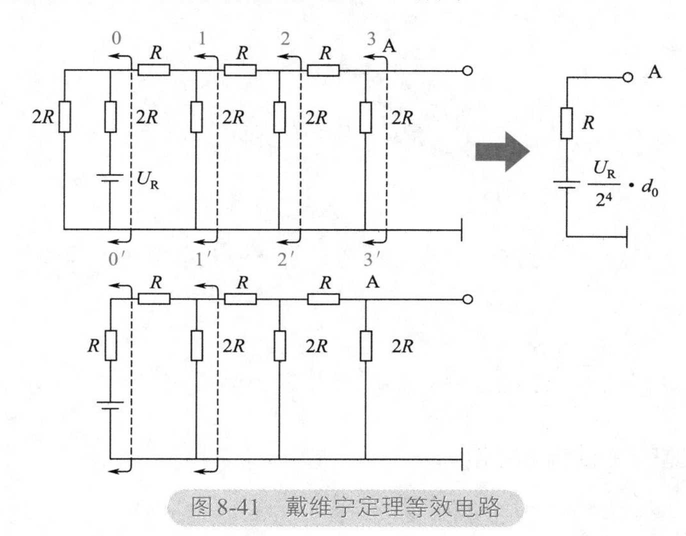

图8-41 戴维宁定理等效电路

对应二进制数为0001时，开路电压为

$$U_A=\frac{U_R}{2^4}\cdot d_0$$

同理，对应二进制数为0010时，开路电压为

$$U_A=\frac{U_R}{2^3}\cdot d_1$$

同理，对应二进制数为0100时，开路电压为

$$U_A=\frac{U_R}{2^2}\cdot d_2$$

同理，对应二进制数为1000时，开路电压为

$$U_A=\frac{U_R}{2^1}\cdot d_3$$

倒T形网络开路时的输出电压U_A，即等效电源电压U_E。

$$U_A=U_E=\frac{U_R}{2^1}\cdot d_3+\frac{U_R}{2^2}\cdot d_2+\frac{U_R}{2^3}\cdot d_1+\frac{U_R}{2^4}\cdot d_0$$

$$=\frac{U_R}{2^4}(d_3\cdot 2^3+d_2\cdot 2^2+d_1\cdot 2^1+d_0\cdot 2^0)$$

等效电路如图8-42所示。

（2）计算输出电压U_o（图8-43）。

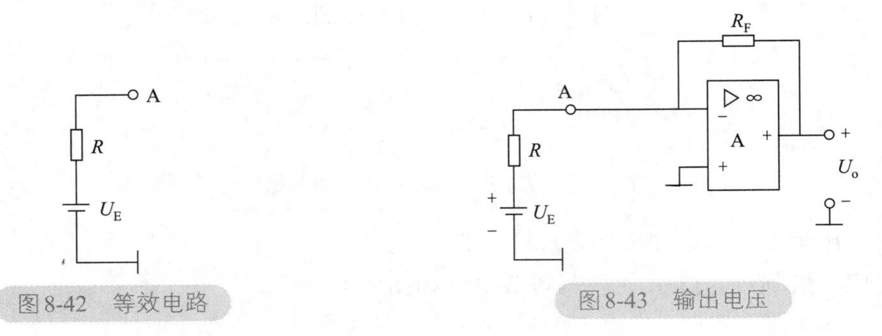

图8-42 等效电路 图8-43 输出电压

输出电压

$$U_o=-\frac{R_F}{R}\cdot U_E=-\frac{R_F U_R}{R\cdot 2^4}(d_3\cdot 2^3+d_2\cdot 2^2+d_1\cdot 2^1+d_0\cdot 2^0)$$

若输入的是n位二进制数，则

$$U_o=-\frac{R_F U_R}{R\cdot 2^n}(d_{n-1}\cdot 2^{n-1}+d_{n-2}\cdot 2^{n-2}+\cdots+d_1\cdot 2^1+d_0\cdot 2^0)$$

若取$R_F=R$，则

$$U_o=-\frac{U_R}{2^n}(d_{n-1}\cdot 2^{n-1}+d_{n-2}\cdot 2^{n-2}+\cdots+d_1\cdot 2^1+d_0\cdot 2^0)$$

8.7.2 D/A转换器的主要技术指标

8.7.2.1 分辨率

分辨率指最小输出电压和最大输出电压之比。

例：十位D/A转换器的分辨率为

$$\frac{1}{2^{10}-1}=\frac{1}{1023}\approx 0.001$$

8.7.2.2 精度

精度指输出模拟电压的实际值与理想值之差，即最大静态转换误差。

8.7.2.3 线性度

通常用非线性误差的大小表示D/A转换器的线性度。把偏离理想的输入输出特性的偏差与满刻度输出之比的百分数定义为非线性误差。

8.7.2.4 输出电压（电流）的建立时间

它是从输入数字信号起，到输出电压或电流到达稳定值所需时间。通常10位或12位单片集成D/A转换器的建立时间不超过1μs。

8.7.3 逐次逼近型A/D转换器

A/D转换器是将输入的模拟信号转换成一组多位的二进制数字输出的电路，结构类型很多。

常用的逐次逼近型A/D转换器具有分辨率较高、转换误差较低、转换速度较快的特点。

8.7.3.1 电路组成

逐次逼近型A/D转换器一般由顺序脉冲发生器、逐次逼近寄存器、D/A转换器和电压比较器等几部分组成，如图8-44所示。

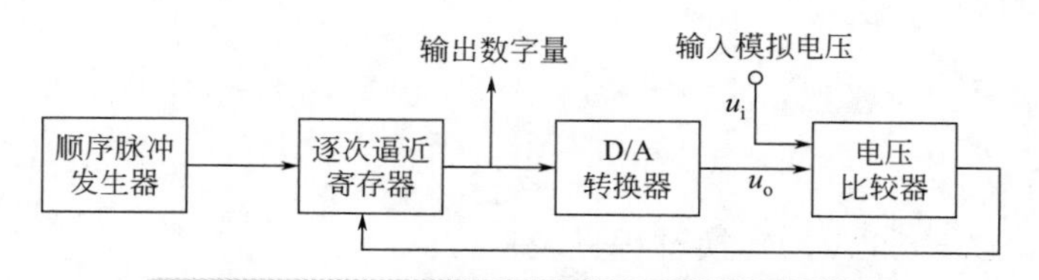

图8-44 逐次逼近型A/D转换器的组成示意图

8.7.3.2 工作原理

其工作原理可用天平测重过程打比方来说明。若有4个砝码共重15g，质量分别为8g、4g、2g、1g。设待测质量Wx=13g，测重顺序见表8-16。

表8-16 逐次逼近测重一例

顺序	砝码质量	比较判断	暂时结果
1	8 g	8 g<13 g，保留	8 g
2	8 g + 4 g	12 g<13 g，保留	12 g
3	8 g + 4 g + 2 g	14 g>13 g，撤去	12 g
4	8 g+4 g+1 g	13 g=13 g，保留	13 g

（1）转换原理如图8-45和图8-46所示。

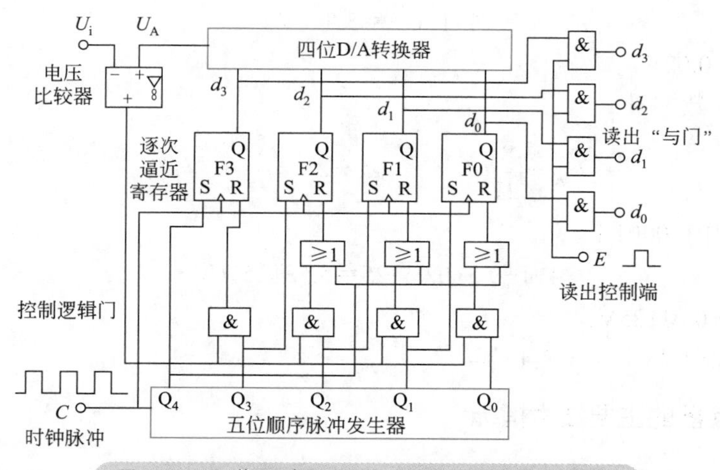

图8-45 四位逐次逼近型A/D转换器的原理电路

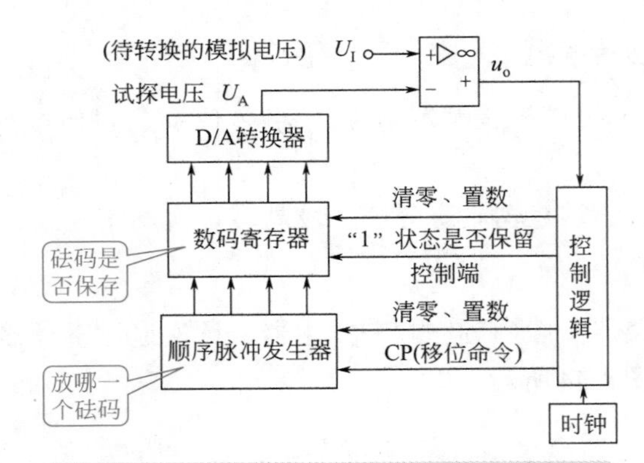

图8-46 四位逐次逼近型A/D转换器原理图

（2）转换过程。

例：U_R=−8V，U_I= 5.52V，转换过程见表8-17。

表8-17 四位逐次逼近型A/D转换器的转换过程

顺序	d_3	d_2	d_1	d_0	U_A/V	比较判断	"1" 留否
1	1	0	0	0	4	$U_A < U_I$	留
2	1	1	0	0	6	$U_A > U_I$	去
3	1	0	1	0	5	$U_A < U_I$	留
4	1	0	1	1	5.5	$U_A \approx U_I$	留

D/A转换器输出 U_A 为正值：

$$U_A = -\frac{-8}{2^4}(d_3 \times 2^3 + d_2 \times 2^2 + d_1 \times 2^1 + d_0 \times 2^0)$$

$$= \frac{8}{2^4}(d_3 \times 2^3 + d_2 \times 2^2 + d_1 \times 2^1 + d_0 \times 2^0)$$

转换数字量1011：

$$4+1+0.5=5.5\text{（V）}$$

转换误差为−0.02V。

若输出为8位数字量：

$$U_A = \frac{8}{2^8}(d_7 \times 2^7 + d_6 \times 2^6 + \cdots + d_0 \times 2^0)$$

转换数字量10110001：

$$4+1+0.5+0.03125=5.53125\text{（V）}$$

转换误差为+0.01125V。

位数越多，误差越小（图8-47）。

8.7.4 A/D转换器的主要技术指标

8.7.4.1 分辨率

以输出二进制数的位数表示分辨率。位数越多，误差越小，转换精度越高。

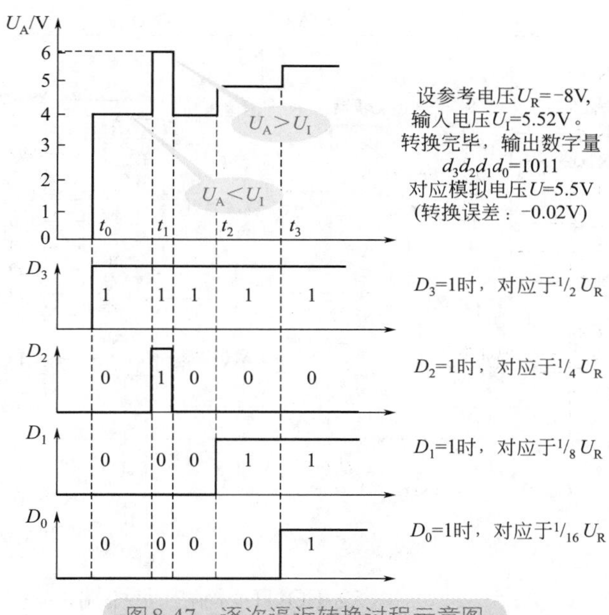

图8-47 逐次逼近转换过程示意图

8.7.4.2 转换速度

完成一次A/D转换所需要的时间，即从它接到转换控制信号起，到输出端得到稳定的数字量输出所需要的时间。

8.7.4.3 相对精度

实际转换值和理想特性之间的最大偏差。

8.7.4.4 其他

功率、电源电压、电压范围等。

8.7.5 简要介绍ADC0809 8位A/D转换器

8.7.5.1 内部电路结构

其内部电路结构见图8-48。

8.7.5.2 ADC0809引脚分布图

其引脚分布见图8-49。

8.7.5.3 各引脚的功能

（1）IN_0 ～ IN_7为8通道模拟量输入端。由8选1选择器选择其中某一通道送往A/D转换器的电压比较器进行转换。

（2）A，B，C为8选1模拟量选择器的地址选择线输入端。输入的3个地址信号共有8种组合，以便选择相应的输入模拟量，见表8-18。

（3）ALE为地址锁存信号输入端，高电平有效。在该信号的上升沿将A，B，C选择线的状态锁存，8选1选择器开始工作。

（4）D_0 ～ D_7为8位数字量输出端。

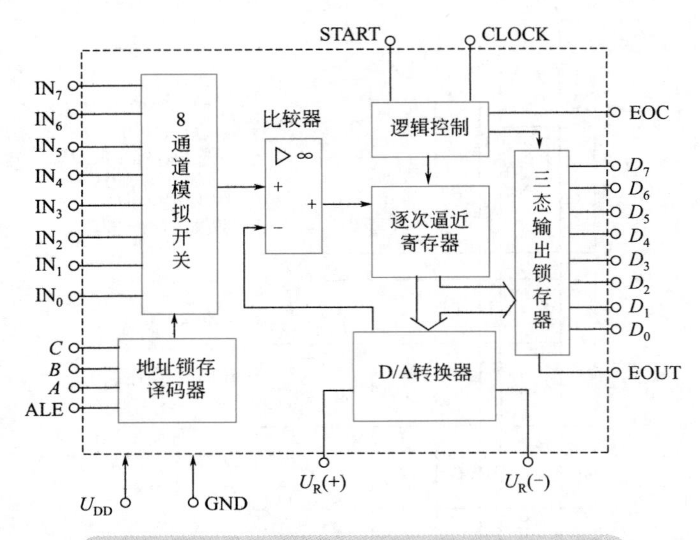

图8-48 ADC0809 8位A/D转换器内部电路结构

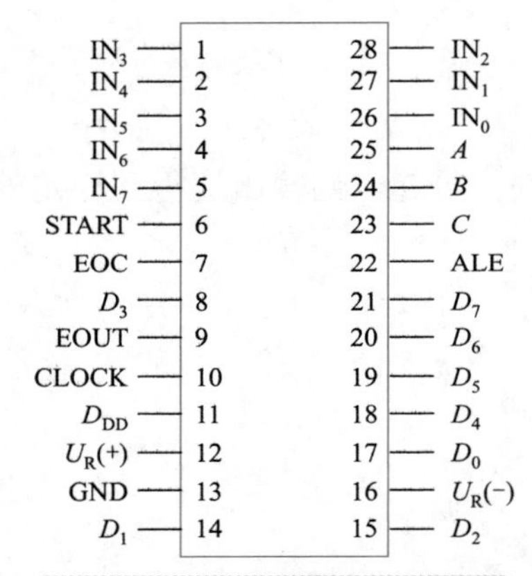

图8-49 ADC0809引脚分布图

（5）EOUT为输出允许端，高电平有效。

（6）CLOCK为外部时钟脉冲输入端，典型频率为640kHz。

（7）START为启动信号输入端。在该信号的上升沿将内部所有寄存器清零，而在其下降沿使转换工作开始。

（8）EOC为转换结束信号端，高电平有效。当转换结束时，EOC从低电平转为高电平。

（9）U_{DD}为电源端，电压为+5V。GND为接地端。

（10）$U_{R(+)}$和$U_{R(-)}$为正、负参考电压的输入端。该电压确定输入模拟量的电压范围。一般$U_{R(+)}$接U_{DD}端，$U_{R(-)}$接GND端。当电源电压U_{DD}为+5V时，模拟量的电压范围为0 ～ +5V。

表8-18 8选1模拟量选择器输入端表

选择			输入
C	*B*	*A*	
0	0	0	IN_0
0	0	1	IN_1
0	1	0	IN_2
0	1	1	IN_3
1	0	0	IN_4
1	0	1	IN_5
1	1	0	IN_6
1	1	1	IN_7

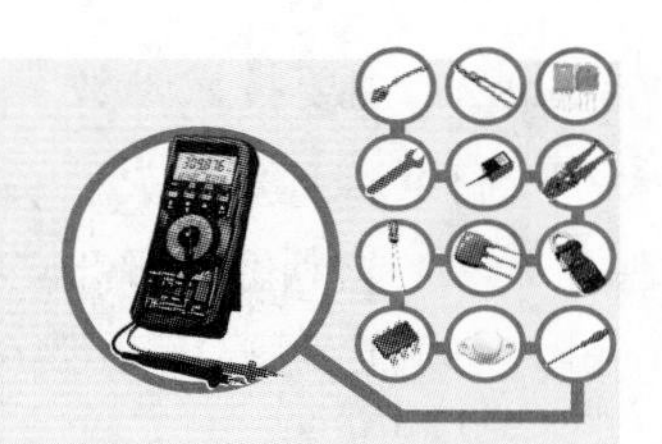

第9章

常用传感器

9.1 温度传感器

温度传感器也称为热电传感器，是检测温度的器件，在所有的传感器中，其种类最多，应用最广，发展最快。目前，市场上的温度传感器主要有利用半导体材料的温度特性制成的热敏电阻、以铂电阻为测温材料的热电阻和由两种不同材料的导体组成的热电偶等。

温度传感器在工农业生产、汽车工业、食品储存、医药卫生等各个领域的应用极为广泛，用于各种需要对温度进行检测、控制及补偿等场合。

9.1.1 热敏电阻温度传感器

常见的热敏电阻由金属氧化物半导体材料制成，如Mn_3O_4、CuO等，可以有负温度系数（NTC）和正温度系数（PTC）的热敏电阻。一般采用负温度系数特性的热敏电阻，其电阻率ρ和材料系数B随材料成分不同等因素而变化。

通常所说的热敏电阻是指负温度系数的热敏电阻，其特点是电阻率随温度而显著变化。负温度系数的热敏电阻广泛用于复印机、打印机、空调器、电烤箱等办公用品和家用电器中，主要用于温度检测、温度控制、温度补偿等。

9.1.1.1 外形和图形符号

图9-1所示电路为热敏电阻的实物。

热敏电阻在电路中用文字符号R_T或R表示，图9-2是其电路图形符号。

图9-1 热敏电阻的实物

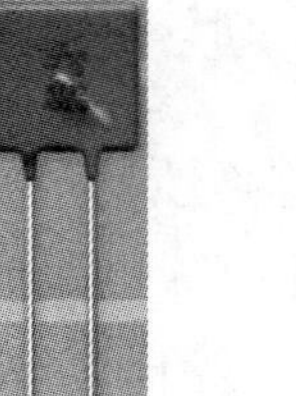

图9-2 热敏电阻的电路图形符号

9.1.1.2 主要技术参数

（1）标称电阻R_{25}（K）。25℃时热敏电阻的阻值大小，由材料、几何尺寸决定。

（2）材料系数B（K）。与材料性质有关，一般B值越大，阻值大，灵敏度高。

（3）电阻温度系数α_t。指热敏电阻的温度每变化1℃时其阻值变化率与其值之比，即$\alpha_t = \frac{1}{R_t}\frac{\mathrm{d}R_t}{\mathrm{d}T}$。

（4）其他参数。如最高工作温度、额定功率、热时间常数等。

常用负温度系数热敏电阻的主要技术参数如表9-1所示。

表9-1 常用负温度系数热敏电阻的主要技术参数

型号	额定功率/W	标称阻值R_{25}范围	电阻温度系数α_{25}范围（$\times 10^2\Omega$/℃）	材料常数B	最高工作温度/℃	热时间常数/s
MF11-1	0.25	10Ω～100kΩ	-（2.23～2.72）	1982～2420	85	≤60
MF11-2	0.25	110Ω～4.7 kΩ	-（2.73～3.34）	2430～2970	85	≤60
MF11-3	0.25	5.1～15 kΩ	-（3.34～4.09）	2970～3630	85	≤60
MF12-1	1	1～430 kΩ	-（4.76～5.83）	4230～5170	125	≤60
MF12-1	1	470kΩ～1MΩ	-（5.65～6.94）	5040～6160	125	≤60
MF12-2	0.5	1～100 kΩ	-（4.76～5.83）	4230～5170	125	≤60
MF12-2	0.5	110 kΩ～1MΩ	-（5.68～6.94）	5040～6160	125	≤60
MF12-3	0.25	56～510Ω	-（3.95～4.84）	3510～4240	125	≤60
MF12-3	0.25	560～5600Ω	-（4.76～5.63）	4230～5170	125	≤60
MF13-1	0.25	0.82～10 kΩ	-（2.73～3.34）	2430～2970	125	≤30
MF13-2	0.25	11～300 kΩ	-（3.34～4.09）	2470～3630	125	≤30
MF14-1	0.5	0.82～10 kΩ	-（2.73～3.34）	2430～2970	125	≤60
MF14-2	0.5	11～300 kΩ	-（3.34～4.09）	2470～3630	125	≤60
MF15-1	0.5	10～47 kΩ	-（3.95～4.84）	3520～4280	155	≤30
MF15-2	0.5	51～1000kΩ	-（4.70～5.80）	4230～5170	155	≤30
MF16-1	0.5	10～47 kΩ	-（3.95～4.84）	3510～4240	125	≤60
MF16-2	0.5	51～100kΩ	-（4.70～5.83）	4230～5170	125	≤60

9.1.1.3 特点

热敏电阻是一种半导体材料热敏元件，具有以下特点：

（1）灵敏度高，通常可达（1%～6%）/℃，电阻温度系数大；

（2）体积小，使用方便，热敏电阻值范围宽（10^2～$10^3\Omega$），热惯性小，无需冷端补偿，引线方便；

（3）热敏电阻其温度与阻值呈非线性转换关系，稳定性和互换性差。

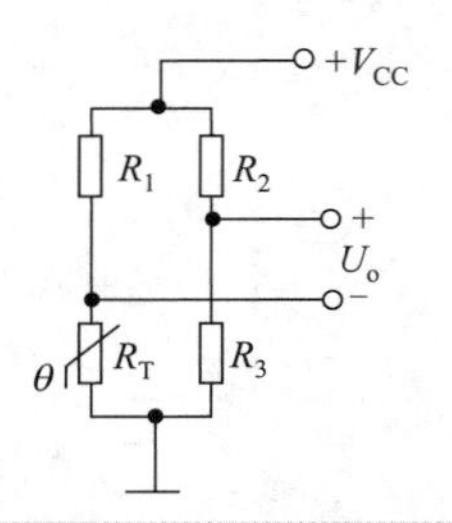

图9-3 由热敏电阻构成的惠斯登电桥测温电路

9.1.1.4 应用电路

（1）由热敏电阻构成的惠斯登电桥测温电路。图9-3所示是由热敏电阻构成的惠斯登电桥测温电路，适用于对温度进行测量及调节的场合。电路中，R_1、R_2、R_3、R_T构成电桥，根据不同的测量环境，选择不同的桥路电阻值和电源电压值。

当环境温度变化时，热敏电阻R_T的电阻值则发生变化，电桥的输出电压U_o也会随之发生变化。因此，U_o的大小可间接反映所测量温度的大小。

（2）温度上下限报警电路。图9-4所示是由负温度系数热敏电阻构成的温度上下限报警电路。其中R_T为NTC热敏电阻。采用运算放大器及一些外围电阻构成迟滞电压比较器。LED_1、LED_2分别由VT_1和VT_2控制是否发光，其中LED_1用于上限报警，LED_2用于下限报警。

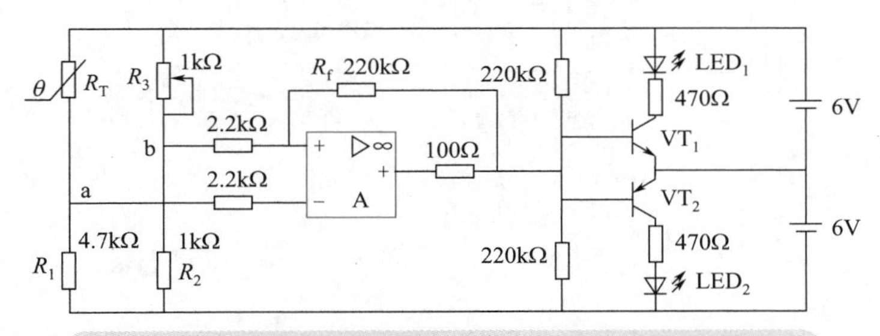

图9-4 负温度系数热敏电阻构成的温度上下限报警电路

当温度T等于设定值时，$U_{ab}=0$，VT_1和VT_2均截止，LED_1和LED_2都不发光，即不报警；当T升高时，R_T电阻值减小，$U_{ab}>0$，使VT_1导通，LED_1发光报警；当T下降时，R_T电阻值增大，$U_{ab}<0$，使VT_2导通，LED_2发光报警。

9.1.2 热电阻温度传感器

热电阻就是电阻值随温度变化而变化的电阻，它可以做感温元件，通过测量电阻值，就可以知道对应的温度。工业上常用的热电阻材料有铂、铜、铁和镍等，其中以铂、铜应用最为广泛，已成为定型的热电阻材料。我国常用的铂电阻和铜电阻各有两种，分度号分别是Pt50、Pt100和Cu50、Cu100。其中铂电阻具有以下特性：①熔点高达1768℃，无论化学性质还是电学性质都非常稳定；②具有延展性，容易加工成极细的金属丝；③电阻-温度特性呈现良好的线性。

9.1.2.1 热电阻温度传感器探头结构

铂电阻温度传感器的探头以由金属铂制成的电阻为感温元件，另外还有绝缘套管、保护套管、接线盒、引线等，如图9-5（a）所示。其他热电阻温度传感器探头尽管外形差异很大，但结构与此基本相同。热电阻丝是绕在骨架上的，骨架采用石英、云母、陶瓷或塑料等材料制成，可根据需要将骨架制成不同的外形，为了防止电阻体出现电感，热电阻丝通常采用双线并绕法，如图9-5（b）所示。

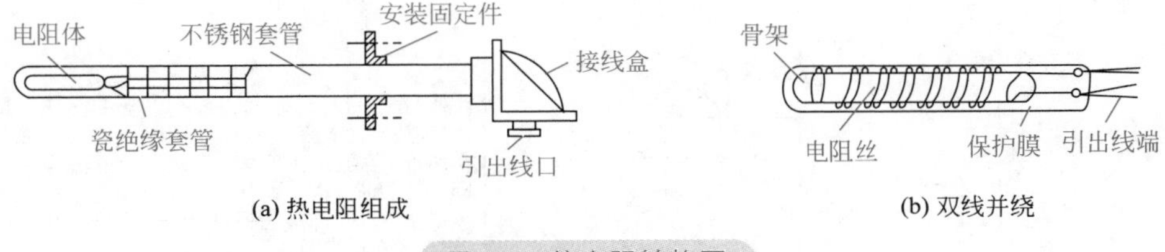

图9-5 热电阻结构图

9.1.2.2 热电阻温度传感器的型号

热电阻温度传感器的型号含义：

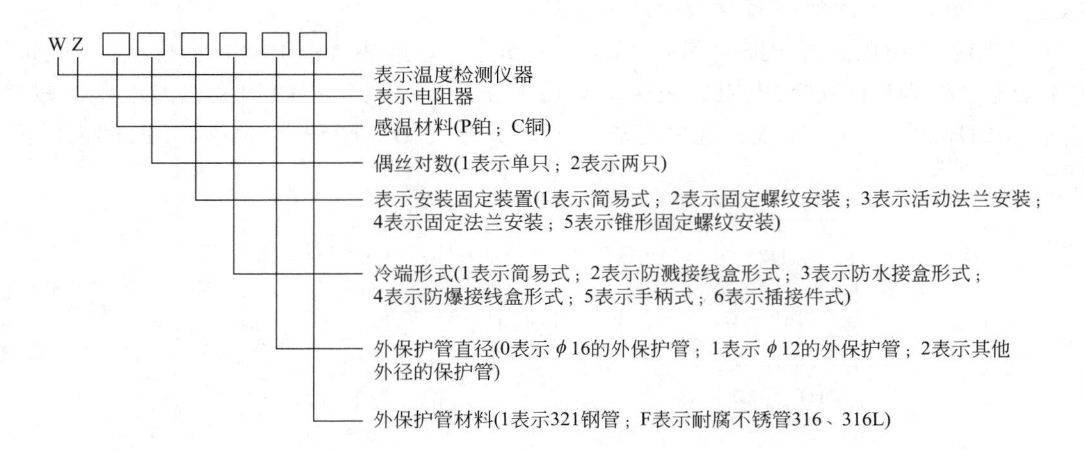

9.1.2.3 热电阻的引线方式

铂热电阻在受热时，其阻值也会发生变化。测量电阻值的电路有两种：一种是恒流源测温电路，当电路中电流不变时，由温度变化产生了电压的变化，此电压变化与电阻的变化成正比，如图9-6所示；另一种是电桥测温电路，由温度变化产生了电桥输出电压的变化，此电压变化与电阻的变化成正比，如图9-7所示。

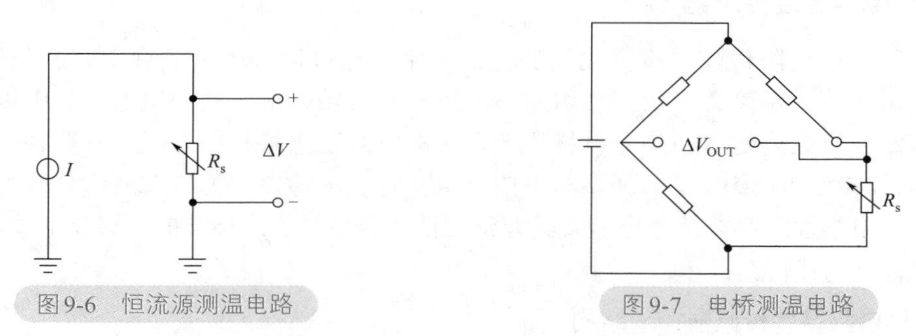

图9-6 恒流源测温电路　　图9-7 电桥测温电路

在电桥测温电路中，从测量点到测量桥路是通过导线引过的，引线的方式有三种，分别为二线制接法、三线制接法和四线制接法，不同的接法适用于不同的精度要求，如表9-2所示。

表9-2 电桥测温电路的接法

引线方式	示意图	说明
二线制接法	R R I V_0 R_1 R_{10} R_{11} R_t	左图中，在热电阻的两端各连接一根导线来引出电阻信号的方式称为二线制。图中虚线右侧的R_{10}和R_{11}是热电阻R_t的两段引线电阻。这种引线方法简单，但整个电路的电阻为热电阻加上两段导线电阻的电阻值，即$R=R_{10}+R_{11}+R_t$，测量误差大（引线越长误差越大）。这种接法只适用于测温距离较近或测量精度要求较低的场合

续表

引线方式	示意图	说明
三线制接法		左图中，在热电阻的根部的一端连接一根引线，另一端连接两根引线的方式称为三线制。图中虚线右侧的R_{10}、R_{11}和R_{12}是热电阻R_t的三段引线电阻。在这种方式下，两条引线R_{10}和R_{11}分别接在电桥的相邻的两个桥臂上，另一根引线R_{12}接在电桥的电源上，消除了引线电阻的误差。这种方式可以较好地消除引线电阻的影响，是工业过程控制中常用的引线方式
四线制接法		左图中，在热电阻的根部各连接两根导线的方式称为四线制。图中虚线右侧的R_{10}、R_{11}、R_{12}和R_{13}是热电阻R_t的四段引线电阻。其中，两根引线R_{10}和R_{13}为热电阻提供恒定电流I，另外两根引线R_{11}和R_{12}把热电阻R_t上生成的电压信号U引至二次仪表。这种引线方式可完全消除引线的影响，主要用于高精度的温度检测。但由于此方法拉线费用较高，工业上用得较少，一般用在实验室

9.1.3 热电偶温度传感器

9.1.3.1 基本概念

热电偶是利用物理学中的塞贝克效应（Seebeck Effect）制成的温敏传感器。当两种不同的导体A和B组成闭合回路时，若两端结点温度不同（分别为T_0和T），则回路中产生电流，相应的电动势称为热电动势，这种装置称为热电偶，其结构示意图如图9-8所示。

9.1.3.2 基本构成和测温原理

热电偶的焊接端称为工作端或热端，使用时将此端置于被测温度部位；另一端称为自由端或冷端。由于不同金属导体的自由电子密度不同，当A、B两种金属带焊接在一起后，它们的接触处就会发生电子扩散，电子扩散的速度与自由电子的密度差及连接点所处的温度成正比。在单位时间内，如果由A扩散到B的电子数比由B扩散到A的多，则A由于失去电子而带正电，B得到电子而带负电。因此，热电偶的两个端子之间就有电动势出现，我们称之为热电动势。

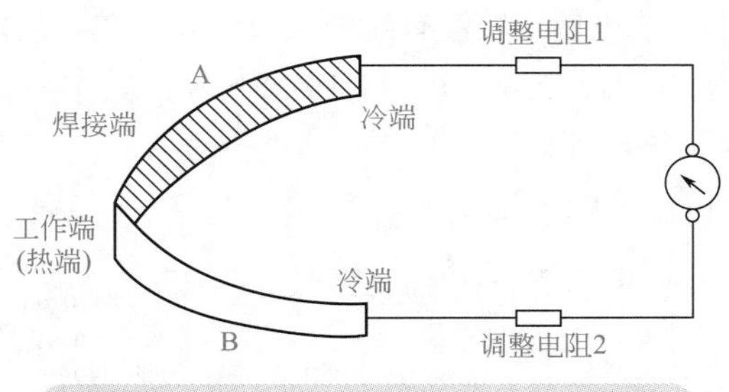

图9-8 热电偶温度传感器的结构示意图

9.1.3.3 补偿导线

实际测温时，由于热电偶长度有限，而测温点到仪表的距离一般较远，冷端的温度容易受被测物体温度和周围环境温度的影响，造成误差。为了节省热电偶材料，工业上一般采用补偿导线将热电偶的冷端延伸到温度比较稳定的控制室内，连接到仪表端子上。必须指出，热电偶补偿导线的作用只是延伸热电极，使热电偶的端温度移动到控制室的仪表端子上，它本身并不能消除冷端温度变化对测温的影响，不起补偿作用。因此，还需要采用其他修正方法来补偿冷端温度$t_0 \neq 0$时对测温的影响（使用温度补偿是一种方法）。图9-9（a）所示是普通测温线路，图9-9（b）所示是带温度补偿器的测温线路。

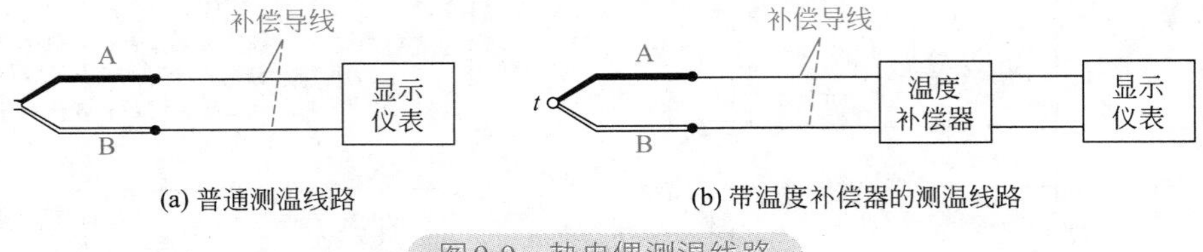

图9-9 热电偶测温线路

注意：①两根补偿导线与热电偶的两个电极的结点必须具有相同的温度；②使用补偿导线时必须注意型号相配，不同分度号的热电偶其补偿导线各不相同；③极性不能接反；④必须在规定的温度范围内使用。

9.1.3.4 常见的热电偶传感器

为了适应不同测量对象的测温条件和要求，热电阻的结构形式有普通型热电偶、铠装型热电偶和薄膜型热电偶，如图9-10所示。

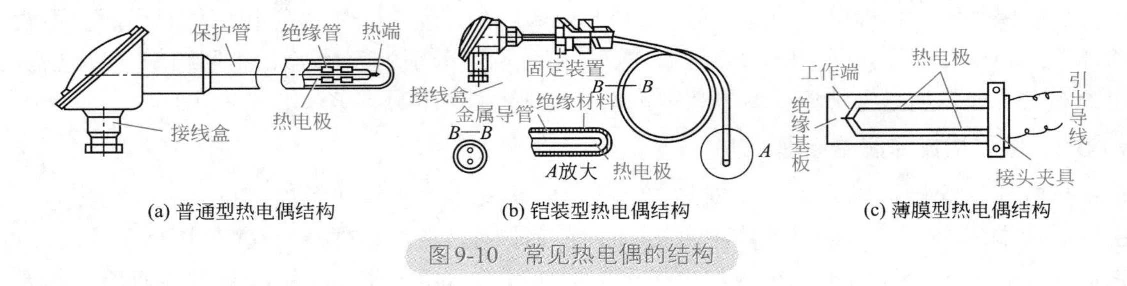

图9-10 常见热电偶的结构

9.1.3.5 热电偶的分类和型号

常用的热电偶可分为标准化热电偶和非标准化热电偶两大类。标准化热电偶是指国家标准规定了其热电势与温度的关系及允许误差，并有统一的标准分度表的热电偶，也有与其配套的显示仪表可供选用。非标准化热电偶一般没有统一的分度表，在一些特殊的测温场合使用。

我国标准化热电偶共有S、B、E、K、R、J、T、N八种，其中S、R、B属于贵金属热电偶，N、K、E、J、T属于廉金属热电偶。

标准化热电偶的型号和含义如下：

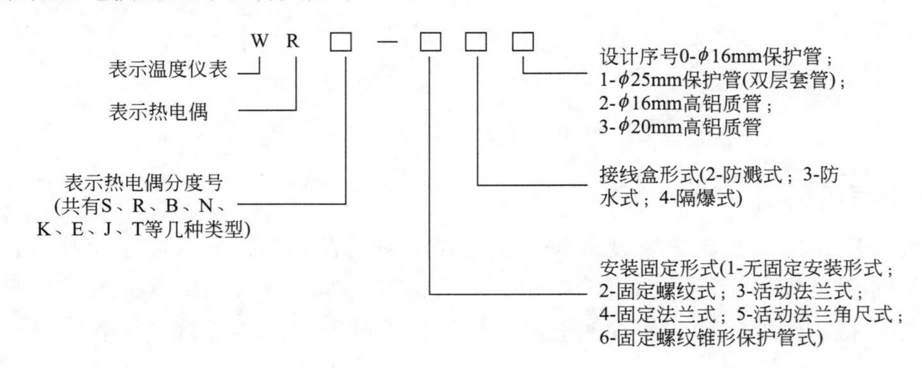

各种类型热电偶的电极材料和推荐使用温度范围参见表9-3。

表9-3 热电偶的电极材料和推荐使用温度范围

分度号	电极材料（前面的电极材料为正极，后面的为负极）	推荐使用温度范围/℃
K	镍铬-镍硅	-200 ～ 1200
N	镍铬硅-镍硅	-200 ～ 1300
E	镍铬-铜镍（康铜）	-40 ～ 800
J	铁-铜镍(康铜)	-200 ～ 750
T	铜-铜镍（康铜）	-200 ～ 350
S	铂铑10-铂	0 ～ 1300
R	铂铑13-铂	0 ～ 1300
B	铂铑30-铂铑6	600 ～ 1700

每一种类型热电偶都有相应的分度表，从分度表可以看出不同温度时热电偶的热电势。表9-4所示是S型的分度表。

表9-4 S型的分度表

温度（℃）	0	10	20	30	40	50	60	70	80	90
	热电动势（mV）									
0	0.000	0.055	0.113	0.173	0.235	0.299	0.365	0.432	0.502	0.573
100	0.645	0.719	0.795	0.872	0.950	1.029	1.109	1.190	1.273	1.356
200	1.440	1.525	1.611	1.698	1.785	1.873	1.962	2.051	2.141	2.232
300	2.323	2.414	2.506	2.599	2.692	2.786	2.880	2.974	3.069	3.164
400	3.260	3.356	3.452	3.549	3.645	3.743	3.840	3.938	4.036	4.135
500	4.234	4.333	4.432	4.532	4.632	4.732	4.832	4.933	5.034	5.136
600	5.237	5.339	5.442	5.544	5.648	5.751	5.855	5.960	6.065	6.169
700	6.274	6.380	6.486	6.592	6.699	6.805	6.913	7.020	7.128	7.236
800	7.345	7.454	7.563	7.672	7.782	7.892	8.003	8.114	8.255	8.336
900	8.448	8.560	8.673	8.786	8.899	9.012	9.126	9.240	9.355	9.470
1000	9.585	9.700	9.816	9.932	10.048	10.165	10.282	10.400	10.517	10.635
1100	10.754	10.872	10.991	11.110	11.229	11.348	11.467	11.587	11.707	11.827
1200	11.947	12.067	12.188	12.308	12.429	12.550	12.671	12.792	12.912	13.034
1300	13.155	13.397	13.397	13.519	13.640	13.761	13.883	14.004	14.125	14.247
1400	14.368	14.610	14.610	14.731	14.852	14.973	15.094	15.215	15.336	15.456
1500	15.576	15.697	15.817	15.937	16.057	16.176	16.296	16.415	16.534	16.653
1600	16.771	16.890	17.008	17.125	17.243	17.360	17.477	17.594	17.711	17.826
1700	17.942	18.056	18.170	18.282	18.394	18.504	18.612	—	—	—

读数方法是，最左边的一列为温度的整百数（100的倍数），最上面一行为温度的整十数（10的倍数），过整百数的横线和过整十数的竖线交叉处数值即热电势的数值。例如，230℃时，输出的热电势为1.698mV，150℃时，输出的热电势为1.029mV，其余类推。其他类型热电偶的分度表可查阅相关材料。

9.1.4 集成温度传感器

集成温度传感器是采用专门的设计与集成工艺，把热敏晶体管、偏置电路和放大电路制作在同一芯片上，它利用晶体管的基极-发射极之间的电压差U_{be}与温度呈线性关系制成。

集成温度传感器的温度检测以PN结正向电压和温度的关系为依据。当晶体管的集电极偏置电流I_c设置为常数时，其基极与发射极之间的电压U_{be}与温度近似为线性关系。采用不同工艺和结构的晶体管具有不同的正向电压U_{be}，而温度系数则相近，约为2.2mV/℃。

9.1.4.1 典型实例

集成温度传感器具有体积小、热惰性小、反应快、测量精度高、稳定性好、校准方便、价格低等优点，因而获得了广泛的应用。目前，集成温度传感器应用较多的有AD590、AD592、AN6701、LM35、LM3911、μPC616C和μPC3911C等。

（1）集成温度传感器——开氏温度传感器AD590。AD590是由美国英特西尔（Intersil）公司、模拟器件公司（ADI）等生产的恒流源式模拟集成温度传感器。它兼有集成恒流源和集成温度传感器的特点，具有测温误差小、动态阻抗高、响应速度快、传输距离远、体积小、功耗微等优点，适合远距离测温、控温，不需要进行非线性校准。

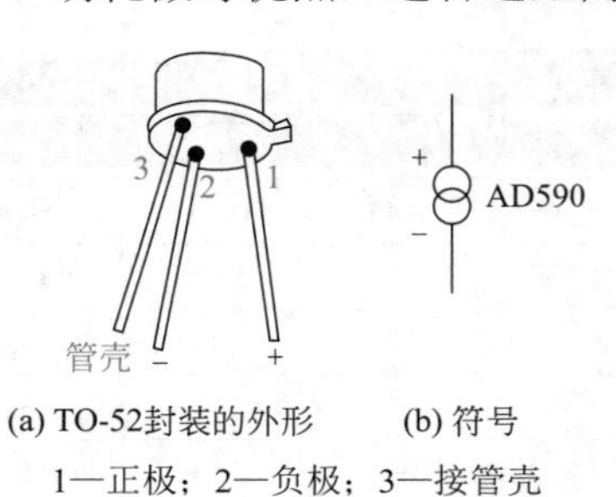

(a) TO-52封装的外形　(b) 符号

1—正极；2—负极；3—接管壳

图9-11　AD590的外形和符号

图9-11是AD590的外形和符号。

开氏温度传感器AD590具有以下特点：

① AD590的工作电压范围为4～30V，可承受44V正向电压和20V反向电压，因而器件即使反接也不会损坏。

② AD590的测温范围为-55℃～+150℃。

③ 精度高，AD590在-55℃～+150℃范围内，非线性误差仅为±0.3℃。

④ 线性电流输出的灵敏度一般为1μA/K，正比于热力学温度。

（2）集成温度传感器——摄氏温度传感器LM35。LM35是由National Semiconductor所生产的温度传感器，其输出电压与摄氏温度呈线性关系。0℃时输出电压为0V，温度每升高1℃，输出电压增加10mV。在常温下，LM35不需要额外的校准处理即可达到±1/4℃的准确率。

LM35有不同的封装形式，其封装引脚如图9-12所示。电源供应模式有单电源与正、负双电源两种，如图9-13所示。正、负双电源的供电模式可提供负温度的测量。两种接法的静止电流-温度关系是，在静止温度中自热效应低（0.08℃），单电源模式在25℃下静止电流约50μA，工作电压较宽，可在4～30V的供电电压范围内正常工作，非常省电。

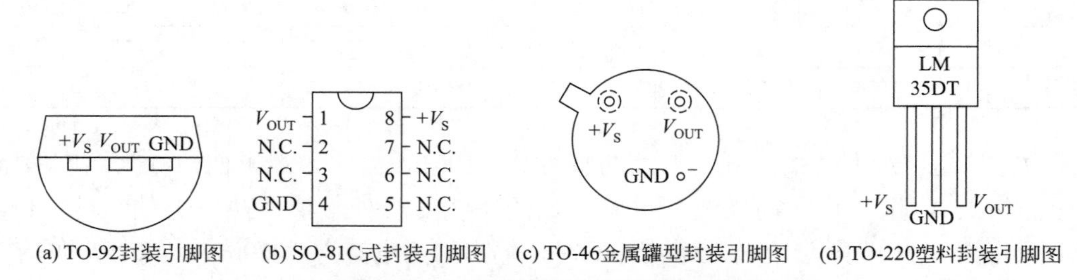

(a) TO-92封装引脚图　(b) SO-81C式封装引脚图　(c) TO-46金属罐型封装引脚图　(d) TO-220塑料封装引脚图

图9-12　LM35的封装形式和引脚排列

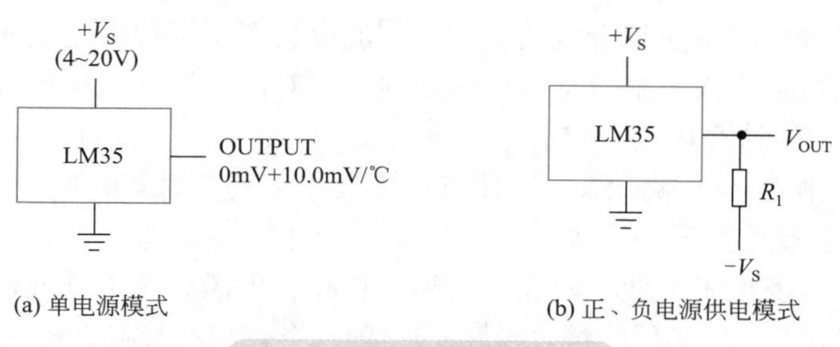

(a) 单电源模式　　(b) 正、负电源供电模式

图9-13　LM35的供电方式

9.1.4.2　常用集成温度传感器的特性

常用集成温度传感器按输出信号的形式可分为固定电压输出型、固定电流型和可调电流型，常用集成温度传感器的特性见表9-5。

表9-5　常用集成温度传感器的特性

型号	检测点	输出方式	封装形式	说明
AD590	封装温度	电流型	SO-8	稳定性很好
LM35 LM135	封装温度	电压型	TO-46 TO-92	LM35用25℃校准温度误差为0.3 ～ 1/℃；LM135用25℃校准温度误差为0.5 ～ 1.5/℃
AD22103 LM45 MAX675	封装温度	电压型	SOT-23 SO-8	一般结合电压测量
MAX6502 TC602 TM901	封装温度	逻辑电平输出型	SOT-23	内置比较器，滞后可调
DS1602 LM78 LT1392	封装温度	数字接口	SO-8 SOT-23	适用于数字电路
MAX1617	—	数字接口	16-QSOP	监视CPU的温度

9.1.4.3　典型应用电路

摄氏和华氏数字温度计主要由电流温度传感器AD590、ICL7106和显示器组成，如图9-14所示。

图9-14中，ICL7106包括A/D转换器、时钟发生器、参考电压源、BCD七段译码和显示驱动等，它与AD590和几个电阻及液晶显示器构成了一个数字温度计，且能实现两种定标制的温度测量和显示。对摄氏和华氏两种温度均采用统一参考电压（500mV）。

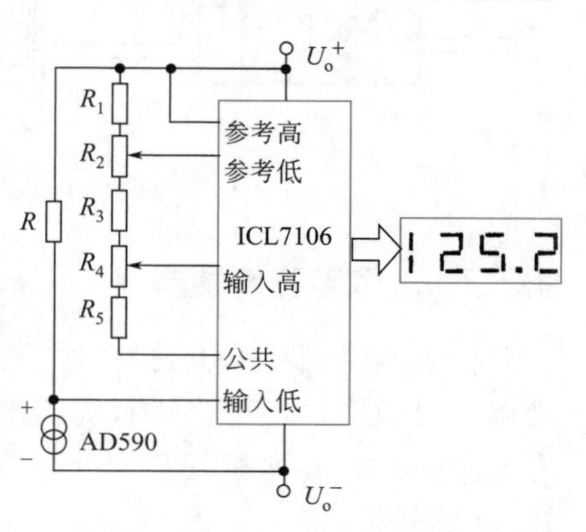

图9-14　摄氏和华氏数字温度计

9.2　湿度传感器

湿度传感器是能够感受外界湿度变化，并利用敏感元件的物理或化学性质，将湿度信号转化成电信号的器件。与一般物理量相比，湿度检测困难一些，这首先是因为空气中水蒸气含量较少；其次，液态水会使一些高分子材料或电解质材料溶解，一部分水分子电离

后与溶入水中的空气中的杂质结合成酸或碱，使湿度材料不同程度地受到腐蚀和老化，从而丧失其原有的性质；再次，湿信息的传递必须靠水对湿度器件直接接触来完成，因此湿度器件只能直接暴露于待测环境中，不能密封。

基于以上特殊情况，通常对湿度器件有如下要求：稳定性好，响应时间短，寿命长，有互换性，耐污染和受温度影响小等。

湿度的检测已广泛用于工业、农业、国防、科技、生活等各个领域，湿度不仅与工业产品质量有关，而且是环境条件的重要指标。集成化、微型化是湿度器件的发展方向。

9.2.1 湿敏电阻传感器

湿度电阻传感器简称湿敏电阻，是一种对环境湿度敏感的元件。它的电阻值会随着环境的相对湿度变化而变化。

湿敏电阻是利用某些介质对湿度比较敏感的特性制成的。湿敏电阻主要由感湿层、电极和具有一定机械强度的绝缘基片组成。图9-15所示电路为几种湿敏电阻的结构和外形。它的感湿特性随着使用材料的不同而有差别。

半导体湿敏电阻如陶瓷湿敏电阻、硅湿敏电阻，具有较好的热稳定性和较强的抗污能力，能在恶劣污染的环境中工作，而且具有温度范围宽、可加热清洗等优点，在日常生活和工业控制中获得较好应用。

湿敏电阻在电路中用字母R或RS表示，在电路中的图形符号如图9-16所示。

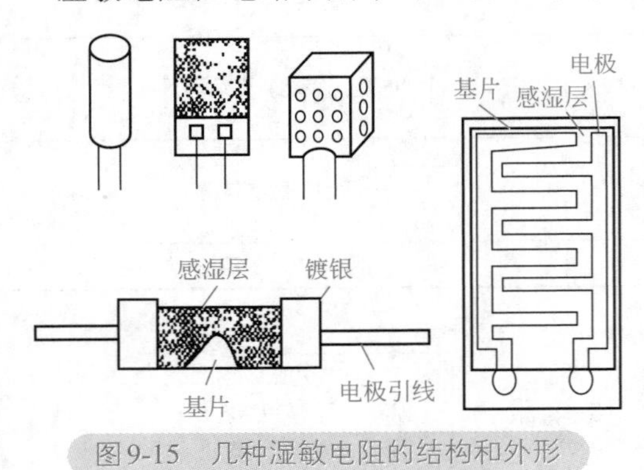

图9-15　几种湿敏电阻的结构和外形

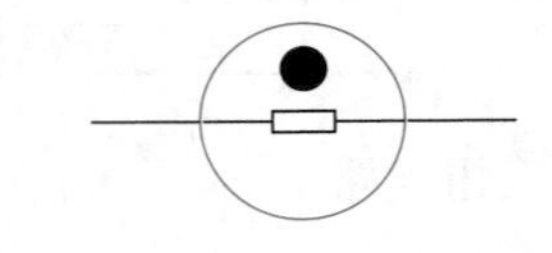

图9-16　湿敏电阻的电路图形符号

9.2.2 湿敏电容传感器

将被测物理量的变化转换为电容的变化就形成了电容式传感器。湿敏电容传感器结构简单，灵敏度高，可以进行无接触式测量。根据湿敏电容传感器的工作原理不同可将其分为变间隙式、变面积式和变介电常数式三大类。其中，变介电常数式湿敏电容传感器应用较为广泛。

9.2.2.1 高分子电容式湿度传感器

在玻璃基片上，蒸镀一层厚度约1μm的叉指形金电极，作为下电极；在其表面上均匀涂覆或浸渍一层醋酸纤维膜，作为感湿膜，再在感湿膜的表面上蒸镀一层多孔性金薄膜做上电极。将上下电极焊接出引线。这样，由上、下电极和中间的感湿膜就构成了一个对湿度敏感的平板形电容器。高分子电容式湿度传感器的结构如图9-17所示。

高分子聚合物大多是具有微小介电常数的电介质，随周围环境相对湿度大小成比例地吸附和释放水分子，使聚合物的介电常数发生变化，从而导致电容量发生明显的变化。依据高分子材料的介电常数随环境的相对湿度而改变的原理制成高分子电容式湿度传感器，通过测定感湿元件电容量的变化，即可得出环境相对湿度。电容量取决于环境中水蒸气的相对压力、电板的有效面积和感湿膜的厚度。

9.2.2.2　陶瓷电容式湿度传感器

陶瓷电容式湿度传感器的结构如图9-18所示，由多孔氧化铝（Al_2O_3）薄膜、铝基片和金电极等构成。

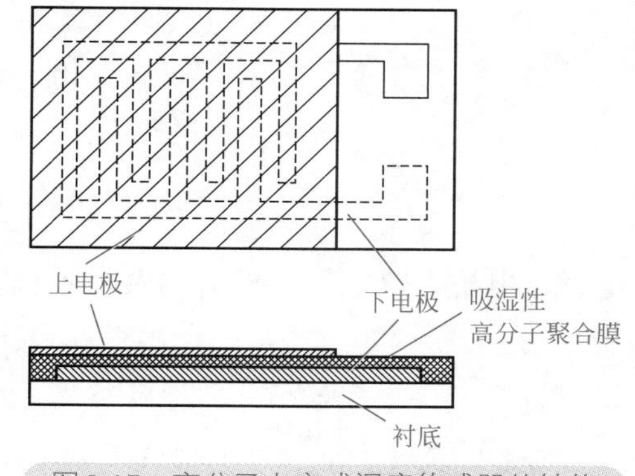

图9-17　高分子电容式湿度传感器的结构

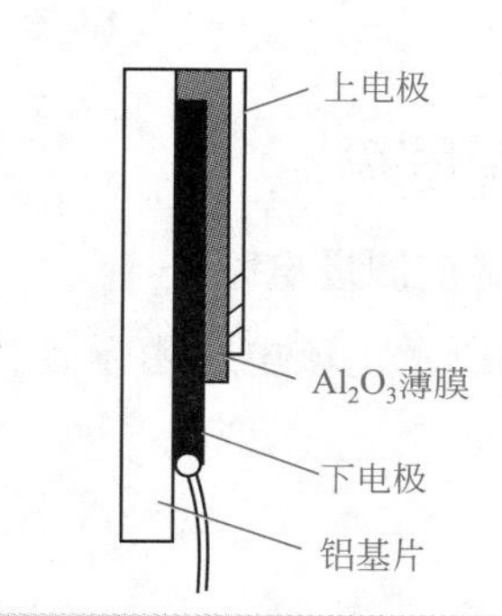

图9-18　陶瓷电容式湿度传感器的结构

在多孔Al_2O_3薄膜上蒸发多孔金，构成Au-Al_2O_3-Al的电容结构，在Au与Al的两面分别接上引线作为电极。铝基片、上电极和多孔Al_2O_3薄膜形成一个典型的平板电容结构。

多孔Al_2O_3薄膜起着导电和透水的双重作用，故其厚度不可太厚或太薄，应控制在30～50nm。

多孔的Al_2O_3薄膜容易吸收空气中的水蒸气，从而改变其本身的介电常数，这样由Al_2O_3做电介质构成的电容器的电容值将随空气中水蒸气分压而变化。测量电容值，即可得出空气的相对湿度。

9.2.2.3　电解质湿度传感器

氯化锂（LiCl）传感器，采用氯化锂吸湿使其离子导电性发生变化而检测湿度，工作湿度、温度范围分别为20%～80%RH和0～60℃，响应时间为2～5min，精度较高，主要用于湿度测量等；露点传感器采用氯化锂饱和溶液，对吸湿（自发热）→蒸发（冷却）→凝结的平衡温度（露点）进行检测，工作温度范围为-30～100℃，响应时间为2～4min，不易受污染，主要用于露点计等。

9.2.2.4　集成电容式湿度传感器

IH-3605集成湿度传感器的结构如图9-19（a）所示。它由多孔铂层、热固聚合体及铂电极形成一个电容器结构，其感应湿度变化使介电常数改变。电容器结构和转换电路集成在陶瓷基片上，并引出三个引脚，其外形如图9-19（b）所示，其中1脚为电源负极，2脚为信号输出端，3脚为电源正极。

空气中湿度的变化引起感湿元件介电常数变化，进而电容量发生变化，转换电路将电容量的变化转换成对应的电压变化输出。

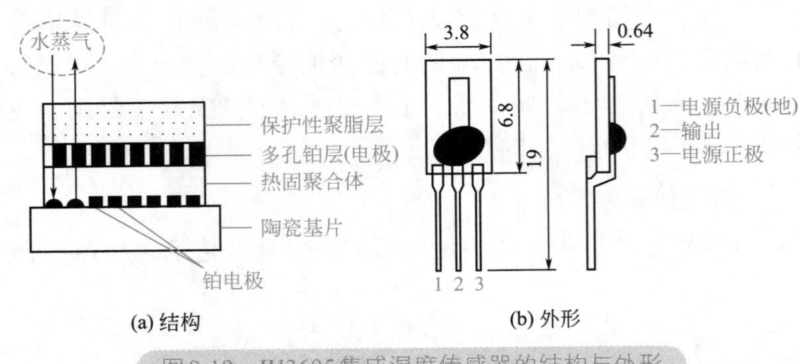

图9-19 IH3605集成湿度传感器的结构与外形

9.2.3 典型应用电路

9.2.3.1 电桥湿度测量电路

如图9-20所示，该电路由湿度传感器、振荡电路、电桥、放大器、整流器及显示仪表等组成。

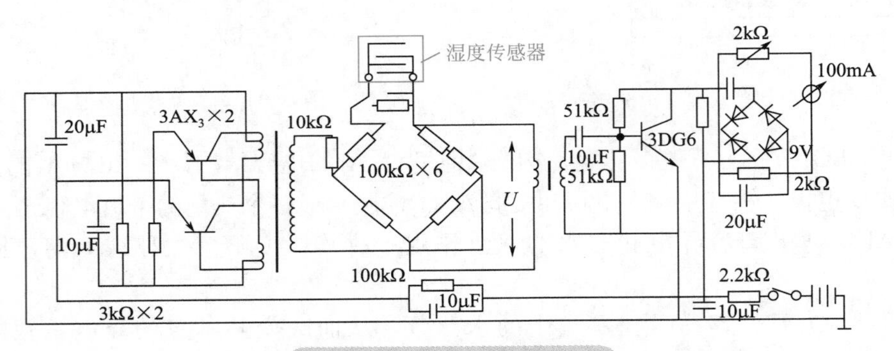

图9-20 电桥湿度测量电路

振荡器对电路提供交流电源。电桥的一臂为湿度传感器，由于湿度变化使湿度传感器的阻值发生变化，于是电桥失去平衡，产生信号输出，放大器把不平衡信号加以放大，整流器将交流信号变成直流信号，由直流毫安表显示。振荡器和放大器都由9V直流电源供给。

电桥法适用于氯化锂湿度传感器。

9.2.3.2 直读式湿度计应用电路

图9-21所示电路为直读式湿度计电路，其中R_H为氯化锂湿敏电阻器。氯化锂（LiCl）是一种吸湿盐类，氯化锂湿敏电阻器是一种新型湿敏电阻器，属水分子亲和力型湿敏元件。

对于一种配方的湿敏电阻，其测试湿度的范围相当狭窄。要求湿度测量范围较大时，需要将多个湿敏电阻器组合使用，其测量范围才能达到20%～80% RH。由VT_1、VT_2和T1等组成测湿电桥的电源，其振荡频率为250～1000Hz。电桥的输出信号经变压器T2、C_3耦合到VT_3，经VT_3放大后的信号由VD_1～VD_4桥式整流后输入微安表，指示出由于相对湿度的变化而引起电流的改变。经标定并把湿度刻画在微安表表盘上，就成为一个简单而实用的直读式湿度计了。

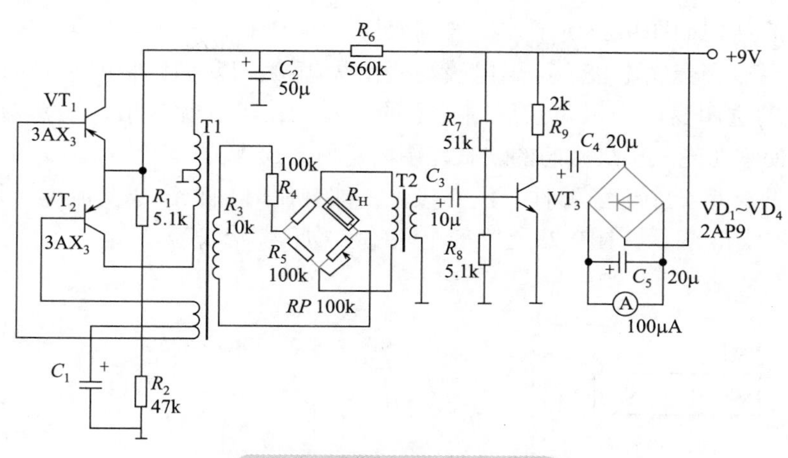

图9-21 直读式湿度计电路

9.3 光电传感器

光电传感器是一种将被测量的变化转换成光学量的变化，再通过光电元件把光学量的变化转换成电信号的装置。

9.3.1 光电传感器的分类

光电传感器的分类方法有很多种，归纳起来如下。

1.按照用途分类

光电传感器按照其用途不同可分为以下2类：

（1）外光电效应类。在光线作用下，物体内的电子逸出物体表面向外发射的现象称为外光电效应。向外发射的电子叫光电子。基于外光电效应的光电器件有光电管、光电倍增管（Photo-Multiple Tube，PMT）等。

（2）内光电效应类。内光电效应是指物体在受到光照后所产生的光电子只在物体内部运动，而不会逸出物体的现象。内光电效应多发生于半导体内，可分为因光照引起半导体电阻率变化的光电效应（某些半导体材料在入射光能量的激发下产生电子-空穴对）和因光照产生电动势的光生伏特效应两种。常见的内光电效应类光电器件如光敏电阻、光敏管、光电池、光电耦合器等。

2. 按传输方式分类

光电传感器按照其传输方式可分为透射式、反射式、辐射式、开关式等四类。

9.3.2 常见的光电传感器

9.3.2.1 光敏电阻

光敏电阻又称光导管，其工作原理基于内光电效应。常见的光敏电阻有硫化镉（CdS）、硫化铅（PbS）、锑化铟（InSb）等。

光敏电阻的结构如图9-22所示。在玻璃底板上均匀涂上一薄层半导体物质，称为光导层。光导层两端接有金属电极，金属电极与引出线相接，以连接外电路。玻璃底板使光敏电阻有一透光的透明窗。为了防止周围介质的影响，在半导体光敏层上覆盖了一层漆膜，漆膜的成分应使它在光敏层最敏感的波长范围内透射率最大。

光敏电阻纯粹是一个电阻器件，没有极性，即使用时加直流或交流电压均可。光敏电阻在电路中用R或R_G表示，图9-23是光敏电阻的实物和图形符号。

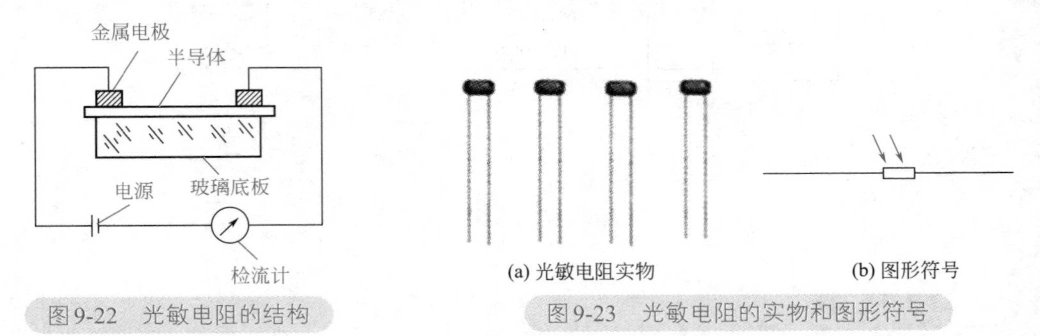

图9-22　光敏电阻的结构　　图9-23　光敏电阻的实物和图形符号

当有光照射透明窗时，电路中有电流产生，从而实现了由光信号到电信号的转换。

光敏电阻具有灵敏度高、工作电流大、光谱响应范围宽、体积小、质量轻、机械强度高、耐冲击、耐振动、抗过载能力强、寿命长、使用方便等优点，主要用于红外的弱光探测和开关控制领域。

9.3.2.2　光敏二极管

光敏二极管是一种PN结型的半导体器件，其结构与一般二极管相似，它装在透明玻璃外壳中，PN结装在管的顶端，可以直接受到光线照射，其结构示意图和符号如图9-24（a）、（b）所示。在电路中，光敏二极管一般处于反向工作状态。图9-24（c）所示电路为其基本应用电路。

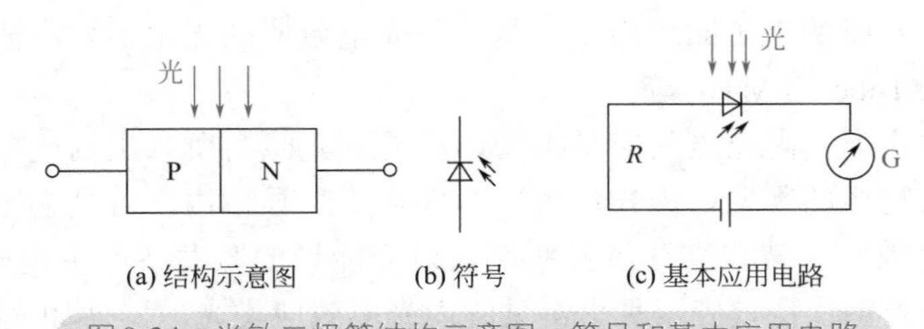

图9-24　光敏二极管结构示意图、符号和基本应用电路

在没有光照射时，其电阻很大，反向电流即暗电流很小，一般为nA级。当有光照射时，光子在半导体内被吸收，使P型半导体中的电子数增多，也使N型半导体中的空穴增多，即产生新的载流子——电子和空穴，也称光生电子-光生空穴对。如果入射光的照度变动，则电子和空穴的浓度也跟着相应地变动，因此通过外电路的电流也随之变化，这样就把光信号转换成了与光信号对应的电信号。

9.3.2.3　光敏三极管

光敏三极管与一般晶体管相似，具有两个PN结。但其特殊之处在于PN结的作用不同于一般晶体管。

光敏三极管有NPN型和PNP型两种基本结构，用N型硅材料为衬底制作的光敏三极管为NPN型，用P型硅材料为衬底制作的光敏三极管为PNP型。

图9-25（a）所示为NPN型光敏三极管的结构示意图。其中一个PN结作为受光结，作用相当于一个光敏二极管，具有光敏特性，即受光结应加反向电压。因此，一般用基极-集电极作为受光结。可以认为，光敏三极管实际上相当于在基极和集电极之间接有光敏二极管的三极管。只是它的集电极一边做得很大，以扩大光的照射面积。大多数光敏三极管的基极无引出线，当集电极加上相对于发射极为正的电压，集电结就是反向偏置，当光照射在集电结上时，就会在结附近产生光生电子-光生空穴对，从而形成光电流，相当于晶体管的基极电流，并随受光的强弱相应变化。因此集电极电流是光生电流的β倍，所以光敏三极管有电流放大作用。图9-25（b）所示为NPN型光敏三极管的基本应用电路。

所以说，光敏三极管兼有光敏二极管的特性，它在把光信号变为电信号的同时又将信号电流放大。

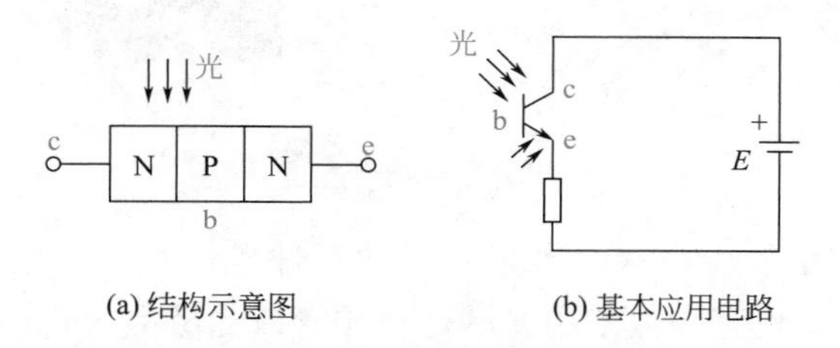

(a) 结构示意图　　(b) 基本应用电路

图9-25 光敏三极管结构示意图和基本应用电路

根据光敏三极管的工作特性，可将光敏三极管看作是一个普通三极管的基极和集电极之间接有一个光敏二极管（此二极管处于反偏状态），其符号和等效电路如图9-26所示。

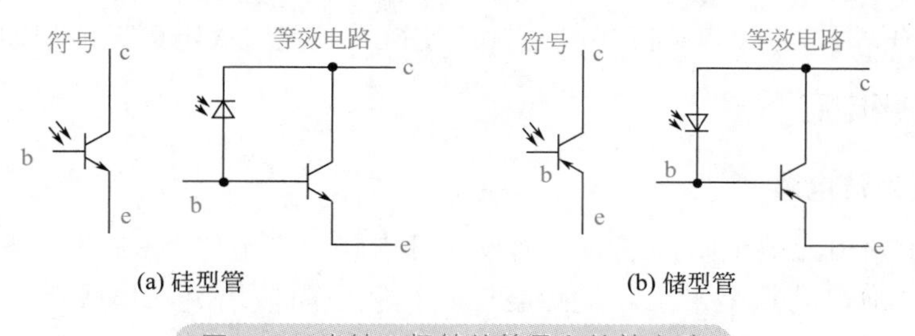

(a) 硅型管　　(b) 储型管

图9-26 光敏三极管的符号和等效电路

9.3.2.4 光电耦合器

光电耦合器是将发光和受光器组成一体的以光为媒介用来传输电信号的光电器件。发光源（发光二极管）的引脚为输入端，受光器（光敏二极管、光敏三极管）的引脚为输出端。

其工作原理是：在输入端加电信号，使发光器件发光，受光器件受到光照后，产生光电效应，输出电信号，实现了由电到光、再由光到电的传输。光电耦合器的内部结构如图9-27所示。主要特点是：输入与输出之间的隔离性好，信号单向传输无反馈影响，抗干扰能力强，响应速度快，工作稳定可靠。由于它对输入和输出电信号具有良好的隔离作用，在各类计算机测控系统中是种类最多、用途最广的光电器件之一。

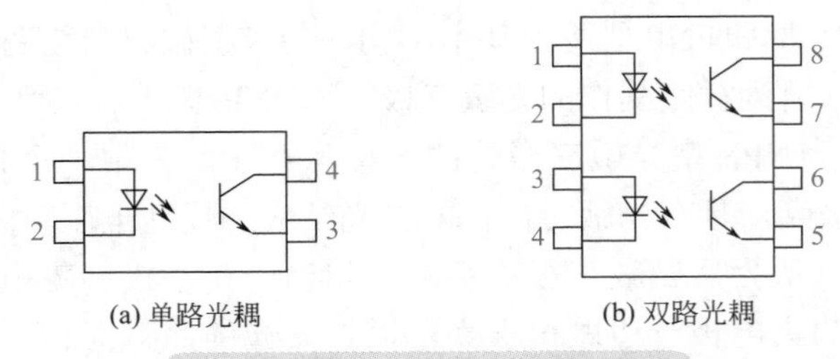

图9-27 光电耦合器的内部结构

光电耦合器的实物如图9-28所示。

图9-28 光电耦合器的实物

一般来说，目前常用的光电耦合器里发光的元件多是发光二极管，而光敏元件多为光敏二极管和光敏晶体管，也有少数采用光敏达林顿管或光敏晶闸管。

光电耦合器的主要作用是隔离传输和隔离控制，在隔离耦合、电平转换、继电器控制等方面得到了广泛的应用。

另外，在由微处理器或单片机为核心的检测、控制系统及智能仪表中，光电耦合器用于隔离外界的输入信号和由内输出到外输出的信号（如发往执行机构的信号）。这种隔离是一种有效的光电隔离，它可以排除多种干扰，使得系统能够稳定可靠地长期工作。

9.3.3 典型应用电路

9.3.3.1 自动夜光灯电路

图9-29所示为由光敏电阻构成的自动夜光灯电路。用电位器RP设定基准电位，设定多大照度才能使灯泡自动点亮，当环境照度低时光敏电阻值增大，集成运放A的反相端电位变低，低于设定的基准电位，集成运放A输出脚变为高电位驱动三极管VT，VT驱动继电器K，夜光灯自动点亮。

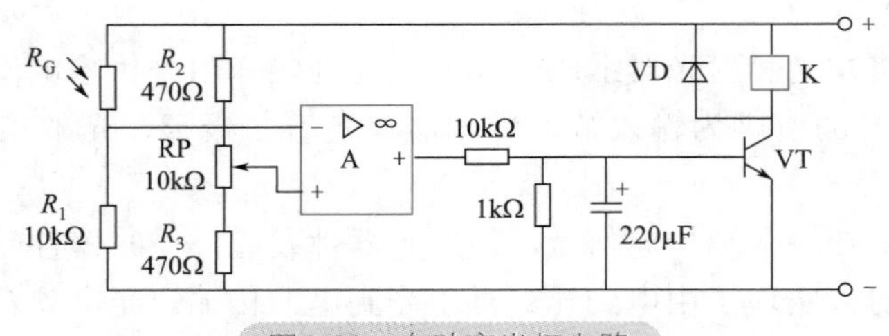

图9-29 自动夜光灯电路

9.3.3.2 光控开关电路

图9-30（a）所示为光敏三极管构成的灵敏光控开关电路。由555定时器组成多谐振荡

器。由2脚电位决定3脚的输出。由于采用了达林顿型光敏三极管作敏感元件，所以对弱光较敏感，适用于对反射光信号的检测。当无光照射时，达林顿型光敏管内阻较大，2脚的电位大于$\frac{2}{3}V_{CC}$，3脚输出低电平，继电器KR吸合。电路中当达林顿型光敏管受到光照后，其内阻减小，使2脚电位下降，当降为$\frac{1}{3}V_{CC}$时，3脚输出高电平，这时继电器KR释放。如果达林顿型光敏管与电阻R位置交换，就可把该电路修改为光照时，继电器吸合；无光照时，继电器释放。该功能还可由图9-30（b）所示电路实现。

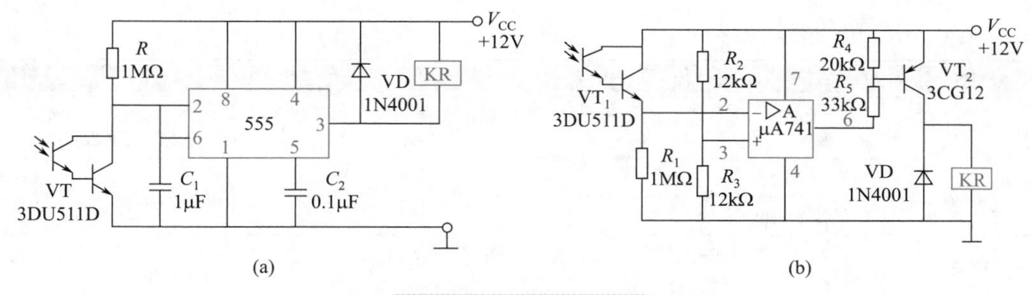

图9-30 光控开关电路

9.3.3.3 由光电耦合器构成的过压保护电路

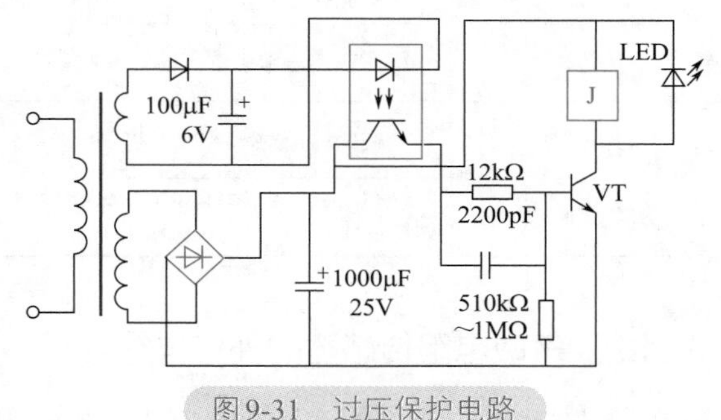

图9-31 过压保护电路

由光电耦合器构成的过压保护电路如图9-31所示。电路主要由光电耦合器、三极管、发光二极管、变压器等组成。

该保护电路是利用光电耦合器的通断与否进行控制。光电耦合器用作取样电路和控制电路之间的隔离。电压正常时，光电耦合器几乎无输出，VT管反偏截止。当某种原因如零线断线或零线错接成相线等使电路电压升高时，取样电路次级电压也随之升高，光电耦合器满足工作条件，光耦输出电流增大，使VT管偏置电压升高并饱和导通，执行机构继电器动作吸合，切断电源进而达到保护电器的目的。若故障消除，电压随之正常，该电路立即退出工作，恢复电路供电。

电路元器件中，光电耦合器用4N25或类似品。三极管用3BG12或3BG13均可。继电器触点选用5A以上。线圈工作电压可自定（5V以上至十几伏均可）。用发光二极管LED做续流管，可兼做指示器。需要动手改动的是电源，变压器初级按最大值380V计算（这里按初级380V有效值计算），这样可确保相电压一旦等于线电压时，装置能正常工作而不至于损坏，次级电压根据继电器线圈工作电压确定，具体可参考整流电路的技术要求。

9.4 气敏传感器

气敏传感器是一种能感知环境中某种气体及浓度的元器件，它利用化学或物理效应把某些气体及其浓度的相关信息转换成电信号，经电路处理后进行监测、监控和报警。气敏传感器在环境保护、家用电器、消防、农业生产和安全生产等方面得到广泛的应用，例如

家庭抽油烟机上的煤气或液化气泄漏报警和自动排气装置、煤矿坑道瓦斯报警器、交警用的乙醇（酒精）检测仪等都是采用气敏传感器作为检测器件制成的。

9.4.1 常见气敏元件的类型

由于气体的种类繁多，性质各不相同，因此气敏元件的种类也很多，表9-6列出了常见气敏元件的类型及特征，它们实现气、电转换的原理各不相同。按敏感元件的材料，气敏元件可分为半导体和非半导体两大类，其中半导体类气敏元件在气敏传感器中的应用最广泛。

表9-6 常见气敏元件的类型及特征

名称		检测原理	检测气体	特点
半导体式	电阻型	当气体检测到加热的金属氧化物，电阻值发生变化	还原性气体、城市排放气体、丙烷气体等	灵敏度高，电路结构简单，但输出与气体浓度不成比例
	非电阻型	二极管整流特性	CO、H_2、酒精	灵敏度高，电路结构简单
		晶体管特性		
接触燃烧式		可燃气体燃烧使铂丝温度升高，电阻值相应增大	可燃气体	输出与气体浓度正比，但灵敏度低
固体电解质		化学溶剂与气体反应后的电流、颜色、电导率发生变化	O_2、CO、H_2、CH_4等	气体选择性好，但不能重复利用
热传导式		根据热传导率差进行检测	与空气传导率不同的气体	结构简单、灵敏度低、选择性差
光干涉式		与空气的折射率不同产生干涉带	与空气折射率不同的气体	寿命长、选择性差
红外线吸收辐射式		因红外线照射气体分子产生谐振吸收或辐射量变化	CO_2、CO、NO_2	能定性测量，但装置体积大，价格高

9.4.2 气敏电阻传感器的外形与符号

气敏电阻传感器的实物如图9-32（a），外部引脚排列如图9-32（b），符号如图9-32（c）所示。

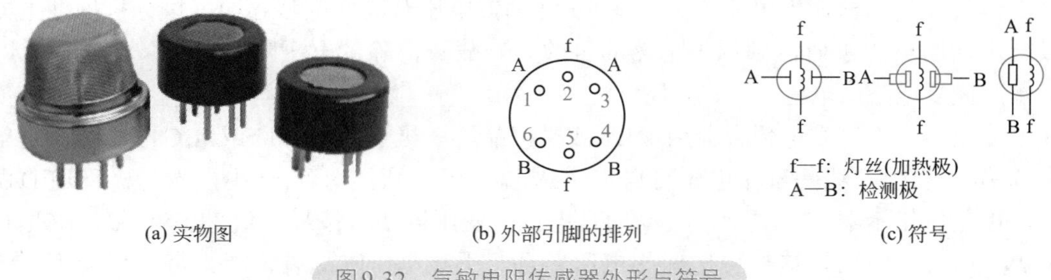

(a) 实物图　(b) 外部引脚的排列　(c) 符号

图9-32 气敏电阻传感器外形与符号

9.4.3 气敏电阻传感器的工作原理

气敏电阻传感器由气敏元器件、加热器和封装体三部分组成，端点A、B之间的阻值随气体种类和浓度的不同而变化。

加热器的作用是将附着在敏感元器件表面上的尘埃、油污等烧掉，加速气体的吸附，以此来提高灵敏度和响应速度。因此，气敏传感器工作时需要一个加热电源，图9-33中两个f端接5V电源（直流交流均可），串联了一个电阻，使传感器的功率不超过500mW。

9.4.4 典型应用电路

各种易燃、易爆、有毒、有害气体对人们的生产、生活以及人身安全造成极大的危害，人们可以利用相应的气敏传感器及其相关电路来实现对这些气体的检测和报警，从而减少有害气体的危害。

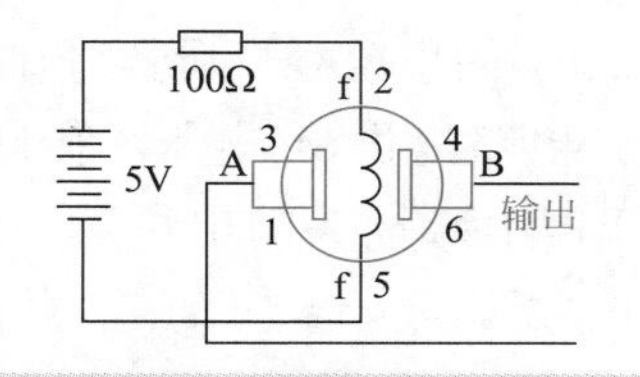

图9-33 气敏电阻传感器的工作原理图

9.4.4.1 可燃气体报警器电路

可燃气体报警器电路如图9-34所示。报警器由降压整流与稳压电路、气敏传感元件、比较电路及音响报警电路等组成。降压整流与稳压电路由变压器B、桥式整流电路QL、IC3（7812）、IC4（7805）等组成。气敏传感元件采用半导体QM-N5型或MQ-N型器件。比较器IC1采用双电压比较器LM393。音响报警电路由IC2（555）、扬声器Y、LED等组成。

当可燃性气体浓度超过一定值时，气敏半导体器件的A-B极间电阻变小，则该电阻与R_1的分压增大，相应使比较器IC1的3脚的电位升高，且当高于2脚的基准电压值时，IC1输出高电平，使IC2置位，同时IC2和R_3、R_4、C_1组成的振荡器起振，振荡频率为$f=1.44/(R_3+2R_4)C_1$，图中所示参数对应的频率约为1kHz。IC2 的3脚输出的信号推动扬声器Y发出lkHz的音响报警信号，且使LED发光闪烁。当可燃性气体浓度正常时，QM-N5的A-B极间电阻变大，该电阻与R_1的分压变小，相应IC1的3脚的电位降低，IC1输出低电平（<0.7V），使IC2复位，电路不发生报警。

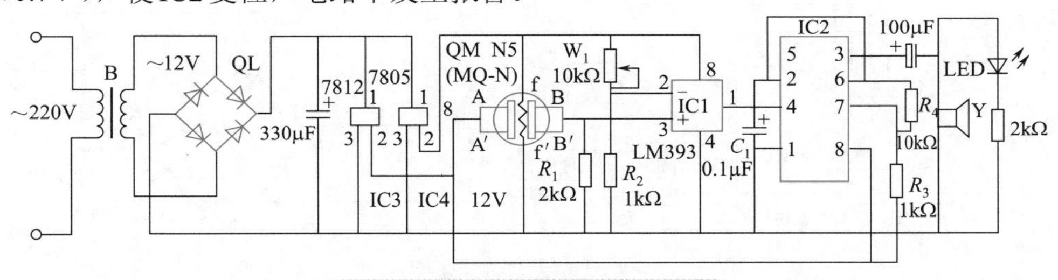

图9-34 可燃气体报警器电路

9.4.4.2 煤气泄漏报警器

如图9-35所示，该电路主要由集成稳压电源W7806、气敏传感器QM-N5、精密稳压集成块AS431、报警器等组成。

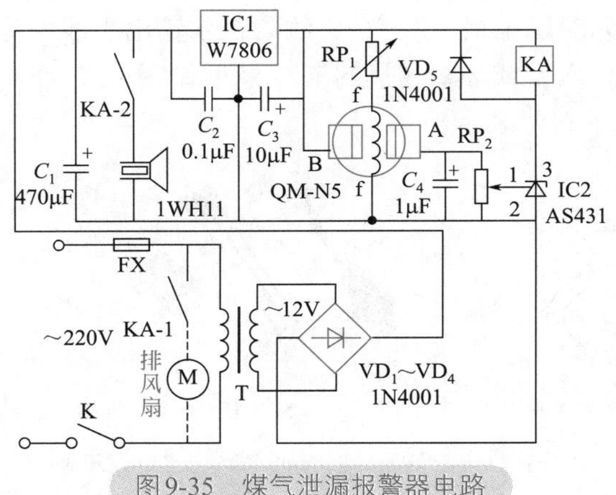

图9-35 煤气泄漏报警器电路

220V的市电经变压器降压，桥式整流电路整流，电容C_1滤波，三端稳压电源W7806稳压，给电路提供6V电压。传感器未检测到煤气时，A和B之间的电阻很大，A点的输出电压使RP_2中心抽头的电位达不到IC2的阈值电平（2.5V左右），其2脚和3脚之间呈阻断状态，因此，继电器不工作，报警器和排风扇不工作。当气体传感器B检测到煤气泄漏时，A和B之间的电阻迅速减小，RP_2中心抽头的电位大于到IC2的阈值电平，其2脚和3脚之间呈导通状态，继电器工作，报警器报警，排风扇工作。

9.5 霍尔传感器

霍尔传感器是利用霍尔效应原理将被测物理量转换为电势的传感器。利用半导体材料制成的霍尔传感器广泛应用于电流、磁场、位移、压力等物理量的测量。

9.5.1 霍尔传感器的工作原理

半导体薄片置于磁场中，当它的电流方向与磁场方向不一致时，半导体薄片上平行于电流和磁场方向的两个面之间产生电动势，这种现象称为霍尔效应。该电动势称为霍尔电势，半导体薄片称为霍尔传感器。霍尔效应如图9-36所示。

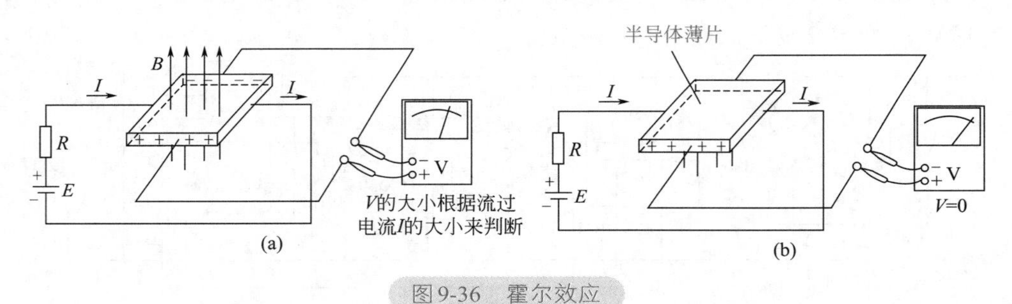

图9-36 霍尔效应

9.5.2 霍尔传感器的外形、结构与电路符号

霍尔元件的结构很简单，它由霍尔片、引线和壳体组成，如图9-37（a）所示。霍尔片是一块矩形半导体单晶薄片（一般为4mm×2mm×0.1mm），引出四个引线。1、1′两根引线加激励电压或电流，称为激励电极；2、2′引线为霍尔输出引线，称为霍尔电极。霍尔元件的壳体是用非导磁金属、陶瓷或环氧树脂封装，外形如图9-37（b）所示。霍尔元件在电路中可用图9-37（c）所示的符号表示。

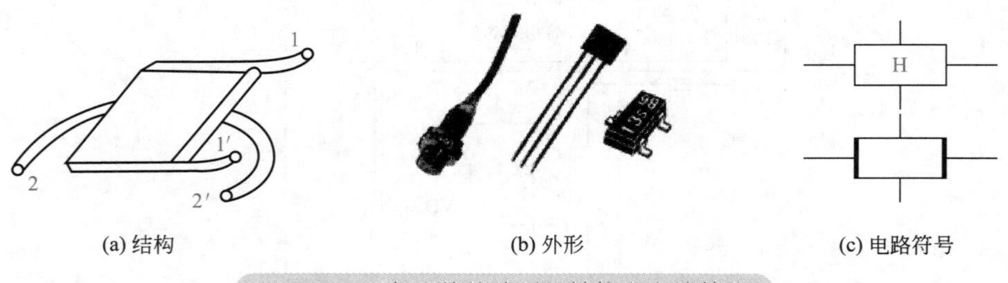

图9-37 霍尔元件的外形、结构和电路符号

9.5.3　霍尔传感器的引脚识别

霍尔传感器有3引脚和4引脚两种，如图9-38所示。

3只引脚的霍尔传感器应用最广。引脚识别方法是：面对有字的一面，将引脚朝下，对于3只引脚的霍尔传感器，从左至右依次为供电脚V_{DD}、接地脚GND和输出脚OUT。对于4只引脚的霍尔传感器，从左至右依次为V_{DD}、输出脚1、输出脚2和接地脚GND。

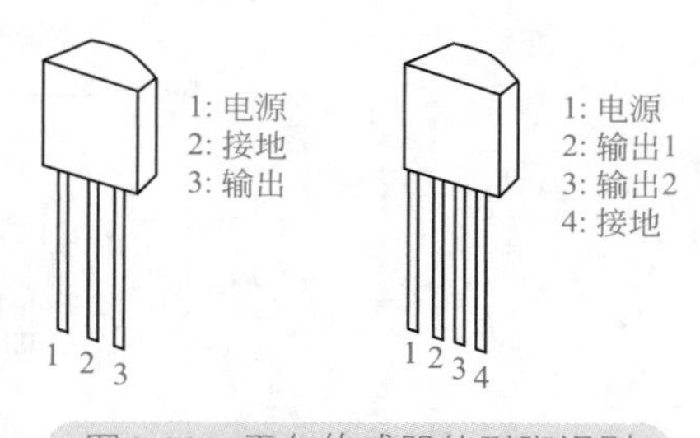

图9-38　霍尔传感器的引脚识别

霍尔传感器上有文字标记的那一面为磁敏面，正对磁极时灵敏度最高。

9.5.4　霍尔传感器的典型应用

霍尔传感器可以分为线性型霍尔传感器和开关型霍尔传感器两种。线性型霍尔传感器主要用于一些物理量的测量。开关型霍尔传感器主要用于测转速、转数、风速、流速、接近开关、报警器等电路。

9.5.4.1　霍尔式直流电流放大电路

图9-39中，当通过直流电流的电线穿过有间隙的磁环时，在间隙内产生磁通。在磁通未达到饱和时，该磁通与电线中通过的电流成正比。用霍尔元件将该磁通转换成电压，就获得与被测直流成比例的电压。传感器HCS-20-AP灵敏度为0.6mV/A，考虑霍尔元件的温度漂移、噪声电平等，测量电流值可到10A以上。电路中，R_{P1}用于调零，R_{P2}用于满刻度调整，R_{P3}用于控制电流调整。

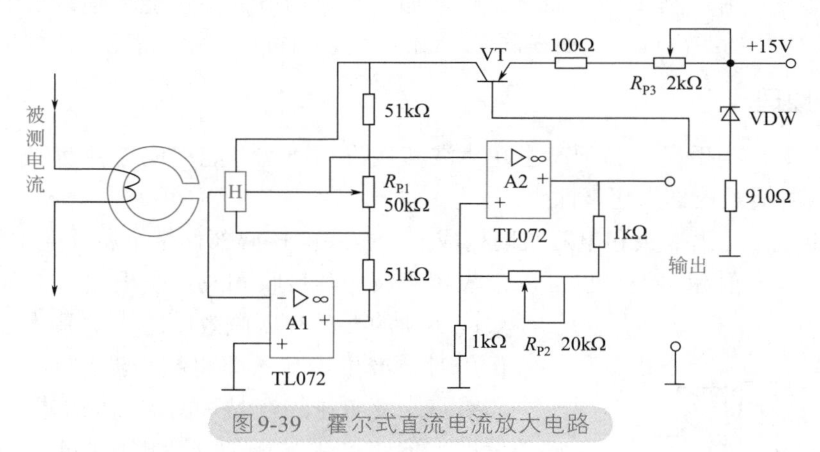

图9-39　霍尔式直流电流放大电路

9.5.4.2　霍尔传感器DN6838构成的报警电路

图9-40中，若靠近DN6838的磁铁的状态发生变化，使其通过的磁通发生变化，则DN6838的输出电压会从高电平变化到低电平。这种高低电平变化的脉冲触发NE555使其输出翻转，经过一定时间后扬声器B发生报警。当NE555的2脚输入低电平时，其3脚输出高电平，电容C_1通过R_1开始充电。当C_1上的充电电压上升到$+U_{CC}$的2/3时，NE555内部比较器翻转，3脚输出变为低电平。电路的复位时间等于$1.1R_1C_1$，根据元件参数，本电路约为10s，即经过10s后NE555的3脚恢复为高电平，B发生报警。因此，磁铁产生振动时，本电路发出声音报警信号。

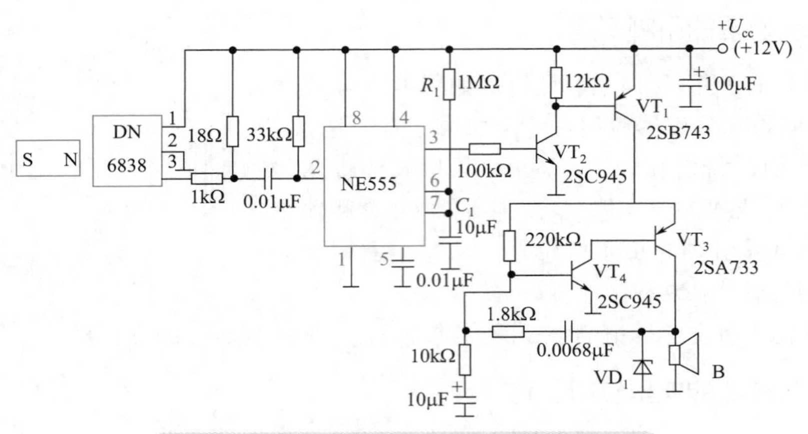

图 9-40　霍尔传感器DN6838构成的报警电路

9.6 超声波传感器

超声波传感器是频率高于20000Hz的声波，基于超声波人耳听不见，因此，不会对环境产生干扰。另外，当声波从一种介质传播到另一种介质时，由于两种介质的密度不同，所以声波在这两种介质中的传播速度也不同，且在分界面上声波会发生反射和折射现象。当超声波从液体或固体垂直入射到气体时，或相反的情况，反射系数接近1，也就是说超声波几乎全部被反射。基于以上显著特点，加之它方向好，穿透能力强，易于获得较集中的声能，在水中传播距离远，从而在测距、测速、金属探伤等领域得到广泛的应用。

9.6.1 工作原理

以超声波为检测手段，必须产生超声波和接收超声波。能完成这种功能的装置就是超声波传感器，习惯上也称为超声探头。

超声波传感器是由探头和电路共同构成的。探头的核心部件是金属外壳中的压电晶片。压电晶片既可以发射超声波，也可以接收超声波。其接收和发射是根据压电效应和逆压电效应实现的。具有压电效应的压电晶体受到声波声压作用时，产生电荷，即将超声波转换成电能；反之，如果将交变电压加在晶片两端面的电极上，沿着晶体厚度方向将产生与所加交变电压同频率的机械振动，并向外发射超声波，实现了电能与超声波的转换。

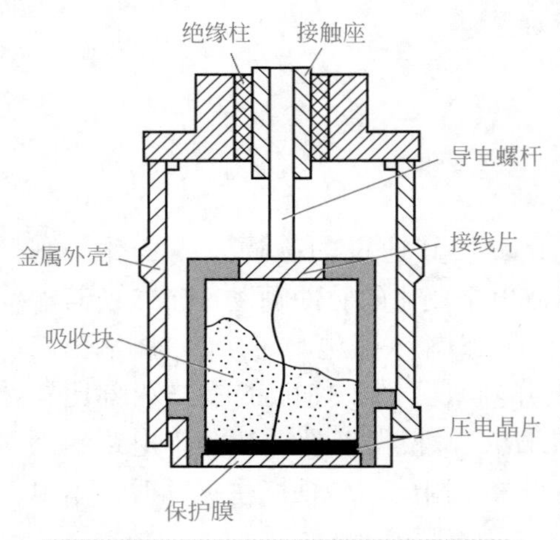

图 9-41　压电式超声波传感器的结构

图9-41所示电路为常用的压电式超声波传感器的结构。

超声探头有许多不同的结构，可分为直探头（纵波）、斜探头（横波）、表面波探头（表面波）、兰姆波探头（兰姆波）、双探头等，如图9-42所示。

9.6.2 超声波传感器的基本应用方式

超声波传感器常用的基本应用方式有3种，如图9-43

图9-42 超声探头实物

所示。

（1）透射型：适用于遥控器、防盗报警器、自动门、接近开关等。

（2）分离式反射型：适用于测距、液位或料位检测等。

（3）反射型：适用于探伤、测厚、医学扫描成像等。

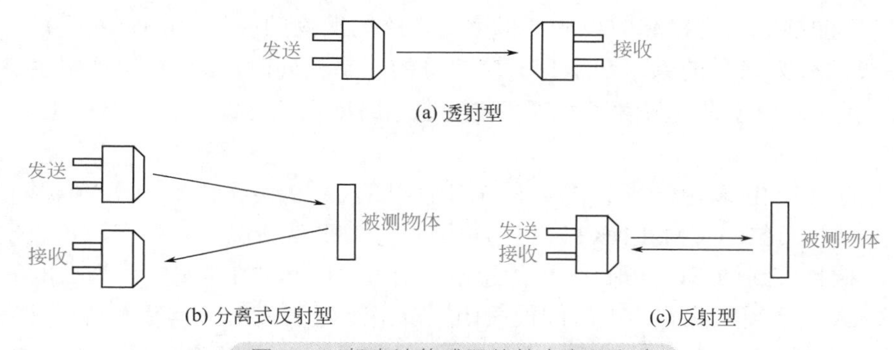

图9-43 超声波传感器的基本应用方式

9.6.3 典型应用电路

利用超声波的特性，可做成各种超声波传感器（包括超声波的发射和接收）。配上不同的电路，可制成各种超声波仪器及装置，主要应用于超声波探伤、测距、测厚、物位检测、流量检测、检漏以及医学诊断等。

9.6.3.1 超声波车后障碍物检测电路

图9-44所示电路为超声波车后障碍物检测电路。

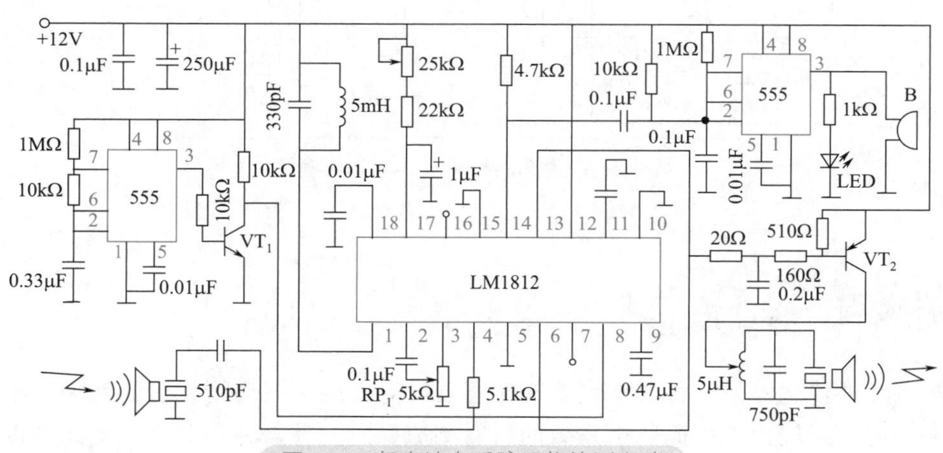

图9-44 超声波车后障碍物检测电路

发射电路主要由LC谐振器、555时基电路、晶体管VT_2和发送器组成。接收电路主要由接收器和阻容耦合器构成。

LM1812具有发送和接收双重功能，收发时采用同一LC谐振电路。它以4～5次/s比率，在1ms期间由发送器发送40kHz的超声波（由LM1812的1脚所接的LC谐振器产生），用另一超声波传感器接收其反射波，再经放大驱动LED闪亮，同时使蜂鸣器B发声。

电路中采用接收部分的增益调整电位器RP_1改变检测距离，最大检测距离也因喇叭辐射体的形状与方向不同而异，一般可在2～3m范围内调节。

9.6.3.2 超声波自动淋浴开关电路

如图9-45所示，该电路主要由超声波发射/接收电路（UCM-T40K1/UCM-R40K1）、锁相环路（LM567）和控制执行电路（继电器KA、电磁阀）等组成。

锁相环路由LM567组成，信号由3脚输入，环路滤波电容接在2脚，5、6脚所接的电阻R_8与电容C_5的参数决定LM567的中心频率。电路的振荡频率$f_0=1/(1.1R_8C_5)$。当输入到LM567的3脚的外来信号的频率和本身振荡信号的频率相同时，8脚输出电平由高变低时，同时利用锁相电路本身的振荡信号为超声波发送电路提供信号源。该电路产生的超声波频率为40kHz。

超声波的发送由锁相环路LM567的6脚输出的振荡信号经R_3加至VT_1基极进行放大，推动超声波发送器UCM-T40K1发出超声波信号。平常情况下，超声波接收电路（A_1）UCM-R40K1接收不到UCM-T40K1发出的超声波信号，LM567的8脚输出为高电平，VT_2截止，继电器KA处于释放状态，电磁阀被关闭，淋浴器无水喷出。当有人站在淋浴器下时，UCM-T40K1发出的超声波经人体反射后，被UCM-R40K1接收并将接收到的超声波信号转换为电信号，经A_1放大后通过C_2耦合到LM567的3脚，由于该信号的频率与锁相环路本身产生的振荡信号频率相同，故8脚输出低电平，此时VT_2导通，继电器KA处于吸合状态，电磁阀打开，淋浴器有水喷出，达到自动控制的目的。

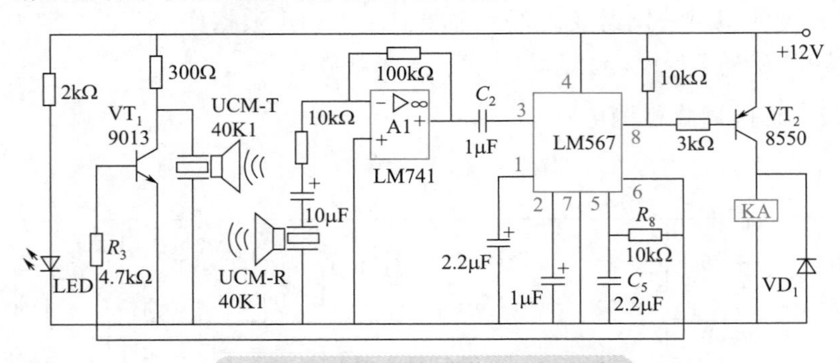

图9-45 超声波自动淋浴开关电路

9.7 热释电红外传感器

热释电红外传感器是一种非常重要的传感器，对人或某些动物发射的红外线十分敏感并能转换为电信号输出。由高热电系数的材料制成探测元件，并将两个探测元件以反极性串联方式装入传感器的探测器内。由探测元件将探测、接收到的红外信号转变成微弱的电压信号，经装在探头内的场效应管放大后向外输出，传送到相应的显示机构。

9.7.1 结构

热释电红外传感器主要由外壳、滤光片、热释电元件PZT、场效应管FET等组成，如图9-46所示。其中滤光片设置在窗口处，组成红外线通过的窗口。

9.7.2 外形与引脚识别

热释电红外传感器通常采用3引脚金属封装，各引脚分别为电源供电端（内部场效应管D极）、信号输出端（内部场效应管S极）、接地端（内部场效应管G极），如图9-47所示。

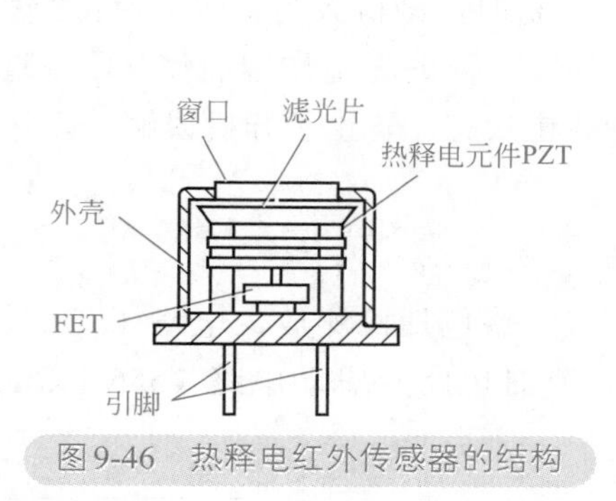

图9-46 热释电红外传感器的结构

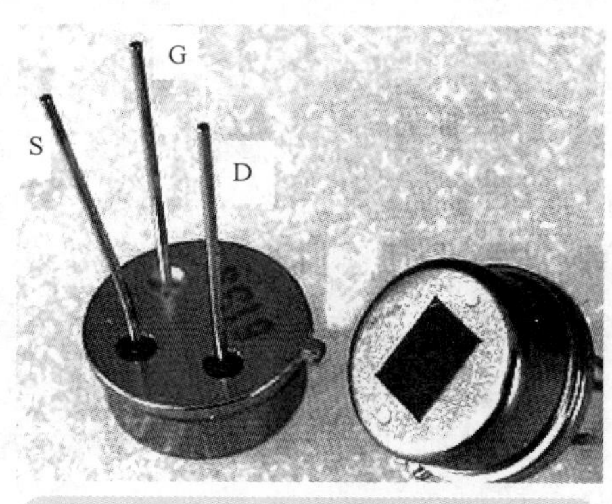

图9-47 热释电红外传感器引脚识别

9.7.3 典型应用电路

热释电红外传感器没有任何类型的辐射，器件功耗很小，隐蔽性好，价格低廉。但是热释电红外传感器容易受各种热源、光源和射频辐射的干扰。人体等发出的红外辐射很容易被遮挡，不易被探头接收。环境温度和人体温度接近时，探测和灵敏度明显下降，有时造成短时失灵。

热释电红外传感器主要应用于电子防盗、人体探测等自动控制领域。

9.7.3.1 热释电人体感应开关电路

热释电人体感应开关电路如图9-48所示。热释红外探头选用LN074B型。IC2、IC3选用高输入阻抗的运算放大器CA3140。该电路采用结型场效应管作差分输入级，输入阻抗高达$1.5\times10^{12}\Omega$，输入失调电流仅0.5pA，频带宽达4.5MHz，转换速率为9V/μs，是一种性能十分优良的运算放大器，很适合做微弱信号的放大级。

该电路采用LN074B做探头，当探头接收到人体释放的热释红外信号后，由控头内部转换成一个频率约0.3～3Hz微弱的低频信号，经VT_1、IC2两级放大器放大后输入电压比较器IC3。两级电压放大采用直流放大器，总增益约70～75dB。

IC3等组成电压比较器，其中RP为参考电压调节电位器，用来调节电路灵敏度，也就是探测范围。平时，参考电压（IC3的反相端电压）高于IC2的输出电压（IC3的同相端电压），IC3输出低电平。当有人进入探测范围时，探头输出探测电压，经VT_1和IC2放大后使信号输出电压高于参考电压，这时IC3输出高电平，三极管VT_2导通，继电器J1吸合，接通开关。

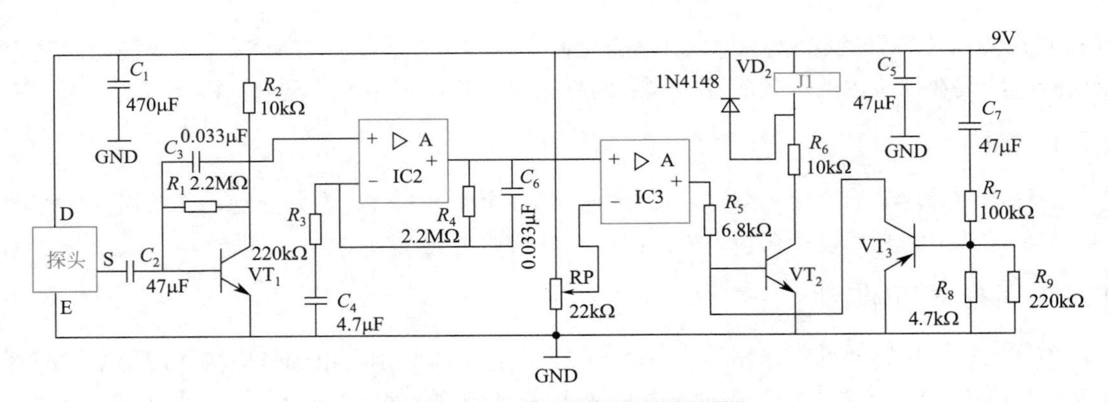

图9-48　热释电人体感应开关电路

电路中VT_3、C_7、$R_7 \sim R_9$组成开机延时电路。当开机时，开机人的感应会使IC3输出高电平，造成误触发。开机延时电路在开机的瞬间，由电容C_7的充电作用而使VT_3导通，这样就使IC3输出的高电平经VT_3通地，VT_2可以保持截止状态，防止了开机误触发。开机延时时间由C_7与R_7的时间常数决定，约20s。

9.7.3.2　热释电红外线传感器报警电路

热释电红外线传感器报警电路如图9-49所示。该电路包括检测放大电路（SD02、A_1、A_2等）、滤波放大器（A_1、A_2等）、比较电路（A_3）、延时电路及驱动电路（555 Ⅰ、555 Ⅱ和VT_2）。

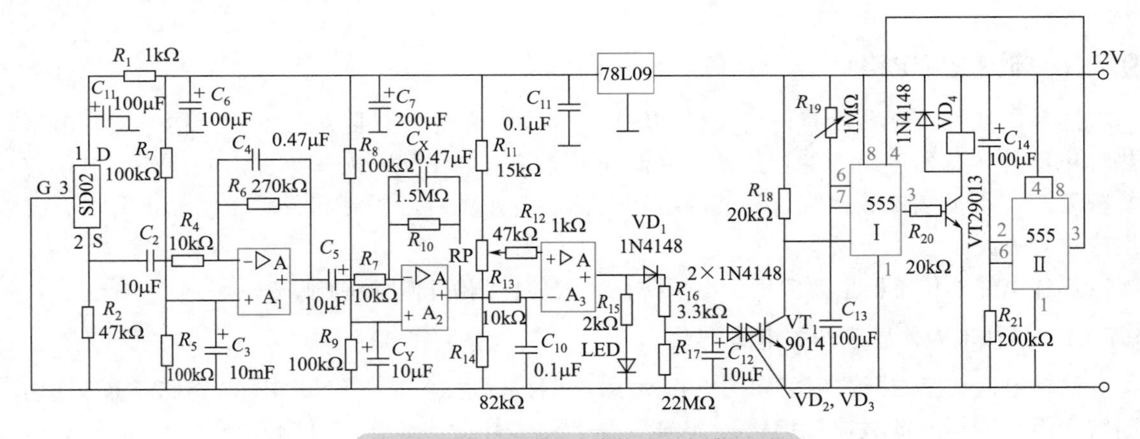

图9-49　热释电红外线传感器报警电路

检测放大电路由热释电传感器SD02及滤波放大器A_1、A_2等组成。R_2作为SD02的负荷，传感器的信号经C_2耦合到A_1上。运算放大器A_1组成第一级滤波放大电路，它是一个低频放大倍数$A_{F1} = R_6 / R_4 \approx 27$的低通滤波器。$A_2$也是一个低通放大器，其低频放大倍数$A_{F2} = R_{10} / R_7 \approx 150$。

A_3组成电压比较器，调节电位器RP使同相端电压在2.6～4.2V变化。调节电位器RP，即调节A_3同相端的电位大小，即可调节报警器的灵敏度。无报警信号时，反相端电压大于同相端电压，比较器输出低电平。当有人入侵时，比较器翻转，输出为高电平，LED亮，当人体运动时则输出一串脉冲。

555Ⅰ、555Ⅱ和VT_2组成延时、驱动电路，当A_3输出一个脉冲，即VD_1输入一个脉冲时，C_{12}将少量充电。若再不来脉冲时，则C_{12}将通过电阻R_{17}放电；若有人在报警区移动，则A_3输出一串脉冲，使C_{12}不断充电，当达到一定电压时，VT_1导通，输出一个低电平。此低电平输入到单稳态电路555Ⅰ的2脚，使555Ⅰ触发，3脚输出高电平，使VT_2导通，吸合继电器，使其控制报警器。单稳态的暂态时间由R_{19}及C_{13}决定，调节R_{19}，即可改变暂态时间，即报警时间的长短。

555Ⅱ组成延时电路。接通电源的瞬间，C_{14}相当于短路，2、6脚处于高电平，其3脚输出为低电平，3脚与555Ⅰ的4脚相连，所以通电瞬间，555Ⅰ的4脚为低电平，单稳态不能工作，延时时间取决于C_{14}和R_{21}。在这一段延时时间内（约10s），人通过报警区而不发警报。延时结束后，555Ⅱ的3脚为高电平，555Ⅰ即可正常工作。

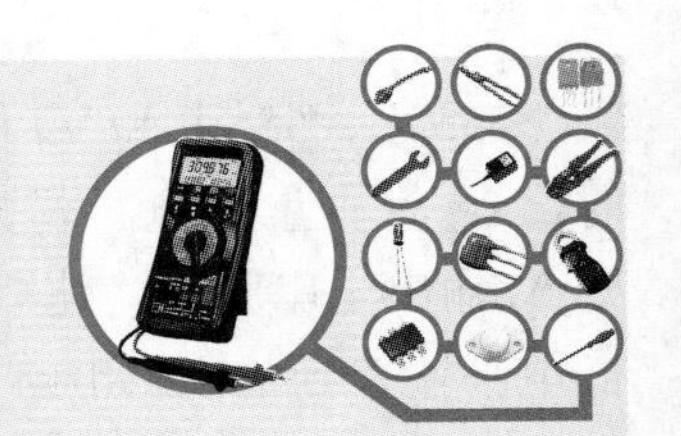

第10章

显示器件

10.1 显示器件的基本知识

显示器件是一种将电信号转换为所需要的图形或字符的电子器件。显示器件可分为VFD（荧光显示器）、LCD（液晶显示器）、LED（数码显示器）、ECD（电致变色显示器）、PDP（等离子显示器）、EPD（电泳显示器）和PLZT（铁电陶瓷显示器等）。

目前国内外生产的显示器件种类繁多，性能各异。主要有两大类：主动发光型（如阴极射线管、辉光数码管、荧光数码管、LED数码管、等离子显示器、光导纤维显示器）；被动发光型（如液晶显示器、磁翻板显示器、电泳显示器）。前者本身发光；后者本身不发光，只能反射、透射或投射光线。适用于数字仪器仪表的显示器件主要有数码显示器、液晶显示器、CMOS-LED组合器件。

大屏幕指南显示屏是由计算机控制，将光、电、声融为一体，能显示各种信息的大型显示装置。适配大屏幕智能显示屏的新型显示器件有LED点阵显示器、LCD点阵显示器、显像管（CRT）、磁翻板显示器。

10.2 辉光数码管

10.2.1 特征与外形

辉光数码管属于冷阴极辉光管，具有十个阴极和一个共阳极，管内充有氖气，当某个阴极与阳极之间的电压大于启辉电压时，该阴极启辉，由于十个阴极制成0 ～ 9共十个数码形状，故可显示相应数字。若阴极与阳极之间的电压低于熄灭电压，该阴极即熄灭。辉光的颜色决定于管内所充气体的成分，如氖显红色，氩显浅紫色，汞显淡蓝色，氦显粉红色等。

图10-1所示为辉光数码管的实物。

10.2.2 工作原理

辉光数码管利用辉光放电原理，在管内产生明显的辉光。在置有板状电极的玻璃管内充入低压气体或者蒸气，当两极间电压较高时，稀薄气体中的残余正离子在电场中加速，

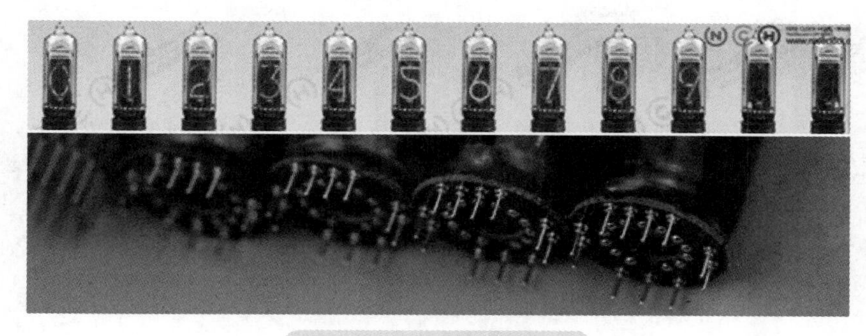

图 10-1　辉光数码管实物

有足够的动能轰击阴极，产生二次电子，经簇射过程产生更多的带电粒子，使气体导电。辉光放电的特征是电流强度较小，温度不高，故管内有特殊的亮区和暗区，呈现瑰丽的发光现象。

辉光放电时，在放电管两极电场的作用下，电子和正离子分别向阳极、阴极运动，并堆积在两极附近形成空间电荷区。因正离子的漂移速度远小于电子，故正离子空间电荷区的电荷密度比电子空间电荷区大很多，使得整个极间电压几乎全部集中在阴极附近的狭窄区域内。这是辉光放电的显著特征，而且在正常辉光放电时，两极间电压不随电流变化。在阴极附近，二次电子发射产生的电子在较短距离内尚未得到足够的能使气体分子电离或者激发的动能，所以紧接阴极的区域不发光。而在阴极辉区，电子已获得足够的能量碰撞气体分子，使之电离或者激发发光。其余暗区和辉区的形成也主要取决于电子到达该区的动能以及气体的压强。如图 10-2 所示为辉光管的辉光放电原理示意图。

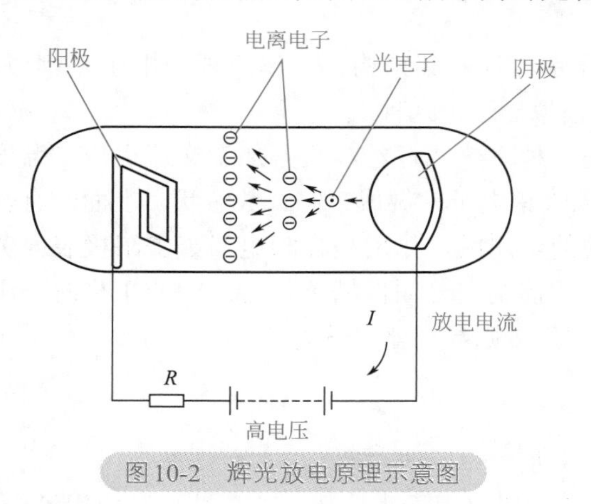

图 10-2　辉光放电原理示意图

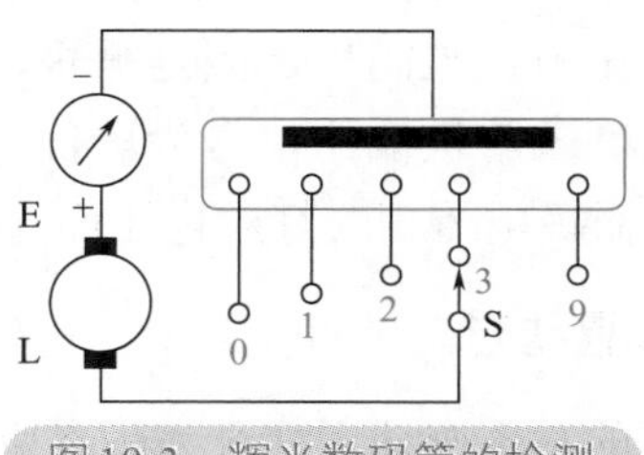

图 10-3　辉光数码管的检测

10.2.3　检测

辉光数码管的好坏可用万用表来检测。如图 10-3 所示，当万用表按照图示接法时，可测出数码管的阴极电流。图中开关 S 为单刀十位转换开关，可依次接通各个阴极。若将万用表并联在辉光管的两端，可测出辉光管的启辉电压。

当以额定转速摇绝缘电阻表时，其发出的直流电压迅速升高，当超过辉光管的启辉电压时，开关所接通的阴极启辉，显示出相应的数码；若发出的辉光很暗，则说明辉光管已衰老；若显示数字少笔画，则表明所对应的阴极局部开路。

10.3 真空荧光数码管

10.3.1 特点

真空荧光显示器英文缩写为VFD。它是利用真空荧光数码管进行显示的，其工作方式类同于电子管。VFD的特点是工作电压低、亮度高、体积小，而且它的价位较低，与LED相比能显示较小的字体，且没有方向性。

10.3.2 结构

真空荧光显示器也称荧光真空管，由玻璃外壳、灯丝、阳极、栅极等构成，如图10-4所示。

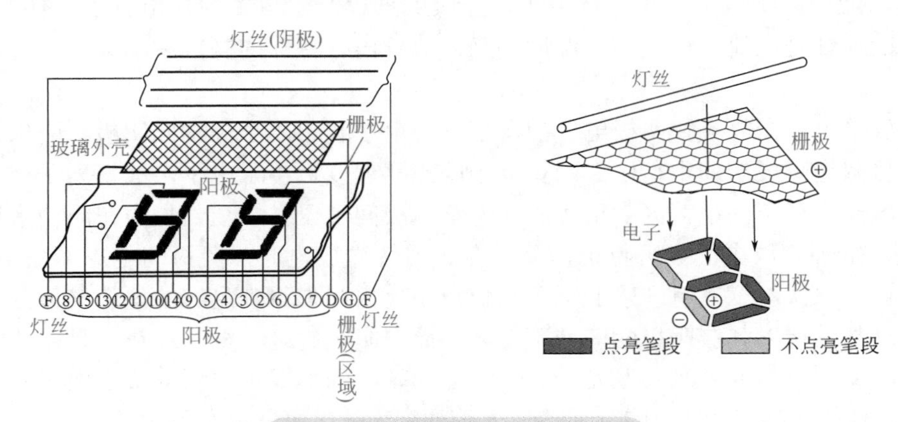

图10-4 真空荧光显示器的结构

真空荧光显示器是利用真空技术制造的显示器件，其结构、工作原理与电子管相似。VFD按显示内容可分为数字显示、字符显示、模拟显示等几种。

真空荧光显示器，阴极由钨丝做成，它是一种直热式灯丝，给其加上交流电压，温度升高至700℃左右时，开始发射电子。阳极用来收集电子，做成字符、数字状，上面涂有荧光物质。在阳极与阴极之间是栅极，它是极薄的金属网，作用是控制电子轰击阳极表面荧光粉的速度。阳极加的信号为段信号，栅极加的控制信号叫做栅位信号。VFD工作时，阳极电压、栅极电压相对灯丝电压而言均为正电位，否则显示器不发光。

10.3.3 驱动方式

VFD的基本驱动方式分为静态驱动和动态驱动。

（1）VFD静态驱动又称为直流驱动，该方式一般仅用于少位数、符号性显示应用场合。静态驱动显示器有公共阴极（灯丝）、公共栅极和每一个区域相对应的阳极段位，各阳极间彼此独立。静态驱动显示器是利用阳极截止特性来工作的，灯丝需加上额定的交流电压，静态驱动中，栅极是连在一起加恒定的正电压；阳极是分别引出，由译码驱动电路有选择地施加正电压；阴极由变压器直接提供交流电压。此种驱动方式适宜位数较少的真空荧光显示器。图10-5是静态驱动显示器的驱动原理。

（2）VFD动态驱动又称为扫描驱动，有外置驱动集成电路和内置驱动集成电路，特点是引线少，适于多位数、多色驱动。动态驱动显示器是利用其阳极截止特性和栅极截止特性进行工作的，动态驱动中，各个位的栅极连在一起并分别按位引出；各个段位的阳极也连在一起且栅极、阳极上均由驱动电路（集成电路）提供脉冲电压。为了保证荧光显示器显示准确无误，在不需要显示的区域上加一个低于灯丝电压的负截止电压（通常是加在栅极上），使这些段位完全不亮。图10-6所示是VFD动态驱动显示器的驱动原理。

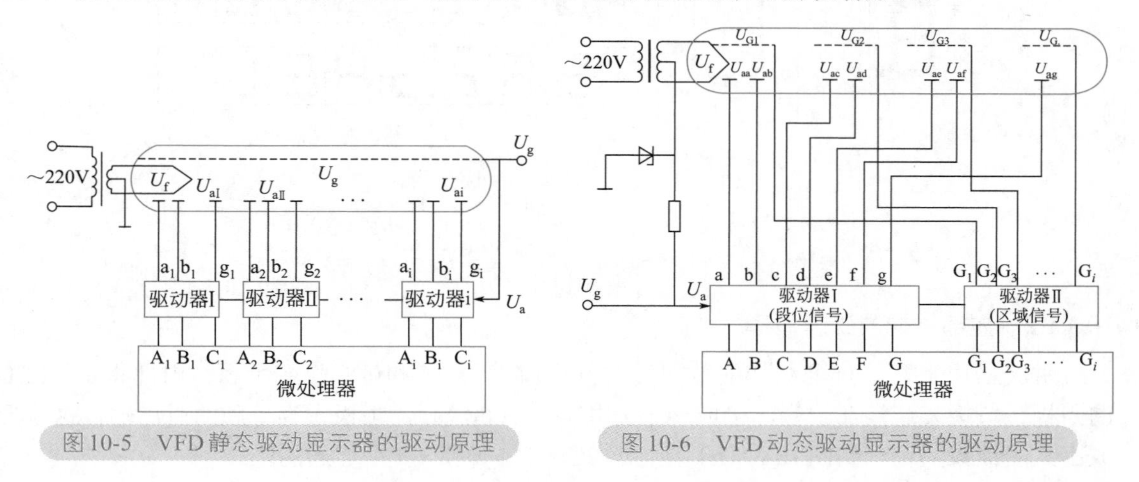

图10-5 VFD静态驱动显示器的驱动原理　　图10-6 VFD动态驱动显示器的驱动原理

VFD是一个真空显示器，为了维持其真空度，四周用玻璃进行了密封，内装环状消气器，并留有排气管。

10.3.4 检测

真空荧光显示器工作时，其灯丝加上2.5～3.8V交流电压（根据型号而异）后，用手挡住外界光照射，应能隐约看到横向灯丝呈微红色。可用万用表测量灯丝电压是否正常。若灯丝电压正常，但看不到灯丝发红光，则可判断该显示器损坏。

10.3.5 选用

真空荧光显示器属于低压荧光发生器件，广泛应用于录像机、影碟机、功放等影音器材中。

选用真空荧光显示器（VFD）时，首先应根据应用要求选择其显示内容（是数字显示、字符显示还是模拟显示等），然后再根据驱动电路的类型来选择荧光显示器是动态驱动型还是静态驱动型。

10.4 LED数码管

LED数码管也称半导体数码管或7段数码管，是目前常用的显示器件之一。它是以发光二极管作为7个显示笔段并按照共阴或共阳方式连接而成的。

10.4.1 一位LED数码管

10.4.1.1 外形

一位LED数码管是将8个发光二极管按一定的方式排列起来组成“8”字形，a、b、c、d、e、f、g、DP各对应一个发光二极管，任意一个LED叫做数码管的一个“段”。a～g代表7个笔段的驱动端，DP是小数点。利用不同发光段的组合，显示不同的阿拉伯数字，如图10-7所示。

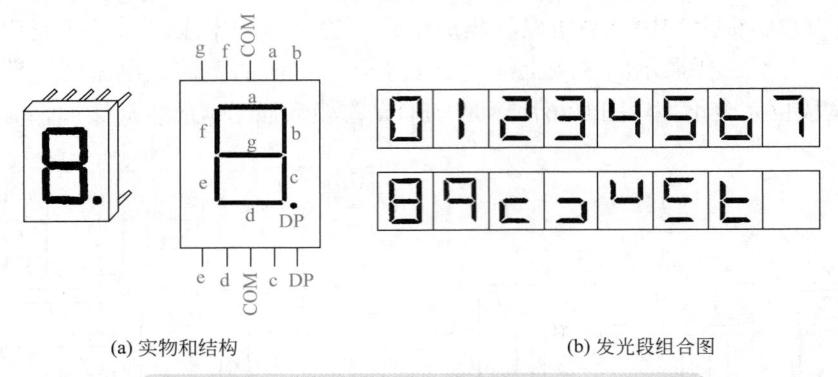

图10-7　LED数码管的实物、结构及发光段组合图

10.4.1.2　内部结构与工作原理

引脚采用上、下排列结构的数码管，其引脚编号如图10-8（b）所示。内部将8个LED的阴极（负极）连接在一起，接成一个公共端（COM端），阳极作为单独的引出端，这就形成了共阴极数码管，如图10-8（a）所示。其内部3脚和8脚是连通的。

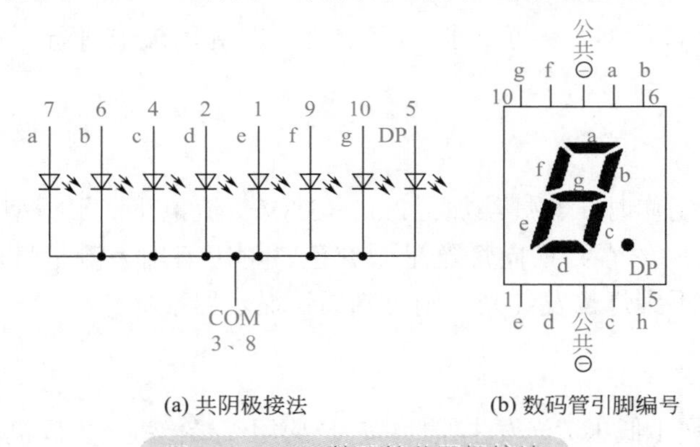

图10-8　LED数码管共阴极接法

常用的产品中共阴极接法居多，共阴极数码管典型型号有CPS05011AR、SM420501K、SM620501、SM820501等。

共阳极数码管典型型号有SM410561K、SM610501、SM810501等，引脚如图10-9所示。

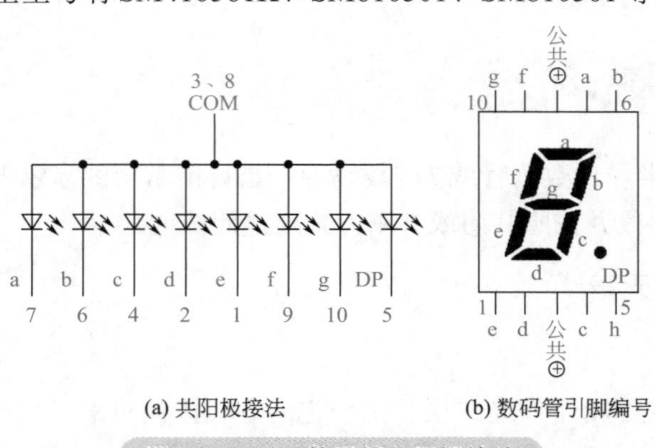

图10-9　LED数码管共阳极接法

共阳极LED数码管，当笔段电极接驱动低电平，公共阳极接高电平时，相应笔段（发光二极管）会发光。共阴极LED显示器与之相反，当笔段电极接驱动高电平，公共阴极接低电平时，相应笔段（发光二极管）会发光。发光二极管在正向导通之前，正向电流近似为零，笔段不发光。当电压超过发光二极管的开启电压时，电流急剧增大，笔段才会发光。因此，LED数码管属于电流控制器件，LED工作时，工作电流一般选为10mA/段左右，保证亮度适中，对发光二极管来说也安全。

10.4.1.3　典型驱动电路

LED数码管的发光颜色有红、橙、黄、绿等，其外形尺寸规格均代表字形高度［以英寸（in）为单位］，分0.3in、0.5in、0.8in、1.0in、1.2in、1.5in、2.5in、3.0in、5.0in、8.0in共10种规格。LED数码管一般由数字集成电路驱动，有时还需配上晶体管，才能正常显示。图10-10所示为共阴极LED数码管显示器的典型驱动电路。

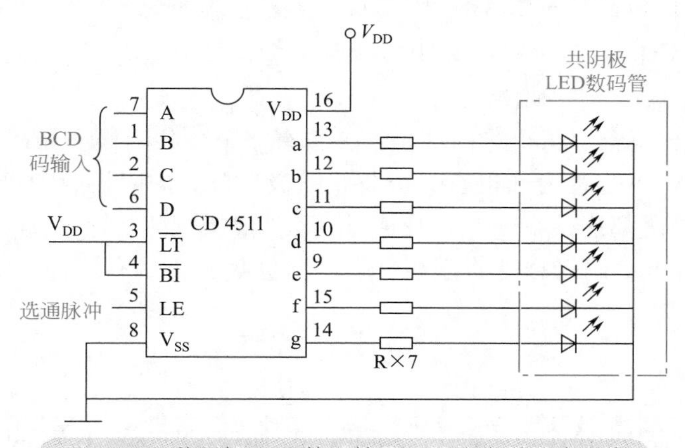

图10-10　共阴极LED数码管显示器的典型驱动电路

10.4.1.4　数码管的结构判别方法

如图10-11所示，将万用表置于R×10挡，在红表笔插孔上串联1节1.5V电池，然后把黑表笔接1脚，红表笔依次碰触其余各脚。发现仅当红表笔碰触9脚时数码管上的a段发光，其他情况下a段均不发光。由此判定被测管为共阴极结构，9脚即公共阴极，而1脚为a段的引出端。

10.4.1.5　引脚识别

将红表笔固定接9端，黑表笔依次接2 ～ 5、8、10脚时，数码管的f、g、e、d、c、b段可分别发光。由此能逐一确定各笔段所对应的引脚。唯独在黑表笔分别接6、7脚时小数点dp都不亮。这说明dp是独立的，与公共阴极无任何联系。再把黑表笔接7脚，红表笔接6脚时小数点发光，证明7脚为小数点正极，记作dp_+，6脚为小数点负极，记作dp_-。最终判定的被测数码管各引脚已标明在图10-11上，其引脚排列顺序不同于大多数引脚排列。

10.4.2　多位LED数码管

10.4.2.1　多位LED数码管实物

多位LED数码管是将多个LED数码管集成为一个整体，有二位、三位、四位等。四位

LED数码管如图10-12所示。

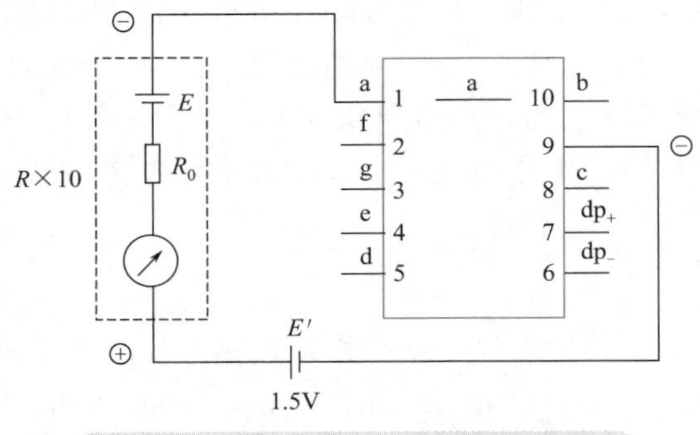

图10-11　判别LED数码管的结构形式

图10-12　四位LED数码管

10.4.2.2　多位LED数码管的内部结构

多位LED数码管也有共阳极和共阴极两种类型，图10-13所示为四位数码管内部LED的连接方式，其他的数码管与此相同。

对共阴型多位数码管，每个管内部8个LED有一个公共阴极（如6、8、9、12脚），对共阳型多位数码管，每个管内部也有一个公共阳极。公共的阴极或阳极叫做数码管的“位极”。数码管相同的段都连接在一起，形成一个公共“段极”。如11脚是4个数码管A段的公共引脚，7脚是4个数码管B段的公共引脚，四位数码管共有4个位极、8个段极，共12个引脚。

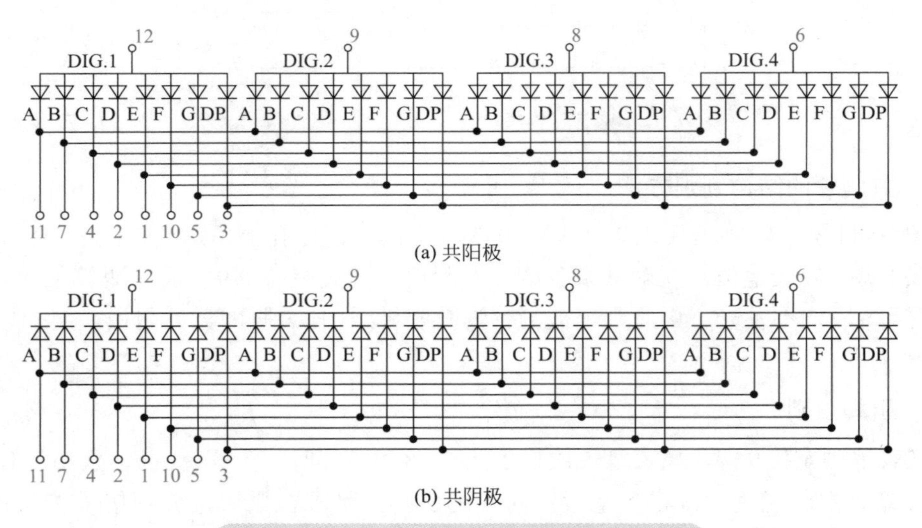

图10-13　四位数码管内部LED的连接方式

10.4.2.3　多位LED数码管的显示

多位LED数码管采用动态显示方式，又称扫描显示方式。下面以图10-13（b）四位共阴数码显示2019为例进行说明。

（1）给第一个数码管送位选通电平：给12脚加上低电平，这时数码管DIG.1的“位”被选通，只要有“段”是高电位，相应的段就被点亮。数码管DIG.2、DIG.3、DIG.4则没有被选通（位极为高电平），不管其段极加什么电位，都不会点亮。

（2）给第一个数码管送段电平，以显示数字：给四位数码管a、b、c、d、e、f、g各脚送的电平应为“1、1、0、1、1、0、1”，这样就使a、b、d、e、g段被点亮，显示数字“2”，其余数码管即c、g段不会被点亮，因为其位极没有被选通。

（3）给第二个数码管送选通电平：给9脚加上低电平，其他位极加高电平。

（4）给第二个数码管送段电平：给四位数码管a、b、c、d、e、f、g各脚送的电平应为“1、1、1、1、1、1、0”，于是第二个数码显示数字“0”，其余数码管即g段不会被点亮。

（5）用同样的方法依次给第三个、第四个数码管送位选通电平和段电平，使第三个、第四个数码管分别显示数字“1”和“9”。

（6）周期性地重复上述过程。

多位LED数码管是一个一个地显示出来的，如果逐个显示的间隔小、显示速度快，由于人眼具有视觉暂留（物体在快速运动时，当人眼看到的影像消失后，人眼仍能继续保留其影像0.1～0.4s左右的图像，这种现象被称为视觉暂留现象，人眼的这种性质被称为“眼睛的视觉暂留”），这样，每显示一个数字时，人眼除了能看到该数字外，还会感觉到其他三个数字仍然在显示，看起来显示的就是“2019”。

10.4.3 十进制LED数码显示器

7段显示数码管的驱动信号a～g来自4线-7线译码器。常用的中规模4线-7线显示译码器有74LS46～74LS49。它们的使用特性大致相同。以74LS48为例，它驱动的是共阴极连接的数码管，具有集电极开路输出结构，并接有2kΩ的上拉电阻。它将8421BCD译码成a、b、c、d、e、f、g共7段输出并进行驱动，它同时还具有消隐和试灯的辅助功能。

表10-1所示是74LS48的逻辑功能表。它有4个输入信号A_3～A_0，对应四位8421BCD码；有7个输出a～g，对应7段字形。当控制信号有效时，A_3～A_0输入一组8421BCD码，a～g输出端便有相应的输出，电路实现正常的译码。译码输出为1的端口，对应数码管的笔段就点亮。例如当$A_3A_2A_1A_0$=0101时，只有b和e输出为0。其余的都输出为1，显示数字“5”。

表10-1 74LS48逻辑功能表

十进制或功能	输入						入/出	输出						
	LT	RBI	A_3	A_2	A_1	A_0	BI/RBO	a	b	c	d	e	f	g
0	1	1	0	0	0	0	1	1	1	1	1	1	1	0
1	1	×	0	0	0	1	1	0	1	1	0	0	0	0
2	1	×	0	0	1	0	1	1	1	0	1	1	0	1
3	1	×	0	0	1	1	1	1	1	1	1	0	0	1
4	1	×	0	1	0	0	1	0	1	1	0	0	1	1
5	1	×	0	1	0	1	1	1	0	1	1	0	1	1
6	1	×	0	1	1	0	1	0	0	1	1	1	1	1
7	1	×	0	1	1	1	1	1	1	1	0	0	0	0
8	1	×	1	0	0	0	1	1	1	1	1	1	1	1
9	1	×	1	0	0	1	1	1	1	1	0	0	1	1
10	1	×	1	0	1	0	1	0	0	0	1	1	0	1
11	1	×	1	0	1	1	1	0	0	1	1	0	0	1

续表

十进制或功能	输入						入/出	输出						
	$\overline{LT}$	$\overline{RBI}$	A_3	A_2	A_1	A_0	$\overline{BI}/\overline{RBO}$	a	b	c	d	e	f	g
12	1	×	1	1	0	0	1	0	1	0	0	0	1	1
13	1	×	1	1	0	1	1	1	0	0	1	0	1	1
14	1	×	1	1	1	0	1	0	0	0	1	1	1	1
15	1	×	1	1	1	1	1	0	0	0	0	0	0	0
灭灯	×	×	×	×	×	×	0	0	0	0	0	0	0	0
灭零	1	0	0	0	0	0	0	0	0	0	0	0	0	0
试灯	0	×	×	×	×	×	1	1	1	1	1	1	1	1

此外，74LS48还引入灯测试输入端（$\overline{LT}$）和动态灭零输入端（$\overline{RBI}$），以及既有输入功能又有输出功能的消隐输入/动态灭零输出端（$\overline{BI}/\overline{RBO}$），其功能如下：

（1）输入信号$\overline{BI}$为熄灭信号。当$\overline{BI}$=0时，无论LT和RBI以及数码输入A_3～A_0状态如何，输出Y_a～Y_g均为0，7段都处于熄灭状态，不显示数字。

（2）输入信号$\overline{LT}$为试灯信号，用来检查7段是否能正常点亮。当$\overline{BI}$=1，$\overline{LT}$=0时，无论A_3～A_0状态如何，输出Y_a～Y_g均为1，使显示器7段都点亮。

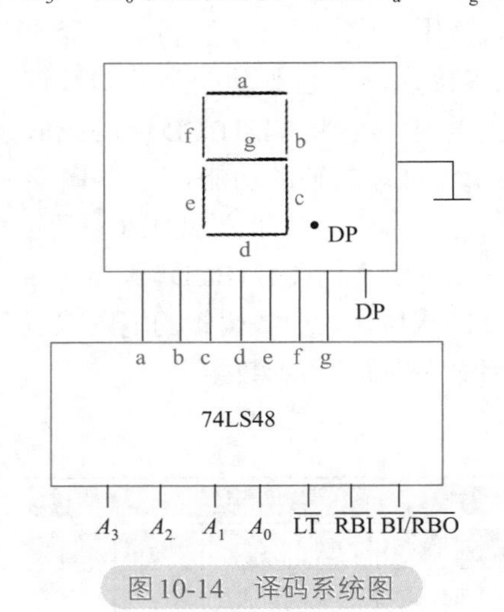

图10-14 译码系统图

（3）输入信号$\overline{RBI}$为灭0信号，用来熄灭数码管显示的0。当$\overline{LT}$=1，$\overline{RBI}$=0，只有输入A_3～A_0为0000时，输出Y_a～Y_g均为0，7段都熄灭，不显示数字0。但当输入A_3～A_0为其他组合时，则可以正常显示。

（4）电路输出$\overline{RBO}$灭0输出信号。当$\overline{LT}$=1，$\overline{RBI}$=0，且A_3～A_0为0000时，本片灭0，同时输出$\overline{RBO}$=0。在多级译码显示系统中，这个0送到另一片译码器的$\overline{RBI}$端，就可以使对应这两片译码器的数码管此刻的0都不显示。由于熄灭信号$\overline{BI}$和灭0输出信号$\overline{RBO}$是电路的同一点，共用一条引出线，故标为$\overline{BI}/\overline{RBO}$。

图10-14所示是译码系统图。它由译码器74LS48和共阴极数码管BS201A组成。

10.5 LED点阵显示器

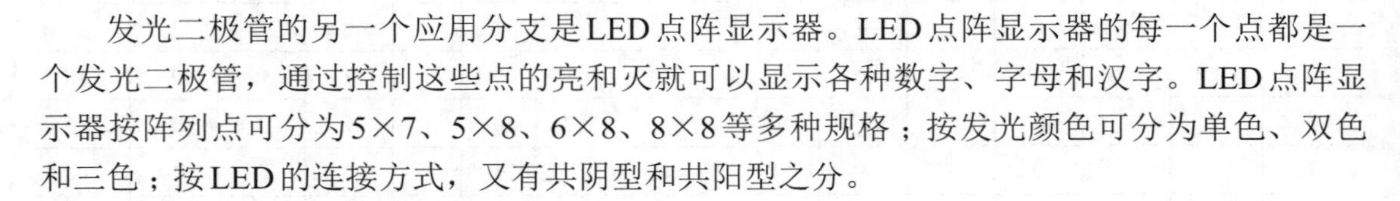

发光二极管的另一个应用分支是LED点阵显示器。LED点阵显示器的每一个点都是一个发光二极管，通过控制这些点的亮和灭就可以显示各种数字、字母和汉字。LED点阵显示器按阵列点可分为5×7、5×8、6×8、8×8等多种规格；按发光颜色可分为单色、双色和三色；按LED的连接方式，又有共阴型和共阳型之分。

10.5.1 单色LED点阵

10.5.1.1 实物与结构

图10-15所示是LED点阵显示器的实物图。

图10-15 LED点阵显示器实物

图10-16所示是8×8共阴型和共阳型阵列结构。对单色LED点阵来说，若第一个引脚（引脚旁通常标有1）接发光二极管的阴极，该点阵叫做共阴型点阵（行共阴、列共阳），所有LED的阴极（负极）都接在行线上，阳极（正极）都接在列线上，如图10-16（a）所示。

共阳型点阵（行共阳、列共阴），所有LED的阴极（负极）都接在列线上，阳极（正极）都接在行线上，如图10-16（b）所示。

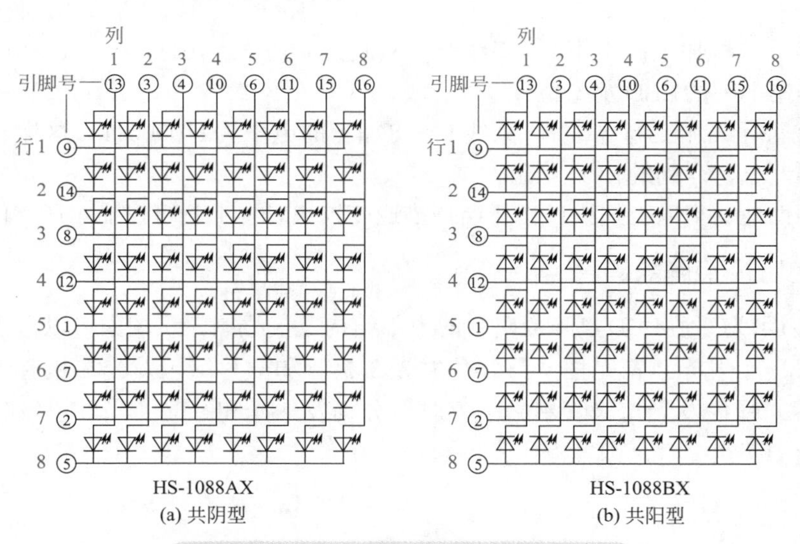

图10-16 8×8共阴型和共阳型阵列结构

10.5.1.2 工作原理

点阵的显示方式有逐行扫描、逐列扫描和逐点扫描三种方式。下面以8×8 LED共阳型点阵采用逐行扫描的方式显示一个梯形为例进行介绍，如图10-17所示。

从图10-17可以看出，8×8点阵共需要64个发光二极管，且每个发光二极管放置在行线和列线的交叉点上。当行、列呈现不同电平时，相应的发光二极管点亮。例如，第一行施加高电平，所有列施加低电平，则第一行的所有LED被点亮。

（1）在显示之前，给所有的行线加上低电平，给所有列线加上高电平，所有LED全部截止、不发光。

（2）给第一行线加上低电平0，所有列线加上高电平11111111（因为第一行不需要发光）。

（3）给第二行线加上高电平1，所有列线加上低电平00000000，这样可使第二行的LED全部发光。

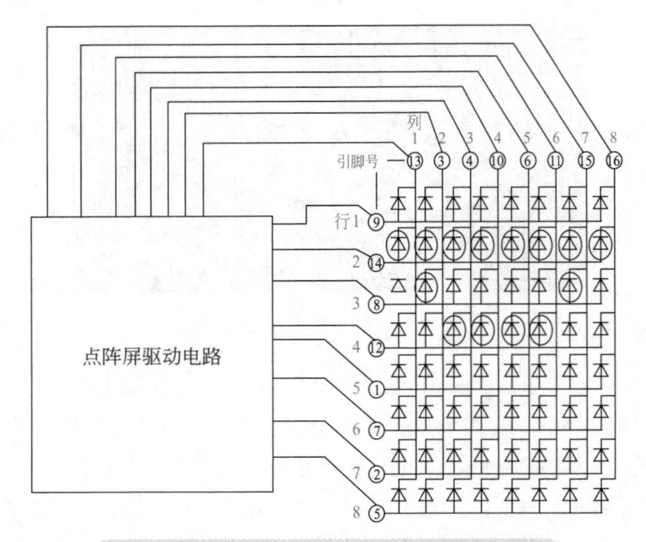

图10-17　8×8 LED共阳型点阵显示电路

（4）给第三行线加上高电平1，列线1～8加上的电平为10111101，这样可使第三行的位于第二列和第七列的LED发光。

（5）给第四行线加上高电平1，列线1～8加上的电平为11000011，这样可使第四行的位于第三、四、五、六列的LED发光。

（6）周期性地重复以上扫描过程，当扫描速度较快时屏上就可以显示所需的梯形。

10.5.2　双色LED点阵数码管

图10-18所示为双色LED点阵数码管的内部结构及接线图。从图中可以看出，双色LED点阵数码管每一个发光点都是由一只红色发光二极管和一只绿色发光二极管组成的。当红色发光二极管、绿色发光二极管单独点亮时，分别发红光和绿光；当红色发光二极管、绿色发光二极管一起点亮时，则发橙色光。

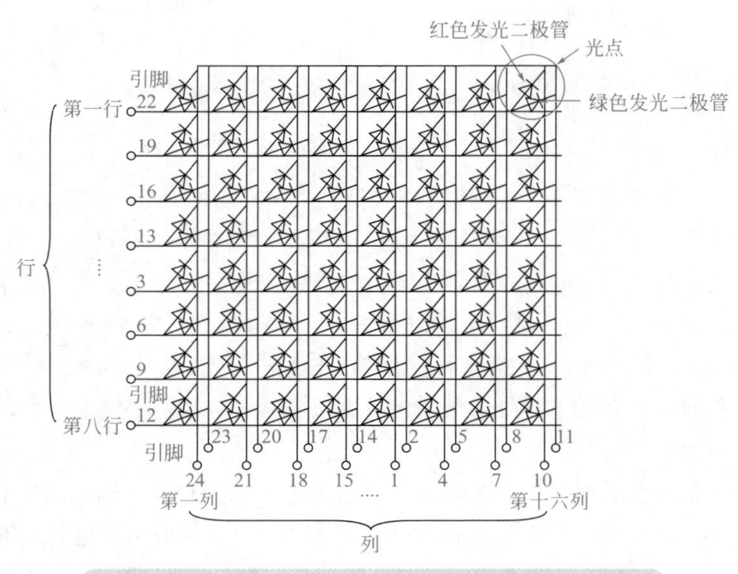

图10-18　双色LED点阵数码管的内部结构及接线图

10.5.3 国产LED数码管的型号命名方法

国产LED数码管的型号命名由四部分组成，各部分含义见表10-2。

表10-2 国产LED数码管的型号命名及各部分含义

第一部分：主称		第二部分：字符高度	第三部分：发光颜色		第四部分：公共极性	
字母	含义		字母	含义	数字	含义
BS	半导体发光数码管	用数字表示数码管的字符高度，单位是mm	R	红	1	共阳
			G	绿		
			OR	橙红	2	共阴

第一部分用字母“BS”表示产品名称为半导体发光数码管。

第二部分用数字表示LED数码管的字符高度，单位为mm。

第三部分用字母表示LED数码管的发光颜色。

第四部分用数字表示LED数码管的公共极性。

示例：

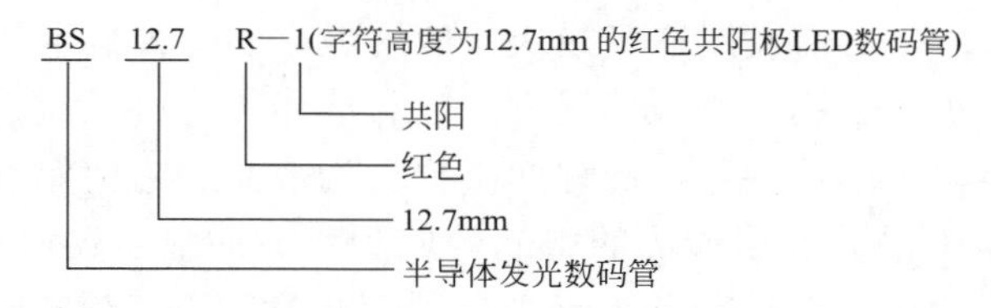

10.5.4 LED的检测

10.5.4.1 类型检测

单色LED检测时，将万用表拨至$R\times10$k挡，红表笔接点阵的第1引脚（引脚旁通常标有1）不动，黑表笔接其他引脚，若出现阻值小，表明红表笔接的第1引脚为LED的负极，该点阵为共阴型，若未出现阻值小，则红表笔接的第1引脚为LED的正极，该点阵为共阳型。

10.5.4.2 点阵引脚与LED正、负极连接检测

将万用表拨至$R\times10$k挡，测量点阵任意两引脚之间的电阻，当出现阻值小时，黑表笔接的引脚为LED的正极，红表笔接的为LED的负极，然后黑表笔不动，红表笔依次接其他的引脚，所有出现阻值小时红表笔接的引脚都与LED负极连接，其余引脚都与LED正极连接。

10.5.4.3 好坏检测

LED点阵大多是由发光二极管组成的，只要检测发光二极管是否正常，就能判断点阵是否正常。下面以图10-19所示的5×5共阳型点阵为例进行说明。

判别时，将图中的①～⑤脚用导线短接，串入两节1.5V电池和一只100Ω的固定电阻，并将电源正极与行某引脚连接，然后将电源负极接列①引脚，列①的5个LED应全亮，若某个LED不亮，则说明LED损坏，用同样的方法将电源负极依次接其他列，则可判断发光二极管能否正常工作。

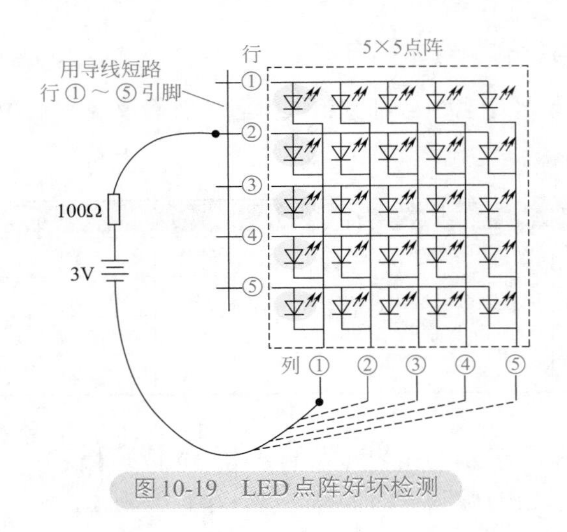

图10-19 LED点阵好坏检测

10.6 液晶显示屏

液晶显示屏（LCD）是目前发展速度最快、应用最广的一种显示器件。液晶是介于固体和液体之间的一种有机化合物。一般情况下，它和液体一样可以流动，但它在不同方向上的光学特性不同，类似于晶体性质，故称此类物质为液晶。它用作数字显示，主要采用所谓场效应扭曲向列型液晶。利用液晶的电光效应制作成的显示器就是液晶显示屏。

LCD的构造是在两片平行的玻璃基板当中放置液晶盒，下基板玻璃上设置TFT（薄膜晶体管），上基板玻璃上设置彩色滤光片，通过TFT上的信号与电压改变来控制液晶分子的转动方向，从而控制每个像素点偏振光出射与否而达到显示目的。

按照背光源的不同，LCD可以分为CCFL和LED两种。CCFL（冷阴极荧光灯管）作为背光源的液晶显示器，CCFL的优势是色彩表现好，不足在于功耗比较高；LED（发光二极管）作为背光源的液晶显示器通常是指WLED，LED的优势是体积小、功耗低、在兼顾轻薄的同时达到较高的亮度，不足之处是色彩表现比CCFL差。

10.6.1 液晶显示屏的分类

液晶显示屏有笔段式和点阵式两类。笔段式液晶显示屏结构简单，但显示的内容简单且可变性很小，而点阵式液晶显示屏以点的形式显示，几乎可以显示任何字符图形内容。

10.6.2 笔段式液晶显示屏

段码液晶或段式液晶屏是液晶产品中的一种，但在液晶行业内，一般称为图案型液晶屏、笔段式液晶屏或单色液晶屏等，图10-20所示为笔段式液晶显示屏实物。

相对于点阵液晶的像素排成阵列，段式液晶的像素在排列和外形上很自由。最普遍的就是类似数码管的“8”字段，一个“8”字由7个笔段组成，也就是7个像素。“米”字形“8”字由16个像素组成。笔段式液晶屏的笔段可以做成任意形状，只要驱动芯片的驱动能力许可。

10.6.2.1 一位笔段式液晶显示屏

下面以一位笔段式液晶显示屏的结构为例进行说明，如图10-21所示。

图10-20 笔段式液晶显示屏实物

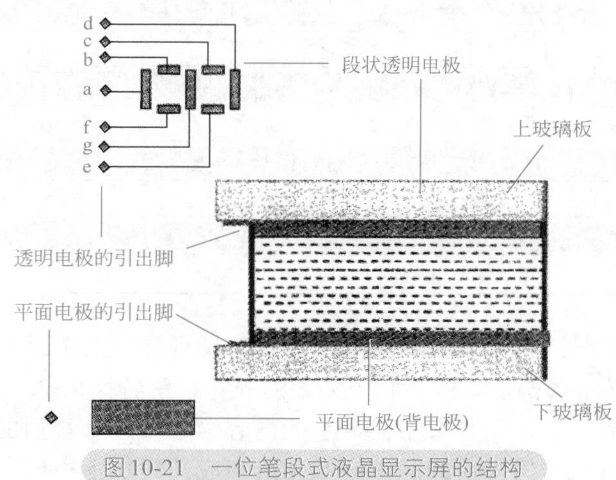

图10-21 一位笔段式液晶显示屏的结构

一位笔段式液晶显示屏是将液晶材料封装在两块玻璃之间，在上玻璃内表面涂上“8”字形的7段透明电极，在下玻璃内表面整个涂上导电层作为公共电极，或称背电极。

当给液晶显示屏上玻璃板的某段透明电极与下玻璃板的公共电极加上适当大小的电压时，该段极与下玻璃板上的公共电极之间夹持的液晶会产生“散射效应”，夹持的液晶不透明，就会显示出该段形状。例如给下玻璃板的公共电极上加低电压，而给上玻璃板内表面的“a、b、d、e、g”段加高电压，“a、b、d、e、g”段与公共电极存在电压差，它们夹持的液晶特性改变，“a、b、d、e、g”段下面的液晶变得不透明，呈现出“2”字样。

在液晶玻璃板上涂有其他形状（如文字、花纹等）的透明电极，当给透明电极和公共电极之间施加电压时，就会显示出其他形状。

10.6.2.2 多位笔段式液晶显示屏

多位笔段式液晶显示屏的结构与一位笔段式液晶显示屏基本一样，所不同的是电极的连接形式。多位笔段式液晶显示屏有静态显示和动态显示两种方式。

（1）静态显示。在采用静态驱动方式时，整个显示屏使用一个公共背电极并接出一个引脚，而各段电极都需要引出独立的引脚，图10-22所示是三位半静态液晶显示屏示意图，故静态驱动方式显示屏引脚数量较多。

该显示屏的引脚如表10-3所示。

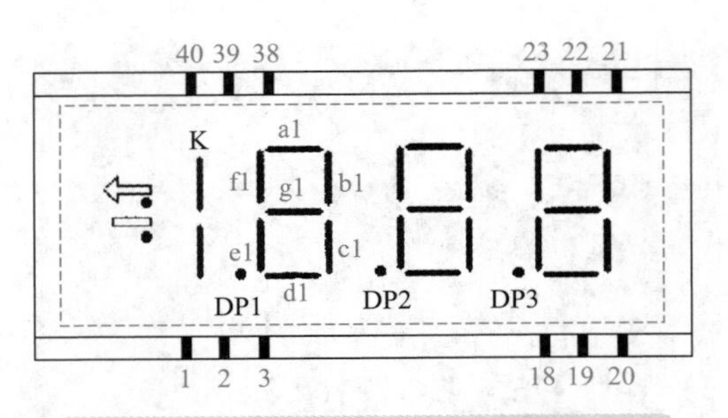

图10-22 三位半静态液晶显示屏示意图

表10-3 三位半静态液晶显示屏的引脚

1	2	3	4	5	6	7	8	9	10
COM	—	K					DP1	El	D1
11	12	13	14	15	16	17	18	19	20
Cl	DP2	Q2	D2	C2	DP3	E3	D3	C3	B3
21	22	23	24	25	26	27	28	29	30
a3	f3	g3	b2	a2	f2	g2	L	b1	a1
31	32	33	34	35	36	37	38	39	40
fl	gl						←	:	COM

（2）动态显示。动态驱动方式的多位笔段式液晶显示屏的工作原理与多位LED数码管一样，采用逐位快速显示的扫描方式，利用人眼的视觉暂留特性来产生屏幕整体显示效果。先给第一位的背电极加电压，同时根据需显示的内容给各段加上合适的电压，这样第一位就会显示出来；再给第二位的背电极加电压，并给相应的段加上电压，第二位就会显示出来；……只要各个位显示的时间间隔足够小，看起来各个位就是同时出现的。

10.6.3 点阵式液晶显示屏

点阵式液晶显示屏由两块玻璃、透明行电极和透明列电极（分别贴在两块玻璃的内表面）、液晶（处于两块玻璃之间）等构成。图10-23所示为5×5点阵式液晶显示屏工作原理。垂直于玻璃板看上去，行电极和列电极上有25个交叉点，每个交叉点叫做一个像素，像素是构成图像的基本单位，单位面积上的像素越多，图像就越清晰。

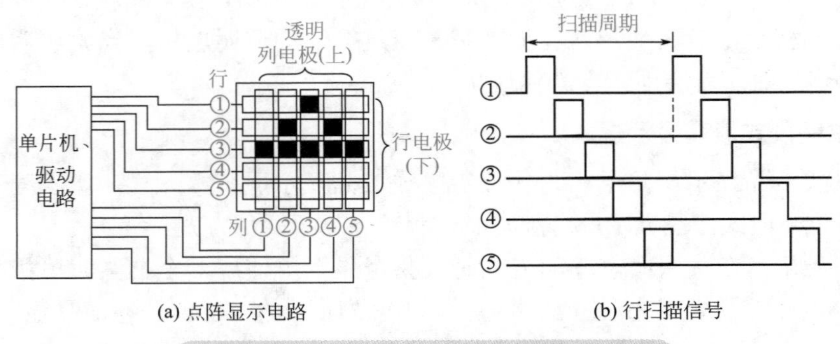

图10-23 5×5点阵式液晶显示屏工作原理

点阵式液晶显示屏有反射型和透射型之分。反射型LCD依靠液晶不透明来反射光线显示图形，如电子表显示屏、数字万用表显示屏等就是利用液晶不透明（通常为黑色）来显示数字。透射型LCD依靠光线透过透明的液晶来显示图像，如液晶电视显示屏、手机显示屏等都是采用投射方式来显示图像的。透射型LCD的优点是能够在昏暗情况下使用户能看到亮度均匀的屏幕，但是整个发光板在工作时必须一直保持常亮，因此在大白天也得打开背光，这种电量消耗无疑是巨大的，因此在新的应用中取而代之的是反射式和透反式液晶屏。

点阵式液晶显示屏的工作原理与点阵LED显示屏相似，也采用扫描方式。下面以显示“▵”图形为例进行说明。

在显示前，让所有行、列电压都相同，这样下行线与上列线不存在电压差，中间的液晶处于透明状态。在显示时，首先让行①线为高电平1，如图10-23（b）所示。列①～⑤线为11011，第①行电极与第③列电极之间存在电压差，其夹持的液晶不透明；然后让行线②为高电平，列①～⑤线为10101，第②行与第②、④列夹持的液晶不透明；再让行③线为高电平，列①～⑤线为00000，第③行与第①～⑤列夹持的液晶都不透明；接着让行④线为高电平，列①～⑤线为11111，第④行与第①～⑤列夹持的液晶全透明，最后让行⑤线为高电平，列①～⑤线为11111，第⑤行与①～⑤列夹持的液晶全透明。第⑤行显示后，由于人眼的视觉暂留特性，会觉得前面几行内容还在亮，整个点阵显示一个“▵”图形。

10.6.4 液晶显示器尺寸

液晶显示器的尺寸是指液晶面板的对角线尺寸，以英寸（in）为单位（1in=2.54cm），主要的有15英寸、17英寸、19英寸、21.5英寸、22.1英寸、23英寸、24英寸等。

显示器大小和最大分辨率的关系如下：

14英寸　1024×768

15英寸　1280×1024

17英寸　1600×1280

22英寸　1680×1050

24英寸　1920×1080（全高清）

10.6.5 液晶显示器的型号命名方法

10.6.5.1 国际液晶显示器的型号命名方法

国际液晶显示器的型号命名由三部分组成，各部分的含义见表10-4。

第一部分用数字表示驱动方式。

第二部分用字母表示显示类型。

第三部分用数字表示位数与序号。

表10-4　国际液晶显示器的型号命名及含义

第一部分：驱动方式		第二部分：显示类型		第三部分：位数与序号
数字	含义	字母	含义	用数字表示液晶显示器的位数与序号
3	动态三路驱动	YZ	扭曲向列型	
		YD	动态散射型	
		YB	宾主型	

续表

第一部分：驱动方式		第二部分：显示类型		第三部分：位数与序号
数字	含义	字母	含义	
无	静态驱动	YX	相变型	用数字表示液晶显示器的位数与序号
		YS	双频型	
		YK	电控双折射型	

10.6.5.2 厂标液晶显示器的型号命名方法

厂标液晶显示器的型号命名由四部分组成，各部分的含义见表10-5。

表10-5 厂标液晶显示器的型号命名及含义

第一部分：主称		第二部分：类型		第三部分：位数		第四部分：序号或连接方式	
字母	含义	字母	含义	数字	含义	字母	含义
YX	液晶显示器	ZH	时钟	35	$3\frac{1}{2}$ 位	D	导电橡胶
		B	手表				
		J	计算器	80	8位		
		Y	仪器仪表				
		SH	试电笔	08	8行	Sh	插针
		BI	笔表	16	16行		
		GF	光阀				
		JU	矩阵	00	静态		
		M	显示模块				

第一部分用字母“YX”表示主称为液晶显示器。

第二部分用字母表示显示器的类型。

第三部分用数字表示显示器件的位数。

第四部分用数字表示产品序号，用字母表示连接方式。

10.6.6 液晶显示屏的检测

一般显示屏背电极在最边缘最后一个引脚，而且较宽，通常液晶显示屏上有1～4个背电极引脚。平时，我们主要检测液晶显示屏有无断笔或连笔现象，并检测它的清晰度。

10.6.6.1 万用表检测法

将万用表拨至R×10k挡，任一表笔固定在液晶显示屏的背电极上，用另一表笔依次接触其他各引脚，当表笔所接触某一笔段引脚时，该笔段就应显示出来。如果能看到清晰、无毛刺的显示各笔段，说明该显示屏质量良好。如果发现某笔段不显示，有缺笔现象或有连笔现象，说明此显示屏质量不佳。检测过程中会遇到某引脚和背电极间电阻为零的情况，则此引脚也是背电极。

检测时应注意以下问题。

（1）上面检测中，有时在测某笔段时，会出现临近笔段也显示出来，这是感应显示，不是故障。此时，用手摸一摸临近笔段与公共电极，就可以消除感应显示。

（2）液晶显示屏不宜长时间在直流电压下工作，所以用万用表R×10k挡检测时，时间不要过长。

（3）由于万用表的$R\times10k$挡内部有9～15V的电池，而液晶显示屏的阈值为1.5V。为了避免损坏显示屏，最好将表笔上串联一个40～60kΩ的电阻。

（4）在检测时，用表笔接触显示屏引脚，用力不要太大，用力太大容易划伤引脚膜造成液晶显示屏接触不良。

（5）当液晶显示屏出现断笔故障时，多为笔段引脚侧面引线开路所致，可以用削尖的6B铅笔，在引脚根部划几下，用石墨将其连接，仍可继续使用。

10.6.6.2 加电检测法

此法用3V直流电源（两节1.5V电池串联），将任一极（如正极）接在显示屏公共电极上，用电池负极依次接触显示屏其他各引脚，与某引脚相关的笔段就会显示出来。这种方法实质和万用表$R\times10k$挡检测一样，只是外接电源。

加电检测法也可以用交流电源。取一段长度约1m的绝缘软导线，用左手手指接触液晶显示屏的公共电极，右手拿软导线，让软导线靠近220V交流电源线，这样软导线上就可以感应出50Hz零点几伏至几伏（依线长短、靠近程度而定）的交流电压，用软导线一端的金属部分依次去接触显示屏其他各引脚，若液晶显示屏正常，各个引脚应能依次显示出相应笔段的笔画来。

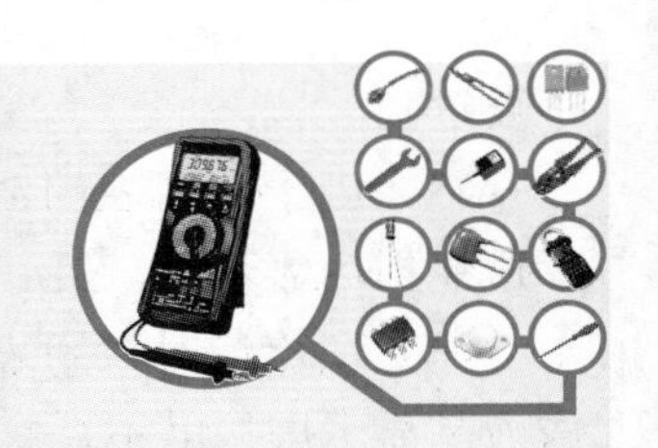

第11章

常用低压电器

11.1 低压电器的分类和用途

低压电器通常是指用于交流50Hz（或60Hz）额定电压为1200V及以下，直流额定电压为1500V及以下，在电路中起通断、保护、控制或调节作用的电器。

11.1.1 低压电器的分类

低压电器的种类很多，不同的分类方式有着不同的类型。低压电器的分类和用途参见表11-1。

表11-1 低压电器的分类及用途

电器名称	主要品种	实物	用途
刀开关	刀开关 熔断器式刀开关 开启式负荷开关 封闭式负荷开关		隔离电源，以确保电路和设备维修的安全；分断负载，如不频繁地接通和分断容量不大的低压电路或直接启动小容量电机
转换开关	组合开关 换向开关		用于两种以上电源或负载的转换和通断电路
断路器	万能式断路器 塑料外壳式断路器 限流式断路器 漏电保护断路器		用于线路过载、短路或欠压保护，也可用于不频繁接通和分断电路
熔断器	半封闭插入式熔断器 无填料熔断器 有填料熔断器 快速熔断器 自复熔断器		用于线路或电气设备的短路和过载保护

续表

电器名称	主要品种	实物	用途
接触器	交流接触器 直流接触器		主要用于远距离频繁启动或控制电动机，以及接通和分断正常工作的电路
继电器	电流继电器 时间继电器 中间继电器 热继电器 电压继电器		主要用于控制系统中，控制其他电器或作主电路的保护
启动器	磁力启动器 减压启动器		主要用于电动机的启动或正反向控制
控制器	凸轮控制器 平面控制器		主要用于电气控制设备中转换主回路或励磁回路的接法，以达到电动机启动、换向和调速的目的
主令电器	控制按钮 行程开关 主令控制器 万能转换开关		主要用于接通和分断控制电路
电阻器	铁基合金电阻		用于改变电路的电压、电流等参数或变电能为热能
变阻器	励磁变阻器 启动变阻器 频敏变阻器		主要用于发电机调压以及电动机的减压启动和调速
电磁铁	起重电磁铁 牵引电磁铁 制动变阻器		用于起重、操纵或牵引机械装置

11.1.2 低压电器的型号

低压电器产品有各种各样的结构和用途，不同类型的产品有着不同的型号表示方法。低压电器一般由类组代号、设计代号、基本规格代号和辅助规格代号等几部分组成，其表示形式和含义如下。

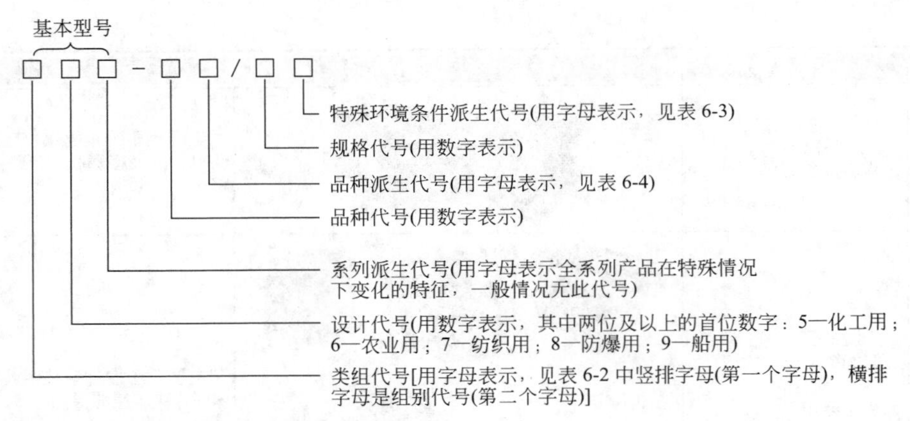

表11-2所示为低压电器型号的类组代号。

表11-2　低压电器型号的类组代号

代号	名称	A	B	C	D	G	H	J	K	L	M
H	刀开关和转换开关				刀开关		封闭式负荷开关		开启式负荷开关		
R	熔断器			插入式			汇流排式			螺旋式	封闭管式
D	断路器										灭磁
K	控制器					鼓形					
C	接触器					高压		交流			
Q	启动器	按钮式		磁力				减压			
J	继电器									电流	
L	主令电器	控制按钮						接近开关	主令控制器		
Z	电阻器		板形元件	冲片元件	铁铬铝带型元件	管形元件					
B	变阻器			旋臂式						励磁	
T	调整器				电压						
M	电磁铁				单相						
A	其他		触电保护器	插销	信号灯		接线盒			电铃	

代号	名称	P	Q	R	S	T	U	W	X	Y	Z
H	刀开关和转换开关			熔断器式刀开关	刀形转换开关					其他	组合开关
R	熔断器				快速	有填料管式				其他	
D	断路器				快速			框架式		其他	塑料外壳式
K	控制器	平面				凸轮				其他	
C	接触器	中频			时间	通用				其他	直流
Q	启动器				手动		油浸		星三角	其他	综合
J	继电器			热	时间	通用		温度		其他	中间
L	主令电器				主令开关	足踏开关	旋钮	万能转换开关	行程开关	其他	
Z	电阻器				烧结元件	铸铁元件			电阻器	其他	
B	变阻器	频敏	启动		石墨	启动调速	油浸启动	液体启动	滑线式	其他	

续表

代号	名称	P	Q	R	S	T	U	W	X	Y	Z
T	调整器										
M	电磁铁		牵引		三相			起重		液压	制动
A	其他										

11.2　组合开关

组合开关又称转换开关，主要用于接通和分断电路、换接电源和5.5kW以下电动机的直接启动、停止、正反转和变速控制，是不频繁操作的手动开关，具有体积小、寿命长、使用可靠、结构简单等优点，应用比较广泛。

11.2.1　结构、外形与工作原理

图11-1所示是组合开关的外形和结构。其工作原理是，当手柄每转过一定角度，就带动与转轴固定的动触头分别与对应的静触头接通和断开，可实现多条线路、不同连接方式的转换。

图11-2所示为用组合开关实现三相电动机启停控制的接线图。

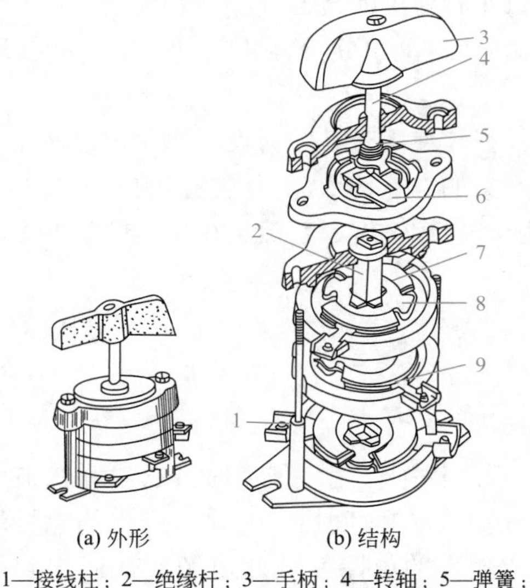

1—接线柱；2—绝缘杆；3—手柄；4—转轴；5—弹簧；6—凸轮；7—绝缘垫板；8—动触头；9—静触头

图11-1　组合开关的外形和结构

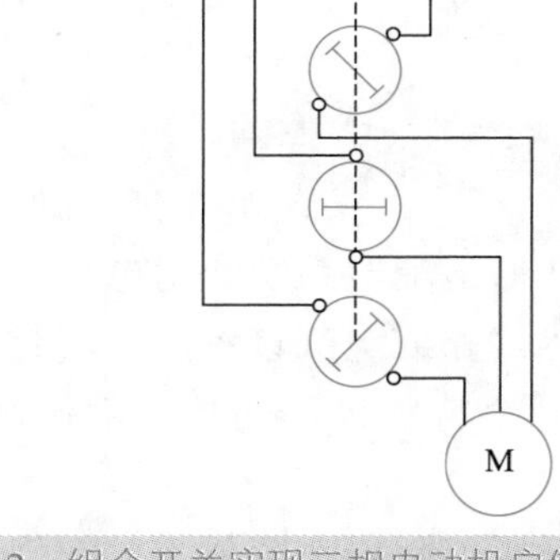

图11-2　组合开关实现三相电动机启停控制的接线图

11.2.2　组合开关的型号

常用的组合开关为HZ系列，其型号含义如下：

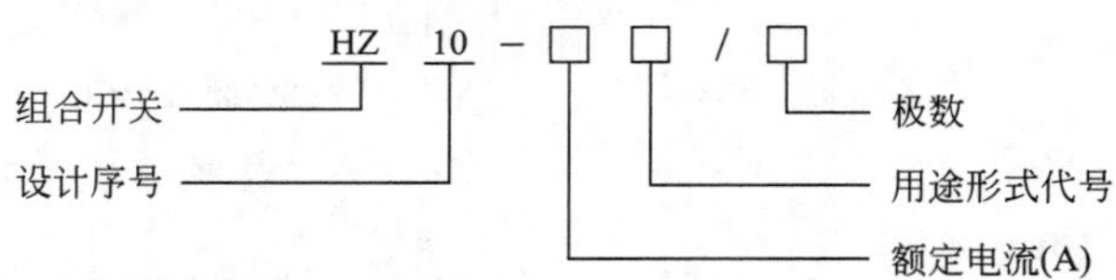

11.2.3　组合开关的主要技术参数

组合开关应根据用电设备的电压等级、容量和所需触头数进行选用。开关的额定电流

一般取电动机额定电流的1.5～2.5倍。常用的HZ10系列组合开关的技术参数见表11-3。

表11-3 HZ10系列组合开关的技术参数

<table>
<tr><th rowspan="3">型号</th><th rowspan="3">额定电压/V</th><th rowspan="3">额定电流/A</th><th rowspan="3">极数</th><th colspan="2" rowspan="2">极限操作电流/A</th><th colspan="2" rowspan="2">可控制电动机最大功率和额定电流</th><th colspan="2">额定电压、电流下通断次数</th></tr>
<tr><th colspan="2">交流cosφ</th></tr>
<tr><th>接通</th><th>分断</th><th>容量/kW</th><th>额定电流/A</th><th>≥0.8</th><th>≥0.3</th></tr>
<tr><td rowspan="2">HZ10-10</td><td rowspan="5">直流220
交流380</td><td>6</td><td rowspan="2">单极</td><td rowspan="2">94</td><td rowspan="2">62</td><td rowspan="2">3</td><td rowspan="2">7</td><td rowspan="4">20000</td><td rowspan="4">10000</td></tr>
<tr><td>10</td></tr>
<tr><td>HZ10-25</td><td>25</td><td rowspan="3">2，3</td><td>155</td><td>108</td><td>5.5</td><td>12</td></tr>
<tr><td>HZ10-60</td><td>60</td><td rowspan="2"></td><td rowspan="2"></td><td rowspan="2"></td><td rowspan="2"></td></tr>
<tr><td>HZ10-100</td><td>100</td><td>10000</td><td>50000</td></tr>
</table>

11.2.4 组合开关的安装及使用注意事项

（1）组合开关应固定安装在绝缘板上，周围要留一定的空间以便于接线。

（2）操作组合开关时，频度不要过高，一般每小时转接次数不宜超过15～20次。

（3）采用组合开关控制电动机正反转时，必须使电动机完全停止转动后，才能接通电动机反转的电路。

（4）由于组合开关本身不带过载保护和短路保护，使用时必须另设其他保护电器。

（5）当负载的功率因数较低时，应降低组合开关的容量使用，否则会影响开关的寿命。

（6）组合开关的触片通流能力有限，一般用于交流380V、直流220V，电流100A以下的电路中做电源开关。

11.3 低压熔断器

熔断器在低压配电系统和用电设备中主要起短路保护作用。使用时，它串联在被保护的电路中，当线路或电气设备的电流超过规定值足够长的时间后，其自身产生的热量能够熔断一个或几个特殊设计的相应部件，断开其所接入的电路并分断电源，从而起到保护作用。

常用的低压熔断器有瓷插式、螺旋式、无填料封闭管式和有填料封闭管式等。常用熔断器型号如下：

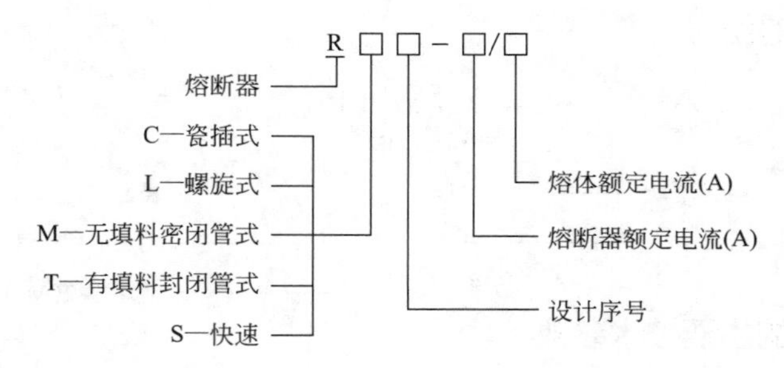

11.3.1　瓷插式熔断器

瓷插式熔断器结构简单、价格低廉、更换熔丝方便，广泛用于照明和小容量电动机的短路保护。图11-3所示为瓷插式熔断器的外形和结构。

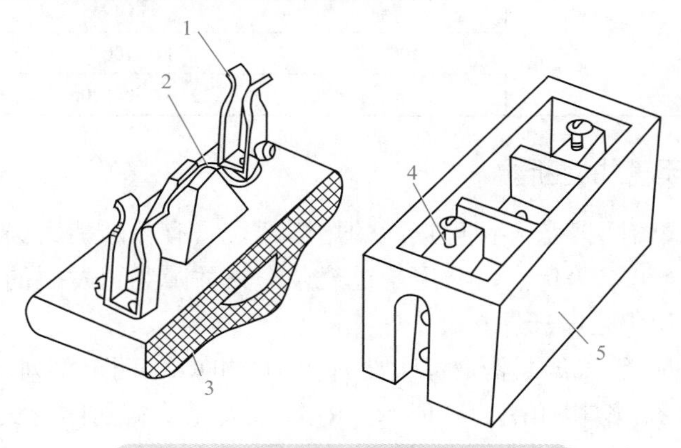

图11-3　瓷插式熔断器的外形和结构

1—动触头；2—熔丝；3—瓷盖；4—静触头；5—瓷座

常用的RC1A系列瓷插式熔断器的主要技术参数见表11-4。

表11-4　RC1A系列瓷插式熔断器的主要技术参数

额定电流/A	熔体额定电流/A	交流380V的极限分断电流/A	额定电流/A	熔体额定电流/A	交流380V的极限分断电流/A
5	2、5	250	60	40、50、60	3000
10	2、4、6、10	500	100	80、100	3000
15	6、10、15	1500	200	120、150、200	3000

11.3.2　螺旋式熔断器

螺旋式熔断器是指带熔体的载熔件借螺纹旋入底座而固定于底座的熔断器，它实质上是一种有填料封闭式熔断器。它主要由瓷帽、熔管、瓷套、上接线端、下接线端及底座组成，如图11-4所示。熔管为一瓷管，内装石英砂和熔体，熔体的两端焊接在熔管两端的导电金属端盖上，其上端盖中央有一个熔断指示器，当电路分断时，指示器跳出，通过瓷帽上的玻璃窗口即可看到。

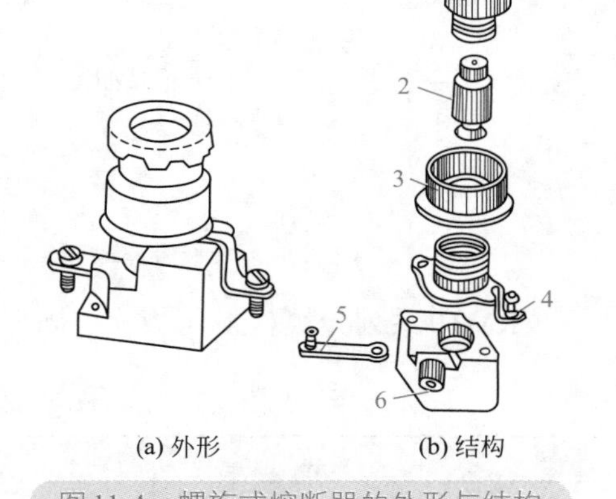

图11-4　螺旋式熔断器的外形与结构

1—瓷帽；2—熔管；3—瓷套；4—上接线端；5—下接线端；6—底座

螺旋式熔断器具有分断能力大、体积小、更换熔体方便和安全可靠等特点，广泛用于低压配电设备、机械设备的电气控制系统中的配电箱、控制箱及振动较大的场合，作为过载及短路保护元件。另外，因其热惯性大、安装面积小，也常用于机床电路中。

常用的RL6系列螺旋式熔断器的技术参数如表11-5所示。

表 11-5 RL6系列螺旋式熔断器的技术参数

型号	额定电压/V	额定电流/A	熔体的额定电流	极限分断能力/kA
RL6-25	500	25	2、4、6、10、16、20、25	50
RL6-63		63	35、50、63	
RL6-100		100	80、100	
RL6-200		200	125、160、200	

11.3.3 无填料封闭管式熔断器

无填料封闭管式熔断器是一种可拆卸的熔断器，具有分断能力强、保护特性好、更换熔体方便和运行安全可靠等优点，常用于过载及短路故障频繁发生的场合，作为低压电网和成套配电装置的短路及过载保护。

常用的无填料封闭管式熔断器产品主要有RM10和RM7两个系列。RM10系列无填料封闭管式熔断器的外形和结构如图11-5所示。RM7系列无填料封闭管式熔断器是在RM10系列熔断器的基础上改进设计出来的，其外形和结构基本相同。

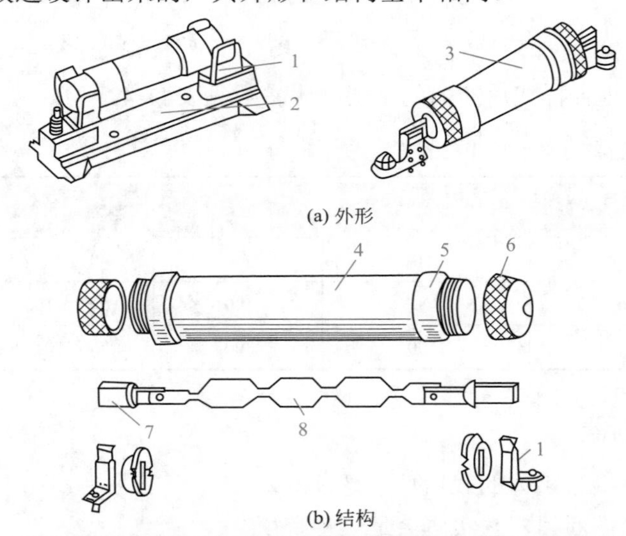

(a) 外形

(b) 结构

图 11-5 RM10系列无填料封闭管式熔断器的外形和结构

1—夹座；2—底座；3—熔管；4—钢纸管；5—黄铜管；6—黄铜帽；7—触刀；8—熔体

RM10系列无填料封闭管式熔断器的主要技术参数如表11-6所示。

表 11-6 RM10系列无填料封闭管式熔断器的主要技术参数

型号	熔断器额定电压/V	额定电流/A	熔体的额定电流/A	极限分断能力/kA
RM10-15	AC500、380、220 DC440、220	15	6、10、15	1.2
RM10-60		60	15、20、25、30、40、50、60	3.5
RM10-100		100	60、80、100	10
RM10-200		200	100、125、160、200	
RM10-350		350	200、240、260、300、350	
RM10-600		600	350、430、500、600	12
RM10-1000		1000	600、700、850、1000	

11.3.4 有填料封闭管式熔断器

有填料封闭管式熔断器是指熔体被封闭在充有颗粒、粉末等灭弧填料的熔管内的熔断器。它具有分断能力强、保护特性好、带有醒目的熔断指示器和使用安全等优点，主要用于具有高短路电流的电力网或配电装置中，作为电动机和变压器等电气设备的短路和过载保护装置。其缺点是熔体熔断后必须更换熔管，经济性较差。

使用较多的有填料封闭管式熔断器为RT系列。图11-6所示为RT0系列有填料封闭管式熔断器的外形与结构图。它主要由熔管和底座两部分组成，熔管包括管体、熔体、指示器、触刀、盖板和石英砂。当电路发生过载时，先在熔体锡桥处熔断，形成多个电弧，电弧能量被石英砂吸收而熄灭；当电路发生短路时，熔体截面小处迅速熔化，将电弧拉长，电弧能量同样被石英砂吸收而熄灭。另外，由于熔断器装有红色醒目的熔断指示器，从而可及时发现故障，以便迅速检修而恢复供电。

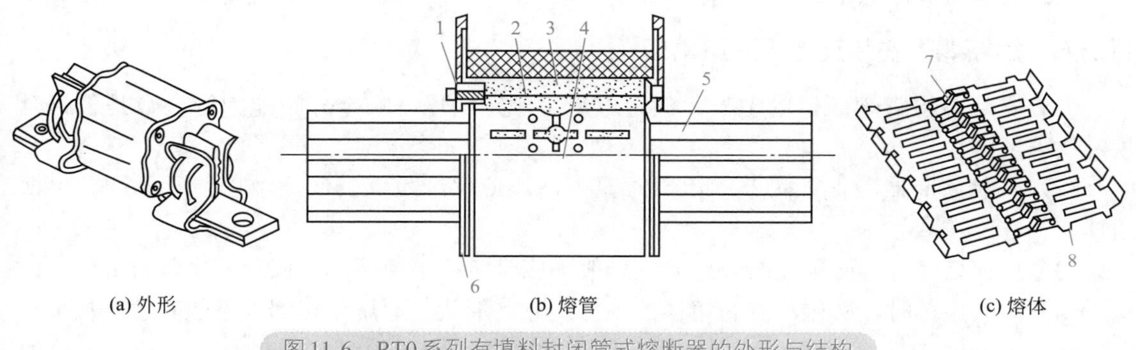

图 11-6 RT0系列有填料封闭管式熔断器的外形与结构

1—熔断指示器；2—指示器熔体；3—石英砂；4—工作熔体；5—触刀；6—盖板；7—锡桥；8—引燃栅

RT0系列有填料封闭管式熔断器的主要技术参数如表11-7所示。

表 11-7 RT0系列有填料封闭管式熔断器的主要技术参数

产品型号	熔断体			底座
	额定电流/A	额定电压/V	分断能力/kA	额定电流/A
RT0-100	30、40、50、60、80、100	380	50	100
RT0-200	80、100、120、150、200			200
RT0-400	150、200、250、300、350、400			400
RT0-600	350、400、450、500、550、600			600
RT0-1000	700、800、900、1000			1000

11.3.5 低压熔断器的选用

（1）熔断器类型的选择。熔断器主要根据负载情况和电路短路电流的大小来选择。例如，对于容量较小的照明线路或电动机的保护电路，宜采用RC1A系列插入式熔断器或RM10系列无填料密闭管式熔断器；对于短路电流较大的电路或有易燃气体的场合，宜采用具有高分断能力的RL系列螺旋式熔断器或RT（包括NT）系列有填料密封管式熔断器；对于保护硅整流器件及晶闸管的场合，应采用快速熔断器。

（2）熔断器形式的选择。熔断器形式也要考虑使用环境，例如，管式熔断器常用于大型设备及容量较大的变电场合；插入式熔断器常用于无振动的场合；螺旋式熔断器多用于机床配电；电子设备一般采用熔丝座。

（3）熔体额定电流的选择。对于照明电路和电热设备等电阻性负载，熔体的额定电流I_{rn}应大于或稍大于负载的额定电流I_{fn}，即I_{rn}=1.1I_{fn}。

电动机的启动电流很大，因此对电动机只宜作短路保护，对于保护长期工作的单台电动机，考虑到电动机启动时熔体不能熔断，即I_{rn}=（1.5 ～ 2.5）I_{fn}。式中，轻载启动或启动时间较短时，系数可取近1.5；带重载启动、启动时间较长或启动频繁时，系数可取近2.5。

对几台电动机同时保护，熔体的额定电流应大于或等于其中最大容量的一台电动机额定电流的1.5 ～ 2.5倍加上其余电动机额定电流的总和。

（4）熔断器额定电压的选择。熔断器的额定电压应等于或大于所在电路的额定电压。

11.3.6 熔断器的安装及使用注意事项

（1）安装前检查熔断器的型号、额定电流、额定电压、额定分断能力等参数是否符合规定要求；

（2）安装熔断器除保证足够的电气距离外，还应保证足够的间距，以便于拆卸、更换熔体；

（3）更换熔体时，必须先断开电源，一般不应带负载更换熔体，以免发生危险；

（4）更换熔体时，必须注意新熔体的规格尺寸、形状与原熔体相同，不能随意更换；

（5）安装时应保证熔体和触刀，以及触刀和触刀座之间接触紧密可靠，以免由于接触处发热，而使熔体温度升高，发生误熔断；

（6）磁插式熔断器安装熔丝时，熔丝应顺着螺钉旋紧方向绕过去，同时应注意不要划伤熔丝，也不要绷紧，以免减小熔丝截尺寸或绷断熔丝；

（7）安装螺旋式熔断器时，必须注意将电源接到瓷底座的下接线端（即低进高出的原则），以保证安全；

（8）熔断器应安装在各相线上，三相四线制电源的中性线不得安装熔断器，而单相两线制的零线上应安装熔断器；

（9）在运行中应经常注意熔断器的指示器，以便及时发现熔丝熔断，防止断相运行。

11.4 低压断路器

低压断路器曾称自动开关，是指能接通、承载以及分断正常电路条件下的电流，也能在非正常电路条件（例如短路）下接通、承载一定时间和分断电流的一种机械开关电器。按规定条件，对配电电路、电动机或其他用电设备实行通断操作并起保护作用，即当电路内出现过载、短路或欠电压等情况时能自动分断电路的开关电器。

低压断路器具有多种保护功能，动作后不需要更换元件，其动作电流可按需要方便地调整，工作可靠、安装方便、分断能力较强，因而在电路中得到广泛的应用。

断路器的种类很多，按结构形式有万能式和塑料外壳式两大类。断路器的基本结构主要由触头系统、操作机构、脱扣器和灭弧装置等组成，其工作原理是通过电磁脱扣器自动脱扣进行自动保护的。断路器的外形如图 11-7 所示。

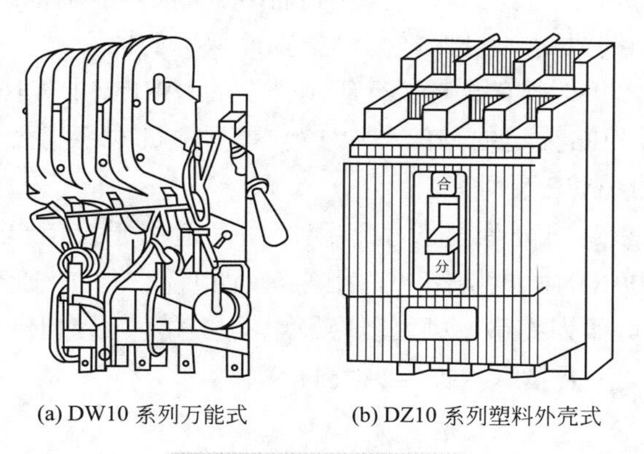

(a) DW10 系列万能式 (b) DZ10 系列塑料外壳式

图 11-7 断路器的外形

11.4.1 低压断路器的型号

低压断路器的型号含义如下：

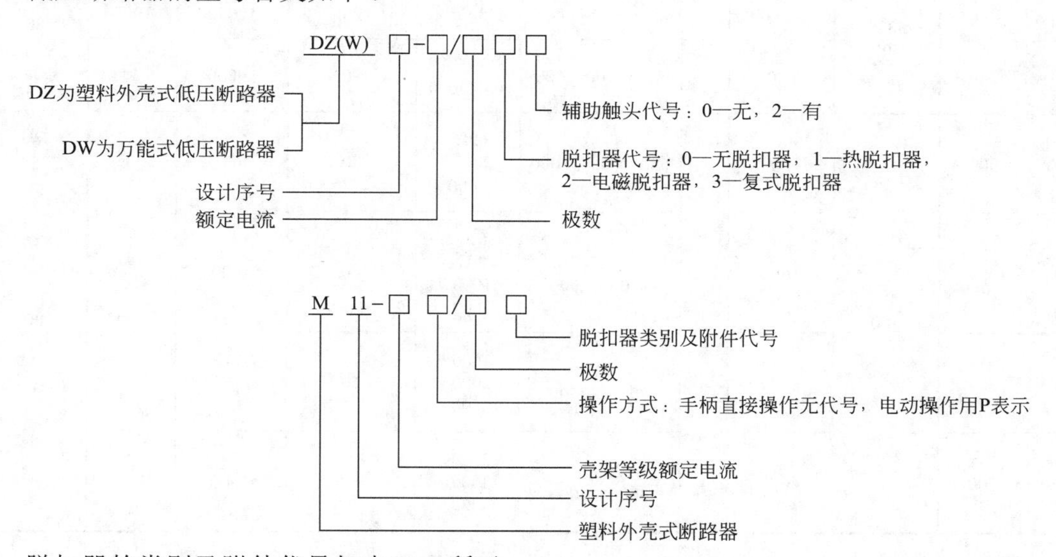

脱扣器的类别及附件代号如表 11-8 所示。

表 11-8 脱扣器的类别及附件代号

	不带附件	分励脱扣器	辅助触头	欠电压脱扣器	分励脱扣器辅助触头	分励脱扣器欠电压脱扣器	两组辅助触头	辅助触头失电压脱扣器
无脱扣器	00		02				06	
热脱扣器	10	11	12	13	14	15	16	17
电磁脱扣器	20	21	22	23	24	25	26	27
复式脱扣器	30	31	32	33	34	35	36	37

11.4.2 万能式断路器

万能式断路器又称框架式断路器，这种断路器一般有一个钢制的框架，所有零件均安装在框架内。其容量较大，可装设多种功能的脱扣器和较多的辅助触头，有较高的分断能力和热稳定性，所以常用于要求高分断能力和选择性保护的场合。

目前，常用的万能式断路器有我国自行研制开发的DW15、DW16、DW45等系列产品；引进国外的产品有德国AEG公司的ME（DW17）系列、日本寺崎公司的AH（DW914）系列以及德国西门子公司的3WE系列等。

DW15系列万能式断路器分为一般型和限流型，适用于交流50Hz、额定工作电压至1140V、额定电流至4000A的配电网络中，用来分配电能、保护线路及应对电源设备的过载、欠电压和短路，也可作为线路不频繁转换及电动机的不频繁启动之用。DW15系列断路器可代替DW10系列，其主要技术数据参见表11-9。

表11-9 DW15系列万能式断路器的主要技术数据

型号	额定电压/V	壳架电流/A	极数	脱扣器额定电流/A		380V极限通断能力/kA	机械能力/次	电寿命/次	瞬时分断能力/ms
				热-磁型	电子型				
DW15-200	1140、380、600	200	3	100、160、200	100、200	20	20000	2000	30
DW15-400		400		315、400	200、400	25	10000	1000	
DW15-630		630		315、400、600	315、400、600	30	10000	1000	
DW15-1000	380	1000	3	630、800、1000	630、800、1000	40	5000	500	40
DW15-1600		1600		630、800、1000、1600	630、800、1000、1600	40			
DW15-2500		2500		1600、2000、2500	1600、2000、2500	60			
DW15-4000		4000		2500、3000、4000	2500、3000、4000	80	4000		

11.4.3 塑料外壳式断路器

塑料外壳式断路器有一绝缘塑料外壳，所有零部件均安装在外壳内，没有裸露的带电部分。它与万能式断路器相比，具有结构紧凑、体积小、操作简便、安全可靠等特点，缺点是通断能力弱，保护和操作方式较少，主要用作配电网络的保护开关和电动机、照明电路的控制开关。

DZ系列塑料外壳式断路器主要在电力系统中作配电及保护电动机之用，也可作为线路的不频繁转换及电动机的不频繁启动用。DZ15系列塑料外壳式断路器的技术参数如表11-10所示。

表11-10 DZ15系列塑料外壳式断路器的技术参数

<table>
<tr><th>型号</th><th>壳架等级电流/A</th><th>额定工作电压/V</th><th>极数</th><th>脱扣器额定电流/A</th><th>额定短路通断能力/kA</th><th>电气、机械寿命/次</th></tr>
<tr><td>DZ15-40/1</td><td rowspan="4">40</td><td>220</td><td>1</td><td rowspan="4">6、10、16、20、25、32、40</td><td rowspan="4">3</td><td rowspan="4">15000</td></tr>
<tr><td>DZ15-40/2</td><td rowspan="3">380</td><td>2</td></tr>
<tr><td>DZ15-40/3</td><td>3</td></tr>
<tr><td>DZ15-40/4</td><td>4</td></tr>
<tr><td>DZ15-63/l</td><td rowspan="4">63</td><td>220</td><td>1</td><td rowspan="4">10、16、20、25、32、40、50、63</td><td rowspan="4">5（DZ15-63）
10（DZ15G-63）</td><td rowspan="4">10000</td></tr>
<tr><td>DZ15-63/2</td><td rowspan="3">380</td><td>2</td></tr>
<tr><td>DZ15-63/3</td><td>3</td></tr>
<tr><td>DZ15-63/4</td><td>4</td></tr>
<tr><td>DZ15-100/3</td><td rowspan="2">100</td><td rowspan="2">380</td><td>3</td><td rowspan="2">80、100</td><td rowspan="2">6（DZ15-100）
10（DZ15G-100）</td><td rowspan="2">10000</td></tr>
<tr><td>DZ15-100/4</td><td>4</td></tr>
</table>

11.4.4 断路器的选用

（1）应根据电路的额定电流、保护要求和断路器的结构特点来选择断路器的类型。例如，对于额定电流600A以下，短路电流不大的场合，一般选用塑料外壳式断路器；若额定电流比较大，则应选用万能式断路器；若电路电流相当大，则应选用限流式断路器；在有漏电保护要求时，还应选用漏电保护式断路器。

（2）断路器的结构选定后，接着需选择断路器的电气参数。应遵循的一般原则是：

① 断路器的额定工作电压≥线路额定电压；

② 断路器的额定工作电流≥线路计算负载电流；

③ 断路器的额定短路通断能力≥线路中可能出现的最大电路电流（一般按有效值计算）；

④ 线路末端单相对地短路电流≥1.25倍断路器瞬时（或短延时）脱扣器整定电流；

⑤ 断路器脱扣器的额定电流≥线路计算电流；

⑥ 断路器欠电压脱扣器电压＝线路额定电压（并非所有断路器都需要带欠电压脱扣器，是否需要应根据使用要求而定）；

⑦ 断路器分励脱扣器的额定电压＝控制电源电压；

⑧ 电动传动机构的额定工作电压＝控制电源电压；

⑨ 断路器的类型应符合安装条件、保护功能及操作方式的要求；

⑩ 一般情况下，保护变压器及配电线路可选用万能式断路器，保护电动机可选塑料外壳式断路器。

（3）选用时除一般原则外，还应考虑断路器的用途。配电用断路器和电动机保护用断路器以及照明、生活用导线保护断路器，应根据使用特点予以选用。例如，用于照明线路保护的断路器，长延时过电流脱扣器的整定电流不大于电路的负载电流；瞬时过电流脱扣器的整定电流应等于6倍电路计算负载电流。

（4）校核断路器的进线方向，如果断路器技术文件或端子上标明只能上进线，则安装时不可采用下进线，母线开关一定要选择可下进线的断路器。

（5）初步选定断路器的类型后，要与上、下级开关的保护特性进行配合，以免越级跳闸，发生事故。

11.5 交流接触器

交流接触器是通过电磁机构动作，频繁地接通和分断主电路的远距离操纵电器。它具有动作迅速、操作安全方便、便于远距离控制以及具有欠电压、零电压保护作用等优点，广泛用于电动机、电焊机、小型发动机、电热设备和机床电路中。由于它只能接通和分断负载电流，不具备短路等保护功能，因此常与熔断器、热继电器等配合使用。

11.5.1 交流接触器种类

交流接触器种类很多，按主触头控制的电流种类可分为交流接触器和直流接触器；按主触头的极数分为单极、双极和三极等；按操作方式又可分为电磁式、气动式和液压式，其中电磁式应用最为广泛。

11.5.2 交流接触器的结构和工作原理

交流接触器主要由触头系统、电磁机构、灭弧装置和其他部分组成，其结构如图11-8所示。

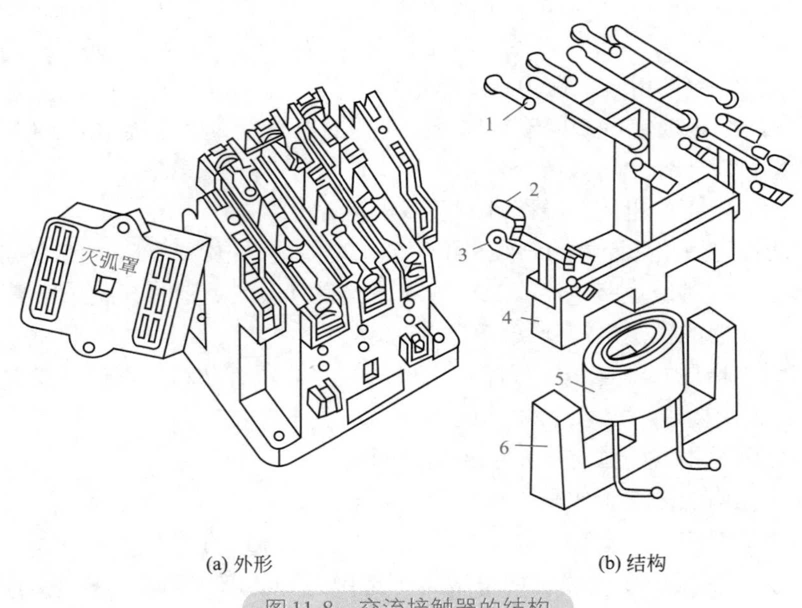

(a) 外形　　(b) 结构

图11-8　交流接触器的结构

1—常开主触头；2—常闭辅助触头；3—常开辅助触头；4—衔铁；5—线圈；6—铁芯

交流接触器的工作原理是：当线圈通电后，产生的电磁力克服弹簧的反作用力，将衔铁吸合，从而使动、静触头接触，主电路接通；而当线圈断电时，静铁芯的电磁吸力消失，衔铁在弹簧的反作用力下复位，从而使动触头与静触头分离，切断主电路。

11.5.3 常用的交流接触器

11.5.3.1 CJ系列交流接触器

常用的交流接触器主要有CJ系列、CJX系列，引进技术生产的3TB系列、3TF系列和B

系列产品。

CJ系列常用的有CJ12系列、CJ20系列、CJ28系列、CJ38系列和CJ40系列。

CJ20系列交流接触器的型号含义如下：

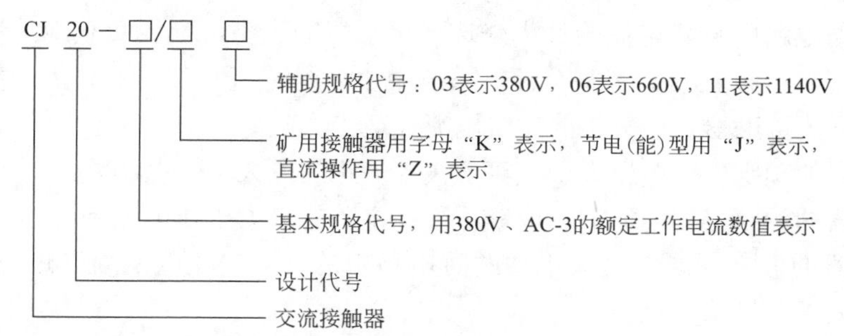

表11-11所示是CJ系列交流接触器的主要用途。

表11-11 CJ系列交流接触器的主要用途

CJ系列	主要用途
CJ12	适用于交流50Hz的电力线路中，主要在冶金、轧钢企业起重机等的电气设备中，用于远距离闭合和断开电路，并用于交流电动机频繁启动、停止和反接等
CJ20	适用于交流50Hz或60Hz的电力线路中闭合和断开电路，并与热继电器组合成电动机启动器，以保护可能发生过载的电路
CJ28	适用于交流50Hz或60Hz的电力线路中，供远距离频繁启动和控制电动机用，两台接触器加装一个机械联锁器，可组成可逆接触器
CJ38、CJ40	适用于交流50Hz或60Hz的电力线路中闭合和断开电路，并与适当的热过载继电器或电子式保护装置组合成电动机启动器，以保护可能发生过载的电路

11.5.3.2 3TB系列和3TF系列交流接触器

3TB系列和3TF系列交流接触器是我国引进德国西门子公司技术生产的产品，国内型号为CJX1。该系列接触器采用桥式触头的直动式运动结构，动作机构灵活、手动检查方便、结构紧凑。触头、磁系统采用封闭结构，粉尘不易进入，能提高寿命。接线端均用防护罩覆盖，使用安全可靠。安装可用螺钉紧固，也可采用35mm的快速嵌入式轨道紧固，装卸方便。

3TB系列交流接触器主要适用于交流50Hz或60Hz，电压至660V，电流至630A的电力系统中，供远距离频繁启动和控制电动机用，也可用于闭合和断开电容负载、照明负载、电阻负载及部分直流负载。

3TF系列交流接触器主要适用于交流50Hz或60Hz，额定工作电压至1000V，在AC-3使用类别下，额定工作电压为380V时，额定电流至400A的电路中，供远距离接通和分断电路，并可与热过载继电器组成电磁启动器，以保护可能发生过载的电路。

11.5.3.3 B系列交流接触器

B系列交流接触器是引进德国原BBC公司全套制造技术生产的，具有较高的技术经济指标。

B系列交流接触器适用于交流50Hz或60Hz，额定工作电压至660V，额定电流至475A的电力线路中，供远距离闭合和断开电力线路或频繁启动地控制电动机，其具有失压保护作用，常与T系列热继电器组成电磁启动器，此时具有过载和断相保护作用。

11.5.4 交流接触器的选用

由于接触器的安装场所与控制的负载不同，其操作条件与工作的繁重程度也不同。因此在选用接触器时应注意以下几点。

（1）应根据电路中负载电流的种类来选择接触器的类型，交流负载应使用交流接触器，直流负载应使用直流接触器。若整个控制系统中主要是交流负载，而直流负载的容量较小，也可全部使用交流接触器，但触头的额定电流应适当大些。

（2）接触器的额定工作电压大于或等于被控电路的最大工作电压。

（3）接触器的额定工作电流大于或等于被控电路的最大工作电流。

（4）接触器的额定通断能力大于通断时电路中的实际电流值；耐受过载电流能力应大于电路中的最大工作过载电流值。

（5）应根据系统控制要求确定主触头和辅助触头的数量和类型，同时要注意其通断能力和其他额定参数。

（6）如果接触器用来控制电动机的频繁启动、正反转或反接制动时，应将接触器的主触头额定电流降低使用，通常可降低一个电流等级。

（7）当通断电流较大或通断频率过高时，会引起触头过热，甚至熔焊。操作频率若超过规定值时，应选用额定电流大一级的接触器。

（8）接触器线圈的额定电压不一定等于触头的额定电压，当电路简单、使用电器少时，可直接选用380V或220V电压的线圈，如电路较复杂、使用电器时间超过5h，可选用24V、48V或110V电压的线圈。

11.6 继电器

继电器，从通俗的意义来说就是开关，在满足条件的情况下关闭或者开启。它是利用电磁原理、机电或其他方法实现接通或断开一个或一组接点的自动开关，以完成对电路的控制功能。它是一种自动和远距离操纵用的电器，广泛地应用于自动控制系统、遥控、遥测系统、电力保护系统以及通信系统中，起着控制、检测、保护和调节的作用，是现代电气装置中最基本的器件之一。

11.6.1 继电器基础知识

图11-9所示是电路中常见的继电器。

11.6.1.1 继电器的分类

继电器的种类很多，按其在电力系统中的作用可分为控制继电器和保护继电器；按输入信号的性质分为电压继电器、电流继电器、中间继电器、温度继电器和热继电器等；按工作原理又分为电磁式继电器、感应式继电器、电动式继电器、电子式继电器等。

11.6.1.2 继电器的电路符号及触点形式

继电器在电路中用字母“K”加数字表示，而不同的继电器在电路中有不同的图形符号。图11-10所示为继电器的图形符号。常用继电器的触点主要有三种基本形式，即动合型、动断型和转换型。

图 11-9 常见的继电器

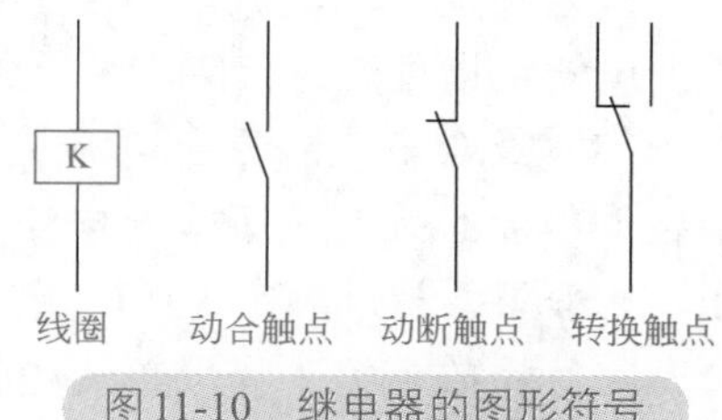

图 11-10 继电器的图形符号

11.6.1.3 继电器的型号命名及含义

继电器的型号命名及含义如下：

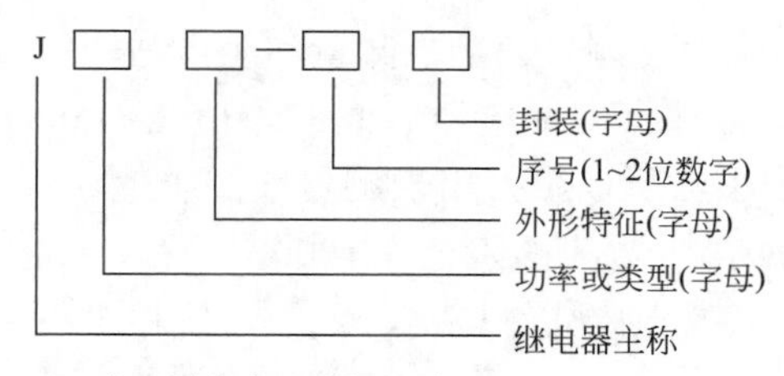

第一部分——用字母“J”表示继电器的主称；

第二部分——用字母表示继电器的功率或类型；

第三部分——用字母表示继电器的外形特征；

第四部分——用 1 ～ 2 位数字表示序号；

第五部分——用字母表示继电器的封装形式。

继电器型号中字母的含义见表 11-12。如 JZX-10M 表示中功率小型密封式电磁继电器。

表 11-12 继电器型号中字母的含义

功率或形式		外形	封装
W：微功率	M：磁保持	W：微型	F：封闭式
R：弱功率	H：极化	C：超小型	M：密封式
Z：中功率	P：高频	X：小型	（无）：敞开式
Q：大功率	L：交流，S：时间	G：干式	
A：舌簧	U：温度	S：湿式	

11.6.1.4 主要参数

继电器的主要参数有线圈电阻、接点负荷、额定工作电压、额定工作电流、吸合电流、释放电流等。

（1）线圈电阻。线圈电阻是指继电器线圈的直流电阻值，它与线圈的匝数及线圈的额定工作电压成正比。

（2）接点负荷。接点负荷是指继电器接点的负载能力，也称接点容量。例如，JZX-10M型继电器的接点负荷为直流28V×2A或交流115V×1A。在应用中通过接点的电压和电流均不应超过规定值，否则会烧坏接点。

（3）额定工作电压。额定工作电压是指继电器正常工作时线圈需要的电压，对于直流继电器是指直流电压值，对于交流继电器是指交流电压值。

（4）额定工作电流。额定工作电流是指继电器正常工作时线圈需要的电流值，对于直流继电器是指直流电流值，对于交流继电器是指交流电流值。

（5）吸合电流。吸合电流是指继电器能够产生吸合动作的最小电流。在正常使用时，给定的电流必须略大于吸合电流，这样继电器才能稳定地工作。而对于线圈所加的工作电压，一般不要超过额定工作电压的1.5倍，否则会产生太大的电流把线圈烧毁。

（6）释放电流。释放电流是指继电器产生释放动作的最大电流。当继电器吸合状态的电流减小到一定程度时，继电器就会恢复到未通电的释放状态。这时的电流远远小于吸合电流。

11.6.1.5 继电器的检测

继电器的检测，主要包括线圈测量、触点测量和触点与塑料壳间的绝缘测量。

（1）继电器线圈测量。各种类型继电器线圈的阻值是不同的，其阻值相差也较大。但因线圈匝数较多，线径较细小，所以用万用表测量线圈阻值，其值都在100Ω以上，多数继电器线圈阻值在100～500Ω，少数线圈阻值在1000Ω左右。一般电磁继电器的线圈电阻在25Ω～2kΩ。而额定电压较低的电磁式继电器，线圈阻值相对小；额定电压较高的电磁继电器，线圈阻值相对大。

测量时，指针式万用表应置于$R\times100$挡或$R\times1\text{k}$挡，两表笔分别接线圈的两引线，万用表应指示一定的阻值。若指示阻值为零，说明线圈烧毁短路，若指针指示无穷大，则说明线圈断路。这两种情况都表示线圈损坏，不能再使用。

（2）继电器触点测量。继电器触点有动合触点和动断触点，对于触点的测量，就是测量触点的接触电阻。若接触良好，其接触电阻测量值应为0，或不大于1Ω；若触点接触电阻在2～3Ω，就表示触点故障；若触点接触电阻在3Ω以上，则该触点故障严重。测量时，可将线圈通电，使动合触点闭合，测量触点闭合时的接触电阻值，其值若为0，属正常触点。在线圈失电时，测量常开触点的接触电阻值，也应为0。

（3）继电器绝缘电阻的测量。继电器绝缘电阻是指大型继电器的触点与塑料外壳之间的绝缘电阻值，其值在正常情况下应为无穷大。因大型继电器在使用时，触点承受的电压较大（220V或380V），在使用中，继电器通电产生的电弧容易烧坏绝缘材料，使其绝缘性能下降，逐渐使触点与触点之间产生漏电短路，这样加速了绝缘塑料的击穿损坏。

测量时，将万用表置于$R\times10\text{k}$挡，用黑表笔接触点的金属部分，红表笔接触此触点周围的绝缘塑料部位，其测量值应为无穷大。若表针有微微摆动的现象，则说明此触点周围的绝缘塑料已击穿损坏，存在漏电现象，此继电器应进行绝缘修理或予以报废。

11.6.2 中间继电器

中间继电器是一种通过控制电磁线圈的通断，将一个输入信号变成多个输出信号或将信号放大的继电器。中间继电器的主要作用是，当其他继电器的触头数量或触头容量不够时，可借助中间继电器来扩大它们的触点数或增大触点容量，起到中间转换（传递、放大、翻转、分路和记忆）作用。中间继电器的触头数量较多，触头容量较大，各触头的额度电流相同。

中间继电器的基本结构和工作原理与小容量交流接触器基本相同，由电磁线圈、动铁芯、静铁芯、触头系统、反作用弹簧和复位弹簧等组成。

常用的中间继电器主要有JZ7、JZ15、JZ17、JZ18等系列产品。

中间继电器的命名型号含义：

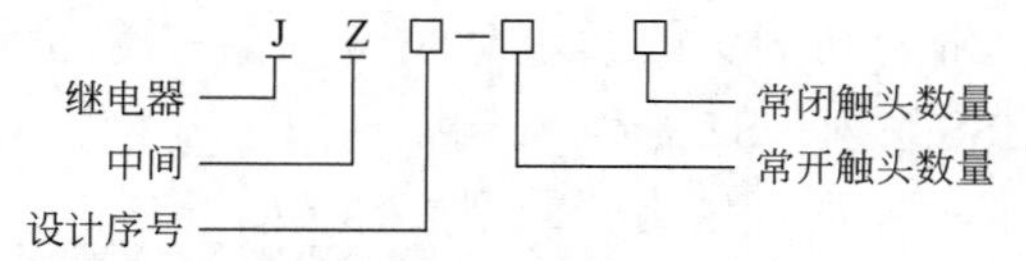

中间继电器的触点容量较小，一般不能在主电路中应用。中间继电器在选择时，应根据电路要求选择交流或直流类型，触头的种类和数目应满足电路的要求，电压和电流应满足电路的需要。

11.6.3 时间继电器

时间继电器是利用电磁原理或机械动作原理来延迟触头闭合或分断的自动控制电器，时间继电器广泛应用于电动机的启动控制和各种控制系统。

时间继电器的种类很多，按工作原理可分为电磁式、电动式、空气阻尼式和晶体管式（电子式）等；按延时方式可分为通电延时型和断电延时型。

11.6.3.1 空气阻尼式时间继电器

在交流电路中应用较为广泛的是空气阻尼式时间继电器，它是利用气囊中的空气通过小孔节流的原理来获得延时动作的，图11-11所示是常用的JS7-A系列时间继电器的外形结构。

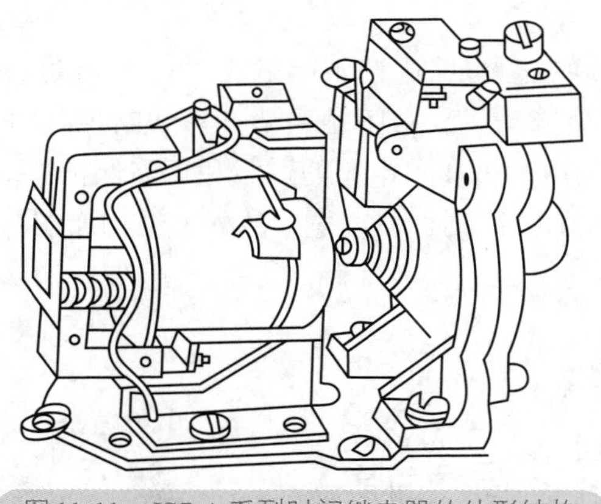

图11-11 JS7-A系列时间继电器的外形结构

常用的JS7-A系列时间继电器的型号含义如下：

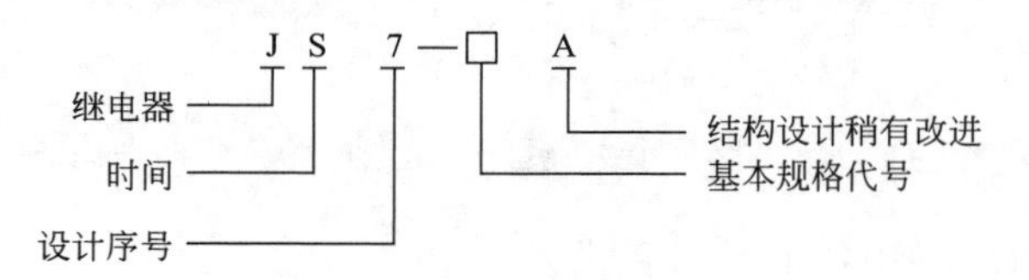

JS7-A系列空气阻尼式时间继电器的优点是结构简单、寿命长、价格低，还附有不延时的触头，应用较为广泛。缺点是准确度低、延时误差大，在要求延时准确度高的场合不宜采用。

11.6.3.2 晶体管式时间继电器

晶体管式时间继电器也称电子式时间继电器。它除了执行继电器外，均由电子元件组成，没有机械零件，因而具有寿命和精度较高、体积小、延时范围宽、控制功率小等优点。

晶体管式时间继电器按构成原理可分为阻容式和数字式两类；按延时的方式可分为通电延时型、断电延时型、带瞬动触头的通电延时型等。常用晶体管式时间继电器主要是JS20系列、JS14A系列、JSS系列、ST系列等产品。

常用的JS14A系列晶体管式时间继电器的型号含义如下：

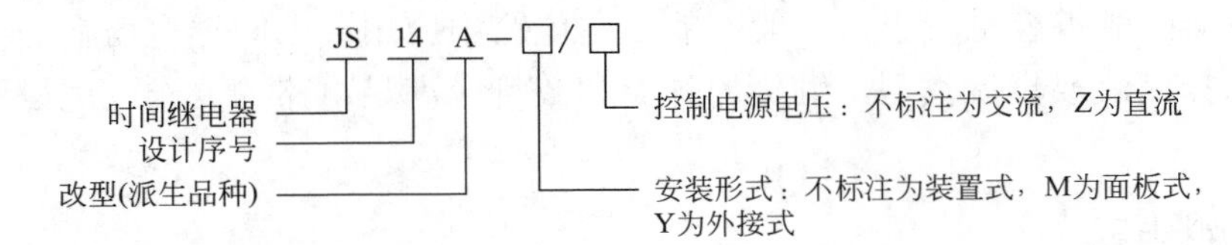

11.6.3.3 时间继电器的选用

（1）类型的选择。在要求延时范围大、延时准确度较高的场合，应选用电动式或电子式时间继电器。当延时准确度要求不高、电源电压波动较大的场合，可选用价格较低的电磁式或空气阻尼式时间继电器。

（2）线圈电压的选择。根据控制电路电压来选择时间继电器吸引线圈的电压。

（3）延时方式的选择。时间继电器有通电延时型和断电延时型两种类型。应根据控制电路的要求来选择。

11.6.4 过流继电器

过流继电器的线圈串联在主电路中，常闭触头串接于辅助电路中，当主电路的电流高于容许值时，过流继电器吸合动作，常闭触头断开，切断控制电路。过流继电器主要用于重载或频繁启动的场合作为电动机和主电路的过载和短路保护，常用的有JT4、JL12和JL14等系列过流继电器。JT4和JL12系列过流继电器的外形结构如图11-12所示。

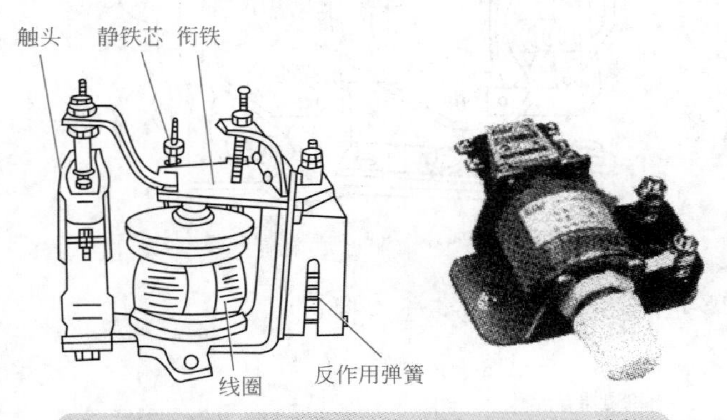

图11-12 JT4和JL12系列过流继电器的外形结构

常用的JT4系列过流继电器的型号含义如下：

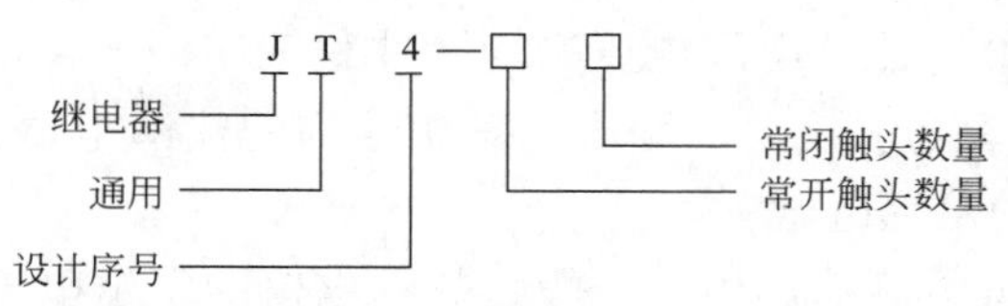

过流继电器在选用时应把握以下原则：

（1）过流继电器线圈的额定电流一般可按电动机长期工作的额定电流来选择，对于频繁启动的电机，考虑启动电流在继电器中的热效应，额度电流可选大一级。

（2）过流继电器的整定值一般为电动机额定电流的1.7～2倍，频繁启动场合可取2.25～2.5倍。

11.6.5 热继电器

11.6.5.1 热继电器的工作原理

热继电器是热过载继电器的简称，它是利用电流的热效应来切断电路的一种保护电器，常与接触器配合使用。热继电器具有结构简单、体积小、价格低和保护性能好等优点，主要用于电动机的过载保护、断相及电流不平衡运行的保护及其他电气设备发热状态的控制。图11-13所示是热继电器的实物。

图11-13 热继电器实物图

11.6.5.2 热继电器的类型

热继电器的类型较多，按操作方式分为双金属片式、热敏电阻式和易熔合金式三种；按加热方式分为直接加热式、复合加热式、间接加热式和电流互感器加热式四种；按极数分为单极、双极和三极三种，其中三极的又包括带有断相保护装置和不带断相保护装置两类；按复位方式可分为自动复位和手动复位两种。

常用的热继电器主要有JR20系列、3UA系列、T系列、3RB系列等产品。

11.6.5.3 热继电器的型号

热继电器的型号含义如下：

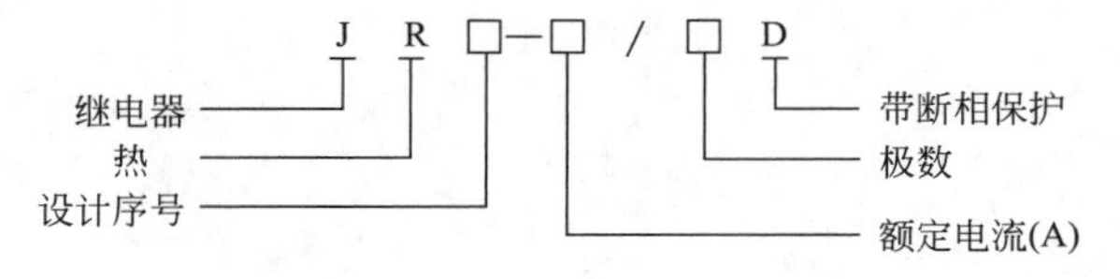

11.6.5.4 热继电器的选用

（1）热继电器类型的选用。一般轻载启动、长期工作的电动机或间断长期工作的电动机，选择两相结构的热继电器；电源电压的均衡性和工作环境较差或较少有人照管的电动机，或多台电动机的功率差别较大，可选择三相结构的热继电器；三角形联结的电动机，应选用带断相保护装置的热继电器。

（2）热继电器的整定电流的选用。一般将热继电器的整定电流调整到等于电动机的额定电流；对过载能力差的电动机，所选的热继电器的额定电流应适当小一些，并且将整定电流调到额定电流的60%～80%。当电动机因带负载启动而启动时间较长或电动机的负载是冲击性的负载（如冲床）时，热继电器的整定电流应稍大于电动机的额定电流。

（3）热继电器的型号的选用。根据热继电器的额定电流应大于电动机的额定电流原则，查表确定热继电器的型号。

（4）热继电器的工作环境温度与被保护设备的环境温度的差别不应大于15～25℃。

（5）双金属片热继电器一般用于轻载、不频繁启动电动机的过载保护。对于重载或频繁启动的电动机，则可用过流继电器（延时动作型的）作为它的过载和短路保护装置。

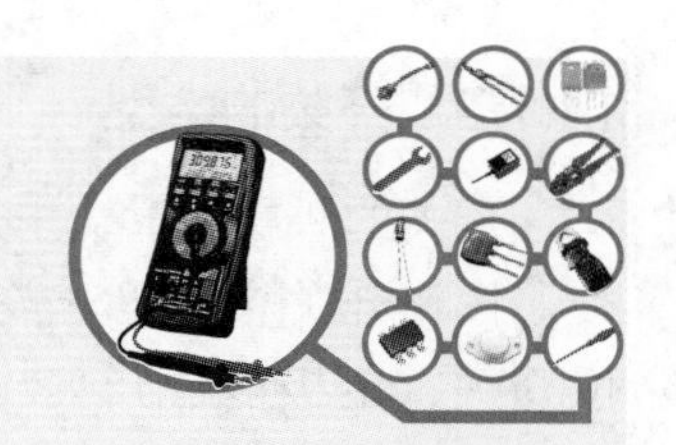

第12章 开关及接插件电路

12.1 开关

开关是一种应用广泛的控制器件，在各种电子电路和电子设备中起着接通、切断和转换等控制作用。

12.1.1 开关的外形与图形符号

一个普通的开关是由金属触点和外壳绝缘塑料等一起构成的。常用的开关外形如图12-1所示。

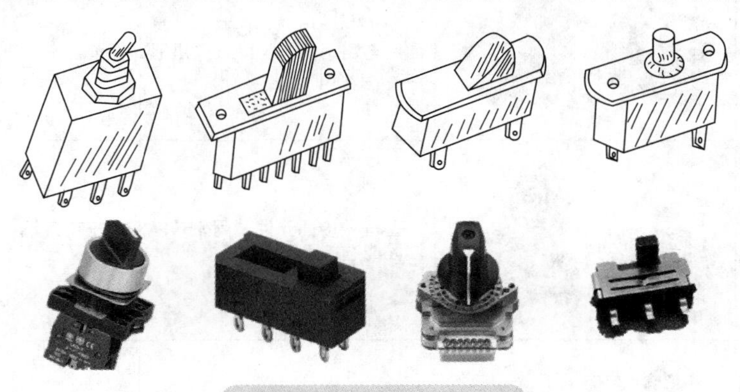

图12-1 常用的开关外形

开关的一般文字符号为“S”或“SB”。常用开关的图形符号如图12-2所示。

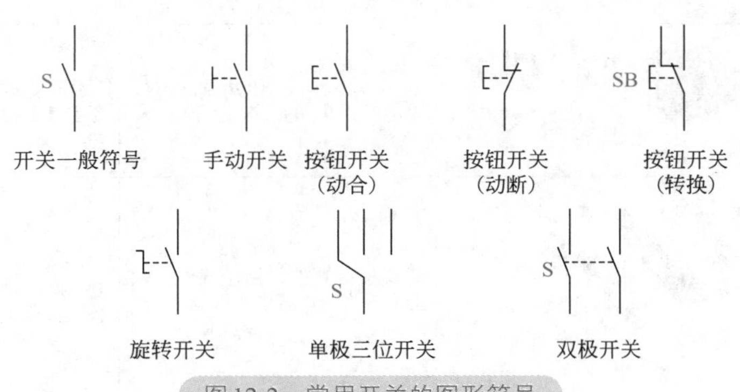

图12-2 常用开关的图形符号

12.1.2 开关的类型

开关的种类繁多，按结构可分为拨动开关、钮子开关、船形开关、推拉开关、旋转开关、按钮开关、拨码开关、微动开关、滑动开关和薄膜开关等；按控制极位可分为单极单位开关、单极多位开关、多极单位开关和多极多位开关等；按接点形式可分为动合开关、动断开关和转换开关。

常见开关的简介如表12-1所示。

表12-1 常见开关的简介

序号	名称	外形图	描述	应用
1	按钮开关		利用按钮推动传动机构，使动触头与静触头接通或断开并实现电路换接的开关	用于手动发出控制信号以控制接触器、继电器、电磁启动器等
2	钮子开关		手动控制开关	用于交直流电源电路的通断控制
3	船形开关		船形开关也称跷板开关。其结构与钮子开关相同，只是把钮柄换成船形	饮水机、跑步机、电脑音箱、电瓶车、摩托车、离子电视机、咖啡壶、排插、按摩机等
4	波段开关		是一种接插元件，用来转换波段或选接不同电路	在收音机、收录机、电视机和各种仪器仪表中
5	拨动开关		拨动开关是通过拨动开关柄使电路接通或断开，从而达到切换电路的目的	电器、机械、通信、数字影音、楼宇自动化、电子产品等领域
6	拨码开关		用来操作控制的地址开关，采用的是0/1的二进制编码原理	用于数据处理、通信、遥控和防盗自动警铃系统、风淋室等产品
7	薄膜开关		集按键功能、指示元件、仪器面板为一体的操作系统	电子通信、电子测量、工业控制、医疗设备、汽车工业、智能玩具、家用电器等领域

续表

序号	名称	外形图	描述	应用
8	水银开关		电路开关的一种，以接有电极的小容器存储一小滴水银，容器中多数为真空或注入惰性气体	可以使用在有油、蒸汽、灰尘及腐蚀性气体的环境中
9	按键开关		电子开关的一种，属于电子元器件类。使用时向开关操作方向施压，开关闭合接通，当撤销压力时开关即断开	用于打印机、电子仪器、仪表和其他家用电器

12.1.3 开关的参数

开关的参数主要有额定电压、额定电流、接触电阻、绝缘电阻和寿命等。

（1）额定电压。它是指开关长期工作所允许的最高工作电压，如100V、250V，对于交流电源开关，额定电压通常指交流电压。

（2）额定电流。它是指开关长期正常工作的情况下所允许通过的最大负载电流，如500mA、1A等。

（3）接触电阻。它是指开关在接通的状态下，每对触头与触头之间的电阻，其值越小越好。

（4）绝缘电阻。它是指开关的导体与绝缘部分之间的电阻，其值越大越好。

（5）寿命。它是指开关在正常工作条件下，能开关的次数。

12.1.4 开关的选用

（1）根据用途选用开关。拨动开关常用于电源控制，如收音机电路开关；直推开关常用于录音机电路中的录放开关；旋转开关常用于工作状态的转换，如收音机的波段开关和万用表的量程选择开关等；按钮开关主要用于电动机的启动和停止控制；微波开关和轻触开关主要用于计算机、电视机、收音机、电话机、音响设备和电子仪器仪表等电子产品中；薄膜开关广泛应用于数字仪表、家用电器、电子玩具及各种微电脑控制的设备中；水银开关常用于各种报警电路。

（2）选择开关的规格。根据用途选出开关的类型后，还应按应用电路的要求选择开关的规格，例如开关的外形尺寸及额定电压、额定电流、绝缘电阻等主要参数。要求所选用的额定电压和额定电流应为应用电路的工作电压和工作电流的1～2倍。

12.1.5 开关的检测

开关的检测包括单独检测和在线检测。

12.1.5.1 开关单独检测

（1）开关接触电阻测量。通常开关的故障接触电阻都在2～3Ω左右，因此开关的触点接触电阻应用万用表$R\times1$挡进行检测。若测得的开关触点电阻大于1Ω，则表明开关存在故障。测量方法如图12-3所示。

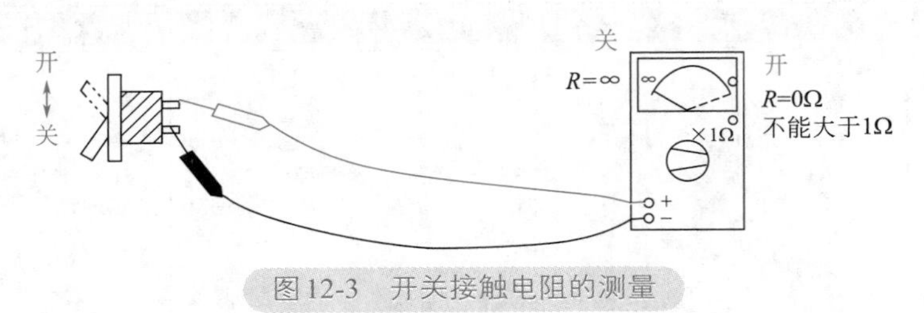

图12-3 开关接触电阻的测量

（2）绝缘电阻测量。开关的绝缘电阻越大，其性能越好，安全性也越高，所以用万用表测量绝缘电阻时，应用$R\times10$k挡进行检测。测量时，表笔可不分正负，将一表笔接开关的金属触点，另一表笔接开关的塑料外壳，测得的电阻值应为无穷大。若阻值为0或接近无穷小阻值，都表示开关漏电，不能再使用。测量方法如图12-4所示。

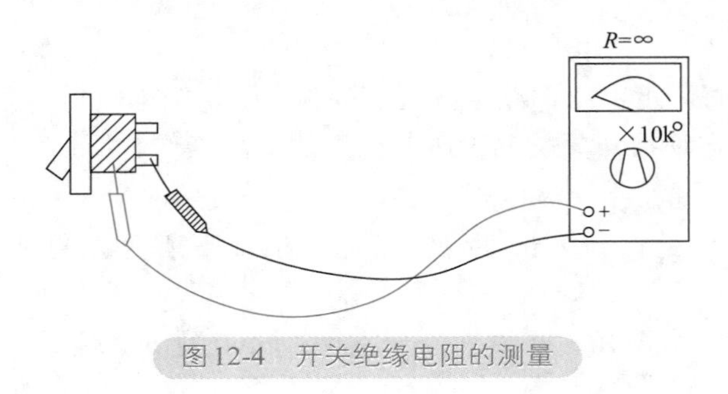

图12-4 开关绝缘电阻的测量

12.1.5.2 在线测量

有些开关在电路中是将金属接头牢牢地与导线焊接在一起，难以从电路板上拆卸下来单独测量。这时可采用在线测量的方法，可用手将开关闭合或断开反复进行测量，外接线路元件不会对开关电阻值的测量造成影响，所以在线测量的电阻值约为0且不得大于1Ω。若测量发现开关触点的接触电阻值有时为0，有时为某一定阻值或有时为无穷大，则说明开关触点接触不良，应对此开关触点进行修复或更换。

12.2 接插件

接插件是在两块电路板或两部分电路之间完成电气连接，实现信号和电能的传输和控制。

12.2.1 接插件的结构

接插件又称连接器，国内也称作接头盒插座，一般是指电器接插件。接插件的一般文字符号为“X”，插头文字符号为“XP”，插座的文字符号为“XS”。常用的接插件外形如图12-5所示，其图形符号如图12-6所示。

立体声耳机常用三芯插头，其对应的插座也是三芯的。无论插头、插座大小及芯数如何，大都兼有开关功能，如图12-7所示是收音机外接耳机电路，在插头没有插入插座时，插座的内簧片和外簧片接通，使扬声器两端与收音机输出两端相连，此时扬声器发声。当耳机插头插入插座时，外簧片被插头弹压，使之与内簧片脱离接触，这样，扬声器一端便

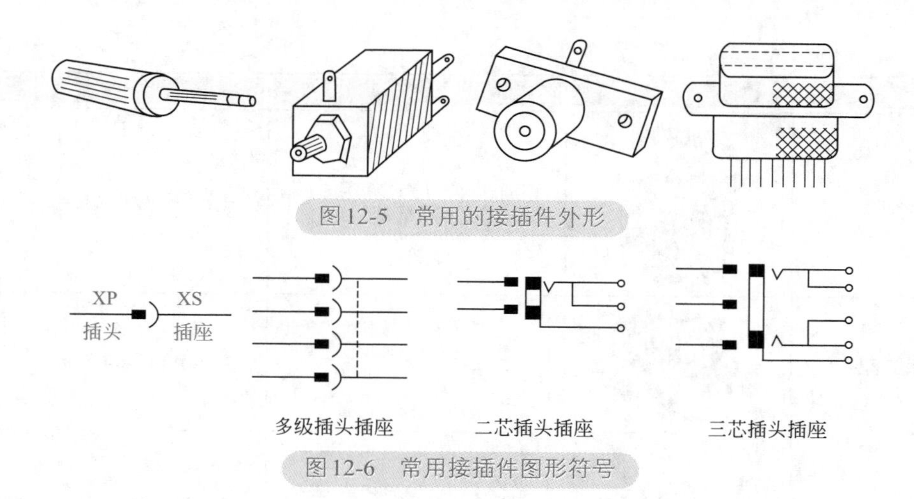

图 12-5 常用的接插件外形

图 12-6 常用接插件图形符号

和收音机输出端脱开，扬声器不发声，而耳机两端分别通过插头与收音机两输出端相连，耳机工作发声。

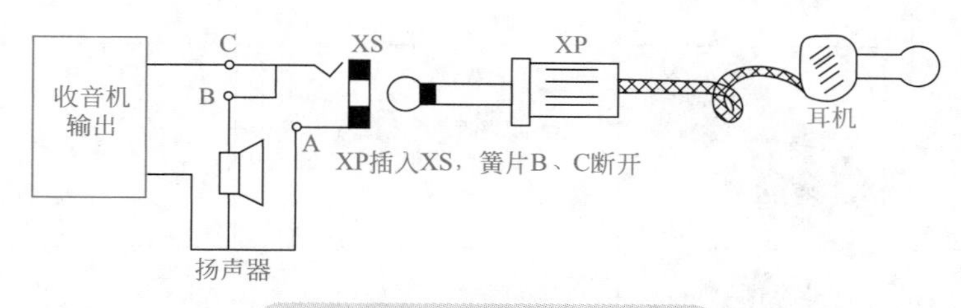

图 12-7 收音机外接耳机电路

12.2.2 接插件的分类

接插件的分类见表 12-2。

表 12-2 接插件的分类

序号	接插件的分类	接插件的种类
1	外形结构	圆形接插件、矩形接插件、印制板接插件、带状扁平排线接插件等
2	用途	电源接插件（电源插头、插座）、耳机接插件（耳机插头、插座）、电视天线接插件电话接插件、电路板连接件、光纤电缆连接件
3	结构形状	圆形连接件、矩形连接件、条形连接件、印制板连接件、IC 连接件、带状电缆接插件等

常见的接插件简介见表 12-3。

表 12-3 常见的接插件简介

名称	外形图	描述	应用
圆形接插件		圆形接插件也称航空插头、插座，它有一个标准的螺旋锁紧机构，接触点的数目从两个到上百个不等	一般用于不经常插拔的电路板之间或整机设备之间实现电路连接

续表

名称	外形图	描述	应用
矩形接插件		矩形排列可充分利用空间，所以被广泛用于机内互连	主要用于机外电缆与面板之间的连接
印制板接插件		为了便于印制电路板的更换和维修，在几块电路板之间或在印制电路板与其他部件之间互连	主要用于印制电路板的对外连接
带状扁平排线接插件		由几十根以聚氯乙烯为绝缘层的导线并排黏合在一起，它占用空间小，轻巧柔韧，布线方便，不易混淆	常用于低电压、小电流的场合，适用于微弱信号的连接，多用于计算机中实现主板与其他设备之间的连接
集成电路插座		专为双列直插式集成电路设计，方便检测和更换集成块	一种专用接插件
耳机插座		立体声耳机使用三芯插头，其对应的插座也是三芯的	手机、无线电话、MP3、笔记本电脑、数码相机

12.2.3 接插件的检测

12.2.3.1 单独检测

检测三芯插座的方法如图12-8所示。将万用表置于$R\times1$挡，两表笔不分正负接插座的a、b引出端，其阻值应为0（a、b端接通），用一只未连线的空插头插入插座后，万用表指针应指向无穷大（a、b端断开）。然后以同样的方法测量插座c、d端，测量结果应相同。

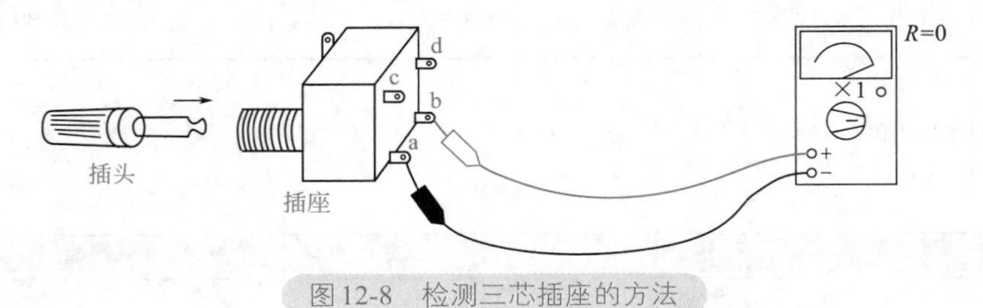

图12-8 检测三芯插座的方法

12.2.3.2 在线检测

接插件的在线测量与开关的在线测量相同，接插件的触点闭合接通时，其接触电阻也约为0且不得大于1Ω，接插件的引出脚外接电路元件不会对插件的接触电阻值测量造成影响，可直接判断其接触的好坏情况。

12.3 开关电路

12.3.1 开关电源电路

开关电源是相对线性电源来说的一种稳压电源，全称为开关式稳压电源，是20世纪70年代发展起来的、用来替代老式串联型稳压电源的一种新型电源。它是通过开关电源厚膜块控制开关管进行高速的通断与截止，将直流电转换为高频率的交流电，提供给变压器进行变压，从而产生所需要的一组或多组电压的一种供电电路。

开关电源是直接对电网电压进行整流滤波调整，然后由开关调整管进行稳压，不需要电源变压器。它用开关管作为开关器件，通过控制开关的占空比调整输出电压，是一个电压深度负反馈的脉冲宽度调制器（PWM），其功率器件工作于开关状态，因此功率器件功耗低、效率高。而且开关管的工作频率在几十千赫以上，滤波电容器和电感器容量较小，因此开关电源具有质量轻、体积小等特点。

12.3.1.1 开关电源的分类

开关电源的种类较多，可根据不同标准进行基本分类。开关电源根据电源储能电感与负载的连接方式可基本划分为串联型开关电源和并联型开关电源；按照控制开关管的导通方式可分为调宽型、调频型和混合调制型；按电源启动方式可分为自激型和他激型两种；按开关管的类型可分为晶体管型开关电源和晶闸管型开关电源；按开关管的连接方式可分为单端式、推挽式、半桥式和全桥式四种。

目前开关电源的应用大多是几种类型的开关电源的组合。根据开关电源的不同组合，可分别组合出自激并联调频式开关电源、自激串联调频式开关电源、他激串联调宽式开关电源、自激并联调宽式开关电源和他激式串联调频式开关电源等几种。目前应用较多的主要有自激并联调宽式开关电源、自激并联调频式开关电源、他激并联调宽式开关电源和自激串联调宽式开关电源几种。

12.3.1.2 开关电源的基本框架

开关电源的基本框架如图12-9所示，主要由交流进线电路、整流电路、开关振荡电路、脉冲整流电路、取样比较电路、脉宽控制电路、整流输出电路和保护电路等组成。

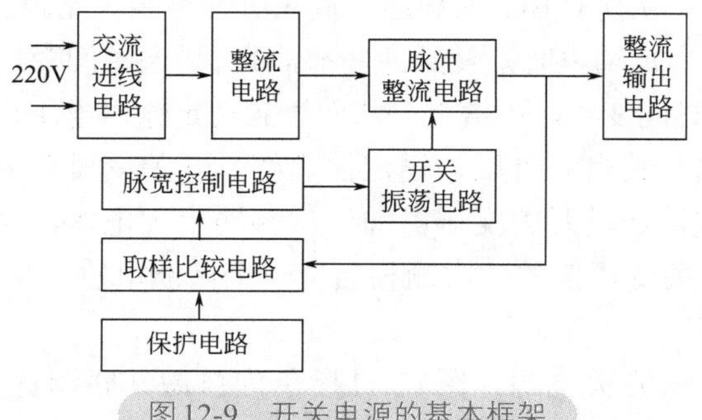

图12-9 开关电源的基本框架

开关电源各部分组成电路的功能如下：

整流电路，负责把电网输入的交流电变换成直流电；

开关振荡电路，利用三极管的开关作用组成自激或他激式高频振荡；

脉冲整流电路，对振荡脉冲进行再整流；

取样比较电路，把输出的直流电压与电压基准进行比较，以获得误差电压输出；

脉宽控制电路，对误差电压进行放大，控制开关三极管的导通和截止时间；

整流输出电路，将变压器输出的交流电变换为直流电输出；

保护电路，当开关电源存在过压、过流、短路等故障时，使振荡电路停振，开关管不工作，从而达到保护开关电源的目的。

12.3.1.3　开关电源的工作原理

（1）自激串联调宽式开关电源。图12-10所示为自激串联调宽式开关电源结构示意图，从图中可以看出该开关电源中的开关变压器T_1是串联在电源输入电压u_{in}与主负载电压u_o电路之中的。同时还可以看出，取样电压直接取自负载两端，其中BG_1为开关管，C_1为滤波电容，VD_1为续流二极管。其工作原理如下。

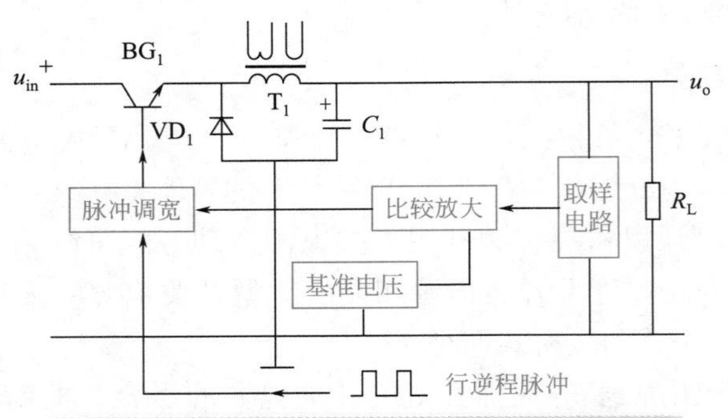

图12-10　自激串联调宽式开关电源结构示意图

当脉冲调宽电路输出正脉冲时，BG_1饱和导通，输入电压u_{in}经BG_1、T_1给负载R_L供电，同时对C_1进行充电。在BG_1导通时，在T_1中以磁能的形式储存起来。

当脉冲调宽电路输出的正脉冲消失后，BG_1截止，u_{in}不能加到T_1上，T_1则产生电动势维持它的电流不变，此时T_1中的磁能释放，转变为电流流过负载R_L，通过续流二极管VD_1构成回路，加到T_1的左端。

图12-10中，取样、比较放大和基准电压电路取出一个反映输出电压u_o大小的控制电压，加到脉冲调宽电路，从而对BG_1的导通、截止进行控制。比较放大电路输出的控制电压用来控制脉冲的宽度。当u_o增大时，使脉冲变窄，BG_1导通时间变短，u_o降低。当u_o减小时，使脉冲变宽，BG_1导通时间变长，u_o增大，从而达到稳定输出电压u_o的目的。

对自激串联调宽式开关电源可以这样定性理解：开关变压器的一次侧、主负载电路和开关管采用串联的形式，通过开关变压器的一次侧输出主电压，通过开关变压器的二次侧输出其他各组电压。开关变压器的一次侧相当于一个储能电感，将开关管“开”“关”间断电压通过储能电感输出。

（2）自激并联调宽式开关电源。图12-11所示为自激并联调宽式开关电源结构示意图，图中VT_1是开关管，T_1为开关变压器，VD_1为续流二极管，C_1为滤波电容，R_L为负载。开关管与开关变压器自身构成一个自激振荡器，产生开关管VT_1的导通电压，开关管工作后，行扫描电路启动工作，产生行逆程脉冲，行逆程脉冲代替振荡器继续触发开关管进行开关管导通和截止，故称为自激式开关电源。

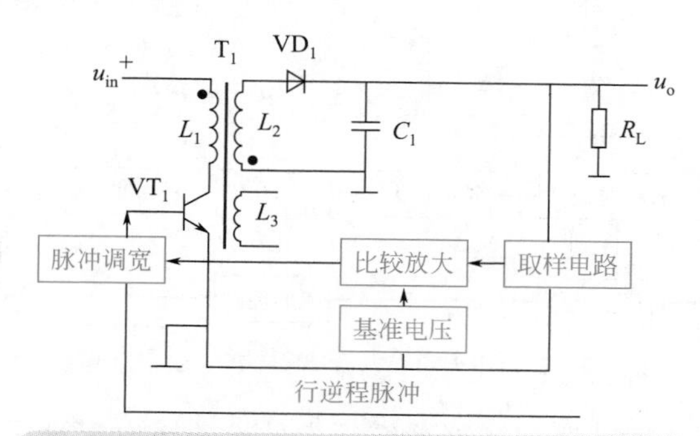

图12-11 自激并联调宽式开关电源结构示意图

从图12-11中可以看出，开关变压器T_1与电源输入电压u_{in}及负载R_L的关系是并联形式，故称为并联型开关电源。而控制开关管的导通方式是采用行逆程脉冲控制开关管的周期频率（一定工作模式下的行频）不变，也即开关管的导通和截止时间总和不变，改变的是开关管的导通和截止时间。通过改变开关管的导通和截止时间来改变开关管的“开”“关”频率，通过开关变压器的能量传递，从而保持开关变压器二次侧输出电压的稳定。T_1的二次侧可设置多个绕组，从而可得到多组输出电压，通过开关电源的输出电路的整流滤波后得到多组直流电压。

图12-11中，取样、比较放大电路与传统的串联调整管式稳压电路原理相同，即通过取样电路，从负载电压取出一个反映输出电压u_o变化规律的控制电压，加到脉冲调宽电路，对开关管每一个周期内的导通和截止时间进行调制，从而使开关变压器二次侧输出稳定交流电压。

对于自激并联调宽式开关电源可以这样定性理解：它是通过在开关电源的输入电压与负载电压之间串入开关变压器，将开关管串联在开关变压器的一次侧，利用行逆程脉冲触发开关管的基极（或栅极），使开关管的周期频率不变，而通过取样信号电压来调制开关管的导通和截止时间的一类开关电源。

（3）自激并联调频式开关电源工作原理。自激并联调频式开关电源与自激并联调宽式开关电源的不同之处在于其开关管的调制方式。前者是借助于行逆程脉冲使开关管变化的一个周期频率不变，只改变开关管的导通时间和截止时间，而后者不利用行逆程脉冲进行调制，而是外加专用的调频电路，根据负载电压的变化频率产生相应的变化频率，用该频率来调制开关管的周期频率，但保持开关管的截止时间不变。由于开关管的截止时间不变，但周期改变，实际上也是改变开关管的导通时间。除此之外，其原理与自激并联型调宽式开关电源是一样的，这里不再赘述。

（4）他励并联调宽式开关电源工作原理。他励并联调宽式开关电源工作原理与自激并联式开关电源只是对开关管的激励方式不同。它是一种有独立振荡器和驱动输出的开关电源。他励式开关电源中，开关管由外来开关脉冲驱动其通断，本身不再是振荡电路的一部分，从而使开关管与振荡器没有直接的联系，负载电路不会对振荡期的工作状态造成任何影响。

他励并联调宽式开关电源结构框图如图12-12所示，振荡器由独立的电源供电，产生的开关脉冲先经PWM控制放大，再驱动开关管。各种保护电路也直接控制振荡器或脉宽控制器。

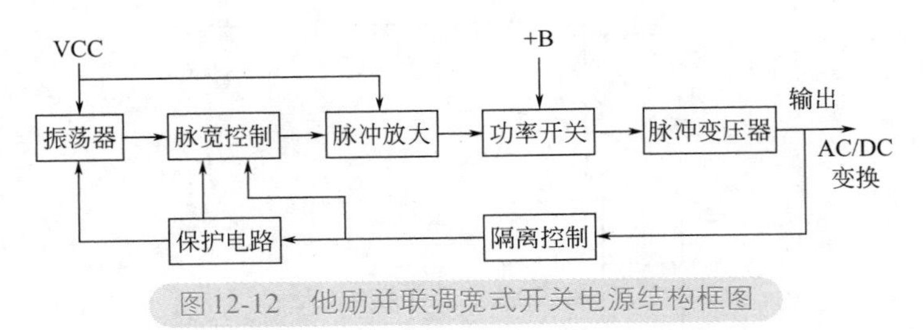

图12-12 他励并联调宽式开关电源结构框图

由于另设了振荡器，振荡器和控制系统须由外设的小电流稳压器外部供电，电源电压的变化只改变开关管的开关电压，对其余电路的工作状态均无影响，因此其稳压范围和允许的负载变动范围比自激开关电源要大，由于另设了振荡器，电路相对复杂，目前应用不是很广。

对他激并联调宽式开关电源的定性理解：它是在电路中另设一个振荡器，在电源启动时使开关电源导通，导通之后，再由行逆程脉冲进行控制的一种开关电源。它与自激式开关电源的本质区别在于电源的启动方式，自激并联调宽式开关电源利用自身已有的开关管、开关变压器及相关阻容元件构成振荡电路，使之产生开关管的导通电压。而他激式并联调宽式开关电源是利用另设的振荡电路产生振荡，使之产生开关管的导通电压。

12.3.2 机芯开关电路

12.3.2.1 直流单速电动机机芯开关电路

图12-13所示是直流单速电动机机芯开关电路。电路中的M是直流单速电动机，采用直流工作电压，转速恒定，单向转动。

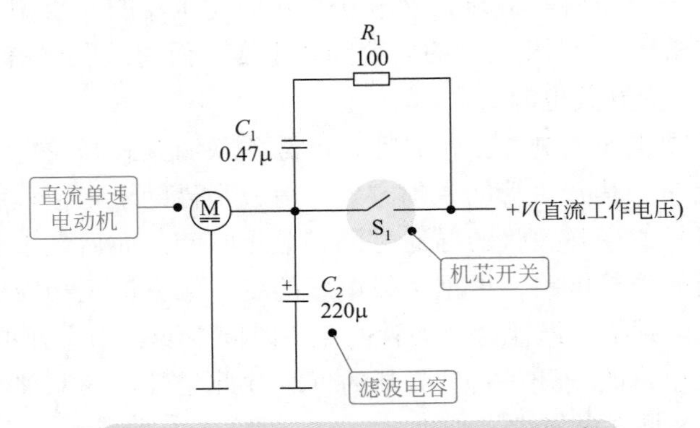

图12-13 直流单速电动机机芯开关电路

当机芯开关S_1接通时，直流工作电压$+V$通过开关S_1加到电动机M的两端，电动机转动；当开关S_1断开时，电动机无工作电压而停止转动。

C_2为滤波电容，它对直流电压$+V$进行进一步滤波。同时，也能滤除直流电动机M转动中产生的脉冲对整机电路的干扰。

表12-4所示是直流单速电动机机芯开关电路故障分析。

表12-4 直流单速电动机机芯开关电路故障分析

元器件及故障现象		说明
S_1	开路	电动机M无法转动
	切断不了	只要电路加电，无需按下按键，电动机即转动
	接触不良	电动机转转停停或转速慢，原因是加到电动机两端的直流电压不稳定或太低
$+V$	无电压	电动机M不转动
	电压太高	电动机M转速快
	电压太低	电动机M不转动或转速慢，原因是转速与直流电压成正比
C_2	开路	无滤波作用，可能会有干扰噪声
	短路	电动机M无法启动，会熔断电源电路中的熔丝
	漏电	会使电动机M两端直流电压下降，导致转速慢甚至不转
电动机M	转子卡死	电动机M无法转动，导致直流工作电压下降，电动机M回路电流大幅增大
	不稳速	电动机声音古怪
	转速慢	声音变低
	转速快	声音变高

12.3.2.2 直流双速电动机机芯开关电路

图12-14所示是直流双速电动机机芯开关电路，电路中的电动机M有4根引脚，所以是直流双速电动机。其中一根为正电源引脚，一根为接地引脚，另两根为电动机转速控制引脚。

这一电路中的机芯开关S_1控制原理与前面的电路一样，无论双速电动机M在哪种转速下，只控制电动机M的直流工作电压，不控制电动机M的转速。

图12-15所示是直流双速电动机机芯开关电路的一种变型，机芯开关S_1是接在地线回路里。S_1接通时，电动机M的电路构成闭合回路，电动机转动；S_1断开时，电动机M构不成回路，电动机无法转动。

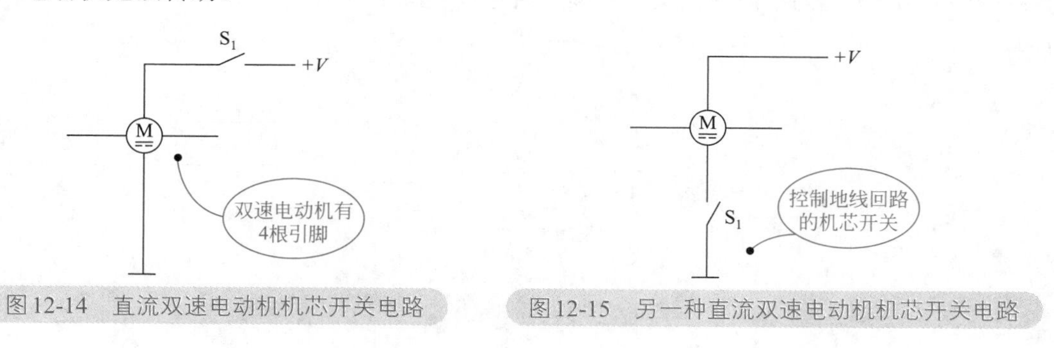

图12-14 直流双速电动机机芯开关电路

图12-15 另一种直流双速电动机机芯开关电路

12.4 通用接插件基础知识

接插件有两大类：用于电子电器与外部设备连接的接插件和用于电子电器内部电路板之间线路连接的接插件。

12.4.1 插头/插座

12.4.1.1 单声道

图12-16所示是单声道ϕ3.5插头/插座外形特征和图形符号。

图12-16 单声道ϕ3.5插头/插座外形特征和图形符号

表12-5所示是单声道插座和插头各引脚作用。

表12-5 单声道插座和插头各引脚作用

引脚		作用
单声道插座	地线	接电路中的地线
	芯线	信号热端的传输线路，与地线引脚构成回路
	动片	辅助控制引脚
单声道插头	芯线触点	插头的顶部，金属导体。芯线触点通过插头的内部导体与插头两根引脚中的一根相连
	地线触点	插头的杆体部分，金属导体。内部是芯线导线。插头两根引脚中的另一根是接地地线

关于单声道图形符号主要掌握以下两点：

（1）图形符号中已经分别表示出单声道插座的三根引脚，通过图形符号会分辨。

（2）地线引脚接地，芯片引脚与动片引脚常态下接通。

如图12-17所示为单声道插头插入插座后触点状态示意图。

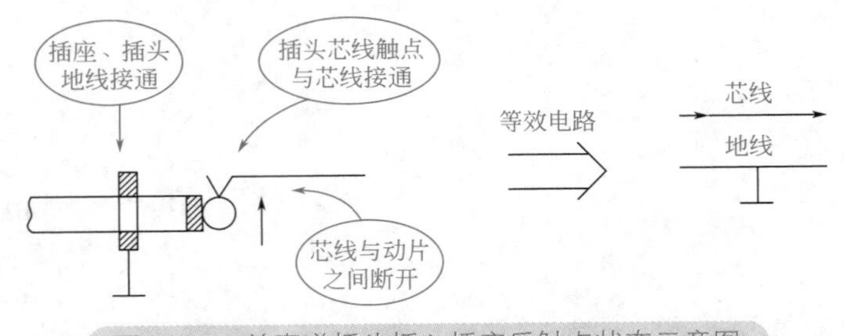

图12-17 单声道插头插入插座后触点状态示意图

从图12-17中可知，单声道插头插入插座后两地线相接触，插头芯线触点与插座芯线接通，这样有两条通路供输入或输出信号电流构成回路。当插头从插座中拔出后，插座各引脚恢复常态。

插座通过槽纹螺母固定在机壳上，常态下插头不与机器相连接。

12.4.1.2 双声道插头/插座外形特征和图形符号

图12-18是双声道插头/插座外形特征和图形符号。从实物图可知，双声道插头插座与

单声道十分相似，区别在于引脚数目：双声道插头插座有5根引脚，双声道插头共有3个触点，引出3根导线。

图12-18 双声道插头/插座外形特征和图形符号

关于双声道插头/插座主要掌握下列几点：

（1）图形符号与单声道插座图形符号相似，符号中表示出插座的5根引脚，地线是两声道共用的，两个声道的芯线引脚和动片引脚相互之间独立。

（2）双声道插头与双声道插座配套使用才能发挥出双声道接插件的功能。

图12-19所示是双声道插头插入双声道插座后的各触点状态示意图，其工作原理如下：

（1）双声道插头插入插座后，插头与插座上的地线接触，插头上两个芯线触点与插座上对应的两根芯线接触上，形成两条独立的信号传输线。

（2）单声道插头插入双声道插座，只能形成一条信号传输线路。

（3）双声道插头插入单声道插座，也只能形成一条信号传输线路。

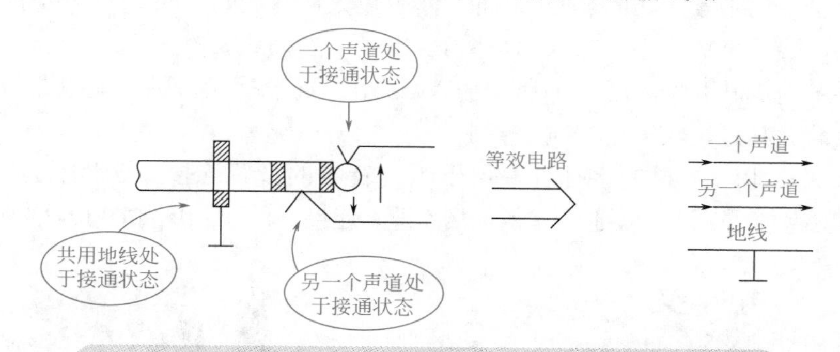

图12-19 双声道插头插入双声道插座后的各触点状态示意图

12.4.1.3 针形插头/插座

针形插头/插座广泛应用于音响和视频设备中，用于传输音频信号、数码音频流和视频信号灯。图12-20所示是针形插头/插座实物图。

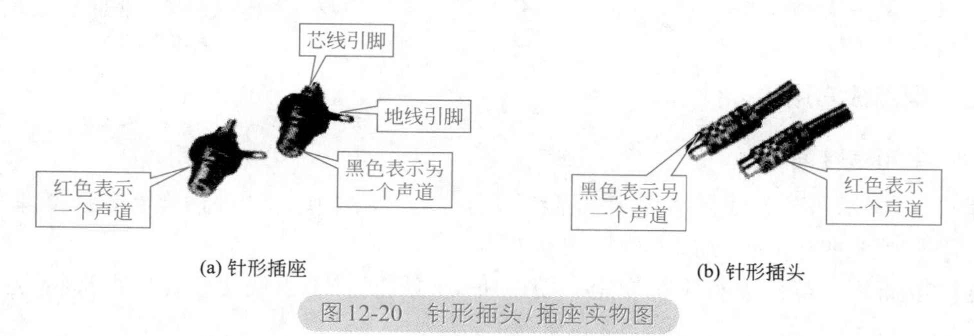

(a) 针形插座　　(b) 针形插头

图12-20 针形插头/插座实物图

（1）针形插头/插座外形特征。针形插头/插座是圆形的，插座通过螺母固定在机壳上，插座的头部伸出机壳外；针形插头/插座是单声道的；插座和插头外边的金属部分是地线，里边是芯线部分。

（2）针形插座作用：

①主要应用于组合音响、音响组合、彩色电视机、录像机设备等。

②插座可以传递输入信号或者输出信号，信号都为线路信号，即信号电平较大。

③绝大多数音响设备都是双声道结构的，所以针形插座在音响设备中是成对出现的。

④视频信号传输时只用一只针形插头。

（3）针形插头/插座图形符号。针形插头/插座图形符号没有统一的规定，图12-21所示是几种针形插座的图形符号。

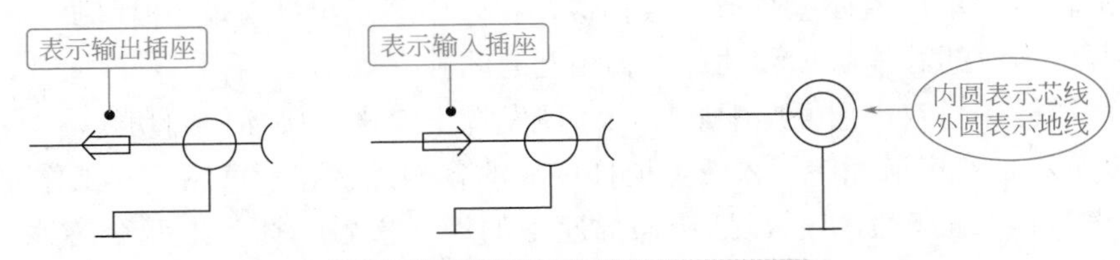

图12-21 几种针形插座图形符号

12.4.1.4 其他插头/插座

（1）卡农插头/插座（XLR插头）。插头体积较大，有公母之分，二者不能混用。一般公插头用于输出端，母插头用于输入端。图12-22为卡农插头实物图。

卡农插头共有3根引脚，用于平衡式输入/输出，抗干扰能力强，但电路较复杂。卡农插头常用于话筒尤其是顶级家用音响设备上。

（2）连接叉。单芯线材的接插件，用于组合音响的音箱连接。连接叉是一种单芯线，传输1路信号就得使用2只，双通道就得使用4只。连接叉的实物图如图12-23所示。

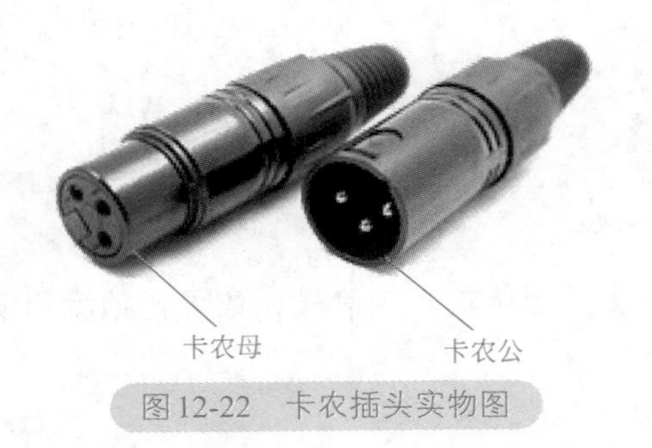

图12-22 卡农插头实物图

图12-23 连接叉实物图

12.4.2 电路板常用接插件

12.4.2.1 单引线接插件

图12-24所示是单引线接插件示意图和图形符号。从图中可知，插座部分直接焊在电路板的铜箔印制线路上，插头引出导线。

这种接插件的符号没有统一规定，图中所示的是两种单引线接插件的图形符号，一般用字母XB表示。

当插头插入插口时，线路可接通；拔下时断开，一般用于天线、电池引线中。

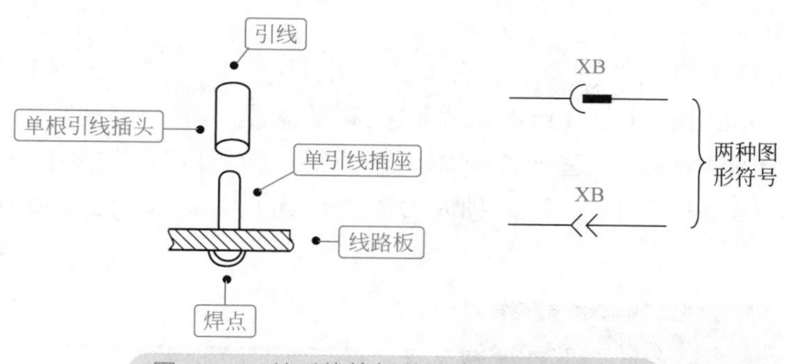

图12-24 单引线接插件示意图和图形符号

12.4.2.2 多引线接插件

多引线接插件根据引脚数目分类，图12-25所示是3根引线的电路板接插件示意图和图形符号。

这种类似的引线接插件在电路板中较多，特别是机器内有多块电路板时使用较多。为了防止插头插错方向，这类引线接插件多为非对称结构，这样插头只能在一个方向、位置上插入插座。

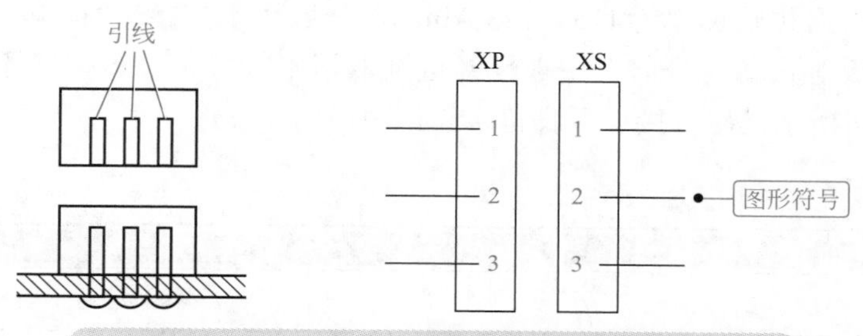

图12-25 3根引线的电路板接插件示意图和图形符号

在一台机器内使用多个接插件的，为了区分接插件，每个接插件要设计不同引线数或者限制插头引线长度。

多引线电路板接插件也没有统一规定的电路图形符号。绘制时要求明确显示出引线的数目和插头、插座的区别。

12.4.3 电脑接插件

12.4.3.1 电脑接口

电脑接口类型是指该产品与电脑的连接接口类型。常见的有USB接口、PCI、PCMCIA接口等。电脑配件都是通过一定的接口和电脑连接的，例如键盘一般通过USB或PS/2接口和电脑连接，网卡通过PCI接口和电脑连接等。不同连接线转接卡和电脑连接的接口不一样。

图12-26是电脑整机接口示意图。

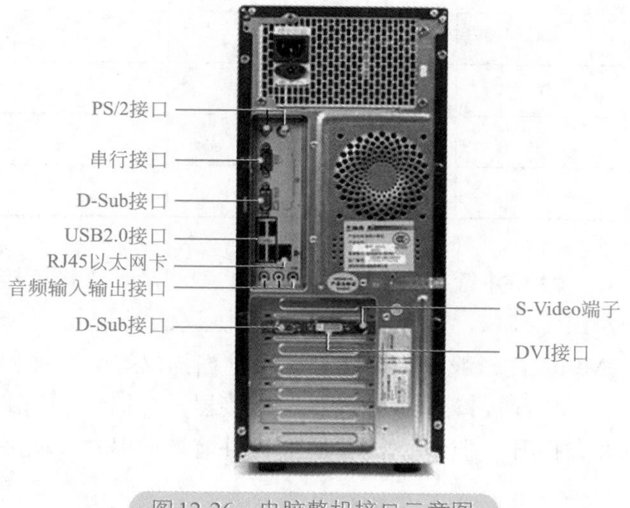

图12-26 电脑整机接口示意图

（1）串行接口

图12-27是串行接口示意图及引脚分布图。串行接口又称为COM接口。现在的个人电脑一般有两个COM口。COM口的数据和控制信息是一位一位地传送出去的，牺牲了传输速度，但传送距离较远，适于长距离传输使用。COM口的类型有两种：一种是9针D型连接器，即RS-232接口；另一种是DB25针连接器，即RS-422接口，目前使用较少。

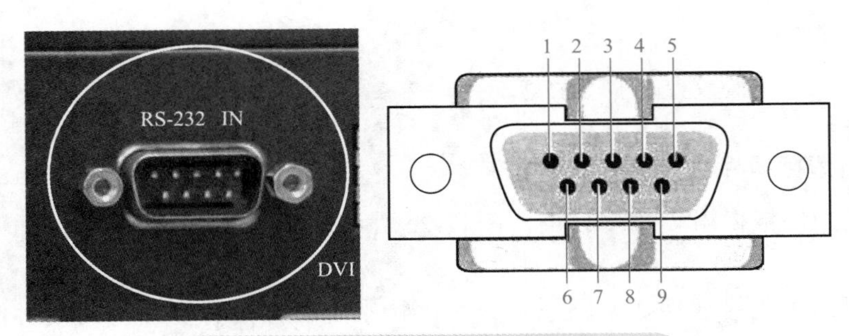

图12-27　串行接口示意图及引脚分布图

串行接口的数据传输速率为115～230kbit/s，一般用于连接鼠标和外置Modem以及老式摄像头和写字板等设备，目前新主板已经逐渐取消串行接口。该接口还可用于与单片机进行通信。表12-6所示是串行接口引脚符号和作用说明。

表12-6　串行接口引脚符号和作用说明

引脚	符号	作用
①	DCD	数据载波检测
②	RXD	接收数据
③	TXD	发送数据
④	DTR	数据终端设备准备就绪
⑤	GND	信号地线
⑥	DSR	数据准备好
⑦	RTS	请求发送
⑧	CTS	消除发送
⑨	RI	铃声指示

（2）并行接口（LPT）。图12-28所示是并行接口示意图。并行接口简称为并口，也称为LPT接口，是采用并行通信协议的扩展接口。并行接口数据传输比串口快8倍，可达1Mbit/s，一般用于连接打印机、扫描仪等，又被称为打印口。

并行接口采用25针D形连接器。“并行”是指8位数据同时通过并行线传送，传送速度大大提升，但线路长度受限。目前电脑基本上配有并行接口。表12-7所示是并行接口引脚符号和作用说明。

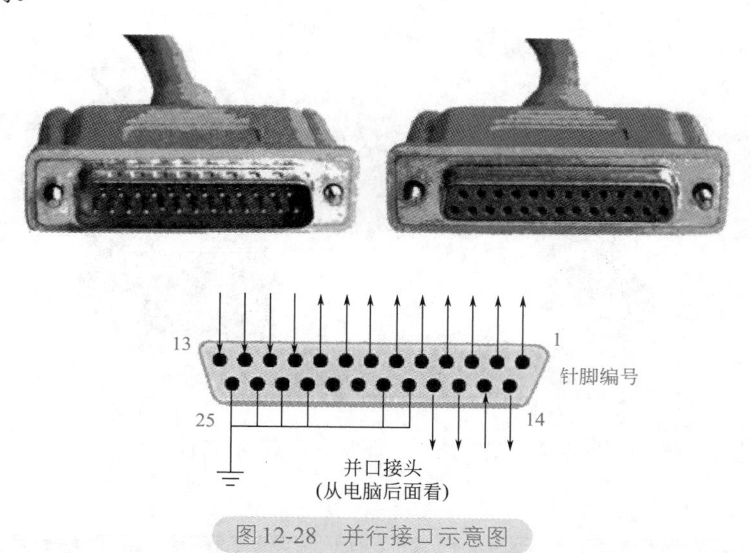

图12-28 并行接口示意图

表12-7 并行接口引脚符号和作用说明

引脚	符号	作用	引脚	符号	作用
1	STROBE	选通	14	AUTOFEED#	自动换行
2	DATA0	数据0	15	ERP#	错误
3	DATA1	数据1	16	INIT#	初始化
4	DATA2	数据2	17	SLIN#	选择输入
5	DATA3	数据3	18	GND	地
6	DATA4	数据4	19	GND	地
7	DATA5	数据5	20	GND	地
8	DATA6	数据6	21	GND	地
9	DATA7	数据7	22	GND	地
10	ACK#	确认	23	GND	地
11	BUSY	忙	24	GND	地
12	PE	缺纸	25	GND	地
13	SELECT	选择			

（3）USB接口。图12-29所示是USB接口示意图。USB即Universal Serial Bus的缩写，中文含义是“通用串行总线”。USB是1994年由英特尔（Intel）、康柏、IBM、微软（Microsoft）等多家公司联合推出的应用在PC领域的接口技术。

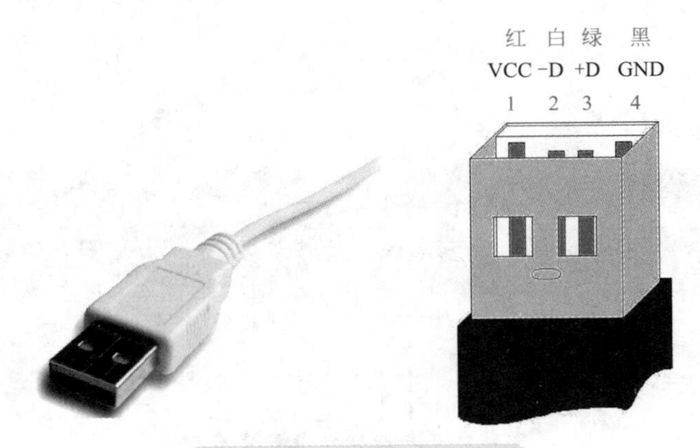

图12-29 USB接口示意图

USB传输速率高，至今已经发展了好几个版本，如表12-8所示。

表12-8 USB版本及传输速度

USB版本	理论最大传输速率	速率称号	最大输出电流	推出时间
USB1.0	1.5Mbps（192KB/s）	低速	5V/500mA	1996.01
USB1.1	12Mbps（1.5MB/s）	全速	5V/500mA	1998.09
USB2.0	480Mbps（60MB/s）	高速	5V/500mA	2000.04
USB3.0	5Gbps（500MB/s）	超高速	5V/900mA	2008.11
USB3.1Gen2	10Gbps（1280MB/s）	超高速+	20V/5A	2013.12

USB还具有使用方便、支持热插拔、连接灵活、独立供电等优点，广泛用于鼠标、键盘、打印机、扫描仪、摄像头、内存卡等几乎所有外设装备。

表12-9所示是USB接口引脚符号和作用说明。

表12-9 USB接口引脚符号和作用说明

引脚	符号	作用
1	VCC	电源
2	-DATA	数据
3	+DATA	数据
4	GND	地

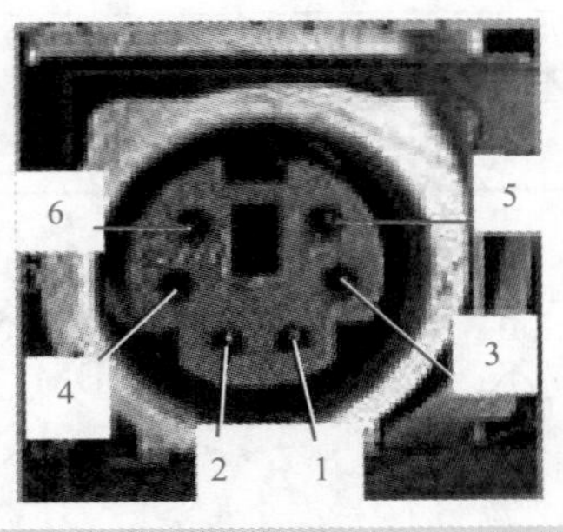

图12-30 鼠标专用接口示意图

USB接口也分为三种类型：Type A，适用于PC；Type B，用于USB设备，Mini-USB，一般用于数码相机、数码摄像机、测量仪器以及移动硬盘等。

（4）PS/2鼠标接口。图12-30所示是鼠标专用接口示意图，表12-10所示是鼠标接口引脚符号和作用说明。

表 12-10 鼠标接口引脚符号和作用说明

引脚	符号	作用
1	MOUSE DATA	数据
2	NC	未连接
3	GND	地
4	VCC	电源+5 V
5	MOUSE CLOCK	时钟
6	NC	未连接

（5）RJ-45 接口。图 12-31 所示是 RJ-45（网线）接口示意图。

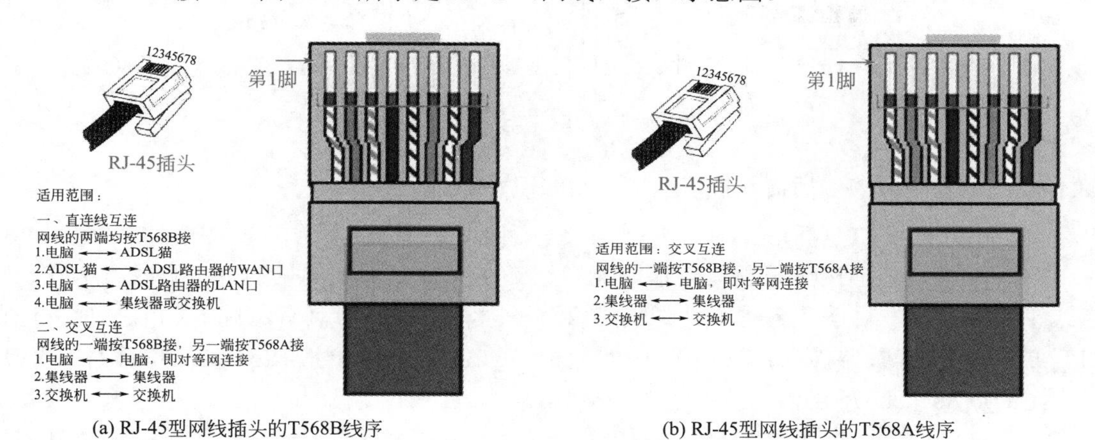

(a) RJ-45型网线插头的T568B线序

(b) RJ-45型网线插头的T568A线序

图 12-31 RJ-45（网线）接口示意图

（6）电源接口示意图。图 12-32 所示是电源接口示意图。

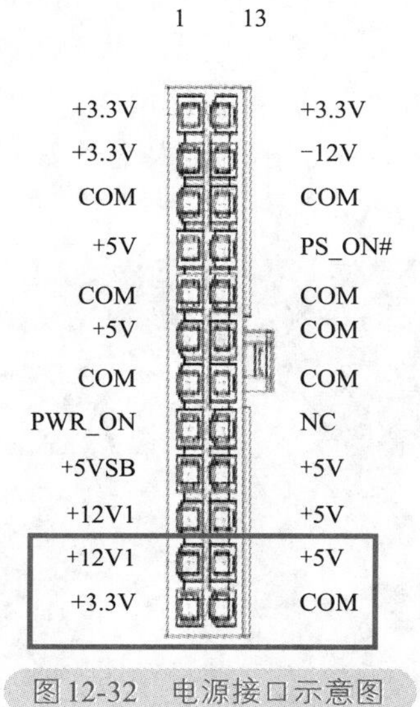

图 12-32 电源接口示意图

（7）双 12V 电源接口示意图。图 12-33 所示是双 12V 电源接口示意图。

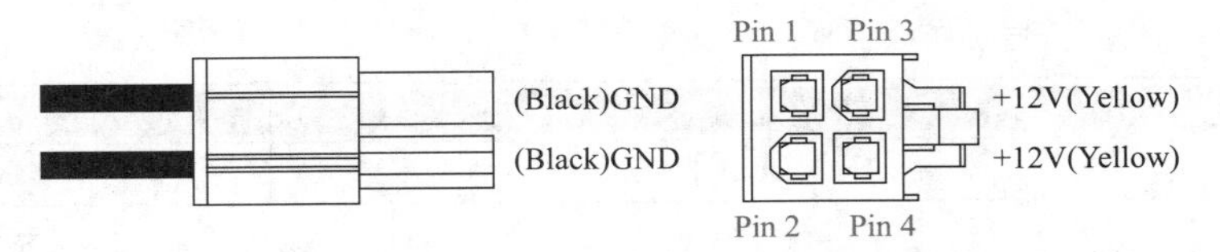

图12-33 双12V电源接口示意图

（8）12V和5V电源接口。图12-34所示是12V和5V电源接口示意图。

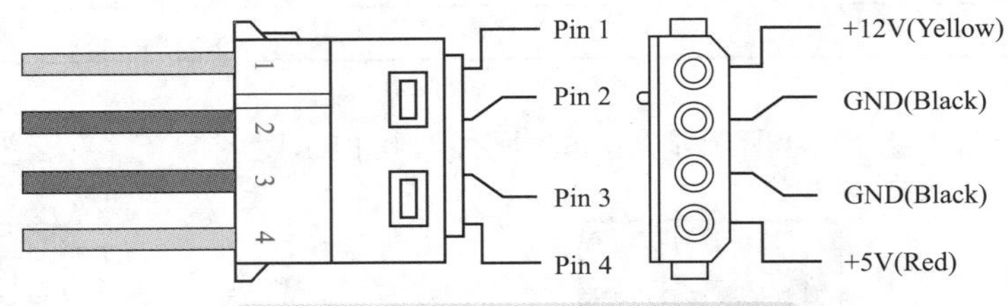

图12-34 12V和5V电源接口示意图

12.4.3.2 电脑主板CPU插槽和扩展插槽实用知识

（1）电脑主板CPU插槽。图12-35所示是一种CPU插槽示意图。

CPU要通过某个接口与主板连接才能进行工作。接口方式常见的有引脚式、卡式、触点式、针脚式等，目前普遍采用针脚式接口。不同类型的CPU具有不同的CPU插槽，选择CPU必须先考虑与之对应插槽类型的CPU主板。CPU插槽主要分为Socket、Slot两种，使用最广泛的是Socket 478插槽，针脚数为478针。

（2）ISA插槽。ISA插槽又称扩展槽、扩充插槽，是主板上用于固定扩展卡并将其连接到系统总线上的插槽，作用是添加或增强电脑特性及功能的方法。例如可以通过扩展槽添加独立显卡、独立声卡或USB 2.0扩展卡等。

图12-36所示是ISA插槽示意图。ISA插槽基于Industrial Standard Architecture工业标准结构，颜色一般为黑色，位于主板的最大端，比PCI接口插槽要长一些。工作频率为8MHz左右，为16位插槽，最大传输速率为16MB/s，可插显卡、声卡、网卡、多功能接口卡等扩展插卡。其缺点是CPU占用资源太高，数据传输带太小，是已经被淘汰的插槽接口。

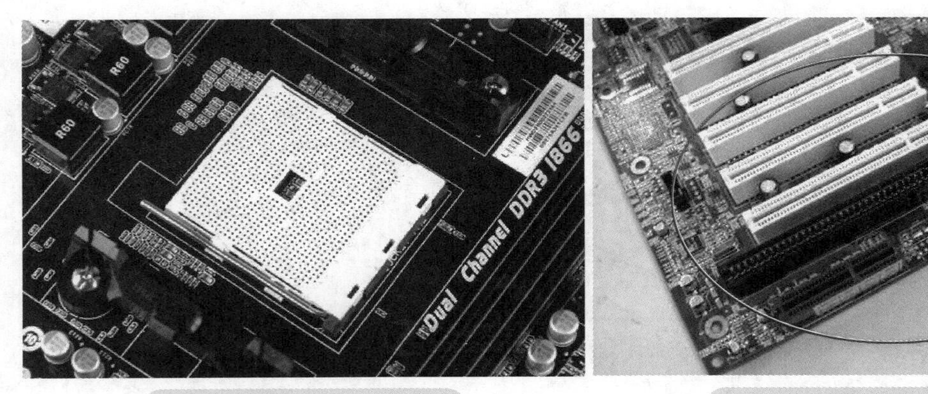

图12-35 CPU插槽示意图

图12-36 ISA插槽示意图

（3）PCI插槽。图12-37所示是PCI插槽示意图。PCI插槽是基于PCI局部总线的扩展插槽，其颜色一般为乳白色，位于主板下AGP插槽的下方，ISA插槽的上方。其位宽为32位或者64位，工作频率为33MHz，最大传输速率为133MB/s（32位）和266MB/s（64位）。

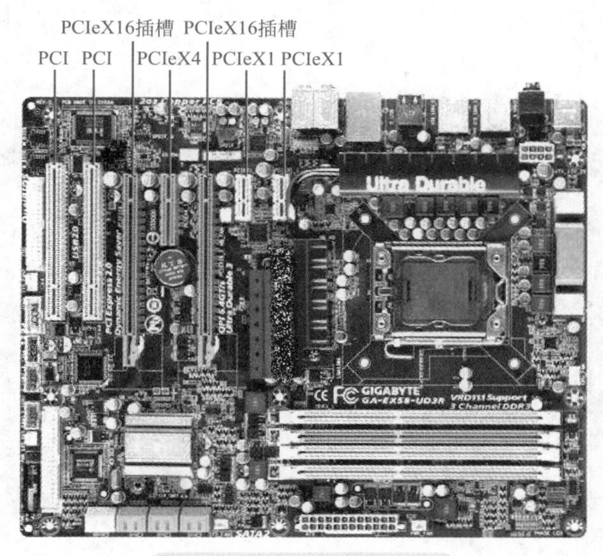

图12-37　PCI插槽示意图

它可接插显卡、声卡、网卡、内置Modem、内置ADSL Modem，USB 2.0卡、IEEE 1394卡、IDE接口卡、RAID卡、电视卡、视频采集卡以及其他种类繁多的扩展卡。PCI插槽是主板的主要扩展插槽，通过连接不同的扩展卡可以获得目前电脑能实现的几乎所有外接功能。

（4）AGP插槽。图12-38所示是AGP插槽示意图。AGP全称为Accelerated Graphic Port，是在PCI总线基础上发展起来的，主要针对图形显示方面进行优化，专门用于图形显示卡。

（5）AMR插槽。图12-39所示是AMR（Audio Modem Riser，声音和调制解调器插卡）插槽示意图。AMR插槽大的位置一般在主板上PCI插槽的附近，比较短，外观呈棕色。

图12-38　AGP插槽示意图

图12-39　AMR插槽示意图

（6）CNR插槽。图12-40所示是CNR插槽示意图。为顺应宽带网络技术的发展需求，弥补AMR规范在设计上的不足，英特尔公司适时推出了CNR（Communication Network Riser，通信网络插卡）标准。

（7）ACR插槽。图12-41所示是ACR插槽示意图。图中最左侧的插槽是ACR插槽，注意其与右侧五个PCI插槽的区别。ACR即Advanced Communication Riser（高级通信插卡）的缩写。ACR可与AMR规范完全兼容，并定义了一个非常完善的网络与通信的标准接口。ACR插卡可以提供诸如Modem、LAN（局域网）、Home PNA、宽带网（ADSL、Cable Modem）、网线网络和多声道音效处理等功能。

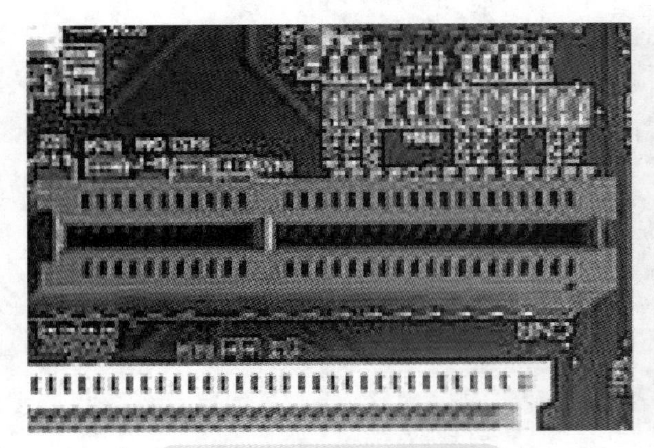

图12-40　CNR插槽示意图

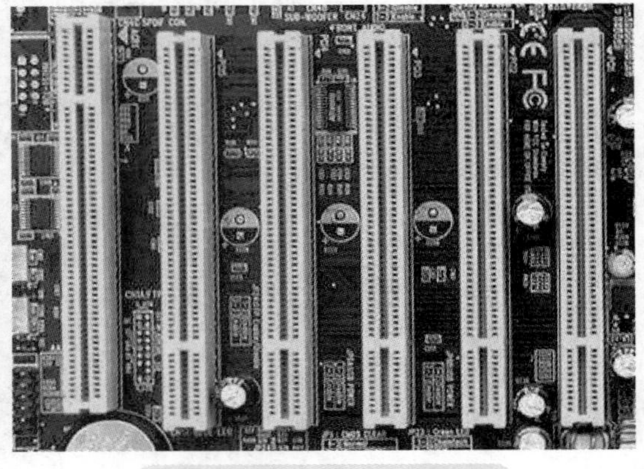

图12-41　ACR插槽示意图

ACR插槽大多设计在原来ISA插槽的地方，采用120针脚设计，兼容普通的PCI插槽，但方向刚好相反。ACR和CNR标准都包含了AMR标准的全部内容，但两者互相不兼容。

（8）Mini PCI插槽。图12-42所示是Mini PCI插槽示意图。它是在PCI的基础上发展起来的，最初用于笔记本电脑，现在应用到台式电脑上。Mini PCI 定义基本上与PCI一致，外形上做了微缩。

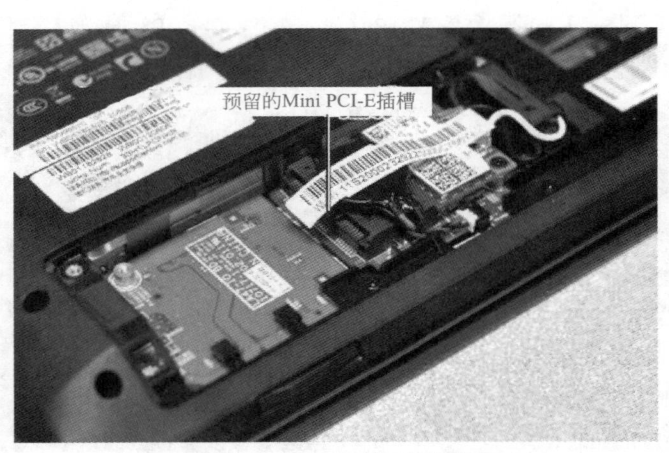

图12-42　Mini PCI插槽示意图

（9）PCI Express插槽。图12-43所示是PCI Express插槽示意图。PCI Express是最新的总线和接口标准，原名为“3GIO”，是由英特尔公司提出的，代表着下一代I/O接口标准，交由PCI-SIG认证发布后才改名为“PCI Express”。这个新标准将全面取代现行的PCI和AGP，最终实现总线标准的统一。它的主要优势就是数据传输速率高，目前最高可达到10GB/s以上，而且还有相当大的发展潜力。

图 12-43　PCI Express 插槽示意图

参考文献

[1] 秦曾煌. 电工学（上册）. 7版. 北京：高等教育出版社，2009.

[2] 秦曾煌. 电工学（下册）. 7版. 北京：高等教育出版社，2009.

[3] 刘全忠. 电工技术（电工学Ⅰ）. 2版. 北京：高等教育出版社，2004.

[4] 姚海彬. 电子技术（电工学Ⅱ）. 2版. 北京：高等教育出版社，2004.

[5] 胡斌，胡松. 电子工程师必备——元器件应用宝典. 北京：人民邮电出版社，2012.

[6] 蔡杏山. 零起步轻松学电子元器件. 北京：人民邮电出版社，2010.

[7] 张宪，张大鹏. 怎样用万用表检测电子元器件. 北京：化学工业出版社，2009.

[8] 张庆双，等. 新型贴片电子元器件速查手册. 北京：金盾出版社，2008.

[9] 王成安，王洪庆. 电子元器件检测与识别. 北京：人民邮电出版社，2009.

[10] 吕之伦，汪永华，何鲲. 电子元器件与电子电路识图快捷通.上海：上海科学技术出版社，2009.

[11] 王忠诚，王逸轩. 任务驱动学电子元器件. 北京：电子工业出版社，2012.

[12] 李钟灵，刘南平. 电子元器件的检测与选用. 北京：科学出版社，2009.

[13] 张常友，刘蜀阳. 电子元器件检测与应用. 北京：电子工业出版社，2009.

[14] 杜虎林. 电工电子基本元器件检测技巧. 北京：中国电力出版社，2006.

[15] 卿太全，郭明琼. 最新传感器选用手册. 北京：中国电力出版社，2009.

[16] 王忠诚，孙唯真. 电子电路及元器件入门教程. 北京：电子工业出版社，2006.

[17] 陈海波. 电子元器件检测技能一点通. 北京：机械工业出版社，2008.

[18] 赵广林. 电路图快速识读一读通. 北京：电子工业出版社，2013.

[19] 蔡杏山. 电子技术一看就懂. 北京：化学工业出版社，2015.

[20] 闫海涛，丁军航，等. 电子元器件选用与检测. 北京：化学工业出版社，2015.

[21] 胡斌. 图表细说元器件及实用电路. 北京：电子工业出版社，2006.

[22] 杨承毅. 图表新说电子元器件. 北京：人民邮电出版社，2013.

[23] 杨宗强，杨振雷，等. 图解电子技能快速掌握. 北京：电子工业出版社，2013.

[24] 王国玉，余铁梅. 电工电子元器件基础. 北京：人民邮电出版社，2006.

[25] 门宏. 电工元器件. 北京：人民邮电出版社，2008.

[26] 许顺隆，段朝辉，等. 轻松学电子元器件与电子电路. 北京：中国电力出版社，2008.

[27] 孟贵华. 电子元器件解读. 北京：中国电力出版社，2009.

[28] 付少波，等. 教你快速看懂电子电路图. 北京：化学工业出版社，2015.

[29] 蔡杏山. 零起步轻松学电子元器件. 北京：人民邮电出版社，2010.

[30] 阳鸿钧，等. 通用元器件应用与检测. 北京：中国电力出版社，2009.

[31] 蔡杏山. 学电子元器件超简单. 北京：机械工业出版社，2016.

[32] 杜树春. 常用电子元器件使用指南. 北京：清华大学出版社，2016.

[33] 胡斌，胡松. 视频详解放大器电路识图入门.北京：人民邮电出版社，2011.

[34] 徐远根，等. 现代电力电子元器件识别、检测及应用. 北京：中国电力出版社，2010.

[35] 门宏. 晶体管实用电路解读. 北京：化学工业出版社，2012.

[36] 杨宗强，辜竹筠. 万用表检测电子元器件. 北京：化学工业出版社，2011.

[37] 武庆生，邓建. 数字逻辑. 北京：机械工业出版社，2005.